普通高等院校"新工科"创新教育精品课程系列教材

教育部高等学校机械类专业教学指导委员会推荐教材

# 机械制造基础

主　编　仝勖峰

副主编　王奇斌　殷　磊

主　审　马洪波

华中科技大学出版社

中国·武汉

# 内容简介

本书按照对机械工程技术的基础性、入门性、全面性、前瞻性的要求，深入结合国家新工科建设的目标而编写。全书分为十七章，首先介绍机械制造对国民经济的作用及其发展历史和发展趋势，然后介绍机械制造相关的基础知识，内容涉及工程材料学、毛坯制造技术、机械加工制造技术、机械加工设备以及机械制造过程的组织方式等。除了传统的制造技术外，本书还重点介绍了电子制造的方法和设备、特种制造技术、先进制造技术，以及先进的工程管理技术等。

此外，本书还配备了大量的数字资源，可通过微信扫描书中二维码获取。

本书可作为非机械类专业学生学习机械工程基本知识的参考书，也可以作为机械类专业学生了解机械工程基本内容的教科书。

**图书在版编目(CIP)数据**

机械制造基础/仝劻峰主编.—武汉：华中科技大学出版社，2019.12(2025.8重印)
普通高等院校"新工科"创新教育精品课程系列教材
教育部高等学校机械类专业教学指导委员会推荐教材
ISBN 978-7-5680-5808-7

Ⅰ.①机…　Ⅱ.①仝…　Ⅲ.①机械制造-高等学校-教材　Ⅳ.①TH

中国版本图书馆 CIP 数据核字(2019)第 290530 号

**机械制造基础**　　　　　　　　　　　　　　　　　　　　仝劻峰　主编
Jixie Zhizao Jichu

策划编辑：张少奇
责任编辑：姚同梅
封面设计：杨玉凡　廖亚萍
责任监印：周治超
出版发行：华中科技大学出版社(中国·武汉)　　电话：(027)81321913
　　　　　武汉市东湖新技术开发区华工科技园　　邮编：430223
录　　排：华中科技大学惠友文印中心
印　　刷：武汉邮科印务有限公司
开　　本：787mm×1092mm　1/16
印　　张：21.75
字　　数：564 千字
版　　次：2025 年 8 月第 1 版第 3 次印刷
定　　价：55.00 元

普通高等院校"新工科"创新教育精品课程系列教材
教育部高等学校机械类专业教学指导委员会推荐教材

## 编审委员会

# 出版说明

为深化工程教育改革，推进"新工科"建设与发展，教育部于 2017 年发布了《教育部高等教育司关于开展新工科研究与实践的通知》，其中指出"新工科"要体现五个"新"，即工程教育的新理念、学科专业的新结构、人才培养的新模式、教育教学的新质量、分类发展的新体系。教育部高等学校机械类专业教学指导委员会也发出了将"新"落实在教材和教学方法上的呼吁。

我社积极响应号召，组织策划了本套"普通高等院校'新工科'创新教育精品课程系列教材"。本套教材由全国各高校处于"新工科"教育一线的专家和老师编写，是全国各高校探索"新工科"建设的最新成果，反映了国内"新工科"教育改革的前沿动向。同时，本套教材也是教育部高等学校机械类专业教学指导委员会推荐教材。我社成立了以李培根院士、段宝岩院士、杨华勇院士、赵继教授、顾佩华教授为顾问，以奚立峰教授、刘宏教授、吴波教授、陈雪峰教授为主任的"'新工科'视域下的课程与教材建设小组"，为本套教材构建了阵容强大的编审委员会，编审委员会对教材进行审核认定，使得本套教材从形式到内容上保持高质量。

本套教材包含机械类专业传统课程的新编教材，以及培养学生大工程观和创新思维的新课程教材等，并且紧贴专业教学改革的新要求，着眼于专业和课程的边界再设计、课程重构及多学科的交叉融合，配套精品数字化教学资源，综合利用各种资源灵活地为教学服务，打造工程教育的新模式。希望借由本套教材，能将"新工科"的"新"落实在教材和教学方法上，为培养适应和引领未来工程需求的人才提供助力。

感谢积极参与本套教材编写的老师们，感谢关心、支持和帮助本套教材编写与出版的单位和同志们，也欢迎更多对"新工科"建设有热情、有想法的专家和老师加入到本套教材的编写中来。

华中科技大学出版社
2018 年 7 月

# 前　言

机械制造是国民经济的基础性产业,机械工业的发展对整个国民经济的发展和民族振兴具有举足轻重的作用。机械制造基础是普及机械制造基础知识、基本概念和基本内容的课程,针对综合性大学机械类及相关非机械类专业开设,具有开拓学生视野、拓宽学生知识面、培养学生工程应用能力的作用。本课程当前的任务是适应国家新工科建设的需求,满足高新科学技术和社会发展的需要,培养具备机械制造能力的人才。

目前,我国机械工业虽已取得了很大成绩,但与先进工业国家相比,我国机械设备的制造技术水平仍有不小的差距,主要表现是:自主创新能力不强,基础研究开发能力仍有待提高,一些行业的高档装备仍需依赖进口;经济发展方式、生产效率、管理水平、经营理念与先进工业国家同行业相比仍有较大差距。因此,从人才培养角度来看,我国不仅需要培养机械专业的人才,努力提高机械工业自主创新能力,提升核心竞争力,更需要培养行业配套辅助人才,以进一步优化产业结构和产品结构,提高对外开放水平,积极开展国际化经营。

本书内容全面,不仅涉及传统的机械制造基础知识,还包括现代制造技术的发展现状;同时本书还结合工程实例,介绍了相关知识在工程中的应用,以增强学生的感性认识和提高其学习兴趣。具体地说,本书的主要特点如下。

(1) 以教育部机械类专业认证培养目标为编写总则,目的是培养合格的机械专业人才。

本书的内容设置符合教育部机械类专业认证要求,学生通过课程的学习,能够掌握机械设计制造基础理论知识,具备应用相关知识分析复杂机械工程问题的技能。

(2) 整合金工实习的教学资源,实现课程教学和实践教学的优势互补。

在本书的编写过程中,我们与西安电子科技大学工程训练中心金工实习教学团队紧密合作,全面整合了现有课程教学内容和金工实习的教学内容,确定了双方教学的侧重点和培育方向,实现了实验资源的共享,避免了重复建设以及理论教学与实践教学的脱节,同时实现了高校人才的培养内容与行业需求同步,有助于提升高校学科建设水平和人才培养的质量。

(3) 增加现代工程技术的内容,增强知识体系的前瞻性。

除了基本知识和传统制造技术的讲解,本书还针对不同的知识点,重点介绍了此类技术发展的前沿概况,以拓展学生知识面。同时增加现代制造技术的内容,从理念、技术等方面介绍现代工程技术的发展情况,使教学内容与时俱进,具有一定的前瞻性。

本书共 17 章,系统讲解了机械制造技术的发展历程、机械制造相关基础知识、制造技术和管理技术等内容。本教材可作为非机械类专业学生学习机械工程基本知识的参考书,也可以作为机械类专业学生了解机械工程基本内容的教科书。

参加本书编写的有:仝勖峰(第 1 章、第 3 章、第 4 章、第 5 章、第 6 章、第 7 章、第 8 章),王奇斌(第 2 章、第 9 章、第 10 章、第 13 章),殷磊(第 14 章、第 15 章、第 16 章、第 17 章),杨玉海(第 11 章、第 12 章)。本书由仝勖峰任主编,王奇斌、殷磊担任本书副主编,马洪波担任本书主审。

本书的编写得到了西安电子科技大学教材基金资助，特此致谢。

在本书的编写过程中，编者借鉴、参考了其他书刊资料，在此对相关作者表示衷心的感谢。西安电子科技大学工程训练中心为本书的编写提供了很多实例和工程素材，王倩在教材的整理和图文处理方面付出了艰辛的劳动，在此表示诚挚的谢意。

由于编者业务水平和学识有限，书中难免存在不妥之处，恳请使用本书的读者指正。

编　者

2019 年 7 月

# 目　　录

# 第1章 机械制造技术概述

## 1.1 机械和机械制造的含义

从广义角度讲,凡是能完成一定机械运动的装置都是机械。具体来说,机械是机器与机构的总称。机械就是能帮人们降低工作难度或省力的工具装置,用来实现力和能量的传递与转换。人类在发展的进程中,都会借助不同种类的机械来满足工作和生活的需求。无论是原始社会的石器、杠杆,农耕社会的风车、水车等简单工具,还是第一次工业革命时期的蒸汽机、内燃机、纺织机、机床等复杂机械,以及现代社会的计算机、航天飞机等各种先进的机械系统,都在人类文明的发展中起到了重要的作用。

机械制造是指应用机械设备,采用一定的工艺和方法,将产品从一种构思变为实物的过程。机械制造是各种机械产品制造生产过程的总称。机械制造有两方面的含义:一方面是指用机械来加工零件,更明确地说是在一种机器(常称为机床、工具机或工作母机)上用切削的方法来进行加工;另一方面是指制造某种机械,如汽车、涡轮机或其他加工设备。随着制造方法的不断发展,除了切削的加工方法外,还出现了电加工、光学加工、电子加工、化学加工等非机械的加工方法。因此,把机械制造的外延不断扩大,它包含各种各样的制造方法。总而言之,机械制造是采用一定的加工原理、制造工艺和相应工艺设备,加工出人们想要的尺寸和形状的零件,并最终达到制造出高质量、低成本、低消耗和高生产率的机械产品的目的。

## 1.2 机械制造业的战略地位和作用

### 1.2.1 机械制造的战略地位

一般认为,人类文明有三大物质支柱:材料、能源和信息。其实,制造也应是一大支柱,可以说,没有制造,就没有人类。恩格斯在《自然辩证法》中讲到:"直立和劳动创造了人类,而劳动是从制造工具开始的。"的确,可以形象地讲,猿转变成人是从制造第一把石刀开始的。毛泽东在《贺新郎·咏史》一词中,一开始就讲:"人猿相揖别,只几个石头磨过,小儿时节。"

应该说,制造业是"永远不落的太阳",是现代文明的支柱之一。它既占有基础地位,又处于前沿关键地位,既古老,又年轻;它是工业的主体,是国民经济持续发展的基础;它是生产工具、生活资料、科技手段等及其进步的依托,是社会现代化的动力源之一。

制造业是国民经济的主体,是立国之本、兴国之器、强国之基。自18世纪中叶人类开启工业文明以来,世界强国的兴衰史和中华民族的奋斗史一再证明,没有强大的制造业,就没有国家和民族的强盛。打造具有国际竞争力的制造业,是我国提升综合国力、保障国家安全、建设世界强国的必由之路。

制造业尤其是装备制造业担负着为各行业、各部门提供装备的重要任务,是国民经济发展的基础。马克思在《资本论》中有一段名言,至今仍熠熠生辉:"大工业必须掌握它特有的生产资料,即机器本身,必须用机器生产机器。这样,大工业才能建立起与自己相适应的技术基础,才得以自立。"可以说,没有制造业,就没有工业;而没有机械制造业就没有独立的工业,即使制造业再大再多再好,也受制于人。也可以说,我国作为一个大国,如果没有强大的装备制造业,特别是同高科技相应的机床制造业,就不可能有独立自主的制造业与工业。

制造业是高科技产业的基础,制造产品是高技术的载体。没有制造业,就没有高技术。信息技术、微电子技术、光电子技术、纳米技术、核技术、空间技术、生命技术等莫不与制造业有关。譬如,电子制造中所要求的高精度、超微细、高加速度和高可靠性等,如果没有尖端的制造装备及相应制造技术,就无法达到。我国光电子制造领域的关键装备几乎全靠进口,尖端制造装备及技术正是西方对我国实行技术封锁的重点所在。在严峻的形势下,大力发展制造业、特别是装备制造业尤为重要,所以我国提出了《中国制造2025》的制造业战略,强调了制造业的发展,特别是装备制造业的发展。

制造业是国家安全的重要保障,现代尖端军事装备及国防安全技术都要靠先进制造技术来提供。现代战争已进入"高技术战争"的时代,武器装备的较量在某种意义上就是制造技术和高技术水平的较量。一个国家若没有精良的装备,没有强大的装备制造业,就没有军事和政治上的安全,经济和文化的安全更会受到巨大威胁。

综上所述,制造业是国家的基础性、支柱性、前沿性与战略性产业。打造高度发达的制造业,对内是实现新型工业化、加速实现现代化的途径,对外是提升国家竞争力的重要手段,是决定一个国家在经济全球化进程中国际分工地位的关键因素。可以说,没有制造,就没有一切。

制造业绝不是"夕阳产业",但在制造技术中确有"夕阳技术",它是同信息化大潮格格不入的技术、同高科技发展不相应的技术、缺乏市场竞争力的技术,甚至还可能是危害可持续发展的技术。"发展现代产业体系,大力推进信息化与工业化融合,促进工业由大变强,振兴装备制造业,淘汰落后生产力",其目的就是不断推动新一代信息技术与制造业深度融合,形成新的生产方式、产业形态、商业模式和经济增长点,使制造业保持持久的生命力,不断创新,满足国民经济持续发展的需求。

## 1.2.2　机械制造业的作用

机械制造业是一个国家的支柱型产业,它的发展直接影响到国民经济各部门的发展,也影响到国计民生和国防力量的加强。从与人们生活息息相关的日常生活用品、穿的衣服、吃的食品、住的房子、各种车辆,到关系到国家安全、稳定的设施设备,如公路、铁路、导弹、火箭、人造卫星等,都需要机械制造业的制造。因此,各国都把促进机械制造业的发展放在首要位置。随着机械产品国际市场竞争的日益加剧,各大公司都把高新技术注入机械产品,以此作为竞争取胜的重要手段。

当今制造科学、信息科学、材料科学、生物科学等四大支柱科学相互依存,但后三种科学必须依靠制造科学才能形成产业和创造社会物质财富。而制造科学的发展也必须依靠信息、材料和生物科学的发展,机械制造业是其他高新技术实现工业价值的最佳集合点。没有机械制造业,就不可能有这一切。

**1. 机械制造业是国民经济的支柱产业**

机械制造业在众多国家尤其是发达国家的国民经济中都占有十分重要的地位,是国民经济的支柱产业。美国 68％的财富来源于制造业,日本国民生产总值的 49％是由制造业创造的。中国的制造业在工业总产值中也占有 40％的比例。从就业人口比例来看,约有 1/4 的人口从事制造业,而在非制造业部门中,又约有半数人员的工作性质与制造业密切相关。可以说,没有发达的制造业就不可能有国家真正的繁荣和富强。

世界上各个发达国家在经济上的竞争,主要是制造技术的竞争。在各个国家的企业生产力的构成中,制造技术一般占 55％~65％。发达的工业国家,如美国、日本、德国等国的专家及教授已将制造科学、信息科学、材料科学、生物科学一起列为当今时代四大支柱科学。有资料表明,在最近几十年里,美国一度缺乏对制造科学的重视,认为制造业是夕阳工业,主张经济重心由制造业转向高科技产业和第三产业,结果导致了美国制造业的衰落,很快降到了历史的最低点,使美国的竞争力遭到严重削弱,最终导致了美国的经济衰退。

**2. 机械制造业是用先进科学技术改造传统产业的重要纽带和载体**

装备制造业的水平和现代化程度决定了我国整个国民经济的水平和现代化程度。劳动生产率反映了一个国家经济技术水平,是提高竞争力和国民收入的重要基础,而提高劳动生产率主要依靠先进装备和科学管理,通过把先进科学技术转化为现实生产力来实现。在人类发展历史长河中,随着社会发展和技术进步,大多数传统产业要不断地采用先进技术与装备使其产业升级产品换代,并提升到新的水平。我国国民经济各部门面临着用先进技术装备改造传统产业,提高水平、效益、劳动生产率的艰巨任务。像我国这样的发展中国家,只能依靠振兴我国自己的装备制造业来实现现代化。

**3. 机械制造业是高新技术产业和信息化产业发展的基础**

新一代信息技术与制造业深度融合,正在引发影响深远的产业变革,形成新的生产方式、产业形态、商业模式和经济增长点。电子技术、信息技术在与其他高新技术发展和应用中,与机械制造技术相结合,使制造工业,特别是装备制造业及产品在技术上产生新的飞跃。电子技术、信息技术与装备制造技术是相互渗透、相互结合、相互促进、共同发展的关系。在国际上,发达国家是在工业化的基础上发展信息化的,没有先进的电子和信息产品的制造设备,就谈不上信息化;反之,没有电子和信息技术的应用和发展,装备制造业就难于实现技术上的飞跃。如果没有先进的机械制造业,不掌握电子和信息装备核心关键制造技术,我国信息产业的发展必然受到制约,难以自立。

**4. 机械制造业是国家经济安全和军事安全的重要保障**

经济全球化和市场国际化是国际经济大潮流,我国国民经济发展所需的许多设备都可以从国外买到,但由于经济和政治方面的原因,发达国家一般不会将最先进的、最核心的技术卖给我们。有的外商只愿意向中国市场出口产品,而不愿意与我国企业合作和转让技术给我们;有的外商在国际产业结构大调整中把一些劳动密集型的产品转移到中国来生产,中方只是外方的一个生产车间,并不掌握核心关键技术,对于涉及国防领域的先进技术和装备,是严格控制向我国出售的。只有“以我为主”装备中国,才能逐渐真正实现跨越式发展,不断提高国力,将我国建设成一个经济强国。

# 1.3　机械制造基础课程的学习目的与方法

## 1.3.1　学习机械制造业基础课程的目的

机械工程是国民经济的基础性产业,机械工业的发展对整个国民经济的发展和民族振兴具有举足轻重的作用。近些年,我国机械工业快速发展,机械工业的产业规模已超过美、日、德,居世界各国之首。从人才培养角度来看,机械工程师在社会中扮演的角色越来越重要。这就要求工科院校培养的学生不再是传统意义上的工程师"毛坯",而是掌握最新工程知识和技术,勇于创新,适应现代工程环境的高质量、高水平要求,有大工程意识的卓越工程师。国家教育部 2010 年 6 月开始实施卓越工程师教育培养计划,这是一项为造就适应新环境的工程人才、建设创新型国家、增强国家核心竞争力而进行的重要举措。

现代工程需要大量科学理论基础扎实、工程技术高超、富于创造力,并具有组织管理能力和人文情怀的高水平、高素质的杰出的工程人才。虽然我国目前已经是一个工程教育大国,但不是工程强国,缺乏工程实践能力和创新能力强的杰出人才,无法满足新世界新环境下现代工程的需要。加紧培养一批具有较强的实践能力和创新意识,能够满足社会发展需要的工程技术人才已经刻不容缓。

学习机械制造基础课程,学生能够掌握机械制造常用的加工方法、加工原理和制造工艺,熟悉各种加工设备及装备,初步具有分析、解决机械制造加工质量问题的能力,具有编制机械加工工艺规程的能力。同时,通过学习本课程,学生可以培养对机械工程的兴趣和提高学习积极性,掌握机械制造方面的基础知识和基本技能,建立机械工程师的思维方式和增强实践能力,为最终成为能够从事机械工程领域设计、制造、科技开发、应用研究、运行管理和经营等方面工作的卓越工程师奠定基础。

## 1.3.2　机械制造业基础课程的特点和教学方法

机械产品的制造包括毛坯的加工,零件的加工和装配;零件加工是在机床、刀具、夹具和工件本身共同作用下完成的,因此,机械制造涉及机床、刀具和夹具等方面的知识。本课程综合考虑,以机械制造的基本理论为基础,以加工技能训练为主线,介绍各种加工方法及相应的工艺装备;介绍毛坯制造方法、金属切削加工原理、机械制造工艺规程编制和机械加工质量控制的方法等,并以典型零件加工的综合分析为落脚点,强化知识与技术的综合运用。

实践性、综合性和应用性是本课程的三大特点,学习中要重视理论联系实际。金工实习、机械装配图课程和机械基础课程设计都可以很好地帮助学生学习本课程,而且有利于将理论知识转化为机械制造应用能力。

机械制造基础课程内容广泛,涉及机械制造技术、工程力学、材料学、机械零件、公差与互换性技术等多种专业技术的基础知识。虽然从总体上看这些知识具有一定的内在联系,但对初学者来说,将这些知识点关联起来还是具备一定的难度。另外,由于篇幅限制和课时限制,每种专业知识都无法深入讲解,这就给学生的理解和学习带来了很大的困难。因此,教师必须掌握科学的教学方法,学生必须掌握正确的学习方法,这样才能达到本课程的培养目标。

对于本课程的教学,需要注意以下几点。

**1. 改革教学方法与手段,建立以学生自主学习为主的教学方式**

传统的教学方法和手段基本上是建立在以知识传授为中心的人才培养模式上的。它表现在课堂教学上是强调书本知识的传授,其教学方法多为灌输式的知识传授。以这样的教学方式所培养的学生基础知识扎实,但知识面窄,自我获取知识的能力差,缺乏个性。因此,教学方法的改革就是要既重视知识传授又重视能力的培养,但最重要的是获取新知识能力的培养。这就要求教师由"教会"学生的教学方式,向引导学生自己"学会"转变,从而培养学生自主学习的能力。课堂教学就要求教师讲授要着重启发学生的思维,调动学生学习的主动性,并充分利用现代多媒体的教学手段来提高课堂教学效果和信息量,以拓展学生的知识面。

**2. 结合企业活动和金工实习,突出工程实践和创新能力培养**

工程实践能力和创新设计能力是新世纪具有竞争力的高素质工程技术人才的重要素质。为了有效地培养学生的工程实践能力和创新设计能力,可以通过应用现有的金工实习中心、机械基础相关实验室,突破和改变传统教学中纯机械、单一机构和单一零件的展示教学,强化学生对真实机械系统的认知。同时结合企业中存在的实际问题,分析各种技术在企业实际生产活动中的应用情况和应用方法,建立知识与工程应用的关联性,从多种角度提升学生的知识认知能力,进而使学生具备一定的工程实践能力和创新能力。

**3. 鼓励学生积极参与机械学科竞赛以及各种企业实践活动**

依托实际的竞赛项目或者企业实践项目,引导学生直面真实世界的挑战。学生在真实的工程实践中才能够真正学会发现问题、应用所学理论知识分析问题、尝试去解决问题。在这个实地学习过程中,学生个人的动手能力、分析问题以及寻找解决方案的能力都能得到提高。另外,在竞赛和企业活动过程中,学生可以掌握教学过程中很难学到的书本之外的知识和工作技能,并学会与同学沟通与协作、共同进步,齐心协力应对现代工程实践中的种种挑战。

# 第2章 机械制造技术的发展

## 2.1 推动人类历史的五次大变革

在人类历史的长河中,发生了几次决定人类命运的大变革。

第一次变革发生在大约 200 万年前,由于自然条件的突然变化,生活在树上的类人猿被迫到陆地上觅食,为了和各种野兽抗争,它们学会了用木棍和石块等天然工具保卫自己,并用之猎取食物。使用天然工具,锻炼了它们的大脑和手指。

第二次变革发生在大约 20 万年前,古猿人学会了制造和使用简单的木质和石制工具,从事劳动,继而发现了火,并学会了钻木取火。烘熟的食物不仅利于吸收,为提高古猿人的体力和脑力创造了条件,也提高了古猿人的生活质量。使用工具、携带食物,甚至"拖儿带女"都需要他们的前肢从支撑行走中解脱出来,于是他们从地上站立起来,从古猿进化到古人类,开启了一个新纪元。

第三次变革发生在大约 15000 年前,古人类学会了制作和使用简单的机械,开始了农耕与畜牧。此后,大约 5000 年前,人类进入新石器时代。约 4000 年前,人类发现金属并学会了冶炼技术。金属器械逐步取代了石制、骨制的器械。约 2000 年前人类发现了铁金属,进入铁器时代,各种复杂的工具和简单机械相继被发明出来。

第四次变革大约发生在 1750 年到 1850 年之间,以蒸汽机的改良为标志。在这段时期,大批的发明家涌现出来。各种专科学校、大学、工厂纷纷建立。机械生产代替了大量的手工业生产,促进了西方工业文明的发展,奠定了现代工业的基础。

战争的爆发与持续,加速了枪炮等武器的研制和生产,对兵器的配件要求导致了互换性技术的问世。良好的互换性又必须由高精度的测量工具和加工机床来保证,因此,19 世纪机床和测量工具的发明与革新进展很快。同时,钢铁工业也获得快速发展。

在这一阶段,机械及机械制造通过不断扩大的实践,从分散性的、主要依赖匠师们个人才智和手工能力的技艺,逐渐发展成为一门有理论指导的系统和独立的工程技术。机械工程是促进 18 世纪至 19 世纪的工业革命以及资本主义大生产的主要技术因素。

第五次变革是计算机技术带来的一场现代工业革命。进入 20 世纪,计算机的发明与广泛应用,改变了人类传统的生活方式和工作方式。以集成电路为中心的微电子技术的广泛应用,给社会生活和工业结构带来了巨大的影响。机械工程与微处理机相结合,形成了"机电一体化"复合技术,使机械设备的结构更加合理,功能更加完善,制造技术水平提高到了一个新的高度。机械工程学、微电子学和信息科学三者有机结合,构成了一种优化技术,应用这种技术制造出来的机械产品结构简单、轻巧、省力和高效,并部分替代了人脑的功能,即实现了人工智能。机电一体化产品必将成为今后机械产品发展的主流。

进入 21 世纪后,计算机技术、信息技术、网络技术以及由其带动的相关科学技术的发展,推动科学技术迅速前进,机械工程学也发生了极大变化,制造业发展的重要特性是向全球化、网络化、虚拟化方向发展。

# 2.2　中国机械制造发展史简介

中国是世界上机械发展最早的国家之一。中国古代在机械方面有许多发明创造,在动力的利用和机械结构的设计上都有自己的特色。许多专用机械的设计和应用,如指南车、地动仪(见图 2-1)等,均有独到之处。西汉时的被中香炉(见图 2-2)构造精巧,无论球体香炉如何滚动,其中心位置的半球形炉体都能经常保持水平状态。中国古代金属冶铸技术发明时间较早且技术精湛,如商周时期的青铜器朴质雄浑,春秋时期的青铜器纤细精巧,形成了中国古代青铜器的独特风格。

图 2-1　地动仪　　　　　　　　　　　　　　　　图 2-2　被中香炉

但是,在我国古代,人们不重视对已发明器械的绘图工作,有不少的发明创造因为没有图样的帮助,很难理解透彻。而真正做出发明创造的人不擅长用文字记载,或由于社会的不重视而没有记载,这些都影响了我国古代科学技术的进步。

## 2.2.1　传统机械制造技术的形成和积累时期

石器的使用标志着机械制造技术的形成和积累时期的开始,这个漫长的时期经历了三个发展阶段。

第一个阶段是旧石器时代。这一阶段的工具主要用石料和木料制作,同时也有一些骨制工具。在工艺方面以石器打制工艺为主,主要是经过敲击和初步修整使石块成石器,如图 2-3 所示。当时的石器工具的种类有砍砸器、刮削器、石锤、尖状器、石球、石矛和石链等。

第二个阶段是新石器时代。这一阶段在石器制造方面以磨制工艺为主,同时对石器的制造有了一套完整的工艺。这一阶段出现了大量的生产工具,如斧、铲、凿、磨盘、磨棒、杵臼、钻、网坠、纺轮、犁、刀、锄、耘田器等。工具的种类不但有所增加,而且出现了不少专用工具,显然,这一阶段机械制造的发展水平有了显著的提高。

第三个阶段大约从新石器时代晚期到西周时期。新石器时代晚期,人们已能用石范和泥范铸造简陋的工具和武器。夏代以前和夏代,先后出现了无辐条的轮和各种有辐条的车轮;殷商和西周时已有相当精致的两轮车。独木舟和筏等水上运输工具早就相继出现。殷商时期,

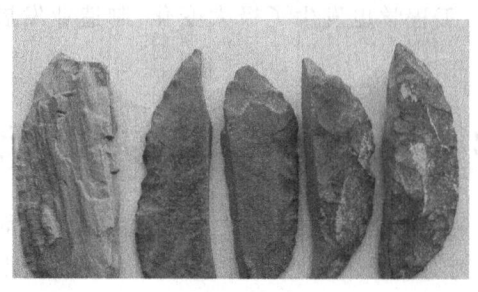

图 2-3　石器

随着手工业生产的发展和技术水平的提高,青铜冶铸技术得到高度发展,到西周时期,青铜冶铸技术发展达到了高潮。青铜器(见图 2-4、图 2-5)的出现标志着一种新的机械制造技术和制造工艺的诞生。

图 2-4　四羊方尊　　　　　　　　　　　　图 2-5　象尊酒器

　　总体来看,这一时期机械制造技术的发展体现在三个方面:在材料方面,由以石质材料为主发展到以木、铜质材料为主;在结构方面,由简单工具发展出复合工具和较为复杂的机械;在机械制造工艺方面,经历了由石器制造工艺向铜器和其他机械制造工艺的转变。这些情况说明在这一时期中国传统机械制造技术已经形成并有了一定的发展。

## 2.2.2　传统机械制造技术的迅速发展和成熟时期

　　春秋至汉魏这一时期是中国古代机械制造技术开始较快发展并且逐渐成熟的时期。春秋时期铁器和生铁冶铸技术开始出现。黑心可锻铸铁、白心可锻铸铁和锻钢的出现,加速了铜器时代向铁器时代的过渡。春秋中期以后出现失蜡铸造法和低熔点合金铸焊技术,战国时期又有了叠铸等工艺。1965 年在河北易县武阳台村西发现了一座战国时期埋葬阵亡将士的丛葬墓,出土铁剑 15 件,这些铁剑是用块炼法制成的纯铁或钢制品,曾经过反复折叠锻打,它们是当时人们已掌握提高钢铁性能的技术的最早实证。同时,这些铁剑也是迄今为止中国发现的最早的淬火兵器,可见当时已广泛使用淬火技术。西汉中期已炼出灰铸铁,并出现了壁厚 3～5 mm 的薄壁铸铁件。在战争的推动下,传统机械制造技术得到了新的发展。
　　春秋时期出现弩,控制射击的弩机(见图 2-6)已是比较灵巧的机械装置。到汉代,弩机的加工精度和表面精度已达到相当高的水平。汉代的大黄弩有 1 石至 10 石等八种规格,这些规格的形成表明机械制造标准在汉代已初步确立。
　　战国时期流传的《考工记》是现存最早的手工艺专著,其中有这样一段话:"辀人为辀。辀

有三度,轴有三理。国马之辀,深四尺有七寸。田马之辀,深
四尺。驽马之辀,深三尺有三寸。轴有三理:一者,以为嫩
也;二者,以为久也;三者,以为利也。辀前十尺,而策半之。
凡任木,任正者,十分其辀之长,以其一为之围。衡任者,五
分其长,以其一为之围。小于度,谓之无任。"这段话表明当
时人们对车的制造工艺等已做了深入的探索。

　　这一时期的造船技术已比较发达,橹、舵、帆等部件逐渐
完善了起来,并且能够制造大型的楼船和战船。汉代已有各
类舰艇和大量的三四层舱室的楼船。有些舰船还装备了艉
舵和高效率的推进工具橹。

　　这一时期的农业机械发展很快,出现了三脚耧这样的重
要播种机械,以及高效粮食加工机械——风扇车。东汉时期
还出现了用水力推动的水转连磨和水车。西汉时期已有犁
壁出现,到东汉时期犁的结构已经基本定型。

图 2-6　弩机

　　陆上交通运输工具也有很大的发展。1980 年出土的秦始皇陵铜车马代表了当时铸造技
术、金属加工和装配技术的最高水平。东汉以后出现了记里鼓车(见图 2-7)和指南车(见
图 2-8)。记里鼓车有一套减速齿轮系,通过鼓镯的音响分段提示里程。三国时期马钧所造的
指南车除用齿轮传动外,还有自动离合装置,在技术上又胜记里鼓车一筹。自动离合装置的发
明和制造,说明当时传动机构齿轮系以及机械制造水平已发展到相当高的程度。

图 2-7　记里鼓车

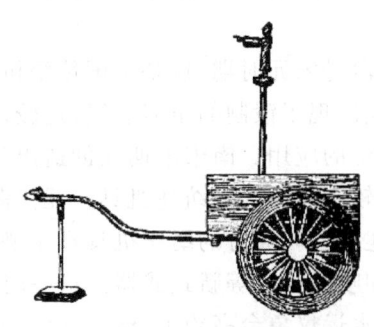

图 2-8　指南车

　　东汉时已有不同形状和用途的齿轮和齿轮系。有大量棘轮,也有人字齿轮,而且在天文仪
器上已有比较精密的齿轮系。张衡利用漏壶的等时性制成水运浑象仪,以漏水为动力通过齿
轮系使浑象仪每天等速旋转一周。这一时期的机械在结构原理方面也有新的突破。在不少机
械上出现了齿轮机构、凸轮机构和曲柄连杆机构等复杂的传动机构。水排、水碓、指南车以及
浑天仪、地动仪(见图 2-1)等机械的出现,说明这一时期的机械在结构原理方面已经达到了相
当高的水平。

　　汉代纺织技术和纺织机械也不断发展,当时的绫机已是相当复杂的纺织机械。到三国时
期,马钧将 50 综(分组提放经线的综片)50 蹑(踏具)和 60 综 60 蹑的绫机都改成 12 蹑绫机,
提高了生产效率。马钧还创制了新式翻车,能连续提水,效率高又十分省力。

　　在这一时期,生产过程中的机械系统有了很大的变化。机械工程材料由原来的木材、石材

逐渐转变为大量使用的青铜材料并且向钢铁过渡。机械的结构、制造技术和工艺越来越复杂。许多机械已用自然力代替人力作为原动力。对机械的操作开始由直接操作向间接操作转变。动力和运动的传输开始由机械本身来完成,对机械的控制开始由人的直接控制向间接控制发展。

### 2.2.3　传统机械制造技术的全面发展和繁盛时期

从两晋时期到宋元时期是中国机械发展的第三个时期。与前两个时期相比,这一时期的主要特点是机械的总体技术水平有了极大的提高,古代机械得到了全面发展。这一时期经过了两个发展阶段。

第一阶段为两晋到隋唐五代时期。这一时期我国传统机械持续发展,在工艺方面有较大进步,同时锻造农具开始在农具中占主导地位。铸造技术有了新的发展,出现了一些大型铸件。水力机械在这一阶段得到了进一步发展。两晋时期出现了自动磨车、舂车、水碾等水力机械。唐代出现了筒车(见图2-9),其提水功效显著,较人、畜力翻车(又称龙骨水车)为优。唐代耕犁的结构有新的改进,出现了可以转动的犁梁装置。唐朝末期机械制造已有较高水平,如西安出土的唐代银盒,其内孔与外圆的同心度误差很小,子母口配合严紧,刀痕细密,这些都说明当时机械加工精度已达到新的水平。在运输工具方面,人力和水力并用,在技术上有进一步发展。南朝齐祖冲之所造日行百里的所谓千里船和南朝梁侯景军中的160桨快艇,都是人力推进的快速舰艇。南北朝时期出现了车船。唐代的李皋设计制造了车船,可用人力踏动快速前进。在这一时期,大型铜铁铸件和大型机械结构陆续出现,五代时铸造的沧州铁狮子重约40 t。

第二个阶段是宋元时期,这是中国传统机械制造发展的高峰时期。在农业机械方面有很大的进步,宋代出现了锻制的犁刀装置,还较广泛地采用了铁搭、犁等新式农具。各种水力机械得到了更广泛的应用。南宋末期又创造出先进的水转大纺车,三摧、五摧(锭)手摇纺车曾是当时世界上比较先进的人力纺纱机具。元代薛景石所著《梓人遗制》是木工名家总结亲身经验之作,详细记述了当时通行的纺织机具和车辆。兵器制造技术在这一阶段发展很快,出现了大炮、管形火器和喷射火箭等新式武器。这一时期天文和计时仪器发展迅速,北宋苏颂和韩公廉等制成的木构水运仪象台高约12 m,宽约7 m(见图2-10),它是集观测天象的浑仪、演示天象的浑象、计量时间的漏刻和报告时刻的机械装置于一体的综合性观测仪器。水运仪象台代表

**图 2-9　筒车**

**图 2-10　木构水运仪象台**

了当时中国天文仪器的最高水平。这一阶段还有一些重大的发明,如活字印刷术和双作用活塞风箱,以及冷锻和冷拔工艺等等。

在这一时期,我国出现了许多杰出的机械制造家,如马钧、祖冲之、李皋、张思训、燕肃、苏颂、郭守敬和王祯等,他们为传统机械的发展做出了重要贡献。当时中国在机械制造、零件加工、工程材料、农业机械、纺织机械、造船和仪器制造等多方面都走在了世界的前列。不少机械传到了国外,对世界科学技术的发展产生了一定的影响。

### 2.2.4 传统机械制造的平稳发展时期

从元代后期到清代中期,中国机械制造的发展进入平稳时期,传统机械制造技术在众多领域得到了广泛的应用与长足的发展,机械制造水平有了极大提高。如在热处理方面,明代出现了"冷待淬火"工艺,并且对淬火工艺的功能有了较深刻的认识;在兵器制造技术方面,出现了大量的新式兵器,还出现了《火龙神器阵法》等兵器专著。在造船方面也有很大进展,郑和下西洋的船队是 15 世纪世界上规模最大的船队。郑和所乘宝船长约 147 m,宽约 60 m,船上 9 桅可挂 12 张帆,舵杆高 11 m 多(见图 2-11),是古代最大的远洋船舶。当时的机械制造主要仍靠手工操作,大者如千钧锚是靠人工先锻成四爪,然后依次逐节锻接;小者如制针用的冷拔钢丝,也是用手工制成的。

**图 2-11 郑和宝船**

在明中叶或稍前,木帆船已能逆风行驶,并拥有全风向航行的能力。扬州立帆式风轮是将八扇纵帆等距装置在八角形木架上制成的,能围绕一个垂直轴旋转,并能自动调节帆面角度。这是中国古代独具特色的木船风帆的进一步发展和运用。长期以来,中国沿海一带多利用它推动翻车,以提取海水晒制食盐。

清乾隆年间宫廷造办处曾制造大更钟,它依靠悬锤的重力驱动,并具有精确的报更机构,做工精致,富有中国民族特色。明清两朝中国钟表工匠创制了不少新奇的钟表。当时的广州、苏州、南京、扬州等,成为有名的制造钟表的城市。

机械技术的进步促进了学术研究的发展。明末学者王徵与传教士邓玉函于 1627 年共同编译和出版了《远西奇器图说录最》,介绍了西方机械工程的概况。来自西方的自鸣钟表和水铳等也在一定范围内得到流传。1637 年宋应星编著的《天工开物》出版,该书记录了许多先进的工艺技术和科学创见。这本书反映出当时的农业和手工业的生产技术水平,其内容涉及泥型铸釜、失蜡法铸造以及铸钱等铸造技术,还记述了千钧锚和软硬绣花针的制造方法、提花机和其他纺织机械以及车船等各种交通工具的性能和规格等。《天工开物》被称为中国 17 世纪的工艺百科全书。

### 2.2.5　中国机械制造的转折期

鸦片战争的失败使清朝统治阶级内部不少人认识到先进技术的作用,他们开始倡导学习西方科学技术、引进先进的机器生产,并兴起了洋务运动。在这期间,先后创办了一批军工企业(如福州船政局、江南制造局、天津机器制造局等)和民用企业,大量引进了西方的机械设备和工艺。这些企业采用了来自西方的新的设备和新的机械制造技术来制造机械装备,同时,也开始了一些机械的研制工作,如1862年安庆内军械所研制出了中国第一台蒸汽机。图2-12所示为福州船政局制造的第一艘蒸汽船"万年清"号。

**图 2-12　"万年清"号蒸汽船**

### 2.2.6　中国机械制造的复兴时期

新中国成立后,中国机械的发展进入了新的时期。1953年,我国开始了第一个五年计划,确定以156项重大工业项目为中心的工业化进程。在确定了工业化发展方向以后,我国开始注重机械制造业的发展,不但很快能够自行设计和制造飞机、汽车(图2-13所示为我国制造的第一辆"解放"牌汽车)、轮船、机车等现代机械,而且改变了旧中国以修配为主的状态,建立了门类比较齐全,具有一定规模的机械工业体系,我国机械科技的研究水平有了很大的提高。建立了机械科学研究院、电器科学研究院等科研机构,并陆续建立了一系列专业研究设计机构,开始大力研发机床、仪表、电气传动装置、汽车、内燃机等设备。

改革开放后,我国进一步调整产业布局,改革高等教育和科研部门,使得我国机械工业焕发了青春,得到迅速发展。

近年来中国的机械制造企业在工程机械装备领域不断地创造着辉煌。如2013年4月我国自主研发的世界上最大吨位的模锻压机(见图2-14)在中国第二重型机械集团公司德阳基地实现了试生产。这意味着我国大型模锻产品制造实现了自主化和国产化,我国大型模锻产品长期依赖进口的被动局面已被彻底扭转,我国成为拥有全世界最高等级模锻装备的国家。

同时,我国在军工领域也取得了巨大的成就。如2004年开始服役的由中航工业成都飞机工业(集团)有限公司研制的歼-10战斗机,是我国全自主研发的中型、多功能、超声速、全天候空中优势的第三代战斗机;中航工业成都飞机工业(集团)有限公司研制的歼-20战斗机(见图2-15)是一款单座双发动机,具备高隐身性、高态势感知、高机动性等能力的第五代制空战斗机,是当今世界科技变革最前沿且现役所有型号当中最先进的一代战斗机之一,具有强大的攻

图 2-13　"解放"牌汽车　　　　　　　　　　　　图 2-14　模锻压机

击力和全方位打击能力；2017 年 6 月在上海江南造船厂下水的 055 型万吨级驱逐舰（见图 2-16），全舰主要天线采用共形设计，具有较高的信息化水平及隐形性能，可组织远、中、近三层先期预警防御网，并有较强的防空、反导、反潜、反舰、攻陆和电子战能力。该舰拥有较高的续航力、自持力及适航性，可在除极区外无限航区遂行作战任务。这些装备都展现了我国机械制造业的发展成就。

图 2-15　歼-20 战斗机　　　　　　　　　　　　图 2-16　055 型驱逐舰

时至今日，我国已经建立起了完整的工业体系，机械制造业水平达到了新的高度，并且在机械制造技术、工程材料、制造工艺等方面也不断地进步和发展。我国的机械制造业不再主要依赖引进、组装和仿制，而是达到了能够自主创新、自主研发和制造高精尖机械装备的水平。

中华民族在过去的几千年中，在机械工程领域取得了极其辉煌的成就，不但发明的数量多、质量高，发明时间也早。我们过去的历史是光荣的，但目前中国制造业和世界工业强国相比，在装备、技术、管理水平等方面还相差甚远。为实现中华民族的再度辉煌，我们的任务十分艰巨。因此，我们必须清醒地认识到自己的不足，不断改进，加快发展步伐，在新的世纪将中国制造业发展提升到更高的水平。

## 2.2.7　中国机械制造的未来

在全球知识网络时代，与信息网络技术、大数据、云技术等深度融合的机械制造业，仍然是国民经济发展的基础性、战略性支柱产业，机械工程技术的发展将支撑制造强国战略。

**1. 经济转型升级的需求**

改革开放 30 多年以来，我国的综合国力明显增强，国民经济持续较快发展，工业化、城镇化、市场化、国际化步伐加快，对外贸易迈上新台阶，国家财政收入大幅度增加，国际地位明显提高。但纵观这 30 多年的发展历程，我国经济过度依赖资源和资金的大规模投入，发展方式粗放。这种高投入、高消耗的发展模式虽然带来了经济高速增长,但也让我们付出了沉重的代价,带来了诸多问题:能源资源日渐短缺、环境污染日趋严重;经济发展过度依赖规模增长,劳动生产率低下;资源加工业增长过快,低水平产品生产能力过剩,产业结构不合理;技术对外依存度高,自主创新能力薄弱;对外市场依存度大,市场风险高。

在资源、环境约束更趋强化,要素成本趋于上升的今天,在金融危机后贸易保护主义兴起的背景下,我国经济的粗放增长模式已难以为继。转变经济发展方式、调整产业结构、建立完善的技术创新体系、节能减排、走新型工业化道路已经迫在眉睫。我国仍处于社会主义初级阶段,发展仍是解决我国存在问题的关键,坚持科学发展、加快转变经济发展方式是我国经济社会领域的一场深刻、综合性、系统性、战略性的转变。第一,必须坚持创新驱动,把增强自主创新能力作为转变发展方式的中心环节,着力推进技术的重大突破,推动经济发展向主要依靠科技进步、劳动者素质提高、管理创新的方向转变,建设创新型国家。第二,必须立足绿色发展,大力推进节能降耗,减排治污,有效控制温室气体排放,促进形成低消耗、可循环、低排放、可持续的产业结构、运行方式和消费模式,提升可持续发展能力。第三,必须注重融合发展,充分发挥信息化在转型升级中的牵引作用,深化信息技术的集成应用,促进智能产业发展,积极发展生产性服务业,加速推进制造业服务化。第四,必须加快机构调整,在大力推进投资类机械装备技术升级的同时,更多地关注消费类机械产品的研发和生产,以更好地满足市场需求。

在未来十几年甚至更长一段时期内,构建更具竞争力、更加节约资源、环境友好的产业结构和工业体系,促进制造业由大变强,仍是我国工业化进程中一项重要的历史任务。

**2. 实施制造强国战略的需求**

站在发展的新历史起点上,我们需要紧紧抓住新一轮科技革命的历史机遇,把制造业作为立国之本、兴国之器、强国之基,建设具有国际竞争力的制造业,力争通过三个十年的努力,把我国建设成为引领世界制造业发展的制造强国。

《中国制造 2025》提出,要以"创新驱动、质量为先、绿色发展、结构优化、人才为本"为基本方针,坚持走中国特色新型工业化道路,以促进制造业创新发展为主题,以提质增效为中心,以加快新一代信息技术与制造业深度融合为主线,以推进智能制造为主攻方向,以满足经济社会发展和国防建设对重大技术装备的需求为目标,强化工业基础能力,提高综合集成水平,完善多层次多类型人才培养体系,促进产业转型升级,培育有中国特色的制造文化,实现制造业由大变强的历史跨越。

《中国制造 2025》明确了九项重点任务:提高国家制造业创新能力;推进信息化与工业化深度融合;强化工业基础能力;加强质量品牌建设;全面推行绿色制造;大力推动重点领域突破发展;深入推进制造业结构调整;积极发展服务型制造和生产性服务业;提高制造业国际化发展水平。

重点实施五大工程:制造业创新中心建设工程、智能制造工程、工业强基工程、绿色制造工程、高端装备创新工程。

大力推动重点领域突破发展,聚焦新一代信息技术产业、高档数控机床和机器人、航空航天装备、海洋工程装备及高技术船舶、先进轨道交通装备、节能与新能源汽车、电力装备、农业装备、新材料、生物医疗及高性能医疗器械等十大重点领域。

# 2.3　世界机械制造发展史简介

## 2.3.1　世界制造发展历程

古代由于交通不方便,各国之间文化交流很少,世界上几个独立文化区域的机械发展很不平衡,如东亚和南亚、西亚和欧洲的机械发展情况各不相同。中国机械制造技术起源早,发展较快,在 14 世纪前居世界前列,是独立发展的,与其他地区联系不多。公元前 3500 年,古巴比伦已经出现带轮子的车、钻孔用的弓形钻。公元前 2686 年,古埃及开始将牛拉的原始木犁和金属镰刀用于农业。公元前 8 世纪,水钟、虹吸管、鼓风箱和活塞式唧筒等流体机械在埃及得到初步的发展及应用。公元前 600 年至公元 400 年(称为古典文化时期),在古希腊诞生了一些著名的哲学家和科学家,他们对古代机械的发展做出了杰出的贡献。如希罗夫关于杠杆、滑轮、轮与轴、螺纹等简单机械的负重理论,至今仍有参考意义。这一时期发明的脚踏车床一直沿用到中世纪,为近代车床的发展奠定了基础。

公元 400 年至公元 1000 年间,由于古希腊和古罗马文化的沉寂,欧洲的机械技术基本处于停顿状态。直到公元 1000 年以后,随着农业和手工业的发展,意、法、英等国家相继兴办大学,发展自然科学和人文科学,培养人才,同时吸取当时中国、阿拉伯和波斯帝国的先进科学技术,欧洲机械技术才开始恢复发展。

进入 16 世纪后,欧洲进入文艺复兴时代,机械工程领域中的发明创造如雨后春笋般冒出,机械制造业得到空前发展。文艺复兴时期的代表人物、意大利著名画家达·芬奇设计了变速器、纺织机、泵、飞机、车床、锉刀制作机、自动锯螺纹加工机等大量机械,并绘制了印刷机、压缩机、起重机、卷扬机等大量机械的草图。

17 世纪以后,英国、法国和其他国家的资本主义商品经济飞速发展,许多企业开始致力于各行业机械的改进,机械制造技术再一次得到了空前的发展。18 世纪初出现了大气式蒸汽机,用以驱动矿井排水泵。1765 年,瓦特发明了设有与汽缸壁分开的凝汽器的蒸汽机,降低了燃料消耗率。1781 年,瓦特又创制出提供回转动力的蒸汽机(见图 2-17)。

18 世纪中期,英国出现纺织机。18 世纪 60 年代,英国纺织工人哈格里夫斯设计了一台将 8 个纱锭竖排起来由一个轮子带动的纺纱机。1769 年,阿克赖特发明了水力纺纱机,用它纺出的纱线比手工纺的更结实更精细,而且速度更快。1785 年,卡特赖特发明简单的自动织布机。纺纱和织布速度的提高,要求原料供应的速度随之加快。于是,在 18 世纪 90 年代美国人惠特尼发明了轧棉机,它的发明既促进了英国纺纱工业的发展,又推动了美国棉花种植业规模的扩大。

18 世纪后期,蒸汽机的应用已经从采矿业扩展到纺织、面粉生产、冶金等众多行业。生产机械所选用的材料逐渐从木材变为金属,机械工业制造的兴起成为一个时代的标志。

1838 年,英国人巴尼特制出第一台装有点火装置的内燃机。1892 年,德国狄塞尔提出压燃式内燃机原理,为提高内燃机热效率做出了重要贡献。1897 年,他制成第一台压缩点火式内燃机(见图 2-17),解决了汽车、轮船等许多机器的动力源问题,机械工业发展进入一个新阶段。

英国科学家法拉第发现电磁感应现象后,又利用电磁感应现象发明了世界上第一台发电

图 2-17　瓦特改良的蒸汽机　　　　图 2-18　狄塞尔发明的压缩点火式内燃机

机,此后,科学家们纷纷开始研制发电机。1870 年比利时人格拉姆制造出由蒸汽机驱动的发电机,主要用于照明和电镀。1873 年,维也纳举行了世界博览会,比利时人齐纳布·格拉姆在实验发电机时,由于操作失误,使外部电流流向了发电机,发电机却突然转动起来,这一偶然的发现,触动了科学家的灵感,不久工程电动机诞生。电力开始用于带动机器,成为补充和取代蒸汽动力的新能源。随着电力工业和电器制造业的迅速发展,人类跨入了电气时代。

1882 年,瑞典科学家拉瓦尔研制出了冲击式汽轮机。1884 年,英国的帕森斯研制出多级反动式汽轮机,这是第一台有实用意义的汽轮机。1896 年,法国科学家拉托研制出多级冲动式汽轮机。汽轮机的进一步发展是把冲击式和反作用式结合起来,使汽轮机的性能得到改善。

20 世纪初,在工业生产中,电动机已经取代了蒸汽机,成为各种机械的基本的驱动力。发电站早期还是以蒸汽机为主要动力,在 20 世纪初,相继出现了高效率、高转速、高功率的汽轮机,适应于各种大、小功率的发电机组。

### 2.3.2　世界工业发达国家在近现代对制造业的主要贡献

工业革命以后至 20 世纪初,机器生产成为主要的生产方式,大大促进了生产力的发展,并形成了现代意义上的机械制造业。但生产方式仍以作坊式的单件生产为主,由于机器精度不高,产品质量主要靠作业人员的技艺来保证,故称为“技艺”型生产方式。此时的工厂组织结构仍较分散,管理层次仍较简单,通常由业主或代办直接与顾客、雇员和协作商联系。这种生产方式的生产率仍然较低,且生产周期较长,产品价格居高不下。

20 世纪初,美国福特汽车公司首先在底特律建立了世界上第一条流水生产线,标志着大批量生产方式(mass production,MP)的开始。由于机器精度提高,工件加工质量容易得到保证,工人的技艺变得不再那么重要了。加上互换性原理的推广,汽车装配不再使用锉刀或刮刀,工人只需进行一些诸如按按钮、拧螺钉、焊接、涂漆等基本操作。装配流水线按一定的节拍运转,每个工人日复一日地重复一种简单的机械动作,完成一种固定的操作。在大批量生产方式下,多数从业人员不再需要很高的技术水平,而只需进行简单的培训,即可上线工作。这种生产方式大大缩短了生产周期,提高了生产效率,降低了生产成本,并使产品质量容易得到保证。以汽车工业为代表的大批量自动化生产方式使得产品生产率获得极大的提高,从而使机械制造业有了更迅速的发展,并开始成为国民经济的支柱产业。大批量生产方式也一度成为先进生产力的代表和当代工业化的象征。

20 世纪 40 年代，计算机技术出现后，美国率先提出了计算机辅助设计（computer aided design，CAD）和计算机辅助制造（computer aided manufacturing，CAM）的设想。20 世纪 50 年代 CAD/CAM 技术正式出现，并从 20 世纪 60 年代开始得到迅速发展。起步早、影响大的计算机辅助设计软件 AutoCAD 是美国的 Autodesk 公司在 20 世纪 80 年代发展起来的。AutoCAD 最初只是计算机辅助绘图软件，利用 AutoCAD1.0 只能绘制由点、线构成的二维图形，后来发展到三维图形绘制，但也只能用于绘制由线、面构成的三维几何体，再后来发展到实体建模以及曲面实体建模，现在则实现了以特征为基础的参数化建模。

CAD/CAM 技术把计算机引入工程设计和制造领域，从而把传统的产品制造业推向高新技术行列。它主要承担拟订方案、优化设计、计算分析、工程绘图、产品的模拟与试验、工艺准备、自动加工等各个环节中的关键工作，并与计算机辅助管理结合，形成了集成化的计算机辅助工程（computer aided engineering，CAE）系统，从而实现了产品设计、制造和管理的全面自动化。

同样是在 20 世纪 40 年代，集成电路的出现，以及运筹学、现代控制论、系统工程等软科学的产生和发展，使机械制造业产生了一次新的飞跃。传统的自动化生产方式只有在大批量生产的条件下才能实现，而数控机床的出现则使中小批量生产自动化成为可能。科学技术的高速发展，促进了生产力的极大提高。传统的大批量生产方式已难以满足市场多变的需要，多品种、中小批量生产日渐成为制造业的主流生产方式。

第二次世界大战结束后，世界经济格局发生了几个显著的变化。首先，全球冷战时代结束，全球经济一体化的进程加快；其次，以计算机和网络技术为代表的高新技术异军突起，在社会生活中占据了越来越重要的位置；另外，电视、广播、网络等媒介使得信息传播越来越迅速，市场呈现出个性化和多元化的需求变化。由于这些变化，企业在生产和运行过程中，已经不能单纯靠扩大规模来降低成本和增加利润，相反，一些规模虽小但信息灵通、反应敏捷、供货及时的企业表现出了勃勃生机。

为了适应新的形势，在机械制造领域提出了许多新的制造哲理、生产模式和先进制造方式，如计算机集成制造（computer integrated manufacture system，CIMS）、并行工程（concurrent engineering，CE）、敏捷制造（agile manufacturing，AM）、柔性制造（flexible manufacturing，FM）、人工智能（artificial intelligence，AI）等。这些技术或管理理念的出现，给制造业注入了新的活力，解决了制造业面临的困境和难题，迄今仍在发挥着重要的作用。

### 2.3.3　世界工业发达国的制造业发展战略

当前，世界工业发达国家抓住新一轮科技革命的难得机遇，纷纷加大科技创新力度，以保持其竞争优势与引领地位。如德国推出了“工业 4.0”，美国制订了“国家先进制造业战略计划”，英国政府推出了“高价值制造”战略，日本发布了“机器人新战略”等，以求在移动互联网、云计算、大数据、先进制造技术等领域取得新突破。

**1. 美国“国家先进制造业战略计划”**

2012 年 2 月，美国国家科学技术委员会发布了《国家先进制造业战略计划》，旨在推动美国先进制造业的技术创新，加速美国先进制造业的发展，确保美国制造业的未来竞争力。

美国先进制造伙伴执行委员会（AMPSC）确立了构造美国先进制造未来领导权生态体系

的三大支柱：促进创新、技术人才培养和改善商业环境。先进制造技术创新是确保美国先进制造业未来领导力的根本保证。为确保创新的可持续性和收益性，美国先进制造业伙伴计划2.0（AMP2.0）提出两大工作重点：甄别优先发展的先进技术和建设创新共享基础设施。

1）优先发展的先进技术

通过一系列标准和程序，AMP2.0最终确立优先发展的三大技术领域：先进传感器、控制和制造平台（ASCPM）技术，可视化、信息化和数字化的制造（VIDM）技术，先进材料制造（AMM）技术。

（1）ASCPM技术　商业数字化设计软件的发展、传感器和生产设备集成增加、机器人和自动化技术的发展及新型信息技术的出现等因素推动制造业进入快节奏创新和变革时代。这些因素是ASCPM技术发展的根本驱动因素。

ASCPM技术的定义是环绕机器→工厂→企业→供应链方面的传感、仪表、监测、控制和优化以及相关硬件和软件平台的制造业自动化；基于先进的互联网络基础设施，ASCPM技术可以帮助制造业实现智能制造过程中信息和机器设备的无缝连接，从而增强制造敏捷性和提高生产率，提升经济整体水平和美国制造业竞争力。

ASCPM技术未来发展的着力点是基于生物传感器、纳米传感器和微制造的传感器研发，多传感器数据的实时分析，智能化诊断、预测和维修，离散制造的先进控制器，过程控制集成，互联网基础设施，软件应用和软件开发，平台基础设施的设计和构建。

（2）VIDM技术　制造业端到端集成技术的发展、供应链效率的提升、过程安全管理的改善、制造技术的柔性化和智能化发展等是VIDM技术发展的主要驱动因素。

VIDM技术是一系列集成化、尖端、企业层级的智能制造技术集合。借助先进的信息技术系统和工具，VIDM技术可以通过提升端到端供应链效率、柔性化生产、最优能源管理等，实现个性化定制生产的零次品率。借助稳健的网络安全架构和高计算性能的共享型网络基础设施，以及可视化、信息化和数字化的制造技术，可以帮助美国制造业向消费者提供最优化（更快、更低价、更简洁、高质量、高能效和环境友好）服务。

VIDM包含三个子领域：数据线、集成信息系统、大数据及分析。数据线集成了供应链数据（产品全生命周期的数据，包括概念、生产、终端使用、维修服务等方面数据），可以提供互联、可视化和最优化数字化设计；数据线技术进一步发展的着力点是数字化制造数据本体、制造业数据模型、先进的数据线工具（具备深度分析、仿真和模型化能力）、数据线的网络安全框架以及数据线人才的培养。集成信息系统通过集成当前多样化和异质性信息孤岛，可以缩短前置时间，降低库存成本，提前且可视化地发现问题，并进行正确的预防性干预。集成信息系统进一步发展的着力点是制定并推广数据标准、模型和算法，建立实时分析/响应机制，打造异质性系统、基础设施和平台。大数据可以用大量（volume）、多种类（variety）、高速（velocity）、真实性（veracity）、低价值密度（value）等"5V"特征描述，是实施VIDM技术的基础，其未来发展的着力点是元数据的管理，促进私有数据的交换和共享，大数据的监测、可扩展算法及多维推断功能，海量不可预期数据和快速增长的数据的存储等。

（3）先进材料制造技术　多部门、多行业高端材料研发的冲击，材料供给不稳定给国家安全和竞争带来的影响，降低某些生产必需的自然资源的压力等是促进先进制造材料技术发展的主要驱动因素。先进材料制造技术包括高结构复合材料、生物制造技术和关键材料再加工技术等；其进一步发展的着力点是材料可靠性资质认证、供应链的透明化、制造相关的材料数据库的构建、减小合成材料对环境影响、关键材料的恢复等。

2）创新共享基础设施

奥巴马提议美国联邦政府一次性拨款 10 亿美元建立 15 个制造业创新中心，组成全美制造业创新网络，以填补基础研究和产品开发间的鸿沟（又称"死亡之谷"），加快科技成果转化和大规模商业化应用。

美国已经建立的创新中心有 9 所（见表 2-1），包括：国家增材制造创新中心、数字制造与设计创新中心、轻质现代金属制造中心、新一代电子电力制造中心、先进复合材料制造创新中心、集成光子学制造创新中心、柔性混合电子学制造创新中心、革命性纤维与织物织造创新中心、清洁能源智能制造创新中心。

**表 2-1　美国已建的 9 个创新中心及其研究重点**

| 创新中心名称 | 研究重点 |
| --- | --- |
| 国家增材制造创新中心 | 开发可共享的设计方法与工具，变革设计理念，使增材制造零件设计打破固有流程；围绕增材制造性能表征基准，构建知识体系，消除成品材料性能的波动；提升增材制造机床的速度、精度和细节分辨率，并且适应大批量生产，提高成品零件质量；逐渐降低端到端价值链成本，缩短增材制造产品的上市时间；逐渐减少增材制造新材料设计、开发与合格鉴定所需的成本和时间 |
| 数字制造与设计创新中心 | 以数字集成和网络化为特征的先进设计和制造工具，重点技术包括：新的模型设计方法、智能制造工具、传感器和基于机器的制造网络 |
| 轻质现代金属制造中心 | 通过加强轻质金属材料研究，增加如风力发电机、医疗设备、发动机、装甲作战车、飞机机身等产品的市场竞争力，并显著节约能源和制造成本 |
| 新一代电子电力制造中心 | 以基于宽禁带（wide band gap）半导体技术的电力电子装置为主，设计更加紧凑、有效的电子装置 |
| 先进复合材料制造创新中心 | 研究开发更低成本、更高速度、更高效率的先进复合材料制造和回收方法 |
| 集成光子学制造创新中心 | 开发新的制造技术和工艺方法，提升电信、雷达、激光和其他领域技术的性能和可靠性 |
| 柔性混合电子学制造创新中心 | 通过创新工艺，将柔性、可弯曲的电子器件嵌入从医疗设备到超声速飞行器的各种军民用产品 |
| 革命性纤维与织物织造创新中心 | 开发推广下一代灵巧多功能纺织物，应用到制服、防护和承载装备、机体主承力和次承力结构等中 |
| 清洁能源智能制造创新中心 | 关注 ASCPM 技术，将其运用在制造过程中，至少能提升 15% 的能源利用效率，50% 的能源生产率 |

**2. 德国"工业 4.0"战略**

德国拥有强大的机械和装备制造业，其信息技术能力在全球占据着显著地位，在嵌入式系统和自动化工程方面也具有很高的技术水平，这些都意味着德国确立了其在制造工程行业中的领导地位。

德国"工业 4.0"战略旨在支持工业领域新一代革命性技术的研发与创新，该战略被看作提振德国制造业的有力催化剂。

"工业4.0"旨在通过充分利用信息通信技术和网络空间虚拟系统——信息-物理融合系统(cyber-physical system,CPS),实现制造业的智能化转型。

"工业4.0"战略提出要建立一种高度灵活的个性化和数字化的产品与服务的生产模式,促进各种新的活动领域和合作形式产生,改变创造新价值的过程,重组产业链及分工。德国希望通过实施这一战略,实现小批量定制化生产,提高生产率,降低资源量,提高设计和决策能力,弥补劳动力成本高的劣势,实现双重战略目标——成为现今工业生产技术(CPS)的供应国和主导市场。

"工业4.0"主要研究两大主题——智能工厂和智能生产,并提出要实现三项集成,即横向集成、纵向集成与端对端的集成。同时,列出了八个优先行动领域:标准化和参考架构、复杂系统的管理、一套综合的工业基础宽带设施、安全和安保、工作的组织和设计、培训和持续性的职业发展、法规制度、资源效率。

德国三大工业协会——德国信息技术、通信、新媒体协会(BITKOM)、德国机械设备制造业联合会(VDMA)及德国电气和电子工业协会(ZVEI)牵头建立了"工业4.0"平台,并由协会的企业成员组成指导委员会,各大组织组成主题工作小组,共同推动"工业4.0"战略的发展。

**3. 日本"机器人新战略"**

2015年,日本发布"机器人新战略"。该战略指出,在世界快速进入物联网时代的今天,日本要继续保持自身"机器人大国"(以产业机器人为主)的优势地位,就必须策划实施机器人革命新战略,将机器人与IT技术、大数据、网络、人工智能等深度融合,在日本积极建立世界机器人技术创新高地,营造世界一流的机器人应用社会,继续引领物联网时代机器人的发展。

日本政府针对这一战略提出了三大核心战略。

一是世界机器人创新基地——彻底巩固机器人产业的培育能力。增加产、学、官合作,增加用户与厂商的对接机会,诱发创新,同时推进人才培养、下一代技术研发、开展国际标准化等工作。

二是世界第一的机器人应用社会——使机器人随处可见。为了在制造、服务、医疗护理、基础设施、自然灾害应对、工程建设、农业等领域广泛使用机器人,在战略性推进机器人开发与应用的同时,要打造应用机器人所需的环境。

三是迈向领先世界的机器人新时代。物联网时代,数据的高级应用形成了数据驱动型社会。所有物体都将通过网络互联,日常生活中将产生无数的大数据。

**4. 英国"高价值制造"战略**

2008年,英国政府推出"高价值制造"战略,希望鼓励英国企业在本土生产更多世界级的高附加值产品,以加大制造业在促进英国经济增长中的作用。目前,"高价值制造"战略已进行到第二期(2012—2015年)。

所谓"高价值制造",是指应用先进的技术和专业知识,来创造能为英国带来持续增长和高经济价值潜力的产品、生产过程和相关服务。

"高价值制造"使用了22项"制造业能力"标准(包括五大方面:能源效率、制造过程、材料嵌入、制造系统和商业模式)作为投资依据,衡量投资领域是否具有较高经济价值。在2013—2014年度,英国资助了14个创新中心、特殊兴趣小组等机构的建设,涉及的领域包括生物能源、智能系统和嵌入式电子、生物技术、材料化学等。

# 2.4　机械制造技术的发展趋势

当今世界,新一轮科技革命和产业变革正在加速演进。人类在物质结构、宇宙演化、生命起源、意识本质等一系列重大科学问题方面取得原创性突破,从而开辟出新的前沿阵地,一些重大颠覆性技术创新将推动新产业、新业态的产生。信息技术、生物技术、新材料技术、新能源技术与制造技术的深入融合,带动了以绿色、智能、超常、融合、服务为特征的机械工程技术的发展;大数据、云计算、移动互联网等新一代信息技术同制造技术相互融合的步伐加快,技术更新和成果转化更加快捷,产业更新换代不断加快,社会生产和消费从工业化向自动化、数字化、网络化、智能化转变,社会生产力将再次大幅提高,劳动生产率将再次出现大飞跃。

## 2.4.1　新一轮科技革命与产业变革

新一轮科技革命与产业变革的实质是信息网络技术与制造业的深入融合,是以制造业为核心,在建立物联网和务(服务)联网信息物理系统的基础上,同时加上新能源、新材料、生物技术等方面的突破而引发的新一轮产业变革。

**1. 数字化技术、信息网络技术对机械制造的影响**

20 世纪 50 年代发展起来的数控加工技术将传统的由工人、机械模板、行程开关产生的加工信息数字化,用程序指令控制工作程序、运动速度和轨迹进行自动加工,实现了制造技术质的飞跃。数字化技术是与信息的数字表达、收集、处理、存储、传递,以及传感、仿真、控制、集成和联网等相关的科学技术集合,它的应用使得机械工程向着自动化、信息化、智能化方向不断演进,将逐步实现由智能产品或装备,到智能制造单元、智能制造系统,再到全球制造系统的集成。

新一轮科技革命与产业变革,将使世界范围内的制造业发生颠覆性改变,主要表现在:一是将数字技术和智能技术植入产品,使产品功能极大丰富,性能发生质的变化;二是数字技术和智能制造技术应用于产品和制造过程,可实现产品的无图纸化设计制造和虚拟装配;三是以数字技术为基础,在互联网、物联网、云计算、大数据等泛在信息的支持下,大批量定制化生产逐步取代大批量流水线生产,产业形态将从生产型制造向全生命周期的服务型制造转变;产品销售和服务模式也越来越多地被电子商务所取代。

未来 10 年,信息网络技术引领的技术创新和应用发展更为迅猛,全球制造产业和经济社会发展变革的方向和态势更加清晰。信息网络、云计算、大数据等技术的发展和应用日新月异,对生产供给侧、应用消费需求、经营服务、金融和商业流通、公共管理与服务、创新创业的影响巨大而且深刻。

1) 设计技术、制造工艺及装备的创新

(1) 设计技术的创新　一方面,采用面向产品全生命周期、具有丰富设计知识库和模拟仿真技术支持的数字化智能化设计系统,在图形图像学、数据库、系统建模和优化计算等技术支持下,可在虚拟的数字环境里并行地、协同地实现产品的全数字化设计,结构、性能、功能的计算优化与仿真,可极大提高产品设计质量和一次研发成功率;另一方面,传感器的应用使得设备运行数据的获得更加容易,通过数据分析和控制技术,反过来作用于产品设计阶段,进而改善产品功能,甚至可创新出新的服务。如特斯拉公司利用大数据技术,采集和分析了用户在驾驶时产生的加速度、电池充电和位置信息,以及用户驾驶习惯等方面的大量数据,结合市场数据和企业生产、管理数据,进行了产品及生产协同创新,进而实现了产品研发创新。

(2)制造工艺创新　数字化技术带来了加工原理的重大创新(比如增材制造),同时,加工过程的仿真优化、数字化控制、状态信息实时检测与自适应控制等数字化、智能化技术的全面应用将极大提高各种制造工艺的精度和效率,大幅度提升整个制造业的工艺水平。新一代信息技术正促使先进成型制造技术向低能耗、低成本、高效率、精密化、绿色化、柔性化、智能化的方向发展。

(3)制造装备及系统创新　伴随新一代信息技术的发展,典型的数字化智能化装备——智能机床的智能化程度不断加深。智能机床可对加工状态做出判断,监控、诊断和修正生产过程中的各类偏差,并提供生产的最优化方案,通过自动抑制振动、减少热变形、防止干涉、自动调节润滑油量、减少噪声等,提高机床的加工精度、效率。可以说,智能机床将逐渐进化到可发出信息和进行"思考",可自行适应柔性和高效生产系统的要求,对信息做出智能判断。

(4)数字化智能化技术使 CAD、CAM、CAPP(计算机辅助工艺过程设计)、数字化制造装备等得到快速发展,并形成柔性制造单元、数字化车间乃至数字化工厂,使生产系统的柔性不断增强、自动化程度不断提高,并向着具有感知、决策、执行功能特征的智能化系统方向发展。

2)制造过程的变革

在机械制造过程中,利用虚拟制造技术可对整个生产过程进行规划分析、评估、优化,实现研发、设计、工艺、装配、物流等业务流程的虚拟化,通过互联网构建虚实结合、实时同步的两个"平行世界",同时也很好地应对机械制造企业多品种、高效率、高质量、低成本方面的压力与挑战。

物联网、传感器等感知技术通过实时采集生产过程中的数据,将生产流程中的信息转变为可供处理的数字化信息和模型,实现了网络实时监控和调节,从而逐步达到柔性生产、精细管理。通过以太网或者现场总线采集设备运行状态数据,实现了对异常设备的诊断、维护和调整。如新一代机床与互联网连接,可以对温度、压力、热能、振动、运行等方面的海量数据进行分析,进而实现特征编程、加工仿真、实时监控、智能诊断、远程控制等网络智能制造,以及对工厂的分布式、分级式布局。

3)生产模式的变革

新一代信息技术的发展,将推动机械制造业生产模式的变革。机械制造企业通过融合数字化、网络化技术,可以把不同的制造商和供应商的优势资源紧密联系起来,还可以把各类制造资源和制造能力虚拟化和服务化,并将资金流、信息化、物流、服务流整合成制造资源和制造能力池,催生个性化定制生产、极少量生产、服务型制造以及云制造等新生产模式。

同时,新型生产组织还通过云平台、供应链整合、协同制造等使不同环节的企业间实现信息共享,并通过协同,加强产业链的合作,使各环节集中发挥核心优势。

**2. 新材料对机械制造的影响**

材料是技术创新的基础和核心。新材料的发明、应用一直引领着全球的技术革新,推动着高新技术制造业的转型升级,同时催生了很多新型产业。在发挥前沿新材料引领产业发展方面,轻量化材料、纳米材料、增材制造材料、智能仿生与超材料等前沿领域的创新程度,直接影响着我国在机械制造方面抢占发展先机和战略制高点的可能性。

轻量化材料凭借其在资源效率和碳排放方面的优势被广泛应用在制造业的各个领域。以汽车的轻量化为例,和传统汽车材料低碳钢相比,轻量化材料较低碳钢可以使汽车减轻 15%

~60%的重量,如高强钢、铝、镁、玻璃纤维复合材料可分别使汽车减轻 15%~25%、40%~50%、55%~60%、25%~35%的重量。以高强钢、铝合金、镁合金、复合材料等为代表的轻量化材料具有良好的减重效果,应用领域不断扩大,需求规模不断增长。随之而来的是对轻量化材料的加工与处理技术的不断发展。

纳米材料在半导体、电子和结构材料方面的应用优势尤为突出,纳米材料技术的进步可极大推动相关产业的快速发展和更新换代,市场前景巨大,有望催生千亿元规模的产业。石墨烯已开始应用在新能源汽车动力电池和快速充电设备上,使电池续航里程大大提高,充电时间也大幅减少。纳米管和石墨烯被用于创建高性能晶体管和高强度复合材料,也被用于制作生物标签和制造太阳能电池。石墨烯材料集多种优异性能于一体,是主导未来高科技竞争的超材料,广泛应用于电子信息、新能源、航空航天以及柔性电子等领域。

增材制造材料瓶颈的突破,对于增材制造产业的发展具有重要的意义。其中,增材制造金属粉末的成功研发,将实现适用于增材制造材料的产业化制备技术,并成功满足航空航天、生物医疗、汽车摩配、消费电子等领域的个性化需求,预计到 2020 年对增材制造金属粉末需求量将达到 800 t。

仿生智能材料和超材料是智能制造、智能传感的核心材料,实现其规模化制造及应用势在必行。

**3. 新能源对机械制造的影响**

进入 21 世纪以来,随着化石能源的大量使用,能源对人类生存环境的影响也愈加明显,全球气候变暖、水土大气污染、雾霾天气频发,已经危及人类的生存环境与身体健康,人们更期待采用绿色低碳的生产方式与生活方式。

当前,世界各国在太阳能、风能、地热能、海洋能、生物能、核能等新能源科技领域的投入持续加大。2011 年,欧盟发布《2050 年向具有竞争力的低碳经济转型路线图》,旨在转变能源系统,提高能源效率,应用可再生能源,鼓励研发和技术创新投资,重建整合能源市场。预计到 2030 年,欧洲的太阳能、风能、地热能、海洋能、生物能、核能等新能源占终端能源比例将至少达到 55%。2012 年,德国《可再生能源资源法案》实施,明确 2050 年前可再生能源在德国电力供应中的份额要达到 80%。与新能源发展密切相关的储电设备、智能电网、调峰电厂、新技术工艺都是德国今后发展的重点。2009 年,美国通过《美国复苏和再投资法案 2009》,该法案支持的重点是清洁能源,在新能源发展、提高能源效率、改善智能电网和扩大清洁能源汽车利用等方面均安排了资金。《美国清洁能源与安全法案》提出美国电力部门到 2020 年电力供应中的 5%~8%需来自新能源和能效改进项目。2016 年,我国发布《中国制造 2025——能源装备实施方案》,围绕确保能源安全供应、推动清洁能源发展和化石能源清洁高效利用,确定了十五个领域能源装备发展任务。

能源是经济社会发展的重要基础,也是生产力发展的动力源泉,人类历史上每一次社会发展都是以开发利用能源引发的技术创新为契机的。未来,新能源和绿色经济将成为引领科技和产业革命的重要方向,清洁可再生能源、智能电网、新能源汽车、低碳轨道交通、绿色低碳材料与清洁制造工艺、节能环保技术与产业、生态农业等领域将快速发展,并逐渐成为经济社会发展的新动力和新支柱。

**4. 生物技术对机械制造的影响**

21 世纪,生命科学、信息科学、纳米科学和认知科学的交叉领域正成为科学探索的热点,生物技术与制造技术的交叉融合,将使机械工程技术产生根本性的变化,催生人类文明的重大变革。

生物技术特别是分子生物学的发展,使得人类对核酸、蛋白质、多糖、生物膜等大分子的研究已十分深入。随着人类基因组计划以及后基因组研究的开展,人们对生命奥秘的了解已从朴素的生命机械观发展到分子和原子的层次。细胞分离和大量培养、生物大分子合成与改性、基因的切割与重组技术已比较成熟。上述成果与制造科学中的离散/堆积成型原理与技术、微制造以及数字微滴喷射等相结合,将人类引入了一个全新学科和工程领域,并形成了设计、制造、计算机模拟评估的生物工程制造框架。

生物制造将生物技术融入制造过程,可以进行人工生物组织及其功能替代物制造、生物医疗器械和装备制造、以受控生物系统为载体的制造等。仿生制造是通过对自然生物的模仿,设计和制造高性能材料、结构、器件和装备。

生物技术将制造技术延伸到生命科学领域,有望为医学工程的发展提供全新的科学原理与技术手段,它孕育着重大新兴产业。

## 2.4.2　机械制造技术五大发展趋势

**1. 绿色化**

进入 21 世纪后,绿色低碳生产与生活方式深入人心,保护地球环境、维持社会可持续发展已成为世界各国共同关心的议题。2015 年 4 月 25 日,《中共中央国务院关于加快推进生态文明建设的意见》发布,提出要坚持以人为本、依法推进,坚持节约资源和保护环境的基本国策,把生态文明建设放在突出的战略位置,融入经济建设、政治建设、文明建设、社会建设各方面和全过程,协同推进新型工业化、信息化、城镇化、农业现代化和绿色化。

我国制造工艺综合能耗水平与工业发达国家相比存在较大差距,我国每吨铸件铸造工艺能耗比国际先进水平高约 80%,每吨锻件锻造工艺能耗高约 70%,每吨工件热处理工艺能耗高约 47%。焊接材料可产生大量的焊接烟尘,是典型的高污染材料,我国焊接材料产量超过了世界总产量的 50%。机床作为制作加工系统主体,能耗大、能效低。据统计,机床使用过程消耗的能源占其整个生命周期消耗能源的 95%,机床在使用阶段的碳排放量占其整个生命周期内碳排放量的 82%。

实现机械工业的绿色化、低碳、循环发展,不仅是机械工业本身可持续发展的需要,也是我国经济社会健康永续发展的需要。未来机械工程技术将全面支撑构建绿色制造体系,促进生产方式绿色化发展。应考虑产品从设计、制造、包装、运输、使用到回收利用、报废处理的整个产品生命周期的绿色化(见图 2-19),考虑绿色制造技术与工艺的不断升级与应用,考虑资源能源的持续利用,减少废料和污染物的生成及排放,提高生产和消费过程与环境的相容程度,最终实现经济效益和环境效益的最优化。

机械工程技术的绿色化发展体现在以下五个方面。

(1) 产品设计绿色化　在产品设计阶段将环境影响和预防污染的措施纳入设计,着重考虑产品环境属性,并将其作为设计的主要目标。同时,产品设计时重点考虑绿色低碳材料的选择、产品轻量化、产品可拆卸性以及可回收性设计、产品全生命周期评价。

(2) 制造工艺及装备绿色化　以从源头消减污染物为目标,革新传统生产工艺及装备,通过优化工艺参数、工艺材料,提升生产过程效率,降低生产过程中辅助材料的使用和排放。用高效绿色生产工艺技术装备逐步改造传统制造流程,广泛应用清洁高效的精密成型工艺、高效

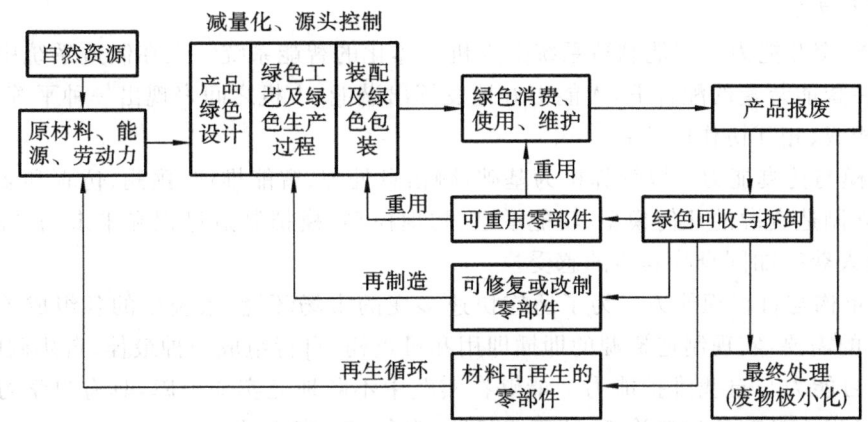

图 2-19 产品生命周期的绿色化

节材无害焊接、少无切削液加工技术、清洁表面处理工艺技术等,有效实现绿色生产。

（3）处理回收绿色化 发展以无毒无污染为目标的绿色拆解技术,发展以废旧零部件为对象的再制造技术;建立产品再资源化体系,通过回收再资源化技术,提高产品再资源化率。大型成套设备及关键零部件的再制造技术,在航空发动机、燃气轮机、机床、工程机械等领域广泛应用。

（4）制造工厂绿色化 制造工厂及生产车间向绿色、低碳升级,实现原料无害化、生产洁净化、废物资源化、能源低碳化,形成可复制拓展的工厂绿色化模式。建立一批绿色技术中心和服务平台,促进企业、园区、行业间链接共生、原料互供、资源共享;统筹应用节能、节水、减排效果突出的绿色技术和设备,提高绿色低碳能源使用比率,加强可再生资源利用和分布式供能。

（5）绿色化制造绩效评估 针对制造过程污染预防与能源效率进行监控、管理。确定污染预防与能效评估方法,创建相应的评估数据库、评估工具、评估标准,组建专业评估团队。以制造工艺和机加工车间为研究对象,建立制造过程能源消耗、环境影响与工艺参数的映射关系模型,并基于物联网技术,对制造企业生产关键环节的影响因素进行监测,从而构建制造生产系统能效、环境影响检测和优化体系。

**2. 智能化**

数控技术、机器人技术和计算机辅助设计技术开创了数字化技术用于制造活动的先河,也满足了制造产品多样化对柔性制造的要求;传感技术的发展和普及,为大量获取制造数据和信息提供了便捷的技术手段;人工智能技术的发展为生产数据与信息的分析和处理提供了有效的方法,给制造技术增添了智能的翅膀。

智能制造技术是面向产品全生命周期中的各种数据与信息的感知与分析,经验与知识的表示与学习以及基于数据、信息、知识的智能决策与执行的一门综合交叉技术,旨在不断提高生产的灵活性,实现决策优化,提高资源生产率和利用效率。智能制造技术涵盖了产品全生命周期中的设计、生产、管理和服务等环节。复杂、恶劣、危险、不确定的生产环境,熟练工人的短缺和劳动力成本的上升,呼唤着智能制造技术的发展和应用。可以预见,21 世纪将是智能制造技术获得大发展和广泛应用的时代。

智能制造系统具有以下六大能力。

（1）自律能力 智能制造系统能获取与识别环境信息和自身信息并进行分析判断,同时可规划自身行为。

（2）人机交互能力　智能制造系统是人机一体化的智能系统。人在制造系统中处于核心地位，同时在智能装置的配合下，人能更好地发挥出潜能，人机之间表现出一种平等共事、相互理解、相辅相成、相互协作的关系。

（3）建模与仿真能力　以计算机为基础，融信息处理、智能推理、预测、仿真和多媒体技术为一体，建立制造资源的几何模型、功能模型、物理模型，模拟制造过程和未来的产品，从感官和视觉上使人获得如同身临其境的感受。

（4）可重构与自组织能力　为了适应快速多变的市场环境，系统中的各组成单元能够依据工作任务的需要，实现制造资源的即插即用和可重构，自行组成一种最佳、自协调的结构。

（5）学习能力与自我维护能力　能够在实践中不断地充实知识库，具有自学习功能。同时，在运行过程中具有故障自诊断、故障自排除、自行维护的能力。

（6）大数据分析处理能力　通过整合、分析制造工艺数据、制造设备数据、产品数据、订单数据以及生产过程中产生的其他数据，能够使生产控制更加及时准确，生产制造的协同度和柔性化水平显著增强，真正实现智能化。

**3．超常化**

现代基础工业与航空、航天、电子制造业的发展，对机械工程技术提出了新的要求，促成了各种超常态条件下制造技术的诞生。目前，工业发达国家已将超常制造列为重点研究方向，在未来 20～30 年间将加大科研投入，力争取得突破性进展。人们通过科学实践，将不断发现和了解在极大、极小尺度，或在超常制造外场中物质演变的过程规律以及超常态环境与制造受体间的交互机制，向下一代制造尺度与制造外场的超常制造发起挑战。超常制造的发展主要体现在以下六个方面。

（1）巨系统制造　如航天运载工具、百万千瓦以上的超级动力设备、数百万吨级的石化设备、数万吨级的模锻设备、新一代高效节能冶金流程设备等极大尺度、极复杂系统和功能极强设备的制造。

（2）微纳制造　对尺度为微米和纳米量级的零件和系统的制造，如微纳电子器件、微纳光机电系统、分子器件、量子器件、人工视网膜、医用微机器人的制造；对超大规模集成电路的制造。

（3）超常环境下及超常环境下服役的关键零部件的制造　如在超常强化能场下，进行极高能量密度的激光、电子束、离子束等强能束制造；航空发动机高温单晶叶片的制造；太空超高速飞行器耐高温、低温材料的加工制造；超高压深海装备零部件的制造；在太空环境下使用的增材制造装备的制造。

（4）超精密制造　对尺寸精度和几何精度优于亚微米级、表面粗糙度低于几十纳米的工件的超精密加工。如高速摄影机和自动检测设备的扫描镜，大型天体望远镜的反射镜，激光核聚变用的光学镜，武器的可见光、红外夜视扫描系统，导弹、智能炸弹的舵机执行系统的制造中均用到了超精密制造技术。

（5）超高速加工　采用超硬材料的刀具和超高速切、磨削加工工艺，利用高速数控床和加工中心，通过提高切削速度和进给速度来提高材料切除率，获得较高的加工精度、加工质量，以及加工效率。如在大型或重型零件的切削加工中进行的超高速切削技术。

（6）超常材料零件的制造　采用数字化设计制造技术（并行设计制造技术），同时完成零件内部组织结构和三维形体的制造，制造出具有"超常复杂几何外形及内部结构"和"超常物理化学等功能"的超常材料零件(理想材料零件),实现零件材料的梯度功能。

科学技术的进步,将推动超常制造向深层次发展。未来科学技术的发展,必将使得各种高能量密度环境、物质的深微尺度、各类复杂巨系统中不断有新发现、新发明,将产生全新的超常制造技术,在以往无法想象的超常环境下,或采用超乎常规的制造工艺,制造出更超常的尺度、更高精度、更高性能的产品。

**4. 融合**

随着信息、新材料、生物、新能源等高技术的发展以及社会文化的进步,新技术、新理念与制造技术的融合,将会形成新的制造技术、新的产品和新型制造模式,以至引起技术的重大突破和技术系统的深度变革。例如,照相机问世后一百多年,其结构一直没有根本性改变,直到1973 年日本开始"电子眼"的研究,将光信号改为电子信号,才出现了不用感光胶片的数码相机。此后日本、德国相继加大研制力度,不断推出新产品,使数码相机风靡全世界,形成了一个巨大的产业。又如,2009 年 12 月美国投资超过 100 亿美元的波音 787 梦幻客机试飞成功,其机身的 80% 由碳纤维复合材料和钛合金材料制造,大大减轻了飞机重量,减少了油耗和碳排放,引起全世界关注。美国苹果电脑公司在信息产品市场上异军突起,仅 2010 年第二季度就实现营业收入 135 亿美元,净利润为 30.7 亿美元。苹果公司依靠其绝佳的工业设计技术,在智能手机和平板电脑等产品中融入文化、情感要素,深得广大消费者特别是青少年消费者的青睐。

在未来机械工业的发展中,将更多地融入各种高技术和新理念,使机械制造技术发生质的变化。就目前来看,在机械工业中将表现出以下几个方面的融合。

(1)制造工艺的融合　车铣镗磨复合加工、激光电弧复合热源焊接、冷热加工等不同工艺融合,将促使更高性能的复合机床和全自动柔性生产线出现;激光、数控、精密伺服驱动、新材料与制造技术融合,将促使更先进的快速成型工艺产生;基于增材、减材、等材的复合加工技术,将使得金属零件的直接快速成型、修复和改性成为可能。

(2)制造技术与信息技术的融合　以物联网、大数据、云计算、移动互联网等为代表的新一代信息技术与机械工程技术融合,并应用到机械设计、制造工艺、制造流程、企业管理、业务拓展等各个环节,将促使机械工程技术的新业态模式形成。一方面,信息网络技术使企业能够在全球范围内迅速发现和动态调整合作对象,整合优势资源,在研发、制造、物流等各产业链环节实现全球分散化生产。另一方面,制造技术与大数据融合,有利于精准快速响应用户需求,提高研发设计水平,推动跨行业、跨区域创新组织的建立和协同设计、电子商务、众包众创等新模式的发展。将大数据融入可穿戴设备、家居产品、汽车产品的功能开发中,将推动技术产品的跨越式创新。

(3)制造技术与新材料的融合　先进复合材料、电子信息材料、新能源材料、先进陶瓷材料、新型功能材料(含高温超导材料、磁性材料、金刚石薄膜、功能高分子材料等)、高性能结构材料、智能材料等将在机械工业中获得更广泛的应用,并催生新的生产工艺。

(4)制造技术与生物技术的融合　模仿生物的组织、结构、功能和性能的生物制造,将给制造业带来革命性的变化。今后,生物制造将由简单的结构和功能仿生向结构、功能和性能耦合方向发展。制造技术与生命科学和生物技术融合,实现人造器官的制造,并逐步实现生物的自组织、自生长等性能,帮助人们恢复某些器官的功能,从而延长寿命,提高生活质量。

(5)制造技术与纳米技术的融合　纳米材料表征技术水平将进一步提高,新的光学现象很有可能被发现,促进新光电子器件的发明,对纳米结构的尺寸、材料纯度、位序以及成分的精确控制技术将取得突破性进展,相应的纳米制造技术将会同步前进。

（6）人机融合　人、机器与产品将会充分利用信息技术和制造技术的融合,实现实时感知、动态控制以及深度协同。

（7）文化融合　知识与智慧、情感与道德等因素将更多地融入产品设计、服务过程,使汽车、电子通信产品、家用电器、医疗设备等产品的功能得以大幅度扩展与提升,更好地体现人文理念和为民生服务的特性。

可以预见,制造技术与不同学科、不同技术的融合将越来越深入,从而将有力地推动集成创新甚至是原创性的机械制造技术和产品的不断出现。

**5. 服务化**

进入 21 世纪后,全球宽带、云计算、云存储、大数据等技术的发展为制造文明进化提供了创新技术驱动和全新信息网络物理环境。全球市场多样化、个性化的需求、资源环境的压力等成为制造文明转型新的动力。制造业将从以工厂化、规模化、自动化为特征的工业制造,向多样化、个性化、定制化,更加注重用户体验的协同创新、全球网络智能制造服务转型。

加快发展服务型制造是推动我国机械工业提质增效,转变经济发展方式的重要途径,也是培育国民经济新增长点的重要举措。工业发达国家的机械工业早已从生产型制造向服务型制造转变,从重视产品设计与制造技术的开发,到同时重视产品使用与维护技术的开发,通过提供高技术含量的制造服务,获得比销售实物产品更高的利润。一些世界著名公司制造服务收入占总销售收入的比例高达 50% 以上。近年来,我国越来越多的机械工业企业认识到发展制造服务业对企业发展的重要性,一些企业把制造服务业务作为独立的业务板块,产生的服务收入纳入企业年报财务数据。

目前,制造服务业已在众多行业领域逐渐渗透,制造服务技术将成为机械制造技术的重要组成部分,支撑产品的全价值链服务。支撑服务型制造的机械制造技术将呈现出以下发展趋势。

（1）个性化　满足个性化需求的小批量定制生产越来越受青睐,企业开始更加注重用户体验。企业从"产品导向"转向"客户导向",从挖掘客户更深层次的需求出发,提升产品的内涵,提高产品的市场竞争力。

（2）集成化　机械制造技术服务以产品全生命周期为目标,应用范畴从以产品为中心向以服务为中心的技术服务集成转变,覆盖策划咨询、系统设计、产品研发、生产制造、安装调试、故障诊断、运行维护、产品回收及再制造等领域,通过技术集成达到服务功能的集成。

（3）增值化　现代物流系统的普遍采用、射频识别技术的推广应用、高速网络与装备系统的结合、通信技术与工程项目的结合,使得工程技术与服务以多种形式融合与再造,向产品价值链两端延伸。技术主体增值部分由设备、工程、成套、交钥匙扩展到战略分析、创意设计、规划咨询、管理维护等非物质的高层次服务、知识型服务,技术、产品与服务的融合带来价值增值,逐渐使制造业结构和内涵发生彻底的根本性变化。

（4）智能化　随着互联网、云计算、大数据、物联网等新一代信息技术与工程技术的综合集成应用,基于智能制造产品、系统和装备的智能技术服务模式逐渐拓展。制造全过程的大数据提取、分析及应用与工程技术全面融合,催生出智慧战略服务、网络智能设计、远程分析诊断支持等智能服务。

（5）网络协同　全产业链、全价值链、全制造流程的信息交互与集成协作将成为制造业生态圈的发展趋势。众创设计、用户的全程参与体验等创新模式与云制造技术、柔性化便捷性生产技术等新技术将带来设计者之间的协同、生产者与消费者之间的协同、制造企业之间的协同、生产设备之间的协同,使得定制化、精益化生产与销售成为制造业发展的新常态。

（6）全球化　随着信息网络技术与先进制造技术的深度融合,绿色智能设计制造、新材料与先进增材减材智造工艺、生物技术、大数据与云计算等技术创新引领带动全球制造业向以绿色低碳、网络智能、超常融合、共创分享为特点的全球制造服务转变。可以说,我们已跨入以个性化需求拉动数字化、定制式制造服务,以创意创造、创新设计引领系统集成创新的新时代,制造业开始向创造新需求、创造更好的用户体验、开拓新市场的服务型制造业转变。

# 第3章 工程材料学

## 3.1 工程材料的分类

材料、能源和信息是现代科学技术的三大支柱。无论要在哪一项科学技术方面取得进展，都需要解决相应的材料问题。工程材料学用于研究材料的成分、组织、性能以及三者间的关系，同时研究加工方法对材料组织性能的影响和作用机理。

人类在同自然界的斗争中，不断在改进用以制造工具的材料。最早是用天然的石头和木材制作工具，以后逐步发现并开始使用金属。中国使用金属材料的历史悠久，在两千多年前的《考工记》中就有"金有六齐"的记载，这是关于青铜合金成分配比规律最早的阐述。人类虽早在公元前已了解金、银、铜、汞、锡、铁、铅等多种金属，但由于采矿和冶炼技术的限制，在相当长的历史时期内，很多器械仍用木材制造或采用铁木混合结构。直到19世纪大规模炼钢工业兴起，钢铁才成为最主要的机械工程材料。到20世纪30年代，铝、镁等轻金属逐步得到应用。第二次世界大战后，科学技术的进步促进了新型材料的发展，球墨铸铁、合金铸铁、合金钢、耐热钢、不锈钢、镍合金、钛合金和硬质合金等相继形成系列并得到广泛应用。同时，石油化学工业的发展，促进了合成材料的兴起，工程塑料、合成橡胶和黏结剂等在机械工程材料中的比重逐步提高。另外，宝石、玻璃和特种陶瓷材料等在机械工程中的应用范围也逐步扩大。

工程材料有各种不同的分类方法。一般都将工程材料按化学成分分为金属材料、非金属材料、高分子材料和复合材料四大类。

1) 金属材料

金属材料是最重要的工程材料，包括金属和以金属为基的合金。工业上把金属及其合金分为两大部分：

（1）黑色金属材料　包括铁和以铁为基的合金（含钢、铸铁和铁合金等）。

（2）有色金属材料　包括黑色金属以外的所有金属及其合金。

应用最广的是黑色金属。以铁为基的合金材料占整个结构材料和工具材料的90%以上。黑色金属材料的工程性能比较优越，价格也较便宜，是最重要的工程金属材料。

有色金属按照性能和特点可分为轻金属、重金属、贵金属、稀有金属和半金属。它们是重要的有特殊用途的材料。

2) 陶瓷材料

陶瓷是一种无机非金属材料。传统上"陶瓷"是陶器与瓷器的总称，后来发展到泛指所有硅酸盐材料，包括玻璃、水泥、耐火材料等。为适应航天、能源、电子等领域的要求，研究人员在传统硅酸盐材料的基础上，以无机非金属物质为原料，经粉碎、配制、成型和高温烧结得大量新型无机材料，如功能陶瓷、特种玻璃以及特种涂层材料等。

3）高分子材料

高分子材料为有机合成材料,也称聚合物。它具有较高的强度、良好的塑性、较强的耐蚀性、很好的绝缘性,并且重量轻,在工程上是发展最快的一类新型结构材料。高分子材料种类很多,通常根据力学性能和使用状态将其分为三大类:塑料、橡胶、合成纤维。

4）复合材料

复合材料就是用两种或两种以上不同材料组合而成的材料,其性能是其他单质材料所不具备的。复合材料可以由各种不同种类的材料复合制成。它在强度、刚度和耐蚀性方面比单纯的金属、陶瓷和高分子材料都优越,是特殊的工程材料,具有广阔的发展前景。

# 3.2　工程材料的性能

材料的性能通常可分为两类:使用性能和工艺性能。使用性能是指机械零件在正常工作情况下应具备的性能,包括力学性能和物理、化学性能等;工艺性能是指机械零件在冷、热加工的制造过程中应具备的性能,它包括铸造性能、锻造性能、焊接性能和切削加工性能。在机械制造中,一般机械零件是在常温、常压和非强烈腐蚀性介质中使用的,如汽车、拖拉机上的各类齿轮、轴等。但有一些机械零件却是在高温、高压和腐蚀介质中使用的,如化工机械、石油机械和锅炉中的容器、管道等。需要根据不同的使用要求,采用不同性能的材料来制造零件,材料的性能是零件设计和选材的主要依据。

## 3.2.1　材料的力学性能

材料的力学性能是指材料在各种形式的外力作用下,抵抗变形和断裂的能力。衡量材料力学性能的主要指标有强度、塑性、硬度、冲击韧度和耐磨性等。

**1. 强度、塑性及其测定**

强度是指材料在静载荷作用下,抵抗产生塑性变形或断裂的能力。由于载荷的作用方式有拉伸、压缩、弯曲、剪切等,所以强度也分为抗拉强度、抗压强度、抗弯强度、抗剪强度、屈服强度、疲劳强度等。各种强度间常有一定的联系,一般以抗拉强度作为最基本的强度指标。塑性是指材料在载荷作用下,产生永久变形而不破坏的能力。抗拉强度和塑性指标是依据国家标准通过拉伸试验测定的。把一定尺寸和形状的试样装夹在拉力试验机上,然后对试样逐渐施加拉伸载荷,直至把试样拉断为止,根据试样在拉伸过程中承受的载荷和产生的变形量大小,可以测定该材料的强度和塑性指标。

1）材料的拉伸特性曲线

进行拉伸试验时,随着试验力 $F$ 的逐渐增加,试样的伸长量 $\Delta L$ 也逐渐增加,通过自动记录仪随时记录试验力与伸长量的数值,直至试样被拉断为止,然后依据记录数值在以试验力为纵坐标、伸长量为横坐标的坐标系中取点,连接各点所得的曲线即为拉伸特性曲线,该图称为拉伸图。图 3-1 为低碳钢的拉伸图。低碳钢试样在拉伸过程中会经历以下几个阶段。

(1)当载荷不超过 $F_p$ 时,拉伸曲线为一直线,即试样的伸长量与载荷成正比地增加,如果卸除载荷,试样立即恢复到原来的尺寸,此时试样处于弹性变形阶段,完全符合胡克定律。$F_p$ 是符合胡克定律的最大载荷。

(2)当载荷超过 $F_p$ 后,拉伸曲线开始偏离直线,即试样的伸长量与载荷不再成正比关系,

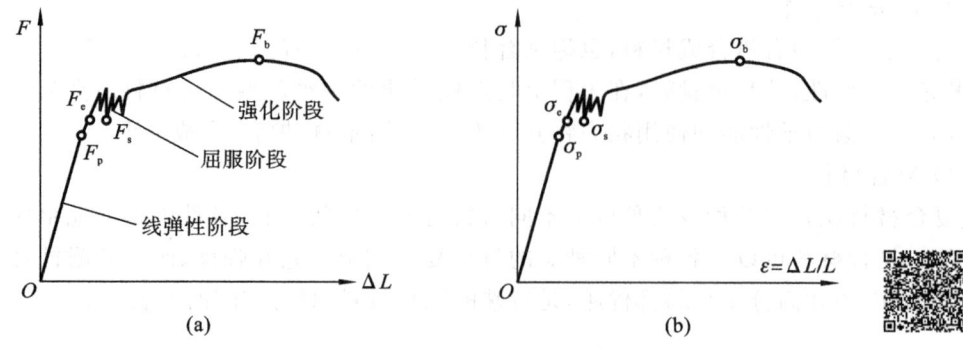

**图 3-1　低碳钢拉伸试验曲线**

(a) 低碳钢拉伸特性曲线；(b) 低碳钢应力-应变曲线

但若卸除载荷,试样仍能恢复到原来的尺寸,故试样仍处于弹性变形阶段。$F_e$ 是试样发生完全弹性变形的最大载荷。

(3) 当载荷超过 $F_e$ 后,试样将进一步伸长,此时若去除载荷,弹性变形消失,而另一部分变形被保留,即试样不能恢复到原来的尺寸,这种不能恢复的变形称为塑性变形或永久变形。

(4) 当载荷达到 $F_s$ 时,拉伸曲线出现水平的或锯齿形的线段,这表明在载荷基本不变的情况下,试样在持续发生形变,这种现象称为屈服。引起试样屈服的载荷称为屈服载荷。

(5) 当载荷超过 $F_s$ 后,试样的伸长量与载荷又将呈曲线关系上升,但线弹性阶段曲线的斜率小,即载荷的增加量不大,而试样的伸长量却很大。这表明在载荷超过 $F_s$ 后,试样已开始产生大量均匀的塑性变形。当载荷继续增加至超过最大值 $F_b$ 时,试样的局部截面积缩小,产生所谓"颈缩"现象。随着试样局部截面面积的逐渐减小,试样承载能力也逐渐降低,直至断裂。

2) 拉伸试验中各项指标的含义

(1) 弹性模量　弹性模量 $E$ 是指材料在弹性状态下的应力与应变的比值,即

$$E = \frac{\sigma}{\varepsilon}$$

在应力-应变曲线上,弹性模量就是试样在弹性变形阶段线段的斜率,即引起单位弹性变形时所需的应力。因此,它表示材料抵抗弹性变形的能力。弹性模量 $E$ 值愈大,则材料的刚度越大,材料抵抗弹性变形的能力就愈强。

绝大多数的机械零件都是在弹性状态下进行工作的,在工作过程中一般不允许有过多的弹性变形,更不允许有明显的塑性变形,因此,对其刚度都有一定的要求。提高零件刚度的办法,除了增加零件的横截面面积或改变横截面形状外,从材料性能上来考虑,就必须增加其弹性模量。弹性模量主要取决于各种材料本身的性质,热处理、合金化及塑性变形等对它的影响很小。一般钢在室温下的弹性模量在 $1.9 \times 10^5 \sim 2.2 \times 10^5$ MPa 范围内,而铸铁的弹性模量较低,一般为 $0.75 \times 10^5 \sim 1.45 \times 10^5$ MPa。

(2) 屈服强度　屈服强度分为上屈服强度和下屈服强度。上屈服强度是试样发生屈服而首次下降前的应力;下屈服强度是在屈服期间,不计初始瞬时效应时的最小应力。

一般机械零件在发生少量塑性变形后,其精度会降低,或者与其他零件的相对配合将受到影响,从而造成失效。所以,屈服强度就成为零件设计时的主要依据,同时也是评定材料强度的重要力学性能指标之一。

（3）抗拉强度　抗拉强度 $R_m$ 是材料在断裂前所能承受的最大应力值,即

$$R_m = \frac{F_m}{S_o}$$

式中:$F_m$——试样在断裂前所能承受的最大载荷;

　　　$S_o$——试样的原始横截面积。

对于塑性材料,在拉伸过程中,若承受的载荷小于 $F_b$,则试样会产生均匀的塑性变形;当载荷超过 $F_b$ 时,试样将产生颈缩,进而产生集中变形。可见,抗拉强度极限 $R_m$ 表示材料抵抗大量均匀塑性变形的能力。低塑性材料在拉伸过程中一般不产生颈缩现象,因此,抗拉强度就是材料的断裂强度,它表示材料抵抗断裂的能力。抗拉强度是零件设计时的重要依据,同时也是评定材料强度的重要力学性能指标之一。

（4）疲劳强度　许多机械零件,如各种发动机曲轴、机床主轴、齿轮、弹簧、各种滚动轴承等都是在交变载荷下工作的。所谓交变载荷,是指载荷大小、方向随时间发生周期性变化的载荷。零件在这种交变载荷下经过一定的时间发生的断裂现象,称为疲劳破坏。疲劳断裂与静载荷作用下的断裂不同,无论是脆性材料还是塑性材料,疲劳断裂都是突然发生的脆性断裂,故具有很大的危险性。

一般认为产生疲劳断裂的原因是:在零件应力集中的部位或材料本身强度较低的部位（如存在裂纹、软点、脱碳、夹杂、刀痕等缺陷的部位）,在交变应力的作用下产生了疲劳裂纹,随着应力循环周次的增加,疲劳裂纹不断扩展,使零件承受载荷的有效面积不断减小,当该有效面积减小到不能承受外加载荷的作用时,零件即发生突然断裂。因此,疲劳断口是由以疲劳源为中心逐渐向内扩展的若干弧形的光亮区和最后断裂的粗糙区（结晶状或纤维状）所组成的。

大量试验证明,材料所受的交变或重复应力与断裂前循环次数是有一定关系的,其特征是当循环应力小于某一数值时,循环周次可以达到很大甚至无限大而试样仍不发生疲劳断裂。这就是试样不发生疲劳断裂的最大循环应力,该应力值称为疲劳强度。

试验中,一般规定经 $10^7$ 循环周次而不断裂的最大应力为疲劳强度,故可以用 $N=10^7$ 为基数来确定一般钢铁材料的疲劳强度。

零件的疲劳强度与选用材料的自身性能有关,因此可以通过合理选择材料来保证零件的疲劳性能。此外,还可以通过以下途径来提高零件的疲劳强度:

①改善零件的结构形状以避免应力集中;

②降低零件的表面粗糙度;

③尽可能减少各种热处理缺陷（如脱碳、氧化、淬火裂纹等）;

④采用表面强化处理,如化学热处理、表面淬火、表面喷丸和表面滚压等强化处理,使零件表面产生残余压应力,从而显著提高零件的疲劳强度。

（5）断后伸长率与断面收缩率　断后伸长率 $A$ 和断面收缩率 $Z$ 是表示材料塑性好坏的指标。断后伸长率是指试样拉断后标距增长量与原始标距之比,即

$$A = \frac{L_u - L_o}{L_o} \times 100\%$$

式中:$L_o$——试样原始标距;

　　　$L_u$——试样断后标距。

断面收缩率是指试样拉断处横截面面积的缩减量与原始横截面面积之比,即

$$Z = \frac{S_o - S_u}{S_o} \times 100\%$$

式中：$S_0$——试样原始横截面面积；

　　$S_u$——试样的断后最小横截面面积。

材料的断后伸长率 $Z$ 和断面收缩率 $A$ 的数值越大，表示材料的塑性越好。由于断面收缩率比断后伸长率更接近材料的真实应变，因而对于塑性指标，用断面收缩率比用断后伸长率来表征更为合理，但现有的材料塑性指标往往仍采用断后伸长率。

材料的塑性对要求进行冷塑性变形加工的工件有着重要的意义。此外，工件在使用中偶然过载时，由于能产生一定的塑性变形，不至于突然破坏。同时，在工件的应力集中处，塑性能起到削减应力峰（即局部的最大应力）的作用，从而保证工件不致突然断裂，这就是对于大多数工件，除要求高强度外，还要求具有一定塑性的道理。

**2. 硬度及其测定**

硬度是衡量材料软硬程度的指标。目前生产中测定硬度的方法最常用的是压入法，它是用一定几何形状的压头在一定载荷下压入被测试的材料表面，根据被压入程度来测定其硬度值的方法。用同样的压头在相同大小载荷作用下压入材料表面时，压入程度愈深，材料的硬度值愈低；反之，其硬度值就愈高。因此，压入法所表示的硬度反映了材料表面抵抗更硬物体压入的能力。

硬度试验设备简单，操作迅速方便，又可直接在零件或工具上进行试验而不破坏工件，并且还可根据测得的硬度值估计出材料的强度和耐磨性。此外，硬度与材料的冷成型性、切削加工性、可焊性等工艺性能也存在着一定联系，可作为选择加工工艺时的参考。所以，硬度试验是实际生产中进行产品质量检查、制定合理加工工艺的最常用的试验方法。在产品设计图样的技术条件中，硬度是一项主要技术指标。为了能获得正确的试验结果，被测材料表面不应有氧化皮、脱碳层和划痕、裂纹等缺陷。

测定硬度的方法很多，生产中应用较多的有布氏硬度试验法、洛氏硬度试验法和维氏硬度试验法等。

1）布氏硬度试验法

如图 3-2 所示，布氏硬度试验法是用一个直径为 $D$ 的硬质合金球，在规定试验力 $F$ 的作用下压入被测试材料的表面，保持一定时间，然后卸除试验力，测量硬质合金球在被测试材料表面上所形成的压痕直径 $d$，由此计算出压痕面积，进而计算得到被测试材料的硬度。布氏硬度用 HBW 表示。

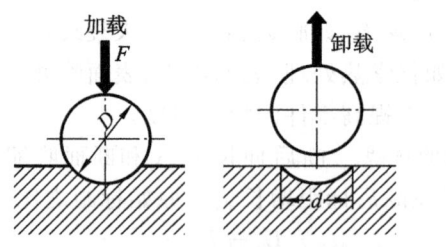

**图 3-2　布氏硬度测试过程**

在测定材料的布氏硬度时，应根据材料的种类和试样的厚度，选择球体材质、球体直径 $D$、所施加试验力和试验力保持时间等。

在进行布氏硬度试验时，试验力的选择应保证压痕直径在 $(0.24\sim0.6)D$ 之间。试验力与压头球直径平方的比率 $(0.102F/D^2)$ 应根据材料和硬度值选择。为了保证在尽可能大的有代表性的试样区域试验,应尽可能地选取大直径压头。

布氏硬度试验法因压痕面积较大,能反映出较大范围内被测试材料的平均硬度,故试验结果较精确,特别是对于组织比较粗大且不均匀的材料(如铸铁、轴承合金等),更是其他硬度试验方法所不能代替的。但是布氏硬度试验会影响零件的表面精度,因此,对于精加工表面的硬度测试很少使用。

2)洛氏硬度试验法

洛氏硬度试验法是目前工厂中广泛应用的试验方法。它是用一个锥角为 120°、顶部曲率半径为 0.2 mm 的金刚石圆锥压头或直径为 1.5875 mm 或 3.175 mm 的硬质合金球为压头,在规定载荷作用下压入被测试材料表面,通过测定压头压入的深度来确定材料硬度值的。洛氏硬度用符号 HR 表示。

洛氏硬度试验法的优点是操作迅速简便,由于压痕较小,故可在工件表面或较薄的材料上进行试验。同时,采用不同标尺,可测出从极软到极硬材料的硬度。其缺点是因压痕较小,对组织比较粗大且不均匀的材料,测得的结果不够准确。因此,为了避免测量的偶然误差,需要进行多点测量,取平均值作为最终硬度。

3)维氏硬度试验法

维氏硬度试验的原理基本上与布氏硬度试验法原理相同。它是通过采用一个相对面间夹角为 136° 的金刚石正四棱锥体压头,在规定试验力 $F$ 作用下压入被测试材料表面,保持一定时间后卸除试验力,测量试样表面压痕对角线长度来计算硬度值的。维氏硬度用符号 HV 表示。

维氏硬度试验法的优点:因试验时所加载荷小,压入深度浅,故适于测试零件表面淬硬层及经过化学热处理的表面层(如渗碳层、渗氮层等)的硬度;同时维氏硬度是一个连续一致的标尺,试验时载荷可以任意选择,而不影响其硬度值的大小,因此,可以测定从极软到极硬的各种材料的硬度值。

4)显微硬度试验法

显微硬度试验原理与维氏硬度试验完全相同,只是所用试验力比维氏硬度试验要小得多。显微硬度试验采用维氏压头或努氏压头。显微硬度试验适用于测试合金显微组织中的不同相、加工硬化层、镀层、金属箔等的硬度。

采用维氏压头时,显微硬度用 HV 表示。采用努氏压头时,显微硬度用 HK 表示。

**3. 冲击韧度及其测定**

机器零件和工具,如汽车发动机的活塞销与连杆、变速箱中的轴及齿轮、锻锤的锤杆等,在工作过程中往往受到冲击载荷的作用。由于冲击载荷的加载速度高,作用时间短,材料在受冲击时应力分布与变形很不均匀,脆化倾向大,所以对承受冲击载荷零件,除要求其具有足够的静载荷强度外,还要求其具有足够抵抗冲击载荷的能力。

冲击韧度是在冲击载荷作用下,材料抵抗冲击力的作用而不被破坏的能力,通常用冲击吸收功 $A_k$ 和冲击韧度 $a_k$ 指标来度量。

为了讨论材料的冲击韧度 $a_k$ 值,常采用一次冲击弯曲试验法。由于在冲击载荷作用下材料的塑性变形得不到充分发展,为了能灵敏地反映出材料的冲击韧度,通常采用带缺口的试样进行试验。标准冲击试样有两种,一种是夏比 U 形缺口试样,另一种是夏比 V 形缺口试样,同一条件下同一材料制作的两种试样,其 U 形试样的 $a_k$ 值明显大于 V 形试样的 $a_k$ 值,所以这两种试样的 $a_k$ 值不能相互比较。

试验时,将试样放在试验机两支座上,如图3-3所示。将一定重量 $G$ 的摆锤升至一定高度 $H_1$,使它获得位能 $G \cdot H_1$;再将摆锤释放,使其刀口冲向图中箭头所指试样缺口的背面;冲断试样后摆锤在另一边的高度为 $H_2$,相应位能为 $G \cdot H_2$,冲断试样前后的能量差即为摆锤冲断试样所消耗的功,亦即试样变形和断裂时所吸收的能量,称为冲击吸收能量($K$,单位为J),有

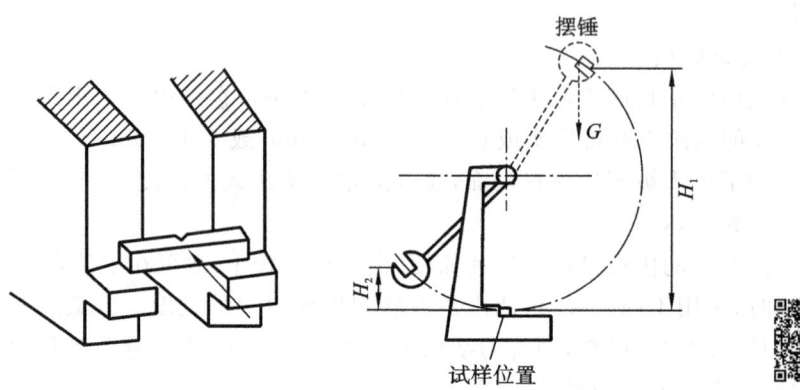

图 3-3　一次冲击弯曲

$$K = G \cdot H_1 - G \cdot H_2$$

冲击吸收能量的数值可从冲击试验机的刻度标盘上直接读出。冲击吸收能量除以试样缺口底部处横截面面积 $S$ 得到冲击韧度值 $a_k$(单位为 $J/cm^2$),即

$$a_k = \frac{K}{S}$$

有些国家(如美、英、日等国)直接用冲击吸收能量 $K$ 作为冲击韧度指标。

材料的 $a_k$ 值越大,韧度就越高;材料的 $a_k$ 值越小,材料的脆性越大。通常把 $a_k$ 值小的材料称为脆性材料。

研究表明,材料的 $a_k$ 值随试验温度的降低而降低。当温度降至某一数值或范围时,$a_k$ 值会急剧下降,材料则由韧性状态转变为脆性状态,这种转变称为冷脆转变,相应温度称为冷脆转变温度。材料的冷脆转变温度越低,说明其低温冲击性能越好,允许使用的温度范围越大。因此,对于寒冷地区的桥梁、车辆等机件用材料,必须进行低温(一般为 $-40\ ℃$)冲击弯曲试验,以防止低温脆性断裂。

实践表明,冲击韧度值 $a_k$ 对材料的内部结构、缺陷等具有较大的敏感性,在冲击试验中很容易揭示出材料中的某些物理现象,如晶粒粗化、冷脆、热脆和回火脆性等,故目前常用冲击试验来检验冶炼、热处理以及各种加工工艺的质量。此外,冲击试验过程迅速方便,所以在生产和科研中得到广泛应用。

应当指出,生产实际中,机件大多数是在小能量多次冲击载荷下工作的,很少因一次大能量冲击而损坏,对这类零件,应采用小能量多次冲击的抗力指标作为评定材料质量及选材的依据。

**4. 耐磨性**

1)磨损及其分类

任何一部机器在运转时,其各机件之间都要发生相对运动。由于相对摩擦,摩擦表面逐渐有微小颗粒分离出来形成磨屑,使机件不断发生尺寸变化与重量损失,称为磨损。引起磨损的原因既有力学作用,也有物理、化学作用。因此,磨损是一个复杂的过程。

磨损量的表示方法很多,从测量上可分为失重法和尺寸法两类。即用试样重量的减少、长

度或体积的变化来表示磨损量。

按磨损机理和条件的不同,通常将磨损分为黏着磨损、磨粒磨损、接触疲劳磨损和腐蚀磨损四大基本类型。

(1)黏着磨损是在法向载荷下两接触物体表面相对滑动时产生的磨损,磨损表面有细的划痕,严重时有材料的转移。常见于蜗轮与蜗杆、凸轮与挺杆间的磨损。

(2)磨粒磨损是硬的磨粒或凸起物,在与摩擦表面接触过程中,使表面材料产生损耗。磨损表面有明显的划痕或犁沟,磨损物为条状或切削状。如犁铧、磨球与衬板间的磨损。

(3)接触疲劳磨损是两个接触体相对滚动或滑动时,材料表面因疲劳损伤,局部区域产生小片金属剥落,而使物质损失,磨损特征多为点蚀与剥落。如滚动轴承的磨损、齿轮与齿面间的磨损。

(4)腐蚀磨损是摩擦副之间或摩擦副与环境介质发生化学或电化学反应,形成腐蚀产物,且腐蚀产物不断形成与脱落而引起的磨损。磨损表面有化学反应膜或小麻点。如活塞、船舶外壳、水轮机叶片的磨损。

2)提高材料耐磨性的途径

磨损是造成材料损耗的主要原因,也是零件主要失效形式之一。尽管影响磨损过程的因素很多,但磨损主要是发生在材料表面的局部变形与断裂过程。因此,提高摩擦副表面的强度、硬度和韧度,是提高材料耐磨性的有效措施。磨损类型不同,提高耐磨性的方法也不尽相同。对于黏着磨损,改善润滑条件,增强氧化膜的稳定性以及氧化膜与基体的结合力,增强表面粗糙度以及采用表面热处理都能减轻黏着磨损。对于磨粒磨损,应设法提高表面硬度。但当机件受重载荷,特别是在较大冲击载荷下工作时,则要求有较高的硬度和韧度。另外,材料硬化相的数量、分布、形态等对材料的耐磨粒磨损能力有决定性影响。

## 3.2.2　材料的物理性能

材料的物理性能包括密度、熔点、导电性、导磁性、导热性及热膨胀性等。

**1. 密度与比强度**

密度 $\rho$ 是指单位体积材料的质量;抗拉强度与密度之比称为比强度。在飞机和宇宙飞船上使用的结构材料,对比强度的要求特别高。

**2. 熔点**

熔点是指材料的熔化温度。材料的熔点越高,高温性能就越好。

**3. 热膨胀性**

材料的热膨胀性通常用线膨胀系数来表示,线膨胀系数表示温度每变化 1 ℃引起的材料长度上相对膨胀量的大小。对于精密仪器或机器的零件,线膨胀系数是一个非常重要的性能指标;由两种以上材料组合成的零件,常因材料的线膨胀系数相差大而出现变形或破坏现象。

**4. 导热性**

热量会通过固体发生传递,材料的导热性用热导率(导热系数)来衡量。热导率表示物体在温度梯度为 1 ℃/min 时,单位时间内、单位面积的传热量。材料导热性的好坏直接影响着材料的使用性能,如果零件材料的导热性太差,则零件在加热或冷却时,由于表面和内部产生温差、膨胀不同,就会产生变形或裂纹。热交换器等传热设备的零部件一般用导热性好的材料(如铜、铝等)来制造。通常,金属及合金的导热性远远优于非金属材料。

**5．导电性**

材料的导电性一般用电阻率来衡量。电阻率表示单位长度、单位面积导体的电阻。电阻率越低，材料的导电性越好。通常金属的电阻率随温度的升高而增加，而非金属材料则与此相反。

## 3.2.3　材料的化学性能

对材料的化学性能主要考察耐蚀性和高温抗氧化性。

**1．耐蚀性**

耐蚀性是指材料抵抗各种介质侵蚀的能力。材料的耐蚀性常用每年腐蚀深度（渗蚀度）表示。金属材料的腐蚀形式主要有两种：一种是化学腐蚀，另一种是电化学腐蚀。化学腐蚀是金属直接与周围介质发生纯化学作用（如钢的氧化反应）而产生的腐蚀；电化学腐蚀是金属在酸、碱、盐等电介质溶液中由于原电池的作用而产生的腐蚀。

**2．高温抗氧化性**

材料不仅要在高温下保持基本力学性能，还要具备抗氧化性能。所谓高温抗氧化性通常是指材料在迅速氧化后，能在表面形成一层连续而致密并与母体结合牢靠的膜，从而避免进一步被氧化的特性。

## 3.2.4　材料的工艺性能

材料的工艺性能是其力学性能、物理性能和化学性能的综合。工艺性能的好坏，直接影响到制造零件的工艺方法和质量以及制造成本。材料的工艺性能主要包括铸造性、可锻性、焊接性、切削加工性等。

**1．铸造性**

铸造性是指浇注铸件时，材料能充满比较复杂的铸型并获得优质铸件的能力。对金属材料而言，评价铸造性能好坏的主要指标有流动性、收缩率、偏析倾向等。流动性好、收缩率小、偏析倾向小的材料其铸造性也好。一般来说，共晶成分的合金铸造性好。

**2．可锻性**

可锻性是指材料进行压力加工时，能改变形状而不产生裂纹的性能。可锻性好坏主要以材料的塑性指标和变形抗力来衡量。一般来说，钢的可锻性较好，而铸铁不能进行任何压力加工。

**3．焊接性**

焊接性是指材料在规定的施焊条件下，获得优质焊接接头的性能，一般用焊接处出现各种缺陷的倾向来衡量。低碳钢具有优良的焊接性，而铸铁和铝合金的焊接性很差。

**4．切削加工性**

切削加工性是指对材料进行切削加工的难易程度。它与材料种类、成分、硬度、韧度、导热性及内部组织状态等许多因素有关。有利于切削的材料硬度为160～230 HBW。切削加工性好的材料，切削容易，切削时刀具磨损小，加工表面光滑。一般来说，中碳钢和灰铸铁的切削加工性能较好。

### 3.2.5　碳含量对铁碳合金性能的影响

**1. 对力学性能的影响**

铁碳合金的力学性能受碳含量的影响很大,碳含量直接决定着铁碳合金中铁素体和渗碳体的相对比例。碳含量越高,渗碳体的相对量越多。由于铁素体是软韧相,而渗碳体是硬脆的强化相,所以渗碳体含量越多,分布越均匀,材料的硬度和强度越高,塑性越差,韧度越低;但当渗碳体以网状形态分布在晶界或作为基体存在时,会使铁碳合金的塑性和韧度大为下降,且强度也随之降低。碳含量对铁碳合金力学性能的影响如图 3-4 所示。

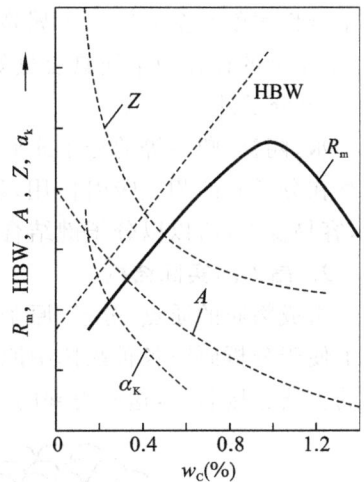

图 3-4　碳含量对铁碳合金
力学性能的影响

**2. 对工艺性能的影响**

1) 铸造性

铸铁的流动性比钢好,易于铸造,特别是靠近共晶成分的铸铁,其结晶温度低,流动性好,铸造性能最好。

2) 可锻性

低碳钢比高碳钢的可锻性好。由于钢受热呈单相奥氏体状态时,塑性好、强度低,易于发生塑性变形,所以一般锻造都是在奥氏体状态下进行。

3) 焊接性

碳含量越低,钢的焊接性越好,所以低碳钢比高碳钢更容易焊接。

4) 切削加工性

碳含量过高或过低,都会降低铁碳合金的切削加工性能。一般认为中碳钢的塑性比较适中,硬度在 $160 \sim 230$ HBW 时,切削加工性能最好。

## 3.3　金属材料的相结构

### 3.3.1　金属晶体的实际结构

**1. 材料的结合键**

组成物质整体的质点(原子、分子或离子)间的相互作用力,称为化学键。由于质点相互作用时,其吸引和排斥情况不同,形成了不同类型的化学键,主要有离子键、共价键、金属键和分子键等。

1) 离子键

部分陶瓷材料和矿物,如各种盐、碱、金属化合物等,依赖离子键结合在一起,离子键结合力很强,因此物质的熔点、沸点、硬度很高,膨胀系数小,脆性强。

2) 共价键

一些陶瓷如金刚石、氧化硅等,依赖共价键结合在一起,即两种原子依赖共用电子对产生的结合力而结合在一起。共价键属于强键,所以以共价键结合的材料硬度很高,脆性强。

3）金属键

金属元素往往易于失去原子最外层的价电子而变成正离子,失去的电子形成围绕这些离子的电子云。电子在电子云中游走,不与任何离子结合,成为与若干离子相互吸引的电子。这种结合作用就是金属键。金属弯曲时,原子只改变位置关系,键不被破坏,因此,金属的塑性好,电子云的存在使金属具有良好的导电性和导热性。

4）分子键

水、陶瓷、塑料等的分子或原子团具有极性,即分子的一部分带正电,另一部分带负电,这就存在分子间的相互吸引作用,称为分子键(又称范德华键)。分子键结合力很弱,容易被破坏,容易变形,所以以分子键结合的材料具有很好的塑性。

**2. 晶体的实际结构**

组成物质的质点(分子、原子或离子)在三维空间做有规律的周期性重复排列即形成晶体。为了便于分析研究各种晶体中原子或分子的排列情况,通常把原子抽象为几何点,并用许多假想的直线连接起来,这样得到的三维空间几何格架称为晶格,如图 3-5 所示。

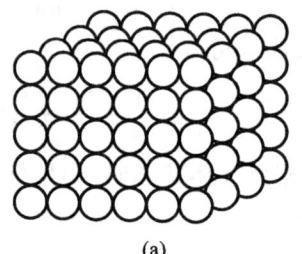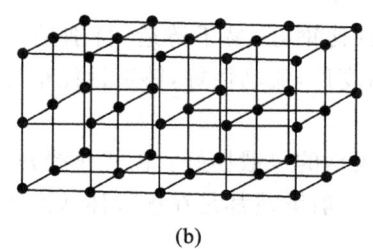

(a)　　　　　　　　　　　　　(b)

**图 3-5　晶体结构和晶格**

(a)晶体结构;(b)晶格

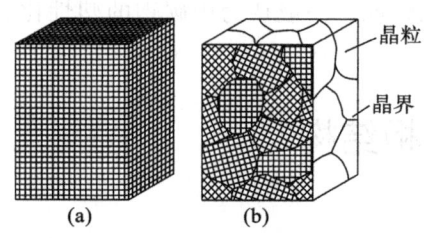

晶粒

晶界

(a)　　　(b)

**图 3-6　单晶体与多晶体结构**

(a)单晶体;(b)多晶体

以上研究金属的晶体结构时,把晶体看成由原子按一定几何规律进行周期性排列而成,即晶体内部的晶格位向是完全一致的,这种晶体称为单晶体。晶体内晶格位向不相同的晶体为多晶体。在工业生产中,只有经过特殊制作才能获得单晶体,如半导体工业中的单晶硅。单晶体与多晶体如图 3-6 所示。

实际的金属都是由很多小晶体组成的,这些外形不规则的颗粒状小晶体称为晶粒。晶粒内部的晶格位向是均匀一致的,晶粒与晶粒之间,晶格位向却彼此不同,每一个晶粒相当于一个单晶体,晶粒与晶粒之间的界面称为晶界。

多晶体的性能在各个方向基本上是一致的,这是由于多晶体中,虽然每个晶粒都是各向异性的,但它们的晶格位向彼此不同,晶体的性能在各个方向相互补充和抵消,再加上晶界的作用,因而表现出各向同性。这种各向同性被称伪各向同性。

晶粒的尺寸很小,如钢铁材料的晶粒尺寸一般为 $10^{-1} \sim 10^{-3}$ mm,只有在显微镜下才能观察到。

实际上晶粒内部结构也不都是那么理想,存在着一些原子偏离规则排列的不完整区域,这就是晶体缺陷。常见的晶体缺陷主要有如下三种形式。

1) 点缺陷

点缺陷是只涉及大约一个原子大小范围的晶格缺陷,点缺陷的具体形式有如下三种。

(1) 空位 晶格中某个原子脱离了平衡位置,形成空结点,称为空位。当晶格中的某些原子由于某种原因(如热振动等)脱离其晶格节点时将产生此类点缺陷。此类点缺陷的存在会使其周围的晶格产生畸变。

(2) 间隙原子 在晶格节点以外存在的原子,称为间隙原子。在金属的晶体结构中都存在着间隙,一些尺寸较小的原子容易进入晶格的间隙形成间隙原子。

(3) 置换原子 占据金属晶格结点位置的杂质原子称为置换原子。

三种点缺陷的形态如图 3-7 所示。

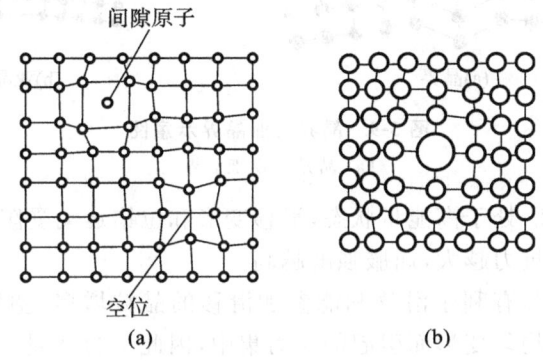

**图 3-7 点缺陷的三种形态**

(a) 空位与间隙原子;(b) 置换原子

2) 线缺陷

晶体中最普通的线缺陷就是位错,它是指在晶体中某处有一列或若干列原子发生了有规律的错排现象。这种错排现象是晶体内部局部滑移造成的,根据局部滑移的方式不同,可形成不同类型的位错,如图 3-8 所示为常见的刃型位错。由于该晶体的右上部分相对于右下部分产生局部滑移,结果在晶格的上半部中挤出了一层多余的原子面,好像在晶格中额外插入了半层原子面一样,该多余半原子面的边缘便是位错线。沿位错线的周围,晶格发生了畸变。

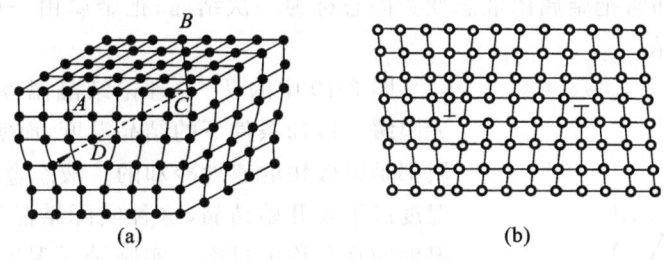

**图 3-8 刃型位错**

金属晶体中的位错很多。位错线的密度可用单位体积内位错线的总长度表示,位错密度越大,金属材料的塑性变形抗力越大。因此,通过塑性变形提高位错密度,是强化金属的有效途径之一。

3) 面缺陷

面缺陷是沿着晶格内或晶粒间的某个面两侧,在大约几个原子间距范围内出现的晶格缺陷。金属的面缺陷包括晶界和亚晶界,如图 3-9 所示。如前所述,晶界是晶粒与晶粒之间的界面,由于晶界原子需要同时适应相邻两个晶粒的位向,就必须从一种晶粒位向逐步过渡到另一种晶粒位向,成为不同晶粒之间的过渡层,因而晶界上的原子多处于无规则状态或两种晶粒位向的中间位置上。另外,晶粒内部也不是理想晶体,而是由位向差很小的嵌镶块所组成,这些嵌镶块称为亚晶粒,尺寸为 $10^{-3} \sim 10^{-5}$ mm。亚晶粒的交界称为亚晶界。

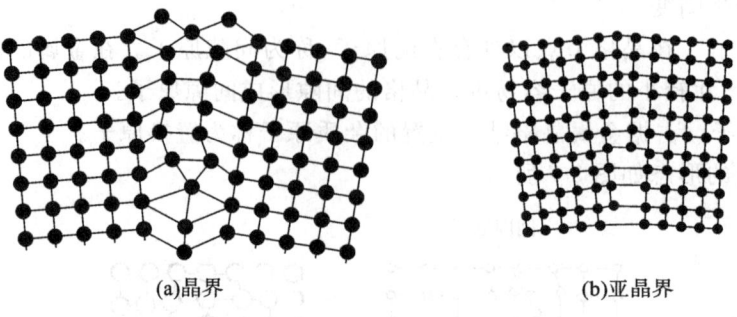

(a)晶界　　　　　　　　　　　　　(b)亚晶界

**图 3-9　晶界与亚晶界示意图**

（a）晶界；（b）亚晶界

晶界处原子排列杂乱,处于高能量状态,滑移变形和位错运动受阻。所以,晶粒越细,晶界越多,金属材料对变形的抗力越大,屈服强度越高。

随着外力的持续作用,有利于滑移和能参加滑移的晶粒增多,塑性变形由更多的晶粒承担,同时也不会造成因不均匀变形而引起的应力集中,因此不会开裂。所以,晶粒越细,材料的塑性变形能力越好。

点缺陷的存在提高了金属材料的硬度和强度,降低了金属材料的塑性和韧度。增加位错密度可提高金属材料强度,但金属材料塑性会随之降低(冷作硬化),且存在残余应力。面缺陷能提高金属材料的强度和塑性。细化晶粒是改善金属力学性能的有效手段。

### 3.3.2　金属的结晶过程

物质从一种原子排列状态(晶态或非晶态)过渡到另一种原子规则排列的状态(晶态)的转变过程称为结晶。通常把金属由液态变为固态称为一次结晶;把金属由一种固态转变为另一种固态称为二次结晶。

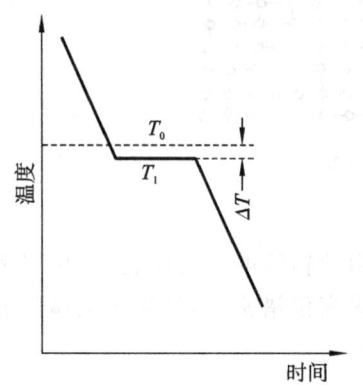

**图 3-10　金属结晶过程**

图 3-10 中的 $T_0$ 为理论结晶温度,它是液态金属在无限缓慢冷却条件下的结晶温度,而实际生产中,液态金属都是以较快的速度冷却的。液态金属只能在理论结晶温度以下才开始结晶,这种实际结晶温度低于理论结晶温度的现象称为过冷。实际结晶温度 $T_1$ 与理论结晶温度 $T_0$ 之差称为过冷度,用 $\Delta T$ 表示,即 $\Delta T = T_0 - T_1$。冷却速度越快,$\Delta T$ 越大。特定金属的过冷度不是一个定值,它随冷却速度的变化而变化,冷却速度越大,过冷度越大,金属的实际结晶温度也就越低。

液态金属的结晶过程分为晶核形成和晶核成长两个阶段。

　　液体冷却到结晶温度后,一些短程有序的原子团开始变得稳定,成为极细小的晶体,称为晶核。晶核有两种:一种是由液态金属中一些原子自发地聚集在一起,按金属晶体的固有规律排列起来而形成的自发晶核;二是由液态金属中一些外来的微细固态质点形成的外来晶核。

　　晶核形成后,液态金属的原子就以它为中心,按一定的几何形状不断地排列起来,形成晶体,如图 3-11 所示。晶体在各个方向生长的速度是不一致的。在长大初期,小晶体保持规则的几何外形;随着晶核的长大,晶体逐渐形成棱角,由于棱角处散热条件比其他部位好,晶体将沿棱角方向长大,从而形成晶轴,称为一次晶轴;晶轴继续长大,且长出许多小晶轴,二次晶轴、三次晶轴……当金属液体消耗完时,就形成晶粒,如图 3-12 所示。

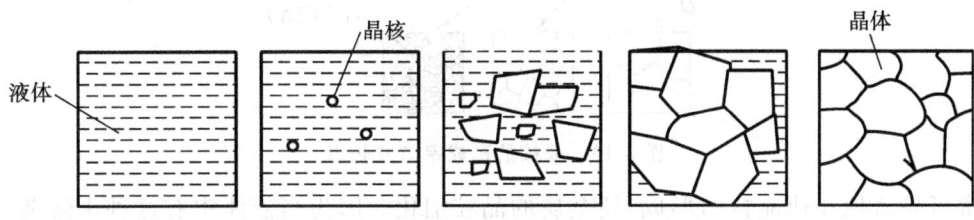

图 3-11　纯金属结晶过程示意图

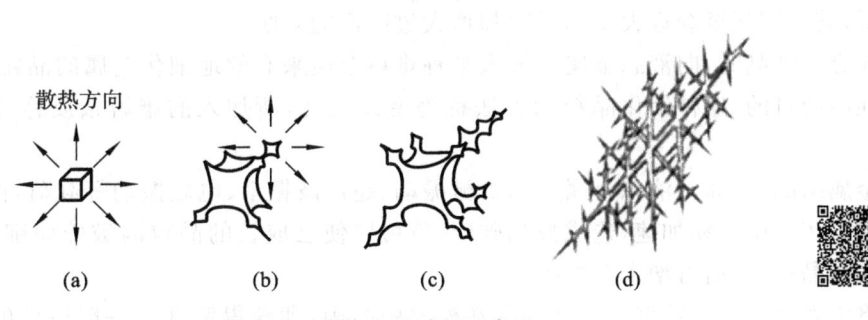

图 3-12　晶体生长过程示意图

　　由每个晶核长成的晶体称为晶粒,晶粒之间的接触面称为晶界。晶粒的外形是不规则的。因此,金属实际上是由很多大小、外形和晶格排列方向均不相同的晶粒所组成的多晶体。

　　晶粒的大小对金属的性能影响很大。晶粒小,晶界就多,而晶界会使金属的结合力增强。因此,一般金属的晶粒越小,强度和韧度就越高,塑性就越好。生产中常通过增加冷却速度或向液态金属加入某些难熔质点来增加晶核数目,从而细化晶粒。金属结晶时的冷却速度越快,其过冷度便越大,不同过冷度 $\Delta T$ 对晶核的形成率 $N$(个/(s·mm³))和成长率 $G$(mm/s)的影响如图 3-13 所示。

　　图 3-13 为晶核的形成率与成长率之间的相对关系示意图,该图给出了几种不同过冷度下所得到的晶粒度的对比,从中可以得到一个十分重要的结论,即在一般工业条件下(对应图中 $N$ 曲线的前半部实线部分),结晶时的冷却速度越大或过冷度越大,金属的晶粒度越细。

　　图 3-13 中 $N$ 曲线的后半部分用虚线表示,因为在工业实践中金属的结晶一般达不到这样的过冷度。但近年来通过使金属液滴以每秒上万摄氏度的速度冷却发现,在高过冷度的情况下,其晶核的形成率和成长率能再度减小为零,此时金属将不再通过结晶的方式发生凝固,而是形成非晶质的固态金属。

　　任何金属中都不免含有或多或少的杂质,有的可与金属一起熔化,有的则不能,而以未熔的固体质点形式悬浮于金属液体中。这些未熔的杂质,当其晶体结构在某种程度上与金属相

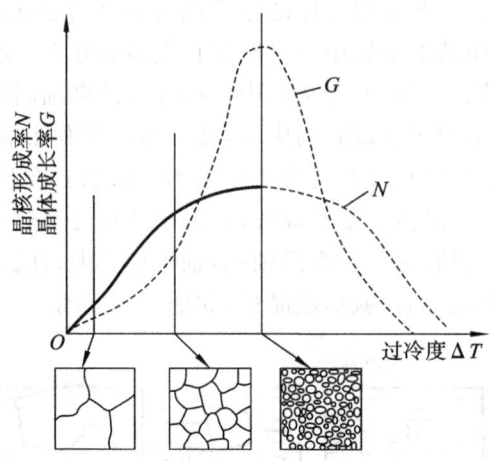

图 3-13　晶核的形成率与成长率

近时,常可显著地加速晶核的形成,使金属的晶粒细化。因为当液体中有这种未熔杂质存在时,金属可以沿着这些现成的固体质点表面产生晶核,减小它暴露于液体中的表面积,使表面能降低,其作用甚至会远大于加速冷却增大过冷度的影响。

在金属结晶时,向液态金属中加入某种难熔杂质来有效地细化金属的晶粒,以达到提高其力学性能的目的,这种细化晶粒的方法称为变质处理,所加入的难熔杂质称为变质剂或人工晶核。

金属结晶时,如对液态金属施加机械振动、超声波振动、电磁振动等载荷,由于振动能使液态金属在铸模中运动加速,造成枝晶破碎,就可以使已成长的晶粒因破碎而细化,破碎的枝晶可以作为晶核,从而可增大形核率。

将液态金属注入铸型模腔并使其在模腔中凝固,即获得铸件。一般铸件的晶体组织可分为三个区域:表面细晶粒区、柱状晶粒区、中心等轴晶粒区。

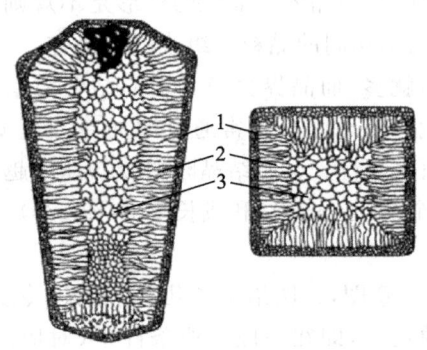

图 3-14　钢锭断面组织示意图
1—表面细晶粒区;2—柱状晶粒区;
3—中心等轴晶粒区

铸锭的结晶是大体积液态金属的结晶,虽然其结晶还是遵循了上述的基本规律,但其结晶过程还受其他各种因素(如金属纯度、熔化温度、浇注温度、冷却条件等)的影响。钢锭组织由三层不同的晶粒组成,其断面如图 3-14 所示。

**1. 表面细晶粒层**

表层细晶粒的形成原因主要是钢液刚浇入铸模后,由于模壁温度较低,表层金属急剧冷却,产生了较大的过冷度;此外,模壁的人工晶核作用也是产生表面细晶粒层的原因之一。

**2. 柱状晶粒层**

柱状晶粒的形成主要是因为铸锭模壁散热的影响。在表面细晶粒形成后,随着模壁温度的升高,剩余液态金属的冷却逐渐减慢,并且由于结晶潜热的释放,细晶区前沿液体的过冷度减小,晶核的形核率不如生长速率大,各晶粒便可较快地成长。而此时枝干垂直于模壁的晶粒,因其可沿着枝干向模壁传热,同时它们的成长也不至因相互抵触而受限制,所以这些晶粒能优先成长,从而形成柱状晶粒。

**3. 中心等轴晶粒**

柱状晶粒成长到一定程度时,通过已结晶的柱状晶层和模壁向外散热的速度愈来愈慢,在铸锭中心部的剩余液体温差也越来越小,散热方向性不再明显,而趋于均匀冷却的状态;同时由于种种原因,如液体金属的流动,可能将一些未熔杂质推至铸锭中心,或将柱状晶的枝晶分枝冲断,使其漂移到铸锭中心,它们都可以成为剩余液体的晶核,由于这些晶核在不同方向上的成长速度相同,因而便形成较粗大的等轴晶粒区。

由上述可知,钢锭组织是不均匀的。从表层到心部组织依次由细小的等轴晶粒、柱状晶粒和粗大的等轴晶粒所组成。改变凝固条件可以改变这三层晶区的相对大小和晶粒的粗细,甚至获得只有两层晶区或单独一个晶区的铸锭。

在钢锭中一般不希望得到柱状晶组织,因为其塑性较差,而且柱状晶平行排列,呈现各向异性,在锻造或轧制时容易发生开裂,尤其在柱状晶层的前沿及柱状晶彼此相遇处,当存在低熔点杂质而形成一个明显的脆弱界面时,更容易发生开裂,所以生产上经常采用振动浇注或变质处理等方法来抑制结晶时柱状晶粒层的扩展。但对于某些铸件如涡轮叶片,则常采用定向凝固法,使整个叶片由沿同一方向、平行排列的柱状晶所构成。对于塑性极好的有色金属,希望得到柱状晶组织,因为这种组织较致密,对力学性能有利,而在压力加工时,由于这些金属本身具有良好的塑性,并不至于发生开裂。

金属的同素异晶转变是金属从一种晶格类型的固态转变为另一种晶格类型的固态的变化过程。它也是一个结晶过程,只不过这个结晶过程是在固态下进行的,因此,称之为重结晶或二次结晶。

重结晶具备以下特点。

**1. 需要较大的过冷度**

重结晶的过程遵循结晶规律:有一定的转变温度,转变时需要过冷,有潜热发生。转变过程也是由晶核的形成和晶核的长大来完成的。但由于同素异晶转变是在固态下进行的,其原子扩散要比在液态下困难得多,因此,转变需要较大的过冷度。

**2. 产生较大的内应力**

当晶体从一种晶格类型转变为另一种晶格类型时,致密度将发生变化,而引起晶体体积的变化,使金属中产生较大的内应力。例如,$\gamma$-Fe 转变为 $\alpha$-Fe 时,铁的体积会膨胀约 1%,由此产生的内应力严重时会导致工件的变形和开裂。

## 3.3.3　合金及其相结构

纯金属在生活和生产中的应用十分广泛,这些应用主要都是利用了纯金属的导电性、导热性、化学稳定性等性能,但由于纯金属种类有限,而且几乎所有的纯金属的强度、硬度、耐磨性等力学物理性能都比较差,不能满足人们对材料多样性的需要。通过合金化过程,可以显著地改变金属材料的结构、组织和性能,从而极大地提高金属材料的力学、物理性能,同时其电、磁、耐蚀性等物理化学性能也能得到保持或提高。因此,与纯金属相比,合金的应用更为广泛。

由两种或两种以上的金属元素,或金属元素和非金属元素组成的具有金属特性的物质称为合金。合金的结晶与纯金属一样,也是通过形核及长大来完成的。由于合金中含有两种或两种以上的元素的原子,生成的结晶物中往往含有不止一种组元的晶粒。在材料中,凡是化学成分相同、结构相同并与其他部分以界面分开的均匀组成部分都称为相。合金结晶后可以只有一种相，也可以有若干种相。合金中的组织是指合金中用肉眼或显微镜所观察到的材料的微观形貌，也称为显微组织。不同的相形成不同的显微组织，不同的显微组织导致合金不同的性质。

固态合金中的相，按其晶格结构的基本属性来分，可以分为固溶体和化合物两大类。

**1. 固溶体**

固态合金中，在一种元素的晶格结构中包含有其他元素的合金相称为固溶体。前一种元素称为溶剂元素，后一种元素称为溶质元素。固溶体中溶质元素的质量分数，称为固溶体的浓度。在一定条件下溶质元素在固溶体中的极限浓度称为溶质在固溶体中的溶解度。

按溶质原子在固溶体晶格中位置的不同，固溶体可分为置换固溶体和间隙固溶体。

1）置换固溶体

当溶质原子代替了一部分溶剂原子而占据溶剂晶格的某些结点位置时，所形成的固溶体称为置换固溶体，如图 3-15 所示。

2）间隙固溶体

当溶质原子分布于溶剂晶格各结点之间的空隙中时，所形成的固溶体称为间隙固溶体，如图 3-16 所示。

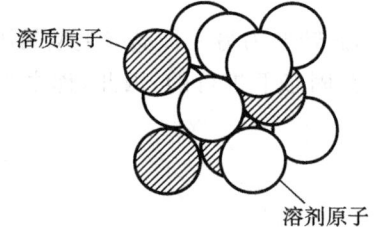

图 3-15　置换固溶体

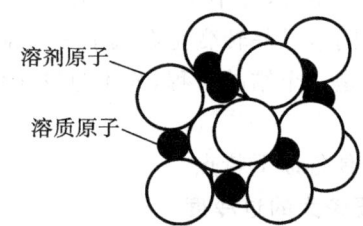

图 3-16　间隙固溶体

溶质原子与溶剂原子的半径不同，会使固溶体的晶格发生畸变，如图 3-17 所示。

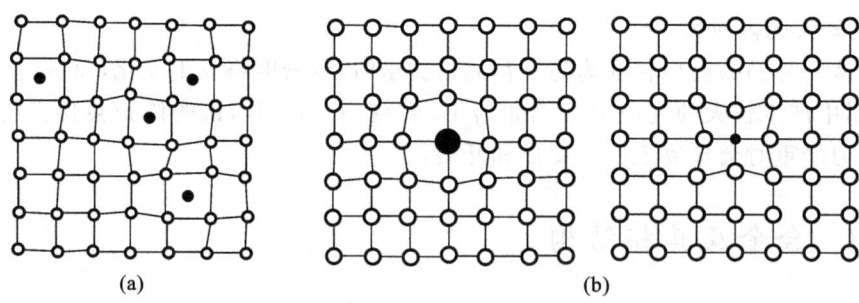

(a)　　　　　　　　　　　(b)

图 3-17　固溶体的晶格畸变

（a）间隙固溶体及其晶格畸变；（b）置换固溶体及其晶格畸变

畸变将使晶格位错移动阻力增大，表现为固溶体的强度和硬度升高、塑性和韧度有所下降。通过形成固溶体而使金属强度和硬度增加的现象称为固溶强化。固溶强化是提高合金力学性能的一种重要途径，在金属材料的生产和研究中得到了极为广泛的应用。

**2. 化合物**

金属化合物是合金组元相互作用而生成的不同于任何组元晶体结构的新物质。化合物有如下特点：

（1）有基本固定的原子数目比，可用化学分子式表示。

（2）晶体结构不同于任何组元。

金属化合物是合金组元间发生相互作用而生成的一种新固相，其晶格类型和性质完全不同于原来的任一组元。金属化合物的特点是，除有离子键和共价键作用外，还有金属键参与作用，从而使化合物具有明显的金属特性。金属化合物可以成为合金的组成相，如碳钢中的渗碳体 $Fe_3C$。

由于金属化合物一般具有复杂的化合键和晶格结构，其熔点高，硬而脆。合金中的金属化合物可使合金的强度、硬度和耐磨性提升，但会降低合金塑性和韧度。金属化合物是碳钢、合金钢、硬质合金和许多有色合金的重要强化相，与固溶体适当配合，可以满足材料所需要的性能要求。如碳钢中的 $Fe_3C$、工具钢中的 VC、高速钢中的 $W_2C$、硬质合金中的 WC 和 TiC 等，都提升了材料的强度、硬度、耐磨性和热硬性等。

### 3.3.4　铁碳合金及其相结构

**1. 铁素体**

碳溶解在 $\alpha$-Fe 中形成的间隙固溶体，以符号"F"或"$\alpha$"表示。由于 $\alpha$-Fe 间隙小，所以铁素体溶解碳的能力很差，最大溶解度在 727 ℃时为 0.0218%。随着温度的降低，碳在铁素体中的溶解度逐渐减小，室温时铁素体中只能溶解 0.0008% 的碳。铁素体的力学性能以及物理、化学性能与纯铁极相近，塑性较好（$A = 30\% \sim 50\%$），韧度较高，强度、硬度很低（$R_m = 180 \sim 280$ MPa）。在 770 ℃以下有磁性，超过这个温度磁性即消失。

**2. 奥氏体**

碳溶解在 $\gamma$-Fe 中形成的间隙固溶体，以符号"A"或"$\gamma$"表示。奥氏体的溶碳能力比铁素体强，在 1148 ℃时，碳在 $\gamma$-Fe 中的最大溶解度为 2.11%，随着温度降低，其溶解度也减小，在 727 ℃时，溶解度为 0.77%。奥氏体的强度、硬度低，塑性好，韧度高。在铁碳合金平衡状态下，奥氏体为高温下存在的基本相，也是绝大多数钢种进行锻压、轧制等加工变形所要求的组织。

**3. 渗碳体**

渗碳体是具有复杂晶格的铁与碳的间隙化合物，每个晶胞中有一个碳原子和三个铁原子。渗碳体一般以 $Fe_3C$ 表示，其碳含量（本书中元素含量均指质量分数，用 $w$ 表示）为 6.69%。渗碳体的硬度很高，为 800 HBW，塑性差、韧度低，所以渗碳体的性能特点是硬而脆。渗碳体在钢与铸铁中一般呈片状、网状或球状。渗碳体是钢中重要的硬化相，它的数量、形状、大小和分布对钢的性能有很大的影响。渗碳体是一个亚稳定化合物，它在一定的条件下可以分解，从而形成石墨状态的自由碳：$Fe_3C \rightarrow 3Fe + C$（石墨）。这种反应在铸铁中有重要意义。

**4. 珠光体**

珠光体是铁素体与渗碳体的机械混合物，用符号"P"表示。其碳含量为 0.77%。珠光体由渗碳体片和铁素体片相间组成，其性能介于铁素体和渗碳体之间，强度、硬度较高，脆性不强。

**5. 莱氏体**

莱氏体是奥氏体和渗碳体的机械混合物，用符号"Ld"表示，其碳含量为 4.3%。莱氏体由碳含量为 4.3% 的金属液体在 1148 ℃时发生共晶反应而生成。在室温时变为变态莱氏体，用符号"Ld'"表示。莱氏体硬度很高，塑性很差。

## 3.3.5 相图的基本概念

### 1. 相图

相图是表示合金中各相在不同成分、温度下的平衡关系的图形。所谓平衡,也称为相平衡,是指合金在相变过程中,原子能充分扩散,各相的成分相对质量保持稳定,不随时间改变的状态。在实际的加热或冷却过程中,控制加热或冷却速度,使其十分缓慢,就可以认为是接近了相平衡条件。

利用相图可以表示不同成分的合金、在不同温度下由哪些相组成,各相的成分和各相的相对含量如何,以及合金在加热或冷却过程中可能发生的转变等。

目前使用的相图几乎都是通过试验测定的。试验的方法很多,有热分析法、膨胀法、X 射线结构分析法等。

以铜镍合金为例,二元合金相图的测定步骤如下:

(1) 配制几组成分不同的铜镍合金;

(2) 分别将它们熔化,然后极缓慢地冷却,同时测定其从液态到室温的冷却曲线;

(3) 找出各冷却曲线上开始结晶的温度点 $T_{Ni}$、1、2、3、4、$T_{Cu}$ 及结晶终了的温度点(称为临界点)$T_{Ni}$、$1'$、$2'$、$3'$、$4'$、$T_{Cu}$;

(4) 将各临界点标在以温度为纵坐标、以成分质量分数为横坐标轴的图形中相应合金的成分垂线上,并将意义相同的临界点连接起来,即得到铜镍合金相图,如图 3-18 所示。

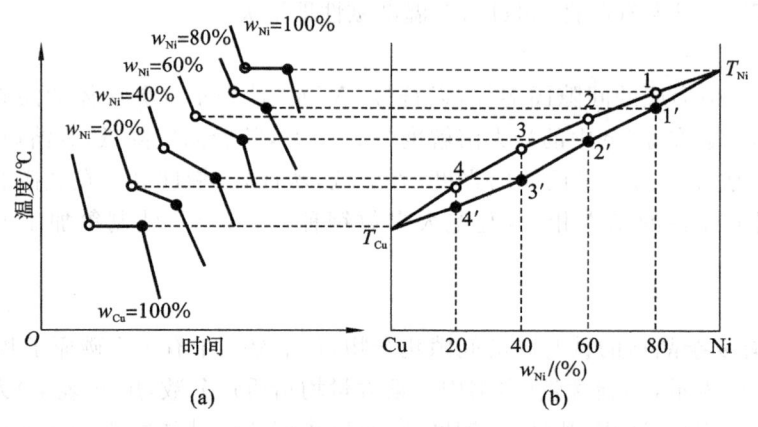

**图 3-18　铜镍合金相图**

### 2. 铁碳合金相图

铁碳合金相图也是由试验方法获得的。简化的铁碳合金相图如图 3-19 所示。图中横坐标表示碳的质量分数 $w_C$,由于 $w_C > 6.69\%$ 的铁碳合金在工业上没有实用意义,因此图中所示为 $w_C < 6.69\%$ 的部分。当 $w_C = 6.69\%$ 时,铁和碳形成较稳定的渗碳体,可作为合金的一个组元。铁碳合金相图以纯铁(Fe)为一组元、渗碳体($Fe_3C$)为另一组元组成,故又称 $Fe-Fe_3C$ 相图。

### 3. 钢的成分、组织、性能之间的关系

1) 铁碳合金的分类

按铁碳合金相图中碳含量及室温组织的不同,铁碳合金分为以下三大类。

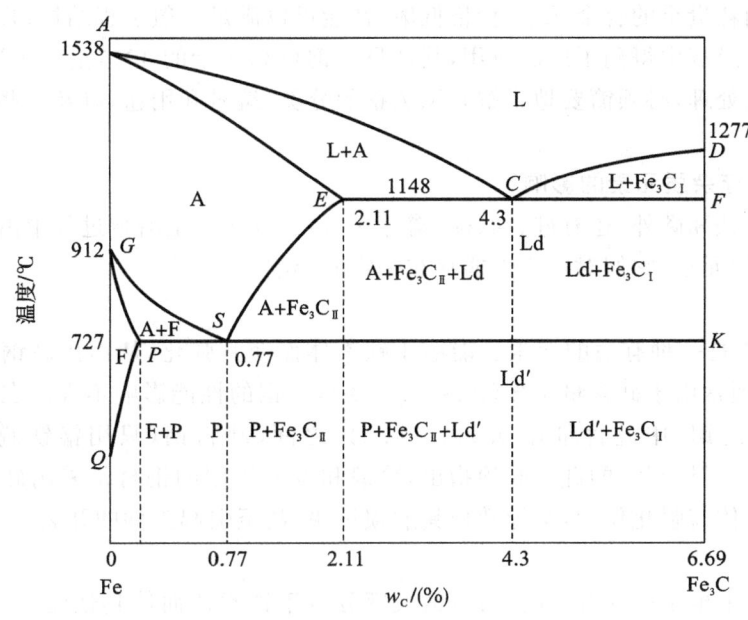

**图 3-19 铁碳合金相图**

(1) 工业纯铁（$w_C \leqslant 0.0218\%$），室温组织为铁素体。

(2) 钢（$0.0218\% < w_C \leqslant 2.11\%$），按室温组织不同，又可分为以下三种：

①亚共析钢（$0.0218\% < w_C < 0.77\%$），室温组织为珠光体＋铁素体；

②共析钢（$w_C = 0.77\%$），室温组织为珠光体；

③过共析钢（$0.77\% < w_C \leqslant 2.11\%$），室温组织为珠光体＋二次渗碳体。

(3) 白口铸铁（$2.11\% < w_C \leqslant 6.69\%$），按室温组织不同，又可分为以下三种：

①亚共晶白口铸铁（$2.11\% < w_C < 4.3\%$），室温组织为变态莱氏体（又称低温莱氏体）＋珠光体＋二次渗碳体；

②共晶白口铸铁（$w_C = 4.3\%$），室温组织为变态莱氏体；

③过共晶白口铸铁（$4.3\% < w_C \leqslant 6.69\%$），室温组织为变态莱氏体＋一次渗碳体。

2）碳含量对铁碳合金平衡组织和性能的影响机理

从铁碳合金相图中我们可以看出，任何成分的铁碳合金在室温下的组织均由铁素体和渗碳体两相组成。只是随着碳含量的增加，铁碳合金组织中渗碳体的数量相应增加，其形态、分布也随之发生变化。渗碳体开始在珠光体中以层片状分布，继而以网状分布，最后形成莱氏体时，渗碳体又变成主要成分且以针状分布。这说明不同成分的铁碳合金具有不同的组织，也具有不同的性能。室温时，随着碳含量的增加，铁碳合金的组织变化如下：

$$F \rightarrow F + P \rightarrow P \rightarrow P + Fe_3C \rightarrow P + Fe_3C + Ld' \rightarrow Ld' \rightarrow Ld' + Fe_3C \rightarrow Fe_3C$$

# 3.4 常见的金属材料

## 3.4.1 碳素钢

碳素钢简称碳钢，其主要成分是铁和碳。碳含量小于 2.11% 的铁碳合金称为碳钢。由于它冶炼容易,不消耗贵重的合金元素,价格低廉,性能可以满足一般工程结构、日常生活用品的要求,因此在国民经济中得到了广泛应用,其产量占钢材总产量的40%左右。为了便于生产、管理、使用和加工处理,必须简要地了解我国碳钢的分类、编号和用途,以及一些常存杂质对碳钢性能的影响。

**1. 碳钢中常存杂质元素的影响**

碳钢中,除了铁和碳外,还有硅、锰、硫、磷等元素,这些元素是冶金过程中由矿石带入而无法去除的常存杂质元素,它们对组织性能存在一定的影响。

1) 硅的影响

硅(Si)在钢中是一种有益的元素。能溶于铁素体而使其强化,从而提高钢的强度、硬度,增强钢的弹性。通常由于硅含量不多($w_{Si}<0.4\%$),对钢的性能影响不大。在镇静钢(用铝、硅铁和锰铁脱氧的钢)中硅含量在$0.1\%\sim0.4\%$之间;沸腾钢(只用锰铁脱氧的钢)只含$0.03\%\sim0.07\%$(质量分数)的硅。必须指出,冷锻和冷冲压用的钢材常采用硅含量低的沸腾钢,因为硅对铁素体有强化作用,会导致模具磨损过快,甚至引起工件的开裂。

2) 锰的影响

锰(Mn)在钢中也是一种有益的元素,锰大部分溶于铁素体而使其强化;一小部分溶于渗碳体中,形成合金渗碳体。锰还能增加珠光体的相对含量并使它细化,从而提高钢的强度。通常由于锰含量不多($w_{Mn}<0.8\%$),对钢的性能影响不大。锰还能与硫化合形成MnS,从而减轻硫的有害作用。

3) 硫的影响

硫(S)在钢中是一种有害杂质,硫不溶于铁,而以FeS形式存在。FeS可与Fe形成共晶体,或单独存在,分布于奥氏体晶界上。当钢材在800~1200 ℃进行锻压时,FeS与Fe共晶体由于熔点低(只有985 ℃)而熔化,从而使晶粒脱开,故钢材变得很脆。钢材这种现象称为热脆。

为了克服硫的有害影响,必须严格控制硫含量,如普通钢中硫含量应小于0.055%;优质钢中硫含量应小于0.040%;高级优质钢中硫含量应小于0.030%。除此之外,还必须向钢中加入一定数量的锰。加入锰后,形成熔点为1620 ℃的硫化锰(MnS),可抑制低熔点共晶体的形成,而MnS在高温下又有塑性,因此可避免钢材产生热脆性。

4) 磷的影响

磷(P)在钢中也是一种有害杂质。若它全部溶于铁素体中可使其强化,从而提高钢的强度、硬度,但会使室温下钢的塑性、韧度急剧下降,使钢变脆,这种现象称为冷脆。另外,磷在钢中的偏析倾向也很严重,即使钢的平均磷含量不是很高,但在磷的聚集区域却可能达到严重的脆化程度。因此对钢的磷含量也必须严格限制。普通钢中磷含量应小于0.045%;优质钢中磷含量应小于0.040%;高级优质钢中磷含量应小于0.035%。但在个别情况下,磷在钢中有时呈现有利的影响。如含有一定量的磷,可提高低碳钢在切削加工时的表面精度;当磷与铜共存时,可提高钢的耐蚀性。

**2. 碳钢的分类**

碳钢的分类方法很多,这里主要介绍三种,即按钢的碳含量、质量和用途来分。分别叙述如下:

1) 按碳含量分类

根据碳含量,碳钢可分为以下三种。

(1) 低碳钢，$w_C \leqslant 0.25\%$ 的碳钢；

(2) 中碳钢，$w_C = 0.25\% \sim 0.60\%$ 的碳钢；

(3) 高碳钢，$w_C \geqslant 0.60\%$ 的碳钢。

2) 按质量分类

根据碳钢质量的高低(主要是指钢中所含有害杂质硫、磷的多少)，碳钢通常分为普通碳钢、优质碳钢和高级优质碳钢三类。

(1) 普通碳钢　钢中硫、磷含量分别为：$w_S \leqslant 0.055\%$，$w_P \leqslant 0.045\%$。

(2) 优质碳钢　钢中硫、磷含量均应小于 $0.040\%$。

(3) 高级优质碳钢　钢中硫、磷杂质最少，硫、磷含量分别为：$w_S \leqslant 0.030\%$，$w_P \leqslant 0.035\%$。

3) 按用途分类

碳钢按用途可分为碳素结构钢和碳素工具钢两大类。

(1) 碳素结构钢　主要用于制造各种工程构件(如桥梁、船舶、车辆、建筑结构)和零件(如齿轮、轴、曲轴、连杆等)。这类钢一般属于低中碳钢。

(2) 碳素工具钢　主要用于制造各种刀具、量具和模具。这类钢碳含量较高，一般属于高碳钢。

**3. 碳钢的编号和用途**

钢的种类很多。为了便于生产、管理和使用，必须对各种钢材进行统一编号。我国的碳钢编号如表 3-1 所示。

表 3-1　碳钢的编号方法

| 分类 | 编号方法 | |
| --- | --- | --- |
| | 举例 | 说明 |
| 碳素结构钢 | Q235-A·F | "Q"为"屈"字的汉语拼音字首，后面数字为最小屈服强度(MPa)。A、B、C、D 表示质量等级，从左至右，质量依次提高。F、b、Z、TZ 依次表示沸腾钢、半镇定钢、镇定钢、特殊镇定钢。Q235-A·F 表示最小屈服强度为 235 MPa、质量为 A 级的沸腾钢 |
| 优质碳素结构钢 | 45 | 两位数字表示钢的平均碳含量，以 0.01% 为单位。如钢号 45，表示平均碳含量为 0.45% 的优质碳素结构钢 |
| 碳素工具钢 | T8<br>T8A | "T"为"碳"字的汉语拼音首字母，后面数字表示钢的平均碳含量，以 0.10% 为单位。如 T8A，T8 表示平均碳含量为 0.80% 的碳素工具钢，"A"表示高级优质 |
| 一般工程用铸造碳钢 | ZG200-400 | "ZG"代表铸钢。其后面第一组数字为屈服强度，第二组数字为抗拉强度。如 ZG200-400 表示屈服强度($R_{eH}$)为 200 MPa，抗拉强度为 400 MPa 的碳素铸钢 |

1) 普通碳素结构钢

普通碳素结构钢约占钢总产量的 $70\%$，其碳含量较低($w_C = 0.06\% \sim 0.38\%$)，对性能要求及硫、磷和其他残余元素含量的要求较低。大多用作工程结构钢，一般是热轧成钢板或各种型材(如圆钢、方钢、工字钢、钢筋等)供应；少部分也用于要求不高的机械结构。该类钢通常在供应状态下使用,必要时根据需要可进行锻造、焊接成型和热处理。表 3-2 列出了这类钢的牌号、化学成分、力学性能及用途。

**表 3-2　普通碳素结构钢的牌号、化学成分、力学性能及用途**

| 牌号 | 等级 | 化学成分/(%) (不大于) | | | | | 脱氧方法 | 力学性能 | | | 应用举例 |
| | | C | Si | Mn | S | P | | $R_{eH}/$ MPa | $R_m$ /MPa | $A$ /(%) | |
|---|---|---|---|---|---|---|---|---|---|---|---|
| Q195 | — | 0.12 | 0.30 | 0.50 | 0.040 | 0.035 | F、Z | 195 | 315~430 | 33 | 用于制造承受载荷不大的金属结构件、铆钉、垫圈、地脚螺栓、冲压件及焊接件 |
| Q215 | A | 0.15 | 0.35 | 1.20 | 0.050 | 0.045 | F、Z | 215 | 335~450 | 31 | |
| | B | | | | 0.045 | | | | | | |
| Q235 | A | 0.22 | 0.35 | 1.40 | 0.050 | 0.045 | F、Z | 235 | 370~500 | 26 | 用于制造金属结构件、钢板、钢筋、型钢、螺栓、螺母、短轴、心轴,其中 C、D 级的可用来制造重要焊接结构件 |
| | B | 0.20 | | | 0.045 | | | | | | |
| | C | 0.17 | | | 0.040 | 0.040 | Z | | | | |
| | D | | | | 0.035 | 0.035 | TZ | | | | |
| Q275 | A | 0.21 | 0.35 | 1.50 | 0.050 | 0.045 | Z | 275 | 410~540 | 22 | 强度较高,用于制造承受中等载荷的零件如键、销、转轴、拉杆、链轮、链环片等 |
| | B | 0.22 | | | 0.045 | | | | | | |
| | C | 0.20 | | | 0.040 | 0.040 | TZ | | | | |
| | D | | | | 0.035 | 0.035 | | | | | |

注:表中 $R_{eH}$ 值是钢材厚度不大于 16 mm 时的值,$A$ 值是钢材厚度不大于 40 mm 时的值。

2) 优质碳素结构钢

优质碳素结构钢与普通碳素结构钢比较,其硫、磷含量较少(质量分数不大于 0.04%),且同时保证钢的化学成分和力学性能,因而质量较好,强度较高、塑性较好,所以常用来制作重要的零件。根据化学成分不同,优质碳素结构钢又分为正常锰含量钢和较高锰含量钢两组。

(1) 正常锰含量的优质碳素结构钢:所谓正常锰含量,是指对于碳含量小于 0.25% 的碳素结构钢,其含锰在 0.35%~0.65% 之间;而对于碳含量大于 0.25% 的碳素结构钢,其锰含量在 0.50%~0.80% 之间。

(2) 较高锰含量的优质碳素结构钢:所谓较高锰含量,是指对于碳含量为 0.15%~0.60% 的碳素结构钢,锰含量在 0.7%~1.0% 之间;而对于碳含量大于 0.60% 的碳素结构钢,锰含量在 0.9%~1.2% 之间。优质碳素结构钢的牌号、化学成分、力学性能及用途如表 3-3 所示。

优质碳素结构钢的用途非常广泛。碳含量较低的 15 钢、20 钢、25 钢一般经渗碳、淬火加低温回火后使用,属于渗碳钢,可用来制造小型活塞销、齿轮等承受冲击载荷不大及在磨损条件下工作的零件。碳含量适中的 30 钢、45 钢、55 钢,常在调质处理后使用(即淬火＋高温回火),可用来制造齿轮、连杆、轴等较为重要的机器零件。碳含量较高的 60 钢、65 钢,常在淬火加中温回火后使用,主要用来制造弹簧。锰含量较高的钢的用途与正常锰含量的钢相同,但其淬透性略高。优质碳素结构钢的牌号、化学成分和力学性能如表 3-3 所示。

**表 3-3 优质碳素结构钢的牌号、化学成分、力学性能及用途**

| 牌号 | 力学性能（不小于） | | | | | 应用举例 |
|---|---|---|---|---|---|---|
| | $R_{eL}$/MPa | $R_m$/MPa | $A_5$/(%) | $Z$/(%) | $KU_2$/J | |
| 08 | 195 | 325 | 33 | 60 | — | 低碳钢强度、硬度低，塑性好、韧度高，冷塑性、加工性和焊接性优良，切削加工性欠佳，热处理强化效果不够显著。其中碳含量较低的钢，如 08(F)、10(F) 常轧制成薄板钢，广泛用于深冲压和深拉延制品；碳含量较高的钢（15～25）可用作渗碳钢，用于制造表硬心韧的中、小尺寸的耐磨零件 |
| 10 | 205 | 335 | 31 | 55 | — | |
| 15 | 225 | 375 | 27 | 55 | — | |
| 20 | 245 | 410 | 25 | 55 | — | |
| 25 | 275 | 450 | 23 | 50 | 71 | |
| 30 | 295 | 490 | 21 | 50 | 63 | 中碳钢的综合力学性能较好，热塑性、加工性和切削加工性佳，冷变形能力和焊接性中等。多在调质或正火状态下使用，还可采用表面淬火处理，以提高零件的疲劳性能和表面耐磨性 |
| 35 | 315 | 530 | 20 | 45 | 55 | |
| 40 | 335 | 570 | 19 | 45 | 47 | |
| 45 | 355 | 600 | 16 | 40 | 39 | |
| 50 | 375 | 630 | 14 | 40 | 31 | |
| 55 | 380 | 645 | 13 | 35 | — | |
| 60 | 400 | 675 | 12 | 35 | — | 高碳钢具有较高的强度、硬度，良好的耐磨性和弹性，切削加工性中等，焊接性能不佳，淬火开裂倾向较大。主要用于制造弹簧、轧辊和凸轮等耐磨件与钢丝绳等 |
| 65 | 410 | 695 | 10 | 30 | — | |
| 70 | 420 | 715 | 9 | 30 | — | |
| 75 | 880 | 1080 | 7 | 30 | — | |
| 80 | 930 | 1080 | 6 | 30 | — | |
| 85 | 980 | 1130 | 6 | 30 | — | |
| 15Mn | 245 | 410 | 26 | 55 | — | 应用范围基本与相对应的普通锰含量钢相同，但淬透性好、抗拉强度较高，可用于制作截面尺寸较大或抗拉强度要求较高的零件 |
| 20Mn | 275 | 450 | 24 | 50 | — | |
| 25Mn | 295 | 490 | 22 | 50 | 71 | |
| 30Mn | 315 | 540 | 20 | 45 | 63 | |
| 35Mn | 335 | 560 | 19 | 45 | 55 | |
| 40Mn | 355 | 590 | 17 | 45 | 47 | |
| 45Mn | 375 | 620 | 15 | 40 | 39 | |
| 50Mn | 390 | 645 | 13 | 40 | 31 | |
| 60Mn | 410 | 690 | 11 | 35 | — | |
| 65Mn | 430 | 735 | 9 | 30 | — | |
| 70Mn | 450 | 785 | 8 | 30 | — | |

3）碳素工具钢

这类钢由于淬透性不好，并且在 250 ℃左右就会失去其高硬度，即热硬性较差，所以只适宜用来制作一些小型、形状简单且转速不高的工具。高级优质碳素工具钢还可用来制作一些形状简单的量具。碳素工具钢的牌号、化学成分、力学性能及用途如表 3-4 所示。

表 3-4 碳素工具钢的牌号、化学成分、力学性能及用途

| 牌号 | 化学成分/(%) | | | 退火状态硬度/HBW（不大于） | 淬火温度和冷却剂 | 试样淬火硬度/HRC（不小于） | 用途举例 |
|---|---|---|---|---|---|---|---|
| | C | Si | Mn | | | | |
| T7 | 0.65~0.74 | ≤0.35 | ≤0.40 | 187 | 800~820 ℃水 | 62 | 用于制作承受冲击，韧度较高、硬度适中的工具，如扁铲、手钳、木工工具 |
| T8 | 0.75~0.84 | ≤0.35 | ≤0.40 | 187 | 780~800 ℃水 | 62 | 用于制作承受冲击，要求较高硬度的工具，如冲头、压缩空气工具 |
| T8Mn | 0.80~0.90 | ≤0.35 | 0.40~0.60 | 187 | 780~800 ℃水 | 62 | 同 T8，但淬透性较好，可用来制造截面较大的工具 |
| T9 | 0.85~0.94 | ≤0.35 | ≤0.40 | 192 | 760~780 ℃水 | 62 | 用于制作韧度中等、硬度高的工具，如冲头、凿岩工具 |
| T10 | 0.95~1.04 | ≤0.35 | ≤0.40 | 197 | 760~780 ℃水 | 62 | 用于制作不受剧烈冲击、高硬度、耐磨的工具，如车刀、刨刀、钻头、手锯条 |
| T11 | 1.05~1.14 | ≤0.35 | ≤0.40 | 207 | 760~780 ℃水 | 62 | 同 T10 |
| T12 | 1.15~1.24 | ≤0.35 | ≤0.40 | 207 | 760~780 ℃水 | 62 | 用于制作不受冲击、高硬度、耐磨的工具，如锉刀、刮刀、精车刀 |
| T13 | 1.25~1.35 | ≤0.35 | ≤0.40 | 217 | 760~780 ℃水 | 62 | 用于制作不受冲击、要求非常耐磨的工具，如刮刀、剃刀 |

## 3.4.2 合金钢

为了一定的目的而特意加入了一些合金元素的钢称为合金钢。

合金钢的主要合金元素有硅、锰、铬、镍、钼、钨、钒、钛、铌、锆、钴、铝、铜、硼、稀土等。其中钒、钛、铌、锆等在钢中是强碳化物形成元素，只要有足够的碳，在适当条件下，就能形成各自的碳化物，当缺碳或在高温环境中时，则以原子状态进入固溶体中；锰、铬、钨、钼为碳化物形成元素，其中一部分以原子状态进入固溶体中，另一部分形成置换式合金渗碳体；铝、铜、镍、钴、硅等不形成碳化物元素，一般以原子状态存在于固溶体中。含有不同种类和质量分数的合金元素的合金钢，采取适当的工艺措施，便可分别具有较高的强度、韧度和较好的淬透性、耐磨性、

耐蚀性、耐低温性、耐热性、热强性、热硬性等特殊性能。

合金钢种类很多，通常按化学成分分为非合金钢、低合金钢、合金钢，其中非合金钢和低合金钢按质量又分为普通、优质、特殊质量的三种，合金钢按质量分为优质合金钢、特殊质量合金钢两种。合金钢按用途又分为合金结构钢、合金工具钢、特殊性能钢等。

**1. 合金结构钢分类及编号**

合金结构钢按用途可分为工程用钢和机器用钢两大类。工程用钢主要用于各种工程结构，它们大都是普通低合金钢。这类钢冶炼简便、成本低，适用于批量大的工程用钢材，使用时一般不进行热处理。而机器制造用钢一般都经过热处理后使用，主要是用于制造机器零件。按其用途和热处理特点，又分为调质钢、渗碳钢、易切钢、弹簧钢、轴承钢、耐磨钢等。

1）普通低合金结构钢

普通低合金结构钢也称普低钢，又称普通低合金高强度钢，它是在碳素结构钢的基础上，加入少量的合金元素发展起来的。普通低合金结构钢的强度较高，具有较高的韧度、较好的塑性以及良好的焊接性和耐蚀性。由于强度高，所以 1 t 普通低合金钢可代替 1.2～2.0 t 普通碳素钢使用，从而可减轻构件重量。

为得到较好的塑性和焊接性，普通低合金结构钢大多是低碳钢，碳的质量分数控制在 0.2% 以下。普通低合金结构钢的主加元素是锰，其原因在于锰的资源丰富，以及锰强化铁素体的效果显著；锰能降低钢的冷脆温度；另外，加锰后还使组织中的珠光体含量增加，从而进一步提高钢的强度。

2）渗碳钢

用于制造渗碳零件的钢称为渗碳钢。渗碳钢常用来制造在受冲击和磨损条件下工作的机械零件，如汽车、拖拉机上的变速齿轮，内燃机上的凸轮、活塞销等。此类零件要求表面硬、耐磨，心部有较高的韧度和强度以承受冲击。为了满足零件"外硬内韧"的要求，这类钢一般都采用低碳钢，$w_c = 0.1\% \sim 0.25\%$，经过渗碳后，零件的表面碳含量变高，而心部碳含量仍较低，通过淬火＋低温回火后使用。零件表面硬度达 58～62 HRC，满足耐磨的要求，而心部的组织保持较高的韧度，满足承受冲击载荷的要求。

3）调质钢

这类钢使用的合金元素为铬、锰、镍、钼、钨、钛、硼、钒等。经过调质处理后使用的优质碳素钢和合金结构钢，统称为调质钢。淬火＋高温回火后，内应力消除，综合力学性能好，用于受力较复杂的重要结构零件，如汽车后桥半轴、连杆、螺栓以及各种轴类零件。

对于截面尺寸大的零件，为保证有足够的淬透性，就要采用合金调质钢。弹簧是各种机器和仪表中的重要零件。要求制造弹簧的材料具有高的弹性极限（即具有高的屈服强度或较大的屈强比）与足够的塑性和韧度。

4）弹簧钢

弹簧钢中碳含量一般为 0.45%～0.70%，可加入的合金元素有锰、硅、铬、钒和钨等。加入硅、锰主要是为了提高淬透性，同时也提高屈强比，其中硅的作用更为突出。加入硅、锰元素的不足之处是：硅会促使钢材表面在加热时脱碳，锰则会使钢易于过热。因此，重要用途的弹簧钢必须加入铬、钒、钨等。它们可使钢材不仅有更好的淬透性，不易脱碳和过热，而且有更高的高温强度和韧度。

5）滚动轴承钢

用于制造滚动轴承的钢称为滚动轴承钢，其具有高而均匀的硬度、高的弹性极限和接触疲劳强度、足够的韧度和淬透性、一定的耐蚀能力。滚动轴承钢是一种高碳低铬钢，$w_C = 0.95\%$ ~$1.0\%$，$w_{Cr} = 0.4\% \sim 1.65\%$。高碳是为保证有好的淬硬性，同时可形成铬的碳化物强化相。铬的主要作用是增强钢的淬透性，使淬火、回火后零件内部组织均匀。

我国规定合金结构钢的编号方法为：基本组成为"两位数字＋元素符号＋数字＋…"，前两位数字表示平均碳质量分数的万倍（$w_C \times 10000$）；元素符号后面的数字为该元素平均质量分数的百倍（$w_E \times 100$），当其 $w_E < 1.5\%$ 时，只标出元素符号，而不标明数字；当平均质量分数 $w_E \geqslant 1.5\%$、$2.5\%$、$3.5\%$、$4.5\%$……时，相应标注为 2、3、4、5……如 18Cr2Ni4W 表示 $w_C = 0.18\%$，$w_{Cr} = 2\%$、$w_{Ni} = 4\%$、$w_W < 1.5\%$ 的钢；对于高级优质钢，则在钢号后加"A"，如 38CrMoAlA。

对于易切削钢，要在钢号前加"Y"字（"易"字声母），如 Y12、Y40Mn、Y40CrSCa，"Y"字后的编号与结构钢编号一样，如 Y40CrSCa，表示易切削钢的成分为 $w_C = 0.4\%$，$w_{Cr} < 1.5\%$，S、Ca 为易切削元素（$w_S = 0.05\% \sim 0.3\%$），一般情况下 $w_{Ca} < 0.015\%$。

对于滚动轴承钢，要在钢号前加"G"（"滚"字声母），其后数字为平均铬含量，以千倍（$w_{Cr} \times 1000$）表示，如 GCr15、GCr9 等钢中平均铬含量分别为 $1.5\%$ 和 $0.9\%$。

**2. 合金工具钢分类及编号**

1）低合金工具钢

为了克服碳素工具钢淬透性差、易变形、易开裂及热硬性差等缺点，在碳素工具钢的基础上加入少量的合金元素，一般不超过 $3\% \sim 5\%$，就形成了低合金工具钢。低合金工具钢中碳含量 $w_C = 0.75\% \sim 1.50\%$，高的碳含量可保证钢的高硬度及形成足够多的合金碳化物，提高耐磨性。

合金元素的作用主要是保证钢具有足够的淬透性。钢中常加入的合金元素有硅、锰、铬、钼、钨、矾等。其中硅、锰、铬、钼的主要作用是提高淬透性；硅、锰、铬可强化铁素体；铬、钼、钨、矾可细化晶粒，使钢进一步强化，提高钢的强度。作为碳化物形成元素，铬、钼、钨、矾等在钢中与碳结合，可形成合金渗碳体和特殊碳化物，从而提高钢的硬度和改善其耐磨性。

2）高速钢

高速钢是一种含有钨、钼、铬、钒等多种元素的高合金工具钢。钢中加入较多的碳，其作用是既保证钢的淬硬性，又保证淬火后有足够多的碳化物相。一般碳含量在 $1\%$ 左右，最高可达 $1.6\%$。如 W6Mo5Cr4V5SiNbAl 钢中碳含量 $w_C = 1.56\% \sim 1.65\%$。

高速钢中一般含有较多数量的钨元素，它是提高钢热硬性的主要元素。由于世界范围内钨资源缺乏，人们找到了以 Mo、Co 元素代替 W 元素而保持高的热硬性的方法。在我国最常用的高速钢是 W18Cr4V 和 W6Mo5Cr4V2，前者通常简称 18-4-1，后者通常简称 6-5-4-2。前者的过热敏感性小，磨削性好，但由于热塑性差，通常适于制造一般高速切削刀具，如车刀、铣刀、铰刀等；由于后者的耐磨性和热塑性较好、韧度较高，适于制造耐磨性和韧度很好配合的高速刀具，如丝锥、齿轮铣刀、插齿刀等。

3）模具钢

根据模具的工作条件不同，模具钢一般分为冷作模具钢和热作模具钢两大类。前者用于制造冷冲模和冷挤压模等，工作温度大都接近室温；后者用于制造热锻模和压铸模等，工作时型腔表面温度可高达 600 ℃ 以上。

4）合金量具钢

合金量具钢的碳含量一般在 $0.90\% \sim 1.50\%$ 之间，属高碳钢，经热处理后可得到很高的硬度与较好的耐磨性。可加入合金元素铬、钨、锰等,作用有三:①提高淬透性,减少淬火变形与应力;②形成合金碳化物,进一步提高钢的耐磨性;③使马氏体分解的第二阶段向高温推移,以提高马氏体的稳定性,从而获得较高的尺寸稳定性。

合金工具钢的编号原则与合金结构钢类似。区别在于钢号前面的数字表示的是 $w_C < 1.0\%$ 时碳的平均质量分数的千分之一,且只有一位数字。而当 $w_C \geqslant 1.0\%$ 时,碳的质量分数不标出。

**3. 特殊性能钢**

特殊性能钢是指具有特殊的物理、化学性能的钢,它的种类很多,其中最主要的是不锈钢、耐热钢、耐磨钢等。

1) 不锈钢

不锈钢又称不锈耐酸钢,是指能抵抗大气或酸等化学介质腐蚀的钢。铬是不锈钢中的主要合金元素。钢中加入铬可提高电极电位,从而提高钢的耐蚀性。同时,在金属表面被腐蚀时,可使金属表面形成一层与基体金属结合牢固的钝化膜,使腐蚀过程受阻,从而提高钢的耐蚀性。

2) 耐热钢

在发动机、化工、航空等部门有很多零件是在高温下工作的,要求采用具有高耐热性的钢制造,此类钢称为耐热钢。钢的耐热性包括高温抗氧化性和高温强度两方面的含义。金属的高温抗氧化性是指金属在高温下对氧化作用的抗力;而高温强度是指钢在高温下承受机械载荷的能力。所以耐热钢是高温抗氧化性能好、高温强度高的钢。

为了提高钢的抗氧化性能,一般是采用合金化方法,加入铬、硅、铝等元素,使钢在高温下与氧接触时,在表面形成致密的高熔点的 $Cr_2O_3$、$SiO_2$、$Al_2O_3$ 等氧化膜,牢固地附在钢的表面,使钢在高温气体中的氧化过程难以继续进行。如在钢中加质量分数为 15% 的铬,钢的抗氧化温度可达 900 ℃;在钢中加质量分数为 20%~25% 的铬,钢的抗氧化温度可达 1100 ℃。

为了提高钢的高温强度,通常采用以下几种措施。

(1) 通过加入铌、钒、钛等,形成 NbC、TiC、VC 等,在晶内弥散析出,阻碍位错的滑移,提高塑变抗力,提高钢的热强性。

(2) 通过加入钼、锆、钒、硼等晶界吸附元素,降低晶界表面能,使晶界碳化物趋于稳定,使晶界强化,从而提高钢的热强性。

3) 耐磨钢

耐磨钢是指在强烈摩擦或撞击时具有很高的抗磨损能力的钢。目前,工业生产中最常用的耐磨钢是高锰钢。高锰钢的主要成分是碳($w_C = 1.0\%~1.3\%$)和锰($w_{Mn} = 11\%~14\%$)。由于对这种钢进行机械加工极其困难,基本上都是采用铸造方法成型,因而在其钢号前加上符号"ZG"(表示"铸钢"的汉语拼音首字母),如 ZGMn13。

## 3.4.3　铸铁

同钢一样,铸铁也是以铁、碳元素为主的铁基材料,其碳含量 $w_C > 2.11\%$。铸铁成型只能用铸造方法,不能用锻或轧制方法。与钢相比,铸铁的强度低,塑性、韧性差,但具有优良的铸造和切削加工性能。

按碳元素在铸铁中存在的方式不同,可将铸铁分为两大类:白铸铁和灰铸铁。

在白铸铁中,碳以渗碳体的形式存在;而在灰铸铁中,碳以游离石墨形式存在。白铸铁硬且脆,很少用来制造机械零件,主要用作炼钢的原料,故通常称它为生铁。

工业上使用的铸铁种类很多,按照石墨的形态和组织性能,铸铁可分为以下几种。

**1. 普通灰铸铁**

在生产中,为使铸铁浇注后得到灰口,且不至含有过多和粗大的片状石墨,通常把铸铁各成分的含量控制在一定范围内:$w_C = 2.5\% \sim 4.0\%$,$w_{Si} = 1.0\% \sim 3.0\%$,$w_{Mn} = 0.25\% \sim 1.0\%$,$w_S = 0.02\% \sim 0.2\%$,$w_P = 0.05\% \sim 0.5\%$。

符合上述成分要求的铁液在缓慢冷却凝固时,将发生石墨化,析出片状石墨,其断口呈黑灰色。若铁水中的碳、硅含量低,铸件容易出现白口组织,白口组织往往出现在铸件的表面层和薄壁处。普通灰铸铁的组织是由片状石墨和钢的基体两部分组成的。

灰铸铁的性能与碳钢相比,具有如下特点。

1)力学性能低

灰铸铁的抗拉强度和塑性、韧性都远不及钢。这是由于灰铸铁中存在片状石墨,在片状石墨尖端处易发生应力集中,而且片状石墨的存在会破坏基体的连续性。片状石墨的量越多、尺寸越大,其影响也愈大。但是,石墨对抗压强度影响不大,所以常用灰铸铁制造机床床身、底座等耐压零部件。

2)耐磨性与减振性好

由于铸铁中的石墨有利于润滑及贮油,所以灰铸铁耐磨性好。同样,由于石墨的存在,灰铸铁的减振性优于钢。

3)工艺性能好

由于灰铸铁中碳含量高,接近于共晶成分,故熔点比较低,流动性良好,收缩率小,因此适宜于铸造结构复杂或薄壁铸件。另外,由于片状石墨的存在,其在切削加工时易断屑,所以灰铸铁的切削加工性优于钢。

**2. 球墨铸铁**

在浇注前向铁液中加入一定量的球化剂(如镁、稀土或稀土镁)和少量的孕育剂(硅铁和硅钙)进行球化处理和孕育处理,在浇注后可获得具有球状石墨结晶铸铁,称为球墨铸铁,简称球铁。球墨铸铁的化学成分大致范围是:$w_C = 3.6\% \sim 3.9\%$,$w_{Si} = 2.0\% \sim 3.0\%$,$w_{Mn} = 0.3\% \sim 0.8\%$,$w_P < 0.1\%$,$w_S < 0.07\%$,$w_{Mg} = 0.03\% \sim 0.08\%$。球墨铸铁的成分特点是:碳当量较高(一般在 $4.3\% \sim 4.6\%$),硫含量较低。

球墨铸铁的显微组织由球形石墨和金属基体两部分组成。由于成分和冷却速度的不同,球墨铸铁在铸态下的金属基体可为铁素体、铁素体+珠光体、珠光体三种。

在球墨铸铁中,由于球形石墨对金属基截面削弱作用较小,基体比较连续。而且,在拉伸时,应力集中程度较轻,因而基体强度利用率可达 $70\% \sim 90\%$,而在灰铸铁中基本的强度利用率仅为 $30\% \sim 50\%$,故球墨铸铁的强度、塑性和韧度都超过了灰铸铁。球墨铸铁的刚度也比灰铸铁好。球墨铸铁不仅具有远远超过灰铸铁的力学性能,而且同样也具有灰铸铁的一系列优点,如良好的铸造性、减摩性、切削加工性及低的缺口敏感性等,甚至在某些性能方面可与锻钢相媲美,如疲劳强度大致与中碳钢相近,耐磨性优于表面淬火钢等。但球墨铸铁的减振能力比灰铸铁低很多。

由于金属基体是决定球墨铸铁力学性能的主要因素,所以球墨铸铁可通过合金化和热处理强化的方法进一步提高力学性能。因此,球墨铸铁可以在一定条件下代替铸钢、锻钢等,用于制造受力复杂、载荷较大和要求耐磨的铸件。

### 3. 蠕墨铸铁

蠕墨铸铁是近年来发展起来的一种新型工程材料。它是由铁液经变质处理和孕育处理冷却凝固后所获得的一种铸铁。通常采用的变质元素(又称蠕化剂)有稀土硅铁镁合金、稀土硅铁合金、稀土硅铁钙合金或混合稀土等。然后加入少量的孕育剂(硅铁)以促进石墨化,使铸铁中的石墨具有介于片状和球状间的形态。蠕墨铸铁的化学成分的质量分数一般为: $w_C = 3.4\% \sim 3.6\%$,$w_{Si} = 2.4\% \sim 3.0\%$,$w_{Mn} = 0.4\% \sim 0.6\%$,$w_S < 0.06\%$,$w_P < 0.07\%$。

蠕墨铸铁的石墨形态在光学显微镜下看起来像片状,但不同于灰铸铁的石墨形态的是其片较短而厚,头部较圆(形似蠕虫),可以认为蠕虫状石墨是一种过渡型石墨。

### 4. 可锻铸铁

可锻铸铁是由白铸铁在固态下经长时间石墨化退火而获得的一种具有团絮状石墨的高强度铸铁。由于可锻铸铁中石墨呈团絮状,所以明显减少了石墨对基体金属的割裂。与灰铸铁相比,可锻铸铁的强度和韧度有明显提高。应该指出可锻铸铁不能用锻造方法制成零件。

可锻铸铁的力学性能介于灰铸铁与球墨铸铁之间,有较好的耐蚀性,但由于退火时间长,生产效率极低,使用受到限制,故一般用于制造形状复杂、承受冲击,并且壁厚小于 25 mm 的铸件(如汽车、拖拉机的后桥壳、轮毂等)。可锻铸铁亦适用于制造在潮湿空气、炉气和水等介质中工作的零件,如管接头、阀门等。

另外,在普通铸铁的基础上加入一定量的合金元素,可制成特殊性能铸铁(合金铸铁)。它与特殊性能钢相比,熔炼简便,成本低。其缺点是脆性较强,综合力学性能不如钢。合金铸铁具有一般铸铁不具备的耐高温、耐蚀、抗磨损等特性。

## 3.4.4　有色金属及其合金

### 1. 铝及铝合金

纯铝是一种银白色的轻金属,熔点为 660 ℃,具有面心立方晶格,没有同素异构转变。它的密度小(只有 2.72 g/cm³);导电性、导热性仅次于银和铜。纯铝的化学性质活泼,在大气中极易氧化,从而在表面形成一层牢固致密的氧化膜,有效隔绝铝和氧的接触,阻止铝的进一步氧化,因此纯铝在大气和淡水中具有良好的耐蚀性。纯铝在低温下,甚至在超低温下都具有良好的塑性($A = 80\%$)和韧性,这与铝具有面心立方晶格结构有关。铝的抗拉强度低($R_m = 80 \sim 100$ MPa),冷变形加工硬化后强度可提高到 $150 \sim 250$ MPa,但其塑性却降低到 $A = 50\% \sim 60\%$。纯铝具有许多优良的工艺性能,易于铸造、切削,也易于通过压力加工。

上述这些特性决定了纯铝适合制造电缆电线,以及要求具有导热和耐大气腐蚀性能而对强度要求不高的一些用品或器皿。铝与硅、铜、镁、锰等合金元素所组成的铝合金具有较高的强度,能用于制造承受载荷的机械零件。

根据铝合金的成分、组织和生产工艺的特点,可将铝合金分为铸造铝合金和变形铝合金两类。

铸造铝合金按主加合金元素的不同,分为 Al-Si 系、Al-Cu 系、Al-Mg 系和 Al-Zn 系等四种。合金代号用"铸铝"二字汉语拼音首字母"ZL"后跟三位数字表示,其中第一位数字表示合金系列,可以为 1、2、3、4,其中 1 表示 Al-Si 系合金,2 表示 Al-Cu 系合金,3 表示 Al-Mg 系合金,4 表示 Al-Zn 系合金。第二、三位数表示合金的顺序号。如 ZL201 表示 1 号 Al-Cu 系铸造铝合金,ZL107 表示 7 号铝硅系铸造铝合金。

变形铝合金按照性能特点和用途分为防锈铝合金、硬铝合金、超硬铝合金、锻铝合金等四种。

1) 防锈铝合金

此类合金主要指 Al-Mg 系和 Al-Mn 系合金,大多为单向合金,不可热处理,其特点是耐蚀性、焊接性和塑性好,并有良好的低温性能,在航空航天领域应用前景广泛。

2) 硬铝合金

此类合金主要指 Al-Cu-Mg 系合金,最高强度可达 420 MPa。根据其中镁、铜的含量的高低,硬铝合金又可分为低硬铝合金、中硬铝合金和高硬铝合金。

3) 超硬铝合金

此类铝合金主要指 Al-Zn-Mg-Cu 系铝合金,是室温强度最高的铝合金。

4) 锻铝合金

此类铝合金主要指 Al-Cu-Mg-Si 系铝合金,其合金元素较多,但含量较少,故有优良热塑性,热加工性能好,铸造性和耐蚀性较好,力学性能与硬铝相当。锻铝合金主要应用于复杂的航空及仪表零件,如叶轮、支杆等。

常用变形铝合金牌号、性能及用途如表 3-5 所示。

表 3-5　常用变形铝合金牌号、性能及用途

| 类别 | 牌号 | 状态 | | 力学性能(不低于) | | | | 用途举例 |
|------|------|------|---|---|---|---|---|------|
| | | | | $R_m$ /MPa | $R_{p0.2}$ /MPa | $A_{30 mm}$ /(%) | 硬度 /HBW | |
| 防锈铝合金 | 3A21 | 板材 | O | 110 | 40 | 30 | 28 | 用于采用深冲压方法制造轻载荷的焊接件和在腐蚀介质中工作的工件,如航空油箱、汽油和润滑油导管,以及整流罩等 |
| | 5A02 | 板材 | O | 195 | 90 | 25 | 47 | |
| 硬铝合金 | 2A11 | 板材 | O | 180 | 70 | 20 | 45 | 用于制造中等强度的结构件,如整流罩、螺旋桨等 |
| | | | T4 | 425 | 275 | 15 | 105 | |
| | 2A12 | 板材 | O | 185 | 75 | 20 | 47 | 用于制造较高强度的结构件,如翼梁、长桁等 |
| | | | T4 | 470 | 325 | 20 | 120 | |
| 超硬铝合金 | 7A04、7A09 | 棒材 | O | 230 | 105 | 17 | 60 | 用于制造飞机的主要结构受力件,如大梁、桁条、翼肋、蒙皮等 |
| | | | T6 | 570 | 505 | 11 | 150 | |
| 锻铝合金 | 2A70 | 模锻件(顺纤维方向) | T6 | 440 | 370 | 10 | 120 | 用于制造形状复杂和中等强度的锻件 |
| | | | O | 185 | 95 | 20 | 45 | |
| | 2A14 | | T6 | 485 | 415 | 10 | 135 | 用于制造承受高载荷或较大型的锻件 |

注:O——退火;T4——淬火+自然时效处理;T6——淬火+人工时效处理。

**2. 铜及铜合金**

纯铜熔点为 1083 ℃,在固态时具有面心立方晶体结构,无同素异构转变,密度是 8.9 g/cm³,比普通钢重约 15%。纯铜是玫瑰红色的,表面形成氧化膜后呈紫色,故一般称为紫铜。

纯铜的突出优点是导电及导热性好,其导电性在各种元素中仅次于银而居第二位,故纯铜的主要用途是制作电工导体。在力学和工艺性能方面,纯铜有极好的塑性,可以承受各种形式的冷热压力加工。在化学性能方面,铜是比较稳定的金属。纯铜在大气、水中不受腐蚀,但在海水中则会受腐蚀。在冷变形过程中,铜有明显的加工硬化现象。纯铜主要用在电器工业中,作为导体材料和用来配制铜合金。常用的铜合金主要是黄铜、青铜和白铜。

1) 黄铜

铜和锌的合金称为黄铜。按照黄铜的化学成分,黄铜可分为简单黄铜和复杂黄铜两类。

(1) 简单黄铜　只含锌不含其他合金元素的黄铜称为简单黄铜或普通黄铜。牌号由"H"(黄铜的汉语拼音首字母)起头,后面两位数字表示合金中含铜的质量分数。例如 H80,即表示含铜 80% 的黄铜。若属于铸造简单黄铜,则再冠以"Z"字,如 ZH62 等。

图 3-20 为铜锌合金相图,可以看出铜中加入锌后,随着含锌量的不同,会在冷却时发生 5 个包晶反应,具有 6 种相。但在黄铜的含量范围之内只能看到 α、β 两种相。因为 γ 相太脆,所以含有该相的合金在工业上基本不使用。

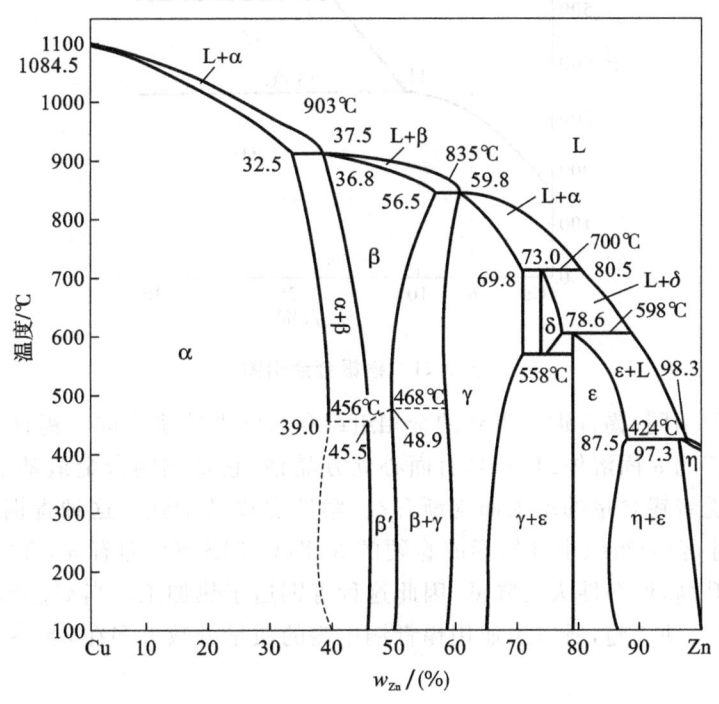

图 3-20　铜锌合金相图

(2) 复杂黄铜　除 Zn 以外还含有一定数量的其他合金元素的黄铜称为复杂黄铜或特殊黄铜。复杂黄铜的编号方法是:代号"H"＋主加元素符号＋铜含量＋主加元素含量,如 HPb74-3,表示含 74% 铜、含 3% 铅的复杂黄铜。加入合金元素的目的是为了改善黄铜的力学性能、耐蚀性或某些工艺性能(如铸造性能、切削加工性等)。常加入的合金元素有铅、锡、铝、锰、铁、钴、镍等。黄铜中加入合金元素之后,并不生成新相,而只是影响 α 相和 β 相的相对量,其效果与增加合金的含锌量差不多。实用中提出了各种合金元素的锌当量系数的概念,表示加入 1% 的其他元素在对组织的影响上相当于加入百分之几的锌。在知道了复杂黄铜的锌含量之后,即可由其确定合金的组织状态,并近似地推断合金的力学性能与塑性变形能力。

2) 青铜

青铜原指铜锡合金,但工业上习惯称含铝、硅、铅、铍、锰等的铜基合金为青铜,所以青铜实际上包括有锡青铜、铝青铜、铍青铜等。青铜的编号方法是:代号"Q"("青"的汉语拼音首字母)+主元素符号+主加元素含量。主加元素是锡的铜合金即锡青铜,铜锡合金相图如图3-21所示。

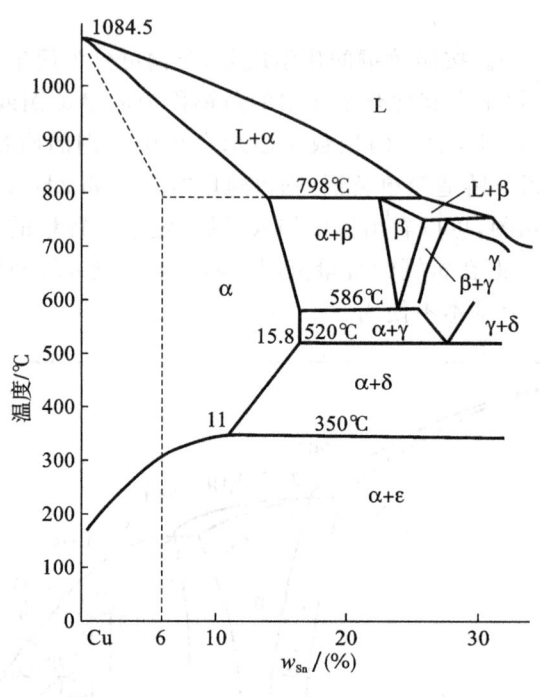

图 3-21 铜锡合金相图

随着锡含量的不同,锡青铜所得到的金相组织和力学性能也不同。锡含量在6%以下,锡溶于铜中形成单相的α固溶体组织,具有面心立方晶格,它是铜锡合金最基本的相组成物,此时锡青铜的强度随着锡含量的增加而逐渐升高,塑性也逐渐增强。这种青铜适于冷加工。当锡含量超过6%时,合金组织中开始形成脆硬的δ相(Cu31Sn8),即有α+δ共析组织出现,合金的强度仍继续升高,但塑性大为降低,因此这种青铜适于热加工。当$w_{Sn}>20\%$时,大量的δ相出现,合金变得又硬又脆,所以工业用锡青铜中锡的质量分数大多在3%~14%之间。

3) 白铜

白铜是以镍为主要合金元素的铜合金。在固态下,铜与镍无限固溶,因此工业白铜的组织为单相α固溶体。它有较好的强度和优良的塑性,能进行冷、热变形。冷变形能提高强度和硬度。它的耐蚀性较好,电阻率较高。主要用于制造船舶仪器零件、化工机械零件及医疗器械等。锰含量高的锰白铜可制作热电偶丝。

**3. 钛及钛合金**

钛的熔点高,热膨胀系数小,导热性差。纯钛塑性好、强度低,容易加工成型,可制成细丝或薄片。钛在大气和海水中有优良的耐蚀性,在硫酸、盐酸、硝酸、氢氧化钠等介质中都很稳定。钛的抗氧化能力优于大多数奥氏体不锈钢。钛在固态下有两种结构:温度在882.5 ℃以下时为密排六方晶格,称为α-Ti;温度在882.5 ℃以上、熔点以下时为体心立方晶格,称为β-Ti。在882.5 ℃时会发生同素异构转变α-Ti⇌β-Ti,这对钛的强化有很重要的意义。

根据组织状态,钛合金可分为三类。

1) α 钛合金

钛中加入铝、硼等 α 稳定化元素获得 α 钛合金。α 钛合金的室温强度低于 β 钛合金和 α+β 钛合金,但高温(500～600 ℃)强度比它们高,并且组织稳定,抗氧化性和抗蠕变性好,焊接性也很好。α 钛合金不能淬火强化,主要依靠固溶强化,热处理只进行退火(变形后的消除应力退火或消除加工硬化的再结晶退火)处理。典型牌号是 TA7,名义化学成分为 Ti-5Al-2.5Sn,主要用于制造导弹的燃料罐、超声速飞机的涡轮机匣等。

2) β 钛合金

钛中加入钼、铬、钒等 β 稳定化元素得到 β 钛合金。β 钛合金具有较高的强度、优良的冲压性能,并可通过淬火和时效处理进行强化。在时效状态下,合金的组织为 β 相和弥散分布的细小 α 相粒子。典型牌号为 TB1,名义化学成分为 Ti-3Al-8Mo-11Cr,适用于制造压气机叶片、轴、轮盘等重载的回转件,以及飞机构件等。

3) α+β 钛合金

钛中通常加入 α、β 稳定化元素得到 α+β 钛合金,其塑性好,容易锻压、冲压,并可通过淬火和时效处理进行强化,热处理后强度可提高 50%～100%。典型牌号为 TC4,名义化学成分为 Ti-6Al-4V,适用于制造在 400 ℃ 以下长期工作的零件,要求一定高温强度的发动机零件,以及低温下使用火箭、导弹的液氢燃料箱部件等。TC4 锻制饼坯中的过热魏氏组织如图 3-22 所示,TC4 锻棒的纯钛偏析如图 3-23 所示。

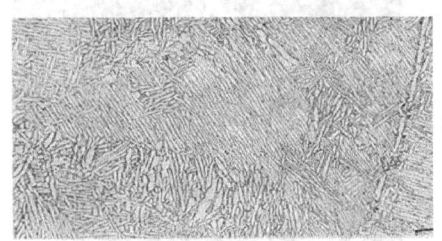 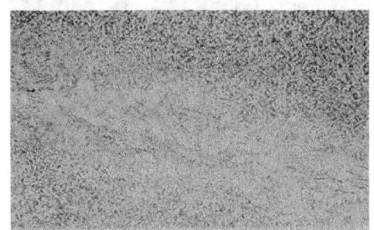

图 3-22　TC4 锻制饼坯中的过热魏氏组织　　　　　图 3-23　TC4 锻棒的纯钛偏析

**4. 轴承合金**

轴承合金是用于制造滑动轴承的材料,通常附着于轴承座壳内,起减摩作用,又称轴瓦合金。轴承支承着轴,当轴旋转时,轴瓦和轴发生强烈的摩擦,并承受周期性载荷。因此,轴承合金应具有如下性质:

(1) 在工作温度下,有一定的抗压强度、疲劳强度,以保证能承受轴颈所施加的压力和避免因形成疲劳裂纹而产生剥落;

(2) 有足够的塑性和韧性,以保证与轴配合良好并抵抗冲击和振动;

(3) 与轴之间的摩擦因数为最小,并能保留润滑油;

(4) 具有良好的磨合能力,以使载荷均匀分布;

(5) 具有良好的抗蚀性和导热性,较小的膨胀系数。

轴瓦材料不能选用高硬度的金属,以免轴颈发生磨损;也不能选用软的金属,防止承载能力过低。因此,滑动轴承合金应既软又硬,组织特点为:在软基体上分布硬质点,或者在硬基体上分布软质点。

当轴承合金组织是软基体上分布硬质点时,由于软基体具有良好的磨合性,软基体会很快被磨损而凹下去,硬的质点比较抗磨便变得凸起来。这时凸起的硬质点支承轴所施加的压力,凹下去的坑可储存润滑油,从而保证了很好的摩擦条件和较小的摩擦因数。同时软的基体还能起到镶嵌外界落入的硬质点的作用,以保证轴颈不被擦伤。当然,硬基体上分布着软质点的组织形式也可以达到同样目的。与软基体硬质点的组织形式相比较,硬基体软质点的组织形式具有较大的承载能力,但磨合性较差。

常用的轴承合金可分为以下几种。

1) 铅基轴承合金

铅基轴承合金是在铅锑基合金基础上加入锡和铜元素组成的合金,也称铅基巴氏合金。铅基轴承合金是一种软基体硬质点类型的轴承合金。典型牌号是 ZChPbSb16-16-2,其中 $w_{Sb}$ ＝16％、$w_{Sn}$＝16％、$w_{Cu}$＝2％,其余为 Pb。

ZChPbSb16-16-2 的合金组织为($\alpha+\beta$)＋$\beta$＋$Cu_6Sn_5$,如图 3-24 所示。$\alpha+\beta$ 共晶体为软基体,白色方块是 $\beta$ 固溶体,起硬质点作用,白色针状晶体为化合物 $Cu_6Sn_5$。这种合金的铸造性能和耐磨性能较好,可用于制造中、低载荷的轴瓦,例如拖拉机、汽车曲轴的轴承等。

2) 锡基轴承合金

锡基轴承合金也是一种软基体硬质点类型的轴承合金。典型牌号为 ZChSnSb11-6,显微组织为 $\alpha+\beta'+Cu_6Sn_5$,如图 3-25 所示。其中黑色部分为 $\alpha$ 相软基体,白色方块为 $\beta'$ 相硬质点,白色针状或星状组成物是 $Cu_6Sn_5$。

图 3-24　ZChPbSb16-16-2 显微组织

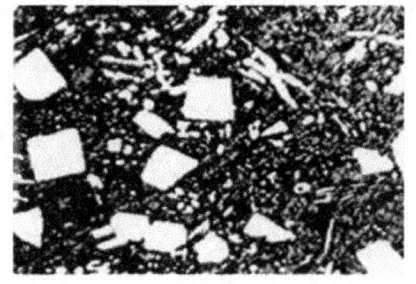

图 3-25　ZChSnSb11-6 显微组织

锡基轴承合金的摩擦因数和膨胀系数小,塑性和导热性好,适用于制作最重要的轴承,如发动机、压气机和汽轮机等大型机器的高速轴瓦,但锡基轴承合金的疲劳强度较低。

3) 铜基轴承合金

铜基轴承合金有锡青铜、铅青铜等,典型牌号有 ZQPb30、ZQSn10-1 等。铜和铅在固态时互不溶解,室温显微组织为 Cu＋Pb。铜为硬基体,粒状铅为软质点。与巴氏合金相比,该合金有较高的疲劳强度和承载能力,耐磨性、导热性良好,摩擦因数小,可制造大载荷、高速度的重要轴承,如航空发动机、高速柴油机的轴承等。

由于锡基、铅基轴承合金及不含锡的铅青铜强度比较低,承载压力较小,所以使用时须将其镶铸在钢的衬背上,形成一层薄而均匀的内衬,做成双金属轴承。含锡的铅青铜,由于锡溶于铜中使合金强化,强度较高,所以无须采用双金属形式,而直接做成轴承或轴套使用。

4) 铝基轴承合金

铝基轴承合金具有密度小、导热性好、疲劳强度高和耐蚀性好等优点,但其膨胀系数大,运转时容易与轴咬合。铝基轴承合金主要有两大类。

(1) 铝锑镁轴承合金,其中 $w_{Sb}$＝3.5％～4.5％,$w_{Mg}$＝0.3％～0.7％,其余为 Al。加入镁

可提高合金的屈服强度。铝锑镁轴承合金有较高的抗疲劳性能和耐磨性,但承载能力较小,适用于制造受中等载荷的内燃机轴承等。

(2)高锡铝基轴承合金,其中 $w_{Sn}=20\%$,$w_{Cu}=1\%$,其余为 Al。高锡铝基轴承合金疲劳强度高,耐热性、耐蚀性和耐磨性好,适用于制造拖拉机、汽车内燃机的轴承等。

# 3.5　常见的非金属材料

## 3.5.1　高分子材料

高分子材料的主要成分为是高分子化合物。常用的高分子材料包括塑料、橡胶、合成纤维和黏结剂等。

**1. 塑料**

1)塑料的组成

塑料的主要成分是合成树脂,此外还包括填料或增强材料、增塑剂、固化剂、润滑剂、稳定剂、着色剂、阻燃剂等。它是将各种单体通过聚合反应合成的高聚物。树脂在一定的温度、压力下可软化并塑造成型,它决定了塑料的基本属性,并可起到黏结剂的作用。

2)塑料的特性

(1)密度小　塑料的相对密度一般只有 1.0~2.0,大约为钢的 1/6,铝的 1/2,这对减轻车辆、飞机、船舶等运输工具的自重意义十分重大。

(2)耐腐蚀　大多数塑料化学稳定性好,对酸、碱和有机溶液都有良好的耐蚀能力,有些还可与陶瓷材料媲美。

(3)电绝缘性好　绝大多数塑料具有良好的电绝缘性和较小的介电损耗,因此是理想的电绝缘材料。

(4)耐磨和减摩性好　大部分塑料摩擦因数小,有自润滑能力,可在湿摩擦和干摩擦条件下有效工作。

(5)良好的成型性　大部分塑料都可以直接采用注塑或挤压成型工艺,无须切削,所以能提高生产率,降低成本。

塑料的不足之处是强度、硬度较低,耐热性差,易老化、易蠕变等。

3)常用工程塑料

根据树脂的热性能,塑料可分为热塑性塑料和热固性塑料。

(1)热塑性塑料　热塑性塑料受热时会软化,冷却后变硬,再受热时又会软化,具有可塑性和重复性。其树脂结构为线型或支链型结构。常用的热塑性塑料有聚烯烃、聚氯乙烯、聚苯乙烯、ABS、聚酰胺、聚甲醛、聚碳酸酯和聚甲基丙烯酸甲酯等。

(2)热固性塑料　热固性塑料加热固化后将不再软化,形成不溶、不熔物。其结构为网状结构。热固性塑料具有耐热性好、受压不易变形等优点;其缺点是力学性能不好,但可加入填料来提高强度。常用的热固性塑料有酚醛塑料、环氧塑料等。

**2. 橡胶**

1)工业橡胶的组成

工业橡胶的主要成分是生胶。生胶基本上是线型非晶态高聚物,其分子链是由许多能自由旋转的链段构成的柔顺性很大的大分子长链,通常呈卷曲线团状。当受外力时,分子便沿外力方向被拉直,产生变形,外力去除后又恢复到卷曲状态,变形消失,因而生胶具有很高的弹性。但生胶分子链间相互作用力很弱,强度低,易产生永久变形。此外,生胶的稳定性差,如会发黏、变硬、溶于某些溶剂等。为此,工业橡胶中还必须加入各种配合剂。

橡胶的配合剂主要有硫化剂、填充剂、软化剂、防老化剂及发泡剂等。硫化剂的作用是使生胶分子在硫化处理中产生适度交联而形成网状结构,从而大大提高橡胶的强度、耐磨性和刚度,并使其性能在很宽的湿度范围内具有较高的稳定性。

2)橡胶的性能特点

(1)弹性　包括高弹性能和回弹性能。

①高弹性能:受外力作用而发生的变形是可逆弹性变形,外力去除后,只需要千分之一秒便可恢复到原来的状态。发生高弹变形时,弹性模量低,只有 1 MPa 且变形量大,可达 100%～1000%。

②回弹性能:橡胶具有良好的回弹性能。如天然橡胶的回弹高度可达 70%～80%。

(2)强度　经硫化处理和炭黑增强后,其抗拉强度达 25～35 MPa,并具有良好的耐磨性。

3)常用橡胶材料

橡胶根据原材料的来源可分为天然橡胶和合成橡胶,按应用范围又可分为通用橡胶和特种橡胶。

(1)通用橡胶　性能和天然橡胶接近,可以代替天然橡胶使用,如顺丁橡胶、丁苯橡胶、氯丁橡胶等。

(2)特种橡胶　具有特殊性能、有特殊用途的橡胶,如硅橡胶、氟橡胶等。

**3. 合成纤维**

合成纤维是以石油、天然气、煤和石灰石等为原料,经过提炼和化学反应合成高分子化合物,再经过熔融或溶解后纺丝制得的纤维。合成纤维具有比天然纤维更优越的性能,如强度高、比重小、弹性好、耐磨性好、耐酸碱性好等,广泛应用于制作衣料等生活用品,以及汽车、飞机轮胎帘子线、渔网、降落伞、船缆及绝缘布等。

1)合成纤维生产方法

合成纤维的生产方法包括:单体的制备和聚合、纺丝和后加工三个基本环节。

(1)单体的制备和聚合　利用石油、天然气、煤和石灰石等为原料,经分馏、裂化和分离得到有机低分子化合物。

(2)纺丝　将成纤高聚物的熔体或浓溶液,用纺丝泵连续、定量而均匀地从喷丝头的毛细孔中挤出,得到液态细流,再使其在空气、水或特定的凝固浴中固化成为初生纤维的过程称为纤维成型,也称纺丝。

(3)后加工　纺丝成型后得到的纤维还不完善,其物理力学性能较差,不能直接用于纺织加工,必须经过一系列的后加工。主要加工工序为拉拔和热定型。

2)常用的合成纤维

常用的合成纤维有涤纶、锦纶、腈纶、维纶、丙纶和氯纶等。

**4. 黏结剂**

在工程中,工程材料的连接方法除焊接、铆接、螺纹连接之外,还有用黏结剂黏结,称为胶接。其特点是接头处应力分布均匀,应力集中小,接头密封性好,而且工艺简单,制作成本低。

### 3.5.2　工业陶瓷

工业陶瓷是用各种粉状物质制成一定形状后,在高温窑炉中烧制而成的一种无机非金属固体材料。

**1. 陶瓷材料的分类**

除了玻璃、水泥、耐火材料外,按成分和用途的不同,陶瓷可分为普通陶瓷、特种陶瓷和金属陶瓷三类。

普通陶瓷又称为传统陶瓷,是以黏土、长石、石英等为主要成分制成的,杂质较多。普通陶瓷又可分为日用陶瓷和工业陶瓷。

特种陶瓷是以人工提炼、纯度较高的化合物为原料制成的陶瓷,如氧化物、氮化物、碳化物、碱土金属碳酸盐等的烧结材料。它们具有各种独特的力学、物理和化学性能,可满足工程上的特殊需要。常见的有高温陶瓷、高强度陶瓷、精密陶瓷、磁性陶瓷、压电陶瓷、电容器陶瓷等多种。

金属陶瓷是由金属和陶瓷组成的非均质复合材料,它应属于复合材料,但习惯上被看作陶瓷材料。由于粉末冶金生产工艺与陶瓷类似,因此,粉末冶金生产的金属材料也统称为金属陶瓷。采用不同组成的金属和陶瓷,并改变它们的相对数量,可以制成各种结构材料、工具材料、耐热材料和电工材料等。

**2. 陶瓷材料的性能**

1) 力学性能

陶瓷材料具有很高的弹性模量和硬度,比金属高若干倍,比有机高聚物高 2~4 个数量级。这是由于陶瓷材料具有强大的化学键所致。陶瓷的塑性变形能力很差,在室温下几乎没有塑性,因为陶瓷晶体滑移系很少,共价键有明显的方向性和饱和性,离子键的同号离子接近时斥力很大,当产生滑移时,极易造成键的断裂,再加上有大量气孔存在,所以陶瓷材料呈现出很明显的脆性特征,韧度极低。由于陶瓷内有气孔、杂质和各种缺陷的存在,所以陶瓷材料的抗拉强度很低,抗弯强度较高,而抗压强度非常高,因受压时,裂纹不易扩展。

2) 热性能

陶瓷材料熔点高,具有比金属材料好得多的耐热性。此外,它的热膨胀系数小、导热性弱,是优良的绝热材料。但陶瓷的抗热振性能差,这是它的致命弱点之一。

3) 电性能

陶瓷材料的导电性变化范围很广。由于离子晶体无自由电子,所以大多数陶瓷材料都是良好的绝缘体。但不少陶瓷既是离子导体,又有一定的电子导电性,因此,陶瓷也是重要的半导体材料。此外,最近几年出现的超导材料,大多数也是陶瓷材料。

4) 化学性能

陶瓷材料具有良好的抗氧化性和不可燃烧性,即使在 1000 ℃ 的高温下也不会被氧化。此外,陶瓷对酸、碱、盐等介质均具有较强的耐蚀性,与许多金属熔体也不发生作用,因而是极好的耐蚀材料和坩埚材料。

5) 光学性能

光学性能对近代陶瓷材料而言也具有重要作用,制造固体激光器材料、光导纤维材料、光存储材料等都利用了陶瓷材料的光学性能。这些材料的研究和应用,对通信、摄影、计算机等具有重要的实际意义。氧化铝透明陶瓷的出现是光学材料的重大突破。透明陶瓷大多是由单一晶相组成的多晶材料,1 mm 厚的试片透光率可达 80％以上。

**3．特种陶瓷**

1）氧化物陶瓷

氧化物陶瓷可以是单一氧化物,也可是复合氧化物,目前应用最广泛的是氧化铝陶瓷。这类陶瓷以 $Al_2O_3$ 为主要成分,并按 $Al_2O_3$ 的含量不同可分为刚玉瓷、刚玉-莫来石瓷和莫来石瓷。其中刚玉瓷中 $Al_2O_3$ 的含量高达 99％。

氧化铝陶瓷的熔点在 2000 ℃以上,耐高温,能在 1600 ℃左右长期使用。其硬度很高,仅次于碳化硅、立方氮化硼、金刚石等,并有较高的强度、高温强度和优良的耐磨性。此外,它还具有良好的绝缘性和化学稳定性,能耐各种酸碱的腐蚀。氧化铝陶瓷的缺点是热稳定性差。氧化铝陶瓷广泛用于制造高速切削工具、量规、拉丝模、高温炉零件、空压机泵零件、内燃机火花塞等。此外,还可用作真空材料、绝热材料和坩埚材料。

2）氮化物陶瓷

最常用的是氮化硅($Si_3N_4$)和氮化硼(BN)陶瓷。

氮化硅陶瓷摩擦因数小,有自润滑性,所以具有良好的耐磨性,而且化学稳定性高,可耐各种无机酸和碱溶液的腐蚀,并能抵抗熔融铝、铅、镍等非铁金属的侵蚀,还具有优异的绝缘性,可用来制造各种泵的密封环、热电偶套管、切削刀具、高温轴承等。

氮化硼陶瓷具有石墨型六方结构,所以,又称为白石墨。能耐高达 2000 ℃的温度,并有自润滑性,常用作高温轴衬、高温模具材料。具有极高的硬度(硬度仅次于金刚石),已成为新型超硬材料,可用来制作金属切削刀具,适用于高硬度金属材料(调质、淬火钢)的精加工、高强度钢和耐热钢的精加工,有色金属的低粗糙度加工等。

3）碳化物陶瓷

碳化物陶瓷有碳化硅陶瓷、碳化钨陶瓷、碳化钛陶瓷等。这类材料具有高的硬度、熔点和化学稳定性。

碳化物陶瓷具有较高的高温强度,其抗弯强度在 1400 ℃时仍保持在 300～600 MPa,而其他陶瓷在 1200 ℃时抗弯强度已显著下降。此外,它还具有很高的热传导能力,较好的热稳定性、耐磨性、耐蚀性和抗蠕变性。碳化硅陶瓷可用来制造工作温度高于 1500 ℃的零件,如火箭喷嘴、热电偶套管、高温电炉零件,以及各种泵的密封圈等。

### 3.5.3　复合材料

由两种或两种以上物理、化学性质不同的物质,经人工合成的材料称为复合材料。它不仅具有各组成材料的优点,而且还具有单一材料不具备的优越的综合性能。日常所见的人工复合材料很多,如钢筋混凝土就是用钢筋与石子、沙子、水泥等制成的复合材料,轮胎是由人造纤维与橡胶复合而成的材料。

**1．复合材料的性能特点**

在复合材料中,纤维增强复合材料应用最广,用量最大,其有如下性能特点。

(1) 比强度和比模量高。在纤维增强复合材料中,作为增强相的多数是强度很高的纤维,而且组成材料密度较小,因此,复合材料的比强度、比模量比其他材料要高得多。这对宇航、交通运输工具而言具有重大的实际意义,因为这些设备的设计要求是在保证性能的前提下自重尽量轻。

（2）疲劳强度较高。这是因为在纤维增强复合材料中,纤维与基体间的界面能够阻止疲劳裂纹的扩展。当裂纹从基体的薄弱环节处产生并扩展到结合面时,受到一定程度的阻碍,因而向载荷方向的扩展停止。

（3）减振性好。当结构所受外载荷频率与结构的自振频率相同时,将产生共振,容易造成灾难性事故。而结构的自振频率不仅与结构本身的形状有关,还与材料比模量的平方根成正比。因为纤维增强复合材料的自振频率高,可以避免共振。此外,纤维与基体的界面具有吸振能力,所以具有很高的阻尼作用。

除了上述几种特性外,纤维增强复合材料还有良好的耐热性、断裂安全性,以及良好的自润滑和耐磨性等。但它也有缺点,如断裂伸长率较小、抗冲击性较差、横向强度较低、成本较高等。

**2. 复合材料的分类**

1）纤维增强复合材料

纤维增强复合材料可分为玻璃纤维增强复合材料与碳纤维增强复合材料两大类。

（1）玻璃纤维增强复合材料　它是以玻璃纤维及制品为增强剂,以树脂为黏结剂制成的,俗称玻璃钢。

（2）碳纤维增强复合材料　它是以碳纤维或其织物为增强剂,以树脂、金属、陶瓷等为黏结剂制成的。目前有碳纤维树脂、碳纤维碳、碳纤维金属、碳纤维陶瓷复合材料等。其中,以碳纤维树脂复合材料应用最为广泛。它的比强度、比模量在现有复合材料中名列前茅,此外还具有较高的冲击韧度和疲劳强度,优良的减摩性、耐磨性、导热性、耐蚀性和耐热性。

碳纤维树脂复合材料广泛用于制造要求比强度、比模量高的飞行器结构件,如导弹的鼻锥体、火箭喷嘴、喷气发动机叶片等,还可制造重型机械的轴瓦、齿轮、化工设备的耐蚀件等。

2）层合复合材料

层合复合材料是由两层或两层以上不同性质的材料结合而成的,以达到增强的目的。三层复合材料是以钢板为基体、以烧结铜为中间层、以塑料为表面层制成的。它的物理、力学性能主要取决于基体,而摩擦、磨损性能取决于表面塑料层。

3）颗粒复合材料

颗粒复合材料是由一种或多种颗粒均匀分布在基体材料内而制成的。常见的颗粒复合材料有两类:一类是颗粒与树脂复合材料,如塑料中加颗粒状填料、橡胶用炭黑增强等而构成的复合材料;另一类是陶瓷粒与金属复合材料,典型的有金属基陶瓷颗粒复合材料等。

4）骨架增强复合材料

骨架增强复合材料是通过在两层薄而强的板之间隔一层轻而弱的芯子而制成的,其密度小、抗弯强度好,常用于航空、船舶、化工等行业。

# 思考与练习

1. 工程材料学的主要任务是什么?
2. 低碳钢在拉伸过程中各个阶段有什么特点?

习题解析

**3.** 疲劳强度有什么特点？

**4.** 简述金属结晶过程。

**5.** 晶粒细化的作用是什么？工业中常用的细化晶粒的方法有哪些？

**6.** 碳含量对铁碳合金的性能有何影响？

# 第4章 钢的热处理

## 4.1 热处理的基本原理和作用

**1. 钢的热处理的基本原理**

所谓钢的热处理,就是通过对固态下的钢进行加热、保温和冷却,改变钢的内部组织,从而获得所要求性能的一种工艺方法。钢的热处理依据的是钢在热处理过程中组织或相的变化规律。可以说,铁碳合金相图是热处理的基础。掌握好合金相图,就能正确地分析钢在加热或冷却时组织的转变,确定热处理的类型及加热温度。

**2. 热处理的作用**

热处理的主要作用是改变钢的内部组织结构,以改善钢的性能。具体如下:

（1）通过适当的热处理可以显著提高钢的力学性能,延长机器零件的使用寿命。

（2）热处理工艺不但可以强化金属材料、充分挖掘材料性能潜力、降低结构重量、节省材料和能源,而且能够提高机械产品质量、大幅度延长机器零件的使用寿命。

（3）恰当的热处理工艺可以消除铸、锻、焊等热加工工艺造成的各种缺陷,细化晶粒、消除偏析、降低内应力,使钢的组织和性能更加均匀。

（4）热处理是机器零件加工工艺过程中的重要工序。例如用高速钢制造钻头,必须先经过预备热处理,改善锻件毛坯组织、降低硬度(达到 $207\sim255$ HBW),这样才能进行切削加工。对加工后的成品钻头又必须进行最终热处理,提高其硬度(达到 $60\sim65$ HRC)和耐磨性,并进行精磨,以切削其他金属。

（5）通过热处理还可使工件表面具有耐磨、耐蚀等特殊物理化学性能。例如用 T7 钢制造一把钳工用的錾子,若不进行热处理,即使錾子刃口磨得很好,在使用也会很快发生卷刃,若将已磨好的錾子刃口部分局部加热至一定温度以上,保温以后进行水冷及其他热处理,则錾子将变得锋利而有韧性。在使用过程中,即使用榔头经常敲打,錾子也不易发生卷刃和崩裂现象。

## 4.2 钢材的整体热处理

热处理是钢铁材料重要的强化手段。机械工业中的钢铁制品,几乎都要进行不同的热处理才能保证其性能和使用要求。所有的量具、模具、刀具和轴承,70%～80%的汽车零件和拖拉机零件,60%～70%的机床零件,都必须进行各种专门的热处理,才能合理地加工和使用。

钢的热处理可分为整体热处理和表面热处理两大类。整体热处理包括退火、正火、淬火、回火。表面热处理包括表面淬火和化学热处理。

钢的热处理过程就是奥氏体化过程,即通过铁、碳原子扩散而实现相变的过程,相变过程是通过形核和长大两个过程完成的,由于珠光体中的铁素体和渗碳体相界面很多,可以形成许多奥氏体晶核,因此,钢的奥氏体化过程是一个晶粒细化过程,也是一个消除内应力和不均匀组织的过程。

奥氏体晶粒大小与加热温度和保温时间有很大关系。在相变温度以上,加热温度越高,保温时间越长,奥氏体晶粒就会长得越大。钢的奥氏体化晶粒大小与冷却后组织晶粒的大小有直接关系。奥氏体晶粒细小,冷却后的组织晶粒就小;反之,奥氏体晶粒粗大,冷却后组织的晶粒也粗大。当然,晶粒越细小,钢的力学性能越好。

奥氏体晶粒的控制方法如下:

(1) 控制热处理加热温度在相变点以上 30~50 ℃,不超过 100 ℃;

(2) 确定合理的保温时间,以满足相变的需要和穿透加热的需要;

(3) 快速加热、短时间保温。

总之,在钢加热时合理控制工艺参数,可以得到细小的奥氏体组织。

**1. 退火和正火**

退火与正火主要用于各种铸件、锻件、热轧型材及焊接构件,由于处理时冷却速度较慢,故对钢的强化作用较小,在许多情况下都不能满足使用要求。除少数性能要求不高的零件外,一般不作为获得最终使用性能的热处理,而主要用于改善零件工艺性能,故称为预备热处理。

退火与正火的目的有:消除残余内应力,防止工件变形、开裂;改善组织,细化晶粒;调整硬度,改善切削性能;为最终热处理(淬火、回火)做好组织上的准备。

1) 退火

退火是将钢加热至适当温度(非合金的退火温度见图 4-1),保温一定时间,然后缓慢冷却的热处理工艺。根据目的和要求的不同,工业上常用的退火工艺有:去应力退火、重结晶退火、软化退火、扩散退火等。

可以根据退火温度的高低和退火时间的长短来区分退火方法。

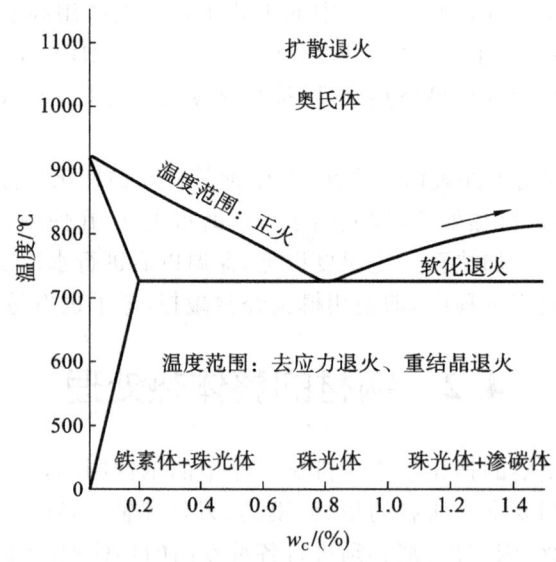

**图 4-1　非合金钢的退火温度**

(1) 去应力退火　去应力退火时,材料的塑性流动可使工件的内部应力降低。这种内部应力可产生于浇铸、轧制、锻造或焊接等阶段。采用这种方法时,工件需要在 550~650 ℃之间退火 1~2 h。

（2）重结晶退火　又称中间退火。当材料组织因冷作成型发生扭曲,需恢复到未扭曲组织状态时,便采用这种退火方法。通过在 550～650 ℃温度范围内进行数小时的退火,可形成全新的组织,如图 4-2 所示。

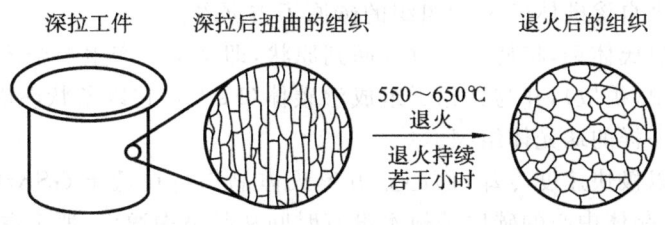

**图 4-2　重结晶退火**

（3）软化退火　采用这种退火方法时,根据钢的碳含量不同,将钢加热到 680～750 ℃之间的温度范围,然后在该温度下保持若干小时。采用摆动退火也可以达到这种效果。摆动退火时,温度在 PSK 线(见图 3-19)附近上下变动若干次。通过软化退火可使条状渗碳体转化成晶粒渗碳体,如图 4-3 所示,从而使材料更容易成型和切削。

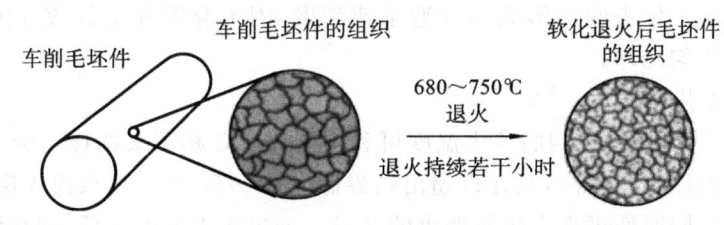

**图 4-3　软化退火**

（4）扩散退火　又称均匀化退火,是将钢加热至略低于固相线的温度后长时间保温,然后缓慢冷却的退火方法,用以使钢的化学成分和显微组织均匀化。

2）正火

正火是将工件加热至一定温度,保温后出炉空冷的热处理工艺。正火与退火的主要区别是正火的冷却速度稍快,所得组织比退火所得组织细,硬度和强度有所提高。

正火主要有以下几方面的应用:

（1）对于力学性能要求不高的零件,正火可作为最终热处理;

（2）低碳钢退火后硬度偏低,切削加工后表面粗糙度高,正火后可获得合适的硬度,改善切削性能;

（3）对于大型零件或形状复杂的零件,当淬火有开裂的危险时,可用正火代替淬火、回火处理。

对于低碳钢和低碳合金钢,一定要选用正火。对于中碳钢,退火与正火均可,优先选用正火。

退火缺陷:若未能达到退火温度和退火时间要求,将导致出现无法预料的组织变化。如果长时间大幅度超出退火温度,将导致材料的损坏甚至毁坏。

**2. 淬火**

淬火是将钢件加热至某一温度,保温后以适当速度(大于临界冷却速度,即奥氏体转变为马氏体的最小冷却速度)冷却,获得马氏体(碳在 α-Fe 中形成的过饱和间隙固溶体)和(或)下贝氏体(马氏体＋极细碳化物)组织的热处理工艺,目的是提高钢的硬度和改善其耐磨性。淬火是强化钢件最重要的热处理方法。

1) 淬火时材料的内部变化过程

钢加热至超过 $GSK$ 线时，体心立方铁素体晶格转变成面心立方奥氏体晶格。晶体中心空出的位置被一个来自渗碳体($Fe_3C$)组织的碳原子占据着。

如果缓慢冷却奥氏体钢，将使转变过程回到原状，即又重新产生一个体心立方晶格。碳原子从正方体中心逸出(扩散)，并与铁原子组成渗碳体($Fe_3C$)，它以条状渗碳体形式析出，于是又产生了与加热前一样的珠光体组织。

若将奥氏体钢以极快速度冷却，面心立方奥氏体晶格将在低于 $GSK$ 线后立即转变成体心立方铁素体晶格，晶体中心的碳原子根本没有时间从晶格中逸出，那么占据晶格中心位置的将是一个碳原子附加一个铁原子，这样就使晶格发生强烈扭曲形变，从而形成一种被称之为马氏体的细针状组织。这种组织非常硬，也非常脆。马氏体只有在工件以足够快的速度骤冷，并且钢材料含有足够的碳时才会产生。

将工件迅速冷却至淬火温度的方法有如下几种：浸入水或乳浊液中，或用空气吹冷。骤冷时，工件保持浸泡状态并在冷却液中运动是重要的，它可以避免冷却不均匀和产生淬火变形。此外，还必须保证热工件表面所形成的气泡迅速消融，因为黏附在工件表面的气泡有绝热作用，它会阻止工件均匀冷却。

2) 钢的淬火工艺

(1) 淬火温度的选择　碳钢的淬火温度可利用 $Fe$-$Fe_3C$ 相图来选择。为了防止奥氏体晶粒粗化，一般淬火温度不宜太高，只允许超出临界温度 $30\sim50\ ℃$。如果淬火温度过高，则将获得粗大马氏体组织，同时使钢件发生较严重的变形。如果淬火温度过低，则在淬火组织中将出现铁素体，造成钢的硬度不足，强度不高。

(2) 淬火冷却介质　水的冷却能力很强，而加入含 $5\%\sim10\%NaCl$ 的盐水后，其冷却能力更强。水淬主要用于淬透性较小的碳钢零件的淬火。淬火油几乎都是矿物油，所以不宜用于碳钢，通常只用作合金钢的淬火介质。水-油乳浊液或水-聚合物乳浊液的冷却效果介于水与油之间。盐的冷却能力最强。为减少工模具淬火时的变形，工业上常用熔融盐浴或碱浴作为冷却介质来进行分级淬火或等温淬火。

(3) 淬火深度　骤冷时，工件表层的热量比其内部热量导出更快，因此，工件表面的冷却速度最快，随着工件的厚度增加工件冷却速度逐渐减慢。由于冷却速度的差异，若是非合金工具钢，则只在其表面形成马氏体，而在工件内部产生珠光体。所以，非合金钢只有 $5\ mm$ 厚的淬火表层，而材料内部没有淬火，即非合金钢不能淬透。实际应用中，许多工件仅需要浅层淬火，例如齿轮，而合金钢大部分都是可淬透的。

3) 钢的淬透性

在规定条件下，决定钢材淬硬层深度和硬度分布的特性称为淬透性。一般规定，钢的表面至内部马氏体组织占 $50\%$ 处的距离称为淬硬层深度。淬硬层越深，淬透性就越好。如果淬硬层深度达到心部，则表明该工件全部淬透。钢的淬透性主要取决于钢的临界冷却速度。临界冷却速度越小，钢的淬透性也就越好。合金元素是影响淬透性的主要因素。除钴和铝(质量分数大于 $2.5\%$ 时)以外，大多数合金元素可降低临界冷却速度，从而使钢的淬透性显著提高。

4) 淬火变形和淬火裂纹

工件淬火后会出现尺寸和形状的改变，即所谓的淬火变形。如果冷却速度极快，甚至可能出现淬火裂纹。

　　淬火变形和淬火裂纹可出现在两个阶段:进入冷却液时,材料表面极快地冷却并因此收缩(第一阶段),这时尚处于高温的工件内部仍保持着原有尺寸并阻止表面的收缩,由此便在材料周边产生过大张力、变形或裂纹;随着时间的推移,材料内部也逐步冷却并开始收缩(第二阶段),但这时材料内部的收缩却受到已凝固表面的阻止,于是在核心区与表层之间产生张力、变形或裂纹。此外,由于马氏体的形成,还会产生过大张力,因为马氏体的体积比铁素体的体积大 1%。

　　5) 工具钢的淬火工作步骤

　　正确的、符合工艺要求的热处理,可使工具钢达到其相应的硬度、耐磨强度和足够的韧度。制造商供货的工具钢一般都处于软化退火状态,如图 4-4 所示。

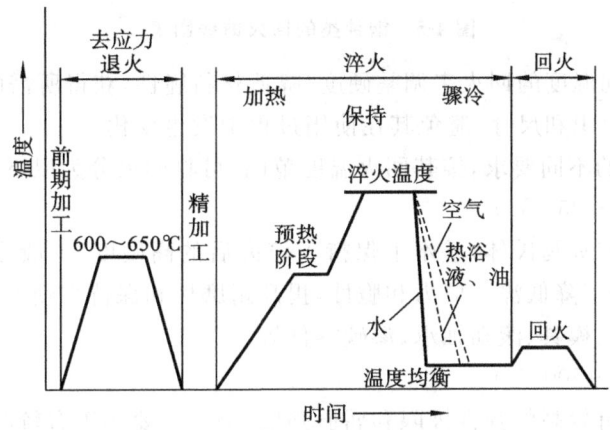

图 4-4　热处理过程

　　热处理由若干处理过程组成:前期加工(如锯、锻、粗加工后),用去应力退火方法消除工件内的加工应力;接着进行精加工,例如精整加工;然后,通过一个或若干个预热阶段将工件加热至淬火温度以下的某一温度,以保证工件在整个横截面内都能热透。待整个工件热透后,迅速将工件加热至淬火温度,并在该温度下保持一段时间,直至工件材料组织完全转变成为奥氏体为止。

　　根据工具钢的种类,将钢分别在水、油、热浴液或空气中骤冷淬火。当工件冷却至约 80 ℃时,为了温度均衡,应将工件直接放入一个 100～150 ℃ 的炉内。

　　骤冷和温度均衡后,必须将工件立即回火,以避免产生应力裂纹。合适的回火温度数值可从所涉及钢种类的回火曲线图表中按最终所需硬度查取,如图 4-5 所示。

　　淬火后,钢的硬度应以仅可进行磨削加工为宜。因此,工件在淬火前必须留有加工余量,以便通过磨削消除淬火变形造成的形状变化。

　　在实际生产中,工件淬火后的淬硬层深度除取决于淬透性外,还与零件尺寸及冷却介质有关。例如,45 钢在水中冷却和在油中冷却,其淬硬层深度就不同,在水中冷却时,淬硬层可达 11～20 mm,在油中冷却时,淬硬层可达 3.5～9.5 mm。

　　**3. 回火**

　　回火是金属热处理工艺的一种,它是将经过淬火的工件重新加热到低于下临界温度的适当温度,保温一段时间后在空气或水、油等介质中冷却的金属热处理,或是将淬火后的合金工件加热到适当温度,保温若干时间,然后缓慢或快速冷却的金属热处理。其主要目的是:

　　(1) 减少或消除淬火应力,降低材料变形,防止开裂;

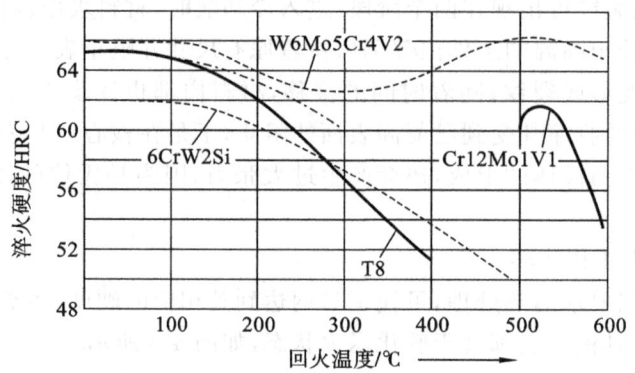

图 4-5　钢种类的回火曲线图表

（2）通过采用不同温度的回火来调整硬度，降低材料脆性，获得所需的塑性和韧性；

（3）稳定工件的组织和尺寸，避免其在使用过程中发生变化。

根据零件对性能的不同要求，按其回火温度范围，可将回火分为以下几类。

1）低温回火（150～250 ℃）

回火后的组织为回火马氏体，基本上保持了淬火后的高硬度（一般为 58～64 HRC）和高耐磨性，主要目的是为了降低淬火应力和脆性，提高耐磨性和保持高硬度。一般用于有耐磨性要求的零件，如刃具、工模具、滚动轴承、渗碳零件等。

2）中温回火（350～500 ℃）

回火后的组织具有较高的弹性极限和屈服强度，因而主要用于有较高弹性、韧度要求的零件，如各种弹簧。

3）高温回火（500～650 ℃）

回火后的组织既有较高的强度，又具有一定的塑性、韧性，其综合力学性能优良。工业上通常将淬火与高温回火相结合的热处理称为调质处理，它广泛应用于各种重要的结构零件，特别是在交变载荷下工作的连杆、螺栓、齿轮及轴类等。也可用于量具、模具等精密零件的预备热处理。硬度一般为 200～350 HBW。

**4. 调质**

承受高载荷和冲击载荷的零件需要高强度，但同时也需要足够的韧度。满足这种性能要求的是合适的调质钢。调质钢的热处理方法是：淬火后，接着在 500～700 ℃ 之间回火。这种热处理方法称为调质。调质可使零件具有高强度和韧度。调质主要用于传动轴、曲轴、螺栓、杆、螺钉、连杆等。

调质时的回火温度在 500～700 ℃ 之间，明显高于淬火后的回火温度。

非合金钢和合金钢都可以调质。非合金调质钢中碳含量为 0.2%～0.6%，合金调质钢中添加了少量的铬、钼、镍或锰。经常使用的调质钢有 45 钢、28Mn6、42CrMo4。通过调质可达到的强度：非合金钢最大可达 1000 N/mm²，合金钢最大可达 1400 N/mm²。

淬火后的钢非常硬，并具有高强度，但很脆，易断裂。后续的回火工序会降低钢的硬度、抗拉强度和屈服强度，同时增加材料的韧度和断后伸长率。从调质曲线图表可以看出钢通过回火所获得的力学性能（见图 4-6）。例如，调质 45 钢回火至 550 ℃ 可达到如下力学性能：抗拉强度 $R_m = 730$ N/mm²，屈服强度 $R_e = 390$ N/mm²，断后伸长率 $A = 16\%$。

调质时材料内部的变化过程：骤冷后形成针状马氏体，它是一种很脆硬的组织。回火至

400 ℃时,部分马氏体分解成精细分布的铁素体和针状渗碳体。随着回火温度的增加,马氏体的分解加快。回火温度达到 550 ℃时,马氏体完全分解成铁素体和针状渗碳体。当回火温度达到 700 ℃时,针状渗碳体聚集成为渗碳体晶粒。

调质钢的热处理:调质钢的热处理方法有退火处理和调质。从表 4-1 中可查取各种热处理的温度数值。

表 4-1　若干调质钢的热处理温度　（℃）

| 钢 | 软化退火 | 正火 | 调质 | |
|---|---|---|---|---|
| | | | 淬火 | 回火 |
| C35E | 650～700 | 860～900 | 840～880 | 550～660 |
| 34Cr4 | 680～720 | 850～890 | 830～870 | 540～680 |
| 34CrMo4 | 680～720 | 850～890 | 830～870 | 540～680 |

注:低限值适用于水中淬火,高限值适用于油中淬火。

退火处理时,根据需要可分别采用软化退火和正火,前者的目的是使条状渗碳体转变成晶粒渗碳体,后者的目的则是获得均匀细密的组织。

调质是调质钢的标准热处理方法。调质的目的是使材料获得高抗拉强度和高屈服强度以及良好的韧性(高断后伸长率)。

根据回火的温度,可使材料通过回火达到更高的强度或具备更好的韧性。

从调质曲线图中可以读取达到所需抗拉和屈服强度与韧性要求的调质钢回火温度,钢材制造商为每一种标准化调质钢都制定了这样的调制曲线图,如图 4-6 所示。

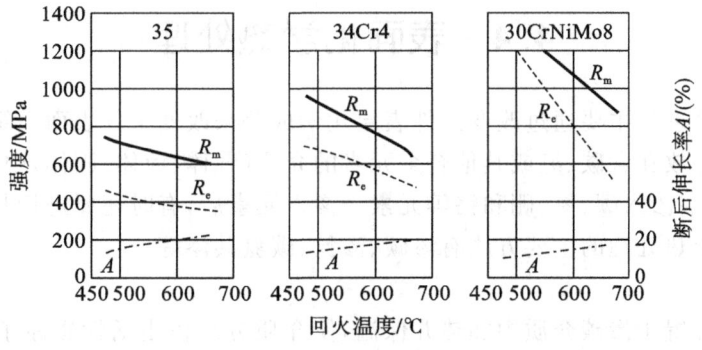

图 4-6　调质曲线图

# 4.3　钢的表面热处理

钢的表面热处理是指通过对钢件表面的加热、冷却而改变钢件表层力学性能的金属热处理工艺。表面淬火是表面热处理的主要内容,其目的是获得高硬度的表面层和有利的内应力分布,以提高工件的耐磨性能和耐疲劳性能。它是通过快速加热,使钢件表层奥氏体化,然后迅速冷却,使表层形成一定深度的淬硬组织(马氏体),而心部仍保持原来塑性较好、韧度较高的组织(退火、正火或调质处理组织)的热处理工艺。

根据淬火加热方法的不同,常用的表面淬火工艺有火焰淬火、感应加热淬火和激光淬火两种。

**1. 火焰淬火**

应用氧-乙炔(或其他可燃气体)火焰对零件表面进行加热,随之使零件快速冷却的工艺称为火焰淬火。火焰淬火的淬硬层深度一般为 2～6 mm。这种方法的特点是:加热温度及淬硬层深度不易控制,淬火质量不稳定,但不需要特殊设备,故适于单件或小批量生产,适用于中碳钢、中碳合金钢制造的大型工件。

**2. 感应加热淬火**

利用感应电流通过工件所产生的热效应,使工件表面受到局部加热,并进行快速冷却的淬火工艺称为感应加热淬火。

感应加热淬火的特点如下。

(1)加热速度快。零件由室温加热到淬火温度仅需几秒到几十秒的时间,与一般淬火相比,加热温度高几十摄氏度。

(2)加热时间短,淬火质量好。由于加热迅速,奥氏体晶粒不易长大,淬火后表面层可获得细针马氏体,使表层硬度比一般淬火硬度高 2～3 HRC,而且工件表面无氧化和脱碳现象,且变形小。

(3)淬硬层深度可控制,淬火操作易实现机械化和自动化,但是设备较复杂,维修调试比较困难,故适用于大批量生产。

**3. 激光淬火**

激光淬火用于工件的小范围表面淬火,例如凸轮和轴的轴颈。淬火时用激光射束将需要淬火的表面加热至淬火温度,紧接着用喷水装置骤冷淬火。

# 4.4　表面化学热处理

表面化学热处理是主要通过改变工件表层化学成分来改变工件表面组织和性能的金属热处理工艺。将工件放在含碳、氮或其他合金元素的介质(气体、液体、固体)中加热,保温较长时间,从而使工件表层渗入碳、氮、硼和铬等元素。渗入元素后,有时还要进行其他热处理如淬火及回火。表面化学热处理的主要方法有渗碳、渗氮、碳氮共渗等。

**1. 渗碳**

渗碳是将工件置于渗碳介质中加热并保温,使介质分解析出活性碳原子渗入工件表层的化学热处理工艺。渗碳适用于承受冲击载荷和强烈摩擦的低碳钢或低碳合金钢工件,如汽车和拖拉机的齿轮、凸轮、活塞销、摩擦片等零件。渗碳层深度一般为 0.5～2 mm,渗碳层的碳含量可达到 0.8%～1.1%。渗碳后应进行淬火和回火处理,才能有效地发挥渗碳的作用。

按渗碳所用的渗碳剂不同,可分为气体渗碳、固体渗碳和液体渗碳三类。生产中常用的渗碳方法主要为气体渗碳。

**2. 渗氮**

渗氮又称氮化,是将工件置于含氮介质中加热至 500～560 ℃,使介质中分解析出的活性氮原子渗入工件表层的化学热处理工艺。渗氮层深度一般为 0.6～0.7 mm。渗氮广泛应用于承受冲击、交变载荷和强烈摩擦的中碳合金结构钢重要精密零件,如精密机床丝杠、镗床主轴、高速柴油机曲轴、汽轮机的阀门和阀杆等。工件渗氮后,表面即具有很高的硬度及耐磨性,不必再进行热处理。但由于渗氮层很薄,且较脆,因此要求工件心部具有良好的综合力学性能,故渗氮前应进行调质处理。

**3. 碳氮共渗**

碳氮共渗是将碳和氮原子都渗入工件表层的一种化学热处理工艺。碳氮共渗的方法有液体碳氮共渗和气体碳氮共渗两种,目前主要使用的是气体碳氮共渗。气体碳氮共渗又分为高温(820~880 ℃)、以渗碳为主的气体碳氮共渗,和低温(560~580 ℃)、以渗氮为主的气体氮碳共渗两类。常用的共渗介质是尿素、甲酰胺和三乙醇胺。气体碳氮共渗的共渗层比渗碳层硬度高,耐磨性、耐蚀性更好,疲劳强度更高;比渗氮层深度大,表面脆性小而抗压强度高;共渗速度快,生产率高,变形开裂倾向小。碳氮共渗主要应用于自行车、缝纫机、仪表零件,齿轮、轴类等机床、汽车的小型零件,以及模具、量具和刃具的表面处理。

# 思考与练习

习题解析

1. 热处理的基本原理是什么?
2. 钢的热处理可分为哪几大类,每类分别包括哪些工艺?
3. 退火和正火的主要区别是什么?
4. 什么是调质处理?
5. 什么是钢的淬透性?
6. 钢材的表面强化可以通过哪些技术实现?

# 第5章 铸造成型

## 5.1 概 述

铸造是指将液态金属浇注到与零件形状相适应的铸型型腔中,待其冷却凝固后获得一定形状和性能零件或毛坯的成型方法。铸造所获得的毛坯或零件称为铸件。

铸造具有以下的特点。

(1) 可以制成各种形状复杂的铸件,如各种箱体、床身、机架等。

(2) 适用范围很广,工业上常用的金属材料均可用铸造的方法制成零件,铸件的重量可以从几克到数百吨,尺寸从几毫米到十几米。

(3) 原材料来源广泛,可以直接利用报废的机件、切屑及废钢等。一般情况下,铸造不需用昂贵的设备,铸件的生产成本较低。

(4) 铸件的形状和尺寸与零件接近,因此切削加工的工作量较小,能节省金属材料。

铸造生产的缺点是:由于液态成型会给铸件带来某些缺点,如铸造组织疏松、晶粒粗大、内部缩孔、缩松、气孔、夹渣等,这就使一般铸件的力学性能低于同样材料的锻件;加之铸造过程及工序较多,质量控制因素比较复杂。此外,铸造的劳动条件较差。

尽管铸造存在着上述缺点,而其优点却是明显的,故在工业生产中得到了广泛应用。据统计:在金属切削机床中,铸件的重量占总重的 70%～80%;汽车、拖拉机中,占总重 45%～70%;在一些重型机械中,占总重的 85% 以上。随着铸造技术的发展,铸件会越来越广泛地应用于现代生活的方方面面。

铸造生产的方法很多,有砂型铸造、金属型铸造、压力铸造、离心铸造、熔模铸造等,其中最基本、最常用的铸造方法是砂型铸造。

## 5.2 合金的铸造性能

铸造生产中很少使用纯金属,主要使用各种合金。合金在铸造成型过程中获得外形准确、内部健全铸件的能力称为合金的铸造性能,主要有流动性、收缩性等。了解合金的铸造性能及其影响因素,对于获得优质铸件有着十分重要的意义。合金的铸造性能主要有流动性、收缩性、氧化性、吸气性等。其中,流动性、收缩性对合金的铸造性能影响最大。

**1. 流动性**

1) 流动性对铸件质量的影响

液态合金的流动能力称为流动性。流动性直接影响到液态合金的充型能力。流动性对铸件质量的影响表现在以下三个方面。

(1) 液态合金流动性好,就容易获得形状完整、尺寸准确、轮廓清晰的铸件。对于薄壁和形状复杂的铸件,液态合金流动性的好坏,往往是能否获得合格铸件的决定因素。液态合金流动性不好容易使铸件产生冷隔、浇不足等缺陷。

（2）在液态合金中,常含有一定量的气体和非金属夹杂物。流动性好的液态合金,在浇注之前和浇注过程中很容易让气体逸出,并且使浮在液面上的非金属夹杂物受到阻隔,这就能使铸件的内部质量得到保证。液态合金流动性不好,则铸件易产生夹渣、气孔等缺陷。

（3）铸件在冷却凝固过程中,会出现体积收缩现象,液态合金流动性好可使凝固收缩部分及时得到补充,从而防止铸件产生缩孔、缩松等缺陷。

2）影响流动性的因素

（1）化学成分　在铁碳合金相图中,共晶成分的合金流动性最好。

（2）浇注条件　合金浇注温度越高,保持液态的时间越长,液态合金的黏度越低,则液态合金的流动性越强。浇注时液态合金的压力越高,流速越大,也就越有利于充填铸型。

在生产中,常采用提高浇注温度、增大液态合金的压力和提高浇注速度等措施,以增强液态合金的流动性。例如:上型加浇口杯就相当于加高直浇道,可提高液态合金的压力;增大浇注系统的横截面尺寸,可提高液态合金的浇注速度。但是,浇注温度过高,铸件容易产生黏砂、气孔、缩孔等缺陷;增大浇注系统的横截面尺寸,会增加液态合金的消耗量。可见,在进行铸造工艺设计时,要全面考虑各种因素,合理选择工艺参数。

（3）铸型材料与铸型结构　铸型对液态合金的流动性的影响,主要表现在铸型对液态合金流动时的阻力和导热能力上。铸件形状越复杂、壁厚越小,则液态合金流动时阻力越大,液态合金的温度也降低得越快,必然降低液态合金的流动性。材料的导热性越好,液态合金的温度就降低得越快,流动性越差。在生产中,金属型比砂型、湿型比干型更容易使铸件产生浇不足、冷隔等缺陷,其原因就是前者的导热能力强,液态合金的温度降低较快,从而降低了液态合金的流动性。

**2. 收缩性**

液态合金在液态凝固和冷却至室温过程中,产生体积和尺寸减小的现象,称为收缩,包括液态收缩、凝固收缩和固态收缩三个阶段。

1）收缩对铸件质量的影响

（1）液态合金由于温度降低而发生的体积收缩称为液态收缩。

（2）液态合金在凝固阶段的体积收缩称为凝固收缩。恒温结晶的合金,其凝固收缩单纯由液固相变引起;具有一定结晶温度范围的合金,则除液固相变引起的收缩之外,还有因温度下降产生的收缩。

（3）合金在固态下由于温度降低而发生的体积收缩称为固态收缩。

液态收缩和凝固收缩引起合金的体积变化,故又称为体收缩,它是铸件产生缩孔和缩松的主要原因。固态收缩主要表现为铸件三个方向线性尺寸的缩小,故又称为线收缩,它是铸件产生残余内应力、变形和开裂的主要原因。

2）影响收缩性的因素

（1）化学成分　灰铸铁在结晶过程中要析出石墨。由于石墨的比容较大,密度较小,因而石墨的析出会补偿一部分铸铁的收缩。碳和硅是铸铁中促进石墨化的元素,因此,随着碳和硅含量的增大,铸铁的收缩率减小。硫是阻碍石墨化的元素,所以硫含量越大,灰铸铁的收缩率也越大。

（2）浇注温度　浇注温度越高,液态合金收缩越多,因此体收缩率也越大。

（3）铸型材料与铸件结构　铸型型腔和型芯对合金的体收缩起阻碍作用。另外,由于铸件的壁厚不可能很均匀,所以各处合金凝固、冷却的快慢也不可能一样,先凝固、冷却的部分牵制着后凝固、冷却部分的收缩。上述阻碍和牵制作用均可使合金的线收缩率减小。

3）合金的收缩对铸件质量的影响

（1）铸件中的缩孔和缩松　液态合金在铸型内冷却凝固时,由于液态收缩和凝固收缩会造成合金体积减小,如果得不到金属液的补充,就会在铸件最后凝固的部分形成孔洞。其中大而集中的孔洞称为缩孔,细小而集中的孔洞称为缩松。缩孔和缩松都是不能忽视的铸件缺陷。

纯金属、近共晶成分的合金,因结晶温度范围窄,凝固是由表及里逐层进行的,容易形成集中的缩孔。结晶温度范围大的合金,其发达的树枝状晶体可将未凝固的金属液分隔,容易形成缩松。缩孔和缩松会影响铸件的力学性能、气密性和物理、化学性能。生产中防止缩孔和缩松的方法通常是采用冒口、冷铁等,实现铸件的定向凝固,弥补合金体积的收缩。缩松的预防较为困难,对气密性要求较高的铸件应注意选择结晶温度范围小的合金。

（2）铸造应力、变形和裂纹　铸件在凝固后,在继续冷却的过程中,将开始固态收缩,若收缩受到阻碍,则会在铸件内部产生应力,称为铸造应力。铸造应力是铸件出现变形和裂纹的主要原因。

铸造应力按产生原因不同可以分为热应力、收缩应力和相变应力。热应力是铸件凝固和冷却过程中,由于不同部位不均衡收缩而产生的应力。铸件冷却时温差越大,合金的收缩率越大,形成的热应力也越大。收缩应力是铸件在固态收缩时,受到铸型、型芯、浇冒口等外力的阻碍而产生的应力。相变应力是铸件由于固态相变,各部分体积发生不均衡变化而产生的应力。

铸件内的应力达到一定大小时,会使铸件产生变形和裂纹。为了防止铸件产生变形和裂纹,应减小铸件的铸造应力。如对于阶梯形铸件,通过调整内浇道的位置、安放冷铁等措施,使铸件各部分温度趋于均匀,实现铸件各部分同时凝固,热应力大为减小。对于铸件上已经存在的铸造应力,采用热处理或自然时效处理的方法予以消除。

# 5.3　砂型铸造

用型砂紧实成型的铸造方法称为砂型铸造。目前砂型铸造生产的铸件占所有铸件总重量的 90% 以上。图 5-1 所示为砂型铸造工艺流程图。

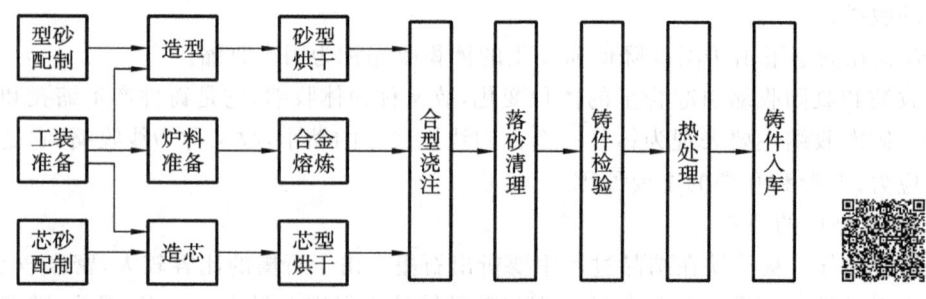

**图 5-1　砂型铸造工艺流程图**

砂型铸造生产工序包括:制造模样、制备造型材料、造型、造芯、合型、熔炼、浇注、落砂清理与检验等。其中,造型和造芯是砂型铸造的重要环节,对铸件的质量影响很大。

**1. 造型材料**

制造铸型用的材料称为造型材料。用于制造砂型的材料称为型砂；用于制造型芯的材料称为芯砂。

1）对型砂、芯砂性能的要求

型砂、芯砂的主要性能指标包括强度、透气性、耐扰度、退让性、可塑性等。

（1）强度 指型砂、芯砂在造型后能承受外力而不被破坏的能力。砂型及型芯有足够强度，在搬运、翻转、合箱及浇注金属时才能保证不被破坏、踢落和胀大。若型砂、芯砂的强度不够，铸件容易产生砂眼、夹砂等缺陷。

（2）透气性 指型砂、芯砂孔隙透过气体的能力。在浇注过程中，铸型与高温金属液接触，水分汽化、有机物燃烧和金属液冷却析出的气体，必须通过铸型排出，否则将在铸件内产生气孔或使铸件浇不足。

（3）耐火度 指型砂、芯砂经受高温热作用的能力。耐火度主要取决于石英砂中 $SiO_2$ 的含量，若耐火度不够，就会在铸件表面或内腔形成一层粘砂层，不但清理困难、影响外观，而且会给机械加工增加困难。

（4）退让性 指铸件在凝固和冷却过程中产生收缩时，型砂、芯砂能被压缩、退让的性能。型砂、芯砂的退让性不足，会使铸件收缩时受到阻碍，产生内应力、变形和裂纹等缺陷。

（5）可塑性 型砂、芯砂在外力作用下会变形，可塑性是指型砂和芯砂在去除外力后仍能保持已有形状的能力。可塑性好，型砂、芯砂柔软易变形，起模和修型时不易破碎和掉落。

除了以上要求外，对型砂、芯砂还有溃散性、发气性、吸湿性等性能要求。型砂、芯砂的诸多性能有时是相互矛盾的，例如，强度高、塑性好，透气性就可能下降，因此应根据铸造合金的种类，铸件大小、结构等，来决定型砂、芯砂的具体配比。

2）型砂和芯砂的组成

型砂与芯砂主要组成成分有原砂、黏结剂、附加物、涂料、敷料等。

（1）原砂 原砂主要成分为硅砂，而硅砂的主要成分为 $SiO_2$，它的熔点高达 1700 ℃。原砂的 $SiO_2$ 含量越高，其耐火度越高；砂粒越粗，则耐火度越高，透气性越好；多角形和尖角形的硅砂透气性好；含泥量越小，透气性越好。

（2）黏结剂 用来黏结砂粒的材料称为黏结剂，常用的黏结剂有黏土和特殊黏结剂两大类。其中，黏土是配制型砂、芯砂的主要黏结剂，分为膨润土和普通黏土。湿型砂普遍采用黏结剂性能较好的膨润土；而干型砂多用普通黏土。特殊黏结剂包括桐油、水玻璃、树脂等。芯砂常选用这些特殊的黏结剂。

（3）附加物 为了改善型砂、芯砂的某些性能而加入的材料称为附加物。例如，加入煤粉可以降低铸件表面的粗糙度；加入木屑可以提高型砂、芯砂的退让性和透气性。

（4）涂料和敷料 这些材料不是配制型砂、芯砂时加入的成分，通常是涂敷（干型）或散撒（湿型）在铸型表面，以降低铸件表面粗糙度，防止产生黏砂缺陷。

**2. 造型方法**

用型砂及模样等工艺装备制造铸型的过程，称为造型。造型方法通常分为手工造型和机器造型两大类。

全部用手工或手动工具完成的造型方法称为手工造型。手工造型的特点是操作灵活、适应性强、模样成本低、生产准备简单，但造型效率低、劳动强度大、劳动环境差，主要用于单件、小批量生产。造型时如何将模样顺利地从砂型中取出而又不至于破坏型腔的形状，是一个很关键的问题。因此，围绕如何起模这一问题，把造型方法分为整模造型、分模造型、挖砂造型、假箱造型、活块造型、三箱造型和刮板造型等。

用机器完成全部操作或至少完成紧砂操作的造型方法，称为机器造型。在现代铸造生产中，机器造型主要是用机器代替手工紧砂和起模。成批、大量生产应采用机器造型。与手工造型相比，机器造型生产效率高、铸件尺寸精度高、表面质量好，但设备及工艺装备要求高、生产准备时间长。

**3. 造芯**

制造型芯的过程称为造芯。型芯的主要作用是获得铸件的内腔，但有时也可作为铸件难以起模部分的局部铸型。由于浇注时受到金属液的冲击、包围和烘烤，因此芯砂应比型砂具有更高的强度、耐火度和更好的透气性等。为了满足以上性能要求，应采取下列一些措施。

1）开通气孔和通气道

形状简单的型芯可以用通气针扎出通气孔，如图 5-2（a）所示；形状复杂的型芯可在型芯内放入蜡线或草绳，烘干时蜡线或草绳被烧掉，形成通气道，从而提高型芯的通气性，如图 5-2（b）所示。

2）放芯骨和安装吊环

芯骨是放入砂芯中用以加强或支持砂芯用的金属架。对于尺寸较大的型芯，为了提高型芯的强度和便于吊运，常在型芯中安放芯骨和吊环，如图 5-2（c）所示。小芯骨一般用铁丝制作，形状复杂的大芯骨用铸铁铸造而成。

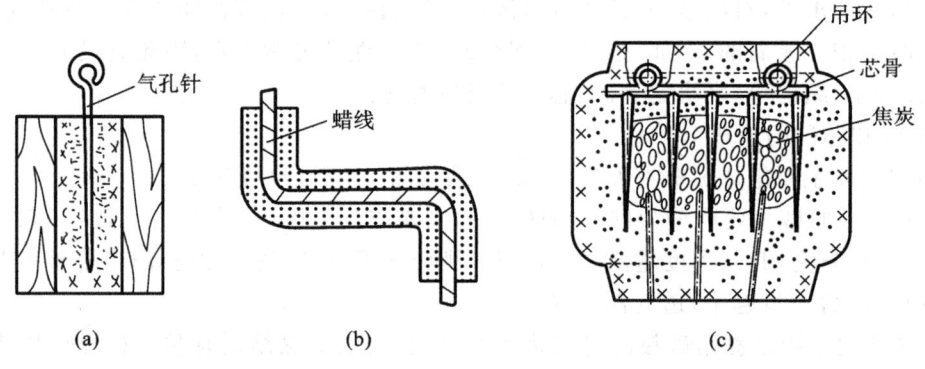

**图 5-2　型芯的结构**

（a）扎通气孔的小型芯；（b）埋放蜡线的弯曲型芯；（c）有芯骨和吊环的大型芯

型芯可采用手工造芯，也可采用机器造型。手工造芯时，主要采用型芯盒造芯；单件小批量生产大、中型回转体型芯时，可采用刮板造芯。其中用芯盒造芯（见图 5-3）是最常用的方法，可以造出形状比较复杂的型芯。

**4. 浇注系统**

为了使金属液流入铸型型腔所开的一系列通道，称为浇注系统。浇注系统的作用是保证液态金属均匀、平稳地流入并充满型腔，以避免冲坏型腔；防止熔渣、砂粒或其他杂质进入型腔；调节铸件的凝固顺序或在金属液冷凝收缩时予以补给。浇注系统是铸型的重要组成部分，若设计不合理，铸件易产生冲砂、砂眼、浇不足等缺陷。

典型的浇注系统由外浇道、直浇道、横浇道、内浇道和冒口组成，如图 5-4 所示。其中，外浇道的作用是缓和金属液的冲力，使其平稳地流入直浇道；直浇道是外浇道下面的一段上大下小的圆锥形通道，它具有一定高度，可使金属液产生一定的静压力，从而能以一定的流速和压

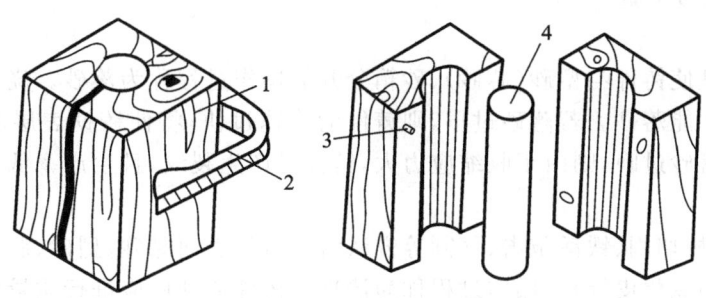

**图 5-3　芯盒造芯示意图**

1—芯盒；2—夹钳；3—定位销；4—型芯

力充满型腔。横浇道位于内浇道上方，是横截面呈上小下大梯形的通道。由于横浇道比内浇道高，液态金属中的渣子、砂粒便浮在横浇道的顶面，从而可防止产生夹渣、夹砂等缺陷。此外，横浇道还起着向内浇道分配金属液的作用。内浇道的截面多为扁平梯形，起着控制金属液流向和流速的作用。冒口的作用是在金属液凝固收缩时补充金属液，防止铸件产生缩孔缺陷。此外，冒口还起着排气和集渣的作用。冒口一般设在铸件的最高和最厚处。

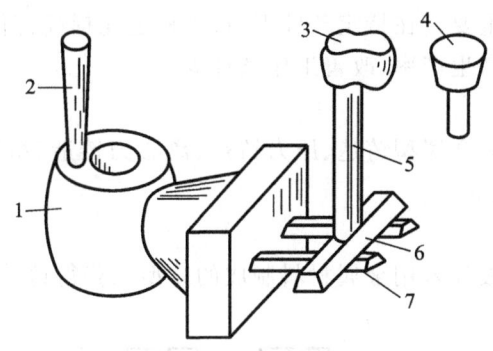

**图 5-4　铸件的浇注系统**

1—铸件；2—冒口；3—盆形外浇道(浇口盆)；4—漏斗形外浇道(浇口杯)；

5—直浇道；6—横浇道；7—内浇道(两个)

### 5. 合型、熔炼与浇注

1）合型

将铸型的各个组元(上型、下型、砂芯、浇口盆等)组成一个完整铸型的过程称为合型。合型时应检查铸型型腔是否清洁，型芯的安装与砂箱的定位是否准确、牢固。

2）熔炼

通过加热使金属由固态变为液态，并通过冶金反应去除金属中的杂质，使其温度和成分达到规定要求的操作过程称为熔炼。铸造生产常用的熔炼设备有冲天炉(熔炼铸铁)、电弧炉(熔炼铸钢)、坩埚炉(熔炼有色金属)和感应加热炉(熔炼铸铁和铸钢)等。

3）浇注

将金属液从浇包注入铸型的操作过程，称为浇注。铸铁的浇注温度在液相线以上 200 ℃(一般为 1250～1470 ℃)。若浇注温度过高，则金属液吸气多，液体收缩大，铸件容易产生气孔、缩孔、黏砂等缺陷。若浇注温度过低，则金属液流动性差，铸件易产生浇不足、冷隔等缺陷。

### 6. 落砂、清理与检验

1）落砂

用手工或机械使铸件与型砂（芯砂）、砂箱分开的操作过程称为落砂。浇注后，必须经过充分的凝固和冷却才能落砂。若落砂过早，则铸件的冷速过快，将使铸铁表层出现白口组织，导致切削困难。若落砂过晚，则由于收缩应力大，铸件易产生裂纹，且生产率低。

2）清理

落砂后，用机械切割、铁锤敲击、气割等方法清除铸件表面黏砂、型砂（芯砂）、多余金属（如浇口、冒口、飞翅和氧化皮等）等操作过程称为清理。铸件清理后应进行质量检验，并将合格铸件进行去应力退火处理。

3）检验

铸件清理后应进行质量检验。可通过眼睛观察（或借助尖嘴锤）找出铸件的表面缺陷，如气孔、砂眼、黏砂、缩孔、浇不足、冷隔。对于铸件内部缺陷，可进行耐压试验、超声波探伤等。

# 5.4　特种铸造技术

与砂型铸造不同的其他铸造方法称为特种铸造。随着铸造技术的发展，特种铸造在铸造生产中所占的地位越来越重要。在特定条件下，特种铸造能提高铸件尺寸精度、降低铸件表面粗糙度、提高金属性能、提高生产率、改善工作条件等。

### 1. 特种铸造方法

常用的特种铸造方法有金属型铸造、压力铸造、离心力铸造、熔模铸造、低压铸造、陶瓷型铸造、连续铸造和挤压铸造等。

1）金属型铸造

金属型铸造是将金属液浇入用金属材料制成的铸型以获得铸件的方法，如图5-5所示。

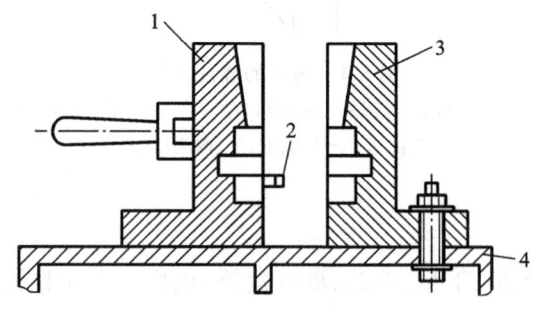

**图 5-5　金属型铸造**
1—动型；2—定位销；3—定型；4—底座

其优点为：

（1）金属型铸造一型多铸，节省造型材料且可减少环境污染；

（2）工艺简单，易于实现机械化和自动化；

（3）铸件精度高、表面粗糙度低、力学性能好。

其缺点为：

（1）制型费用高，铸型无透气性和退让性，且铸件冷却快；

（2）不宜用于铸造结构复杂铸件、薄壁铸件和大型铸件；

（3）用于铸钢、铸铁等熔点较高的合金时，铸型寿命短；

（4）用于灰铸铁铸造时容易产生白口组织。

金属型铸造主要用于成批、大量生产铝合金、铜合金等非铁合金的中小型铸件，如活塞缸体、液压泵壳体、轴瓦和轴套等。

2）压力铸造

压力铸造是使液态或半液态金属在高压作用下，以极快的速度充填压型，并在压力作用下凝固而获得铸件的一种方法，如图 5-6 所示。

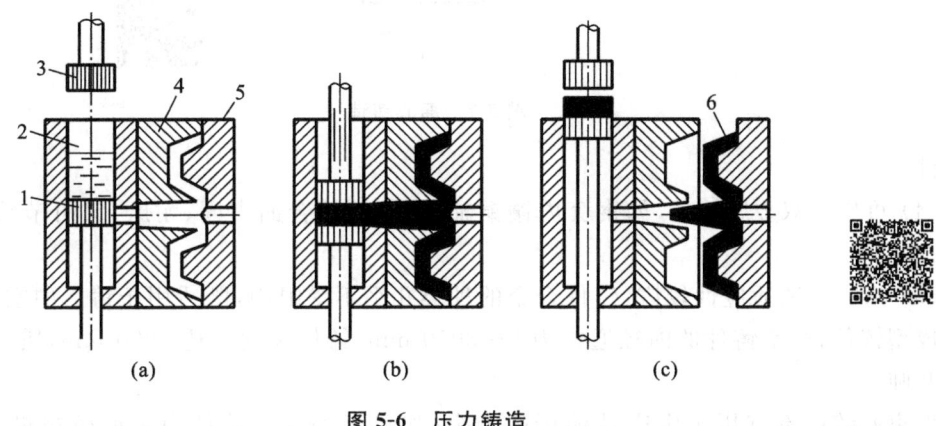

**图 5-6　压力铸造**

1—活塞；2—压室；3—活塞；4—定型；5—动型；6—铸件

压力铸造的主要特征是铸件在高压、高速下成型。与其他铸造方法相比，压力铸造具有以下优点：

（1）生产率比其他铸造方法都高，可达 50～500 次/小时，操作方便，易于实现自动化；

（2）铸件质量好，尺寸精度高，压铸件一般不需要进行切削加工即可直接装配使用；

（3）可生产形状复杂、薄壁铸件，可直接铸出细孔、螺纹、齿形、花纹、文字等，也可铸造出镶嵌件；

（4）压铸件的强度和表面硬度较高，抗拉强度比砂型铸件高 20％～40％，但是压力铸造设备投资大，铸型费用高，生产周期长，只适用于大批量生产。

由于金属液在高速下充型，铸型内气体很难排出，压铸件内常有小气孔存在于表皮下面，故压铸件不允许有较大的加工余量以防气孔外露，也不宜进行热处理或在高温下工作，以免气体膨胀而使铸件表面突起或变形。

压力铸造主要用于大批量生产铝、锌、镁、铜等有色金属及合金的中、小型铸件；在汽车、拖拉机、仪表、医疗器械、日用五金及国防工业等部门都有广泛应用，如用于制造发动机汽缸体、汽缸盖、箱体、仪表壳体和支架、齿轮、电动机转子等。

3）离心铸造

离心铸造是将金属液浇入旋转的铸型中，使之在离心力的作用下完成充型和凝固，如图5-7 所示。

其优点为：

（1）铸件组织致密，无缩孔、缩松、气孔、夹渣等缺陷，力学性能好；

（2）铸造圆形中空铸件时，不用型芯和浇注系统，简化了工艺过程，降低了金属消耗；

（3）提高了金属液的充型能力，改善了充型条件，可用于浇注流动性较差的合金和生产薄

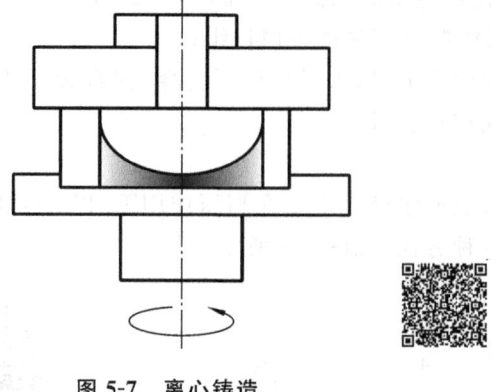

**图 5-7　离心铸造**

壁铸件；

（4）可生产双金属铸件，如钢套内镶铜轴承等，其结合面牢固、耐磨，又可节约贵重金属材料；

（5）离心铸造适应性较广，铸件合金的种类几乎不受限制，既适用于铸造中空件，又可以铸造成型铸件；中空铸件的内径通常为 8～3000 mm，铸件长度可达 8000 mm，质量可为几克至十几吨。

但离心铸造不宜用于生产易偏析的合金（如铅青铜等），铸件内表面较粗糙，尺寸不易控制。

离心铸造主要用于生产各种管、套、环类铸件，如铸铁管、铜套、滑动轴承、缸套、双金属钢背铜套等铸件，也可用于生产齿轮、叶轮、涡轮等成型铸件。

4）熔模铸造

熔模铸造是先用易熔材料（如蜡料）制成模样，然后在模样表面涂覆多层耐火材料，待硬化干燥后，将模样熔去，从而获得与模样形状一致的型壳，将型壳焙烧后进行浇注的铸造工艺。熔模铸造如图 5-8 所示。

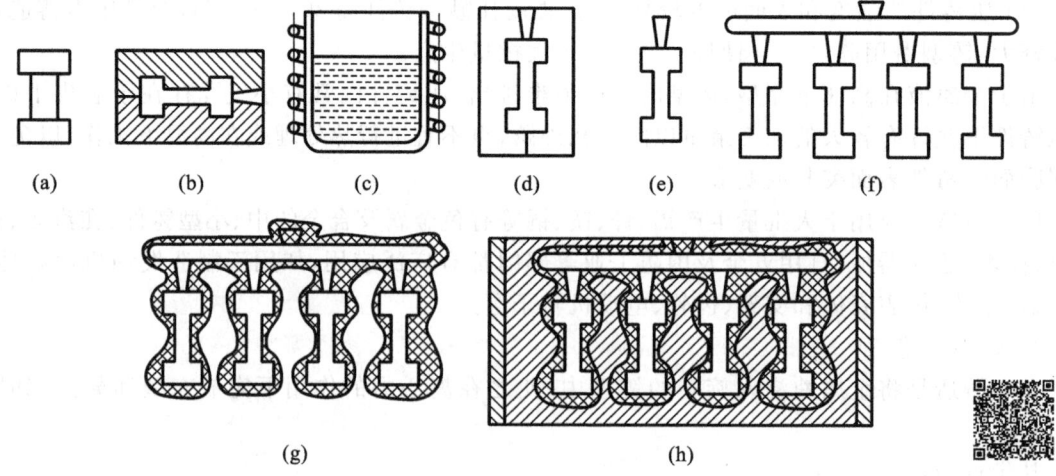

**图 5-8　熔模铸造**

（a）母模；（b）压型；（c）熔化制模材料；（d）制模；

（e）单个模样；（f）组合模样；（g）结壳后熔去模样；（h）填砂、浇注

其优点如下。

（1）可生产形状复杂、轮廓清晰的薄壁铸件。其最小铸出孔的直径为 0.5 mm，最小壁厚为 0.3 mm。

（2）铸件精度高，表面质量好。对于钢铁材料铸件，尺寸公差等级可达 CT7～CT5，对于铜合金等铸件，尺寸公差等级可达 CT6～CT4。表面粗糙度 $Ra$ 为 12.5～1.6 μm；加工余量为 0.2～0.7 mm。实现了少无切削加工，节省了金属材料和加工工时。

（3）适用于各种合金，尤其适用于高熔点合金及难以切削加工的合金，如耐热合金、磁钢、不锈钢等。

（4）生产批量不受限制，可实现机械化流水生产。

但是熔模铸造工序繁多，工艺过程复杂，生产周期较长（4～15 天），铸件不能太长、太大（受模样易变形及型壳强度不高的限制），质量多为几十克到几千克，一般不超过 25 kg。铸件成本比砂型铸件高。

熔模铸造主要用于生产汽轮机、水轮机上小型的叶片和叶轮、切削刀具及汽车、拖拉机、船舶、机床和风动工具上的小型零件等，目前其应用范围还在不断扩大。

**2. 特种铸造的基本特点**

（1）改变了铸型的制造工艺或材料。

（2）改善了金属液充型及随后的冷凝条件。

以上两方面为特种铸造的基本特点。具体到每一种特种铸造方法，它可能只具有其中某一方面的特点，也可能同时具有两方面的特点。如压力铸造、采用金属型或熔模型壳的低压铸造、采用石膏型的差压铸造、离心铸造等均具有两方面的特点；而陶瓷型精密铸造、消失模铸造等只是改变了铸型的制造工艺或材料，金属液充填过程仍是在重力作用下完成的。

**3. 特种铸造的优点**

（1）铸件尺寸精确，表面粗糙度低，更接近零件最后尺寸，从而易于实现少无切削加工。

（2）铸件内部质量好，力学性能较优，铸件壁厚可以减薄。

（3）可降低金属消耗量和铸件废品率。

（4）简化了铸造工序（除熔模铸造外），便于实现生产过程的机械化、自动化。

（5）改善了劳动条件，提高了劳动生产率。

# 5.5　零件结构对铸造性能的影响

**1. 合金铸造性能对铸件结构的要求**

1）铸件的壁厚应合理

铸件的壁厚越大，金属液流动时的阻力越小，金属保持液态的时间也越长，因此有利于金属液充满型腔。但是，随着壁厚的增加，金属液的冷却速度变小，铸件心部容易得到粗大的晶粒，这又会降低铸造合金的力学性能。铸件壁厚减小时，有利于得到细小的晶粒，提高铸件的力学性能。但是，如果铸件的壁厚过小，则因为冷却过快金属液流动性会变坏，铸件容易出现冷隔和浇不足等缺陷。

一般说来，铸件的壁厚应当首先保证合金流动性的要求，然后再考虑尽量不使铸件的壁厚过大。液态合金能充满铸型的最小厚度，称为铸造合金的最小壁厚。

2）铸件各处壁厚应力求均匀

铸件各处的壁厚如果相差太大，必然会在壁厚处产生冷却较慢的热节，而热节处容易形成缩孔、缩松、晶粒粗大等缺陷。同时,不同壁厚处的冷却速度不一样,因而会在厚壁和薄壁之间产生热应力,有可能导致产生热裂纹。如图 5-9 中左侧的两种铸件结构是壁厚设计不合理的例子,右侧则是改进后的铸件结构。

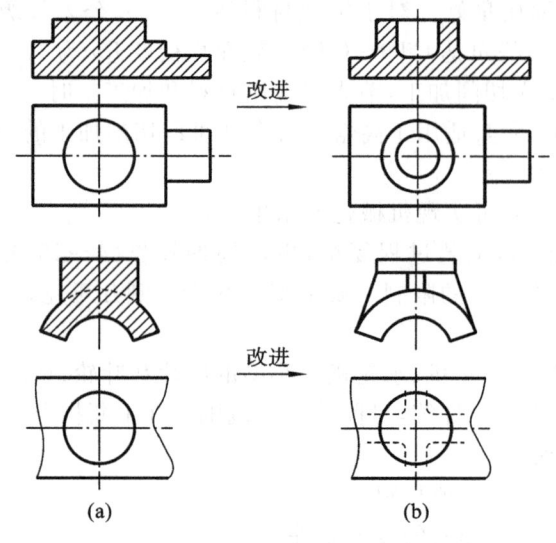

**图 5-9　壁厚设计举例**

(a) 不合理;(b) 合理

3) 壁间连接要合理

对于壁间连接应注意以下三点。

(1) 要有结构圆角。铸件的转弯处如果是直角连接,则会形成热节,容易产生缩孔和结晶脆弱区,而且在因应力集中导致的结晶脆弱处易产生裂纹,如图 5-10 所示。

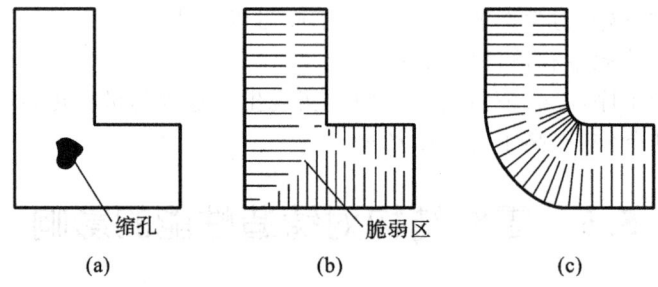

**图 5-10　圆角和尖角对铸件质量的影响**

(a) 尖角处有缩孔;(b) 尖角处有结晶脆弱区;(c) 成型良好

(2) 壁的厚薄交界处应合理过渡。铸件各处的壁厚很难做到完全一致,应注意避免厚壁与薄壁连接处的突变,而应当使壁厚逐渐地过渡。

(3) 壁间连接应避免交叉和锐角。两个以上铸件壁相连接处往往会形成热节,如果能避免交叉结构和锐角相交,即可防止缩孔缺陷。图 5-11 中给出了几种连接结构的对比。

4) 铸件的厚壁处考虑补缩方便

当铸件中必须有厚壁部分时,为了不使厚壁部分产生缩孔,铸件的结构应利于顺序凝固和补缩。图 5-12(a) 中的两种铸件,由于上部壁厚小于下部壁厚,上部比下部凝固快,因而堵塞了自上而下的补缩通道,厚壁处就容易产生缩孔。若改为如图 5-12(b) 所示的结构,则铸件可由冒口进行补缩。

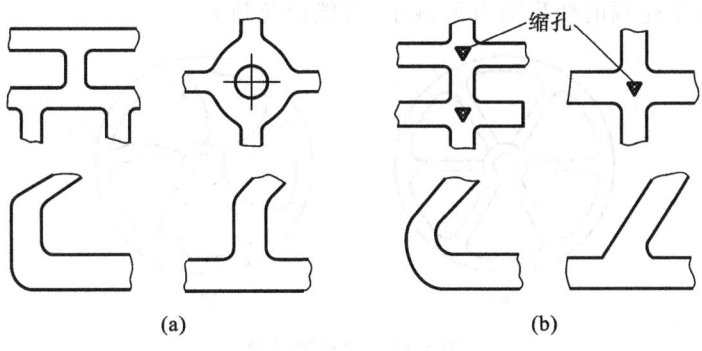

图 5-11　壁间连接结构

(a) 合理；(b) 不合理

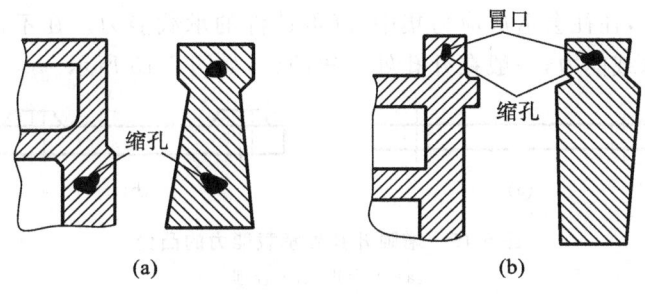

图 5-12　考虑补缩的铸件结构

(a) 不合理；(b) 合理

5) 铸件应尽量避免出现大的水平面

铸件上大的水平面不利于金属液的充填，同时，平面上方也易掉砂而使铸件产生夹砂等缺陷。图 5-13 所示为铸件结构方案的对比。

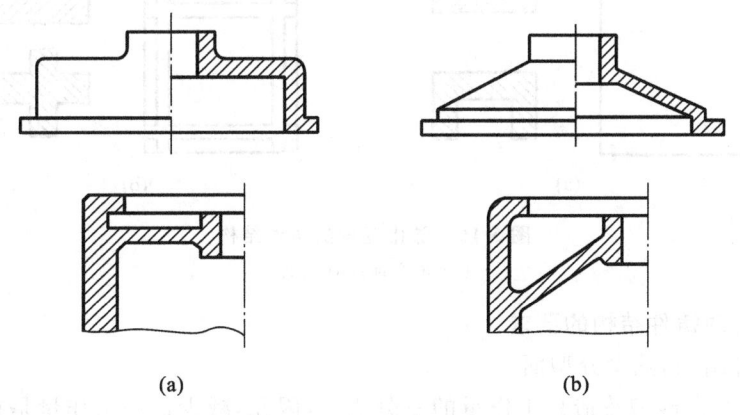

图 5-13　铸件结构

(a) 不合理；(b) 合理

6) 避免铸件收缩时受阻

铸件最后收缩的部分如果不能自由收缩，则在此处会产生拉力。由于高温下的合金抗拉强度很低，因此铸件容易产生热裂缺陷。如图 5-14 所示的轮子，当其轮辐数为偶数、轮辐呈直线状时，就很容易在轮辐处产生裂纹。如果将轮辐数目设计成奇数且轮辐呈弯曲状，由于收缩时的应力可以借助于轮辐的变形而有所减小,就能避免热裂。

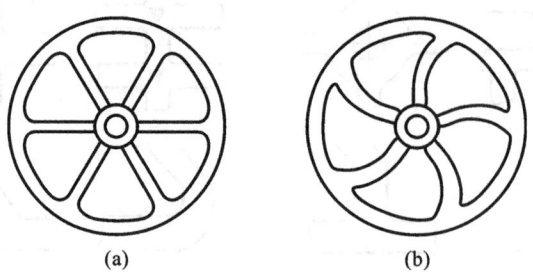

**图 5-14  轮辐的设计**
(a) 不合理;(b) 合理

7) 尽量避免在壁上开孔

在铸件壁上开孔,往往会造成应力集中,降低铸件的承载能力。在不得已的情况下,为了增强壁上开孔处的承载能力,一般在开孔处设置凸台,如图 5-15 所示。

**图 5-15  增强开孔处承载能力的凸台**
(a) 不合理;(b) 合理

平板类和细长形铸件往往会因冷却不均匀而产生翘曲或弯曲变形。如图 5-16(a)所示的三种铸件就容易发生变形。在平板上增加比板厚尺寸小的加强肋,或者改不对称结构为对称结构,均可有效地防止铸件变形,如图 5-16(b)所示。

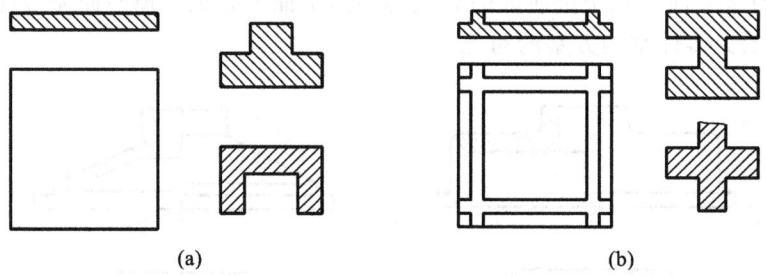

**图 5-16  防止变形的铸件结构**
(a) 不合理;(b) 合理

### 2. 铸造工艺对铸件结构的要求

1) 简化铸件结构,减少分型面

造型工作量约占砂型铸造总工作量的三分之一,因此,减少造型工作量是提高生产效率的重要措施。分型面少,可以减少砂箱使用量和造型工时,也可减少因错型、偏芯而引起的铸造缺陷。

2) 尽量采用平面的分型面

造型过程中应尽可能使分型面为平面,去掉不必要的外圆角。采用平面分型面可以避免挖砂和假箱造型,且生产率高。

　　3）尽量少用或不用型芯

　　减少型芯或不用型芯,可节省造芯材料和烘干型芯的费用,也可减少造芯、下芯等操作过程。为此,应尽量利用自然形成的砂垛(上型称为吊砂,下型称为自带型芯)来得到铸型型腔。

　　4）尽量不用或少用活块

　　铸件侧壁上如果有凸台,可采用活块造型。但是,活块造型法的造型工作量较大,而且操作难度也大。如果把离分型面不远的凸台延伸到便于起模的地方,就可免去或减少起活块操作。

　　5）垂直壁应考虑结构斜度

　　垂直于分型面的非加工表面若具有一定的结构斜度,则不但便于起模,而且因模样不需要较大的松动,可提高铸件的尺寸精度。

　　6）型芯的设置要稳固并有利于排气与清理

　　型芯在铸型中只有固定牢靠才能避免偏芯,只有出气孔道通畅才能避免产生气孔,只有清理时出砂方便才能减少清理工时。

# 思考与练习

习题解析

**1.** 铸造生产有哪些方法？其中最基本的铸造方法是什么？

**2.** 简述零件结构对铸造工艺性的影响。

**3.** 什么是合金的铸造性能？

**4.** 简述砂型铸造的过程。

# 第6章　锻压成型

## 6.1　概　　述

对坯料施加外力,使其产生塑性变形,改变其尺寸、形状,用于制造机械零件或毛坯的成型方法称为锻压。它是锻造和冲压的总称。锻压的方法主要有自由锻、模锻、冲压、轧制、挤压和拉拔等。

锻压加工具有如下特点。

(1) 可改善金属内部组织,提高金属的力学性能。这是因为锻压可以将坯料中的疏松处压合,提高金属的致密度,还可以使粗大的晶粒细化,使高合金工具钢中的碳化物被击碎,并且均匀地分布。

(2) 节省金属材料。由于锻压加工可提高金属的强度等力学性能,因此可相对地缩小同等载荷下零件的截面尺寸,减小零件的质量。另外,采用精密锻压时,可使锻压件的尺寸精度和表面粗糙度接近成品零件,做到少无切削加工。

(3) 具有较高的生产率。锻压成型,特别是模锻成型的生产效率比切削加工成型高得多。例如,生产内六角螺钉,模锻成型的生产率是切削加工的 50 倍。若采用冷镦工艺制造,其生产效率是切削加工成型的 400 倍以上。

(4) 具有较强的适应性。锻压加工既可以制造形状简单的锻件(如圆轴),也可以制造外形比较复杂,不需要或只需要进行少量切削加工的锻件(如精锻齿轮)。锻件的质量可以小到不足 1 g,大到几百吨。锻件既可以单件小批量生产,也可以大批大量生产。

锻压生产的缺点:常用的自由锻精度比较低;胎模锻和模锻的模具费用较高;与铸造生产相比,难以生产既有复杂外形又有复杂内腔的毛坯。

锻压生产是机械制造业中获得毛坯的主要途径之一。在机床制造业中,主轴、传动轴、齿轮等重要零件以及切削刀具等,都是用锻压方法成型的。汽车上的锻压件质量约占金属件总质量的 70%。锻压生产在交通行业、电力行业、国防工业、农业以及日用品行业中也获得了广泛应用。

## 6.2　锻压成型的原理

锻压成型是指使固态金属在外力作用下产生塑性变形,来获得具有一定形状、尺寸和力学性能的锻件的成型加工方法,它是锻造和冲压的总称。

大多数钢和有色金属及其合金都有一定的塑性,因此,它们均可在热态或冷态下进行锻压成型。

**1. 塑性变形的实质**

1）单晶体塑性变形

单晶体塑性变形是晶内位错造成的滑移（见图 6-1）和孪生的塑变方式。

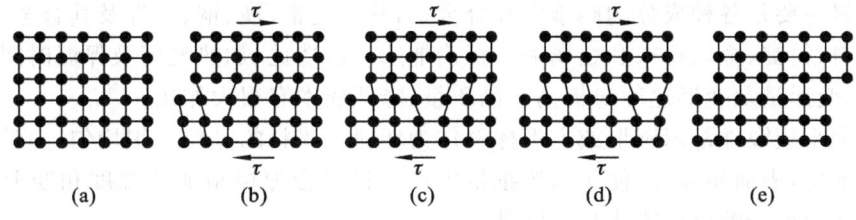

**图 6-1　晶内位错造成滑移**

2）多晶体塑性变形

多晶体塑性变形是多个单晶塑变和晶间变形综合而形成的。

**2. 塑性变形的影响**

1）冷塑变形后的组织变化

冷塑变形时会发生晶粒的伸长、破碎、扭曲，并伴随内应力的产生。金属冷塑变形后的组织如图 6-2 所示。

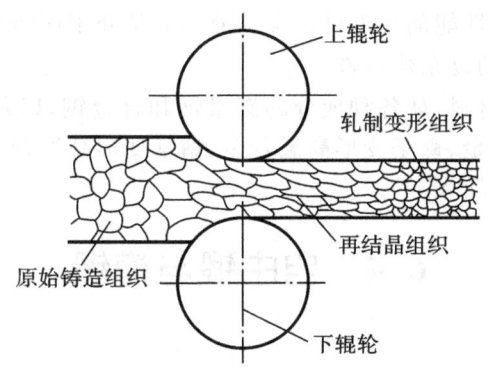

**图 6-2　冷塑变形后的组织**

2）冷作硬化

冷作硬化是指金属塑性变形增大，强度、硬度升高，塑性、韧性下降的现象。

3）回复

冷作硬化不稳定的，具有自发回复到稳定状态的趋势，但在室温下难以进行。当将金属加热到其熔化温度的 1/5～3/10 时，晶内扭曲恢复正常，内应力减小，冷作硬化现象即消除。

4）再结晶

对发生冷作硬化后的金属进行加热并保温时，金属内部将重新生核，形成晶体，全部冷作硬化现象消除。这一过程即再结晶。

5）锻造流线

热变形时铸锭中的脆性杂质顺着金属主要伸长方向呈碎粒状或链状分布，即形成铸造流线；而塑性杂质随着金属变形，沿主要伸长方向呈带状分布，这样热锻后的金属组织就具有一定的方向性，形成锻造流线，或称锻造流纹。

6）锻造比

锻造比是指锻造时金属前后的横截面面积的比值，用来表征金属在铸造时的变形程度。

# 6.3　金属的锻造性能

锻造用料主要是各种成分的碳素钢和合金钢,其次是铝、镁、铜、钛等及其合金。材料的原始状态有棒料、铸锭、金属粉末和金属液。正确地选择锻造比、加热温度及保温时间、始锻温度和终锻温度、变形量及变形速度对提高产品质量、降低成本有很大作用。

一般的中小型锻件都用圆形或方形棒料作为坯料。棒料的晶粒组织均匀,力学性能良好,形状和尺寸准确,表面质量好,便于组织批量生产。只要合理控制加热温度和变形条件,不需要大的锻造变形就能锻出性能优良的锻件。

铸锭仅用于大型锻件。铸锭是铸态组织,有较大的柱状晶和疏松的中心,必须通过大的塑性变形,将柱状晶破碎为细晶粒,将疏松压实,才能获得优良的金属组织和力学性能。

经压制和烧结成的粉末冶金预制坯,在热态下经无飞边模锻可制成粉末冶金锻件。粉末冶金锻件接近于一般模锻件的密度,具有良好的力学性能,并且精度高,可减少后续的切削加工。粉末冶金锻件内部组织均匀,没有偏析,因此粉末冶金锻造可用于制造小型齿轮等工件。但粉末的价格远高于一般棒材的价格,在生产中的应用受到一定限制。

对浇注在模腔的金属液施加静压力,使其在压力作用下凝固、结晶、流动、发生塑性变形和成型,就可获得所需形状和性能的模锻件。金属液模锻是介于压铸和模锻间的成型方法,特别适用于一般模锻难以成型的复杂薄壁件。

锻造用料除了通常的材料,如各种成分的碳素钢和合金钢,以及铝、镁、铜、钛等及其合金之外,还有铁基变形高温合金、镍基变形高温合金、钴基变形高温合金,只是这些合金由于塑性区相对较窄,锻造难度相对较大。

# 6.4　自由锻与模锻

**1. 自由锻**

只用简单的通用性工具,或在锻造设备的上、下砧铁之间直接使坯料变形而获得所需几何形状及内部质量的锻件的方法,称为自由锻。自由锻包括手工锻和机器自由锻。

无论采用手工锻还是在其他锻压设备上进行自由锻,其工艺过程都是由一系列基本工序组成的。

1) 自由锻的基本工序

自由锻的基本工序可分为拔长、镦粗、冲孔、弯曲、错移和扭转等。

(1) 拔长　拔长(见图 6-3)是使坯料横截面面积减小、长度增加的锻造工序,常用于锻造轴类或轴向长度较大的锻件。

(2) 镦粗　镦粗(见图 6-4)是使毛坯高度减小,横截面面积增大的锻造工序,常用于锻造齿轮坯、圆饼类锻件。

(3) 冲孔　冲孔是利用冲头在镦粗后的坯料上冲出通孔或不通孔的锻造工序,常用于锻造杆类、齿轮坯、环套类等空心锻件。图 6-5(a)、(b)、(c)所示为双面冲孔过程,图 6-5(d)、(e)所示为单面冲孔过程。

(4) 弯曲　弯曲是采用一定的工模具将毛坯弯成所规定的外形的锻造工序,常用于锻造角尺、弯板、吊钩等轴线弯曲的锻件。图 6-6(a)、(b)所示为锻锤压紧弯曲法,图 6-6(c)、(d)、(e)所示为模弯曲法。

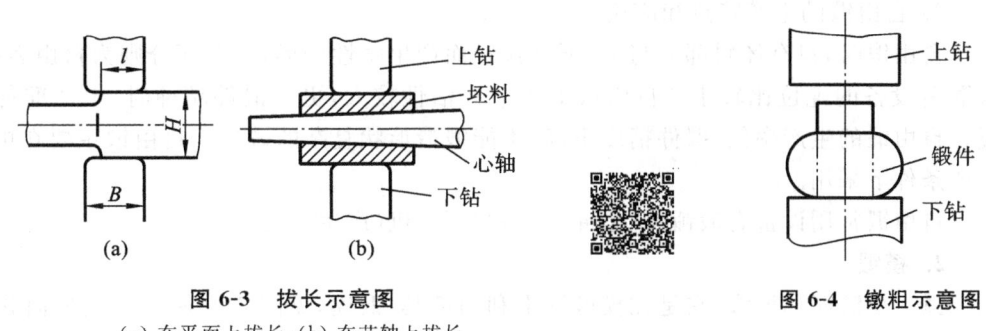

图 6-3　拔长示意图

（a）在平面上拔长；（b）在芯轴上拔长

图 6-4　镦粗示意图

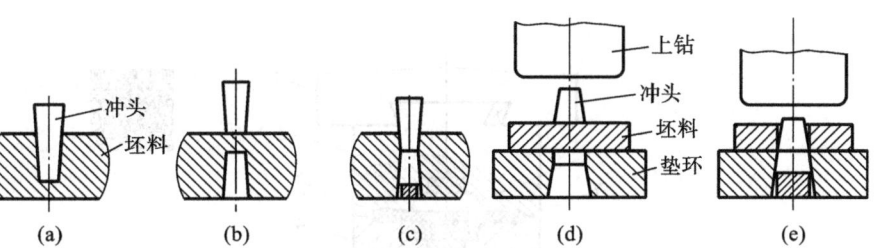

图 6-5　冲孔示意图

（a）冲一面；（b）冲另一面；（c）冲孔完成；（d）准备冲孔；（e）冲孔结束

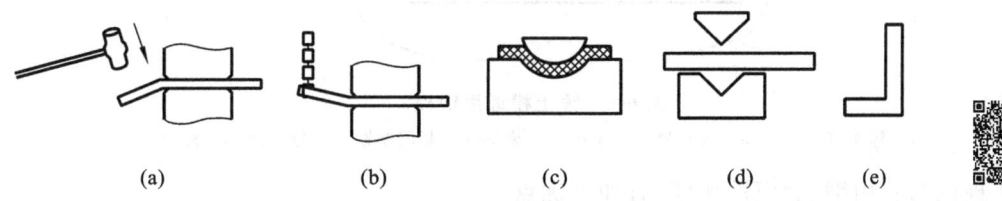

图 6-6　弯曲示意图

（a）用大锤打弯；（b）用吊车拉弯；（c）板料弯曲；（d）角尺弯曲；（e）成型角尺

　　（5）错移　错移（见图 6-7）是指将坯料的一部分相对另一部分平行错开一段距离的锻造工序，常用于锻造曲轴类零件。错移时，先对坯料进行局部切割，然后在切口两侧分别施加大小相等、方向相反且垂直于轴线的冲击力或压力，使坯料实现错移。

　　（6）扭转　扭转（见图 6-8）是将坯料的一部分绕另一部分的轴线旋转一定角度的锻造工序，常用于锻造多拐曲轴、麻花钻和校正某些锻件。小型坯料扭转角度不大时，可用锤击方法。

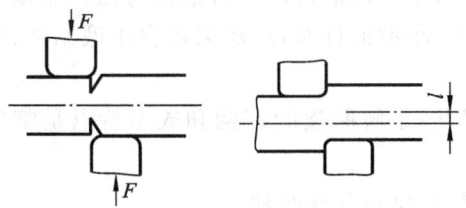

图 6-7　错移示意图

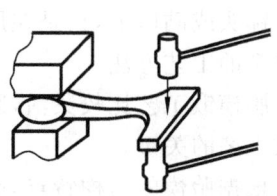

图 6-8　扭转示意图

2）自由锻的生产特点和应用

自由锻时，只有坯料部分与上、下砧接触而产生塑性变形，其余部分则为自由表面，所以要求锻造设备的吨位比较小。自由锻的工艺灵活性较大，更改锻件品种时，生产准备的时间较短。自由锻的生产率低，锻件精度不高，不能锻造形状复杂的锻件。自由锻主要在单件小批量生产条件下采用。

自由锻常用设备有锻锤（产生冲击力）和压力机（产生压力）。

**2. 模锻**

锤上模锻简称模锻，它是在模锻锤上利用模具（锻模，见图 6-9）使毛坯变形而获得锻件的锻造方法。使坯料成型而获得模锻件的工具称为锻模。锻模分单模腔锻模和多模腔锻模两类。

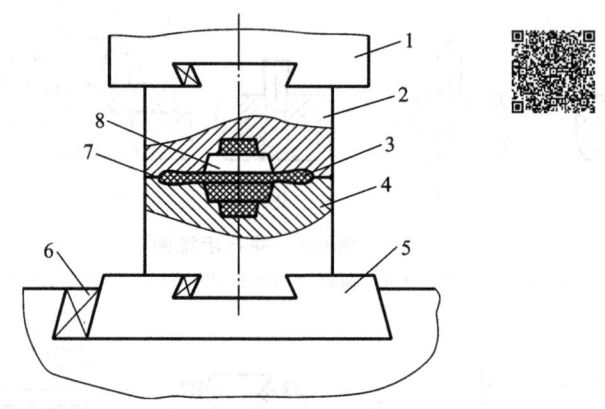

**图 6-9　锤上模锻用锻模**

1—锤头；2—上模；3—飞边槽；4—下模；5—模垫；6—紧固楔铁；7—分模面；8—模腔

锤上模锻与自由锻、胎模锻比较，有如下优点：

（1）生产率高；

（2）锻件表面质量高，加工余量小，余块少甚至没有，而且锻件尺寸准确，公差比自由锻小 $2/3\sim3/4$，可节省大量金属材料和机械加工工时；

（3）操作简单，劳动强度比自由锻和胎模锻都低。

模锻的主要缺点：模锻件的质量受到一般模锻设备能力的限制，大多在 $50\sim70$ kg；锻模需要贵重的模具钢，加上模腔的加工比较困难，所以锻模的制造周期长、成本高；模锻设备的投资费用比自由锻大，模锻用于生产大批量锻件。

**3. 胎膜锻**

胎模锻是在自由锻设备上使用可移动模具（胎模）生产模锻件的一种锻造方法。胎模不固定在锤头或砧座上，只是在用时才放上去。在生产中、小型锻件时，广泛采用自由锻制坯、胎模锻成型的工艺方法。

胎模锻工艺比较灵活，胎模的种类也比较多，因此，了解胎模的结构和成型特点是掌握胎模锻工艺的关键。

根据胎模的结构特点，胎模可以分为型摔、扣模、套模和合模四种。

胎模锻与自由锻相比有如下优点：

（1）由于坯料在模腔内成型，所以锻件尺寸比较精确，表面比较光滑，流线组织的分布比较合理，故质量较高；

（2）由于锻件形状由模膛控制，所以坯料成型较快，生产率比自由锻高 1～5 倍；

（3）胎模锻能锻出形状比较复杂的锻件；

（4）锻件余块少，因而加工余量较小，既可节省金属材料，又能减少机械加工工时。

胎模锻也有一些缺点：需要吨位较大的锻锤；只能生产小型锻件；胎模的使用寿命较短；工作时一般要靠人力搬动胎模，因而劳动强度较大。

胎模锻仅用于中小批量生产。

# 6.5　常见压力加工

**1. 冲压**

利用模具和冲压设备使板料分离或产生塑性变形而得到制件的工艺统称为冲压。

冲压的原材料有板料、带料、条料等。冲压材料必须具有足够的塑性，常用低碳钢、不锈钢、高塑性合金钢、铜、镁、铝及其合金及等金属材料，非金属材料如胶木、云母、纤维板、皮革等亦广泛地采用冲压。

冲压设备主要有剪板机和压力机两类。剪板机是用剪切方法使板料分离的机器，按传动形式分为机械剪板机和液压剪板机。压力机是一种能使滑块做往复运动，并按所需方向给模具施加压力的机器，是冲压的基本设备，按其床身结构不同有开式和闭式两种压力机。

冲压工艺的主要特点是：

（1）能制造形状复杂的零件，且加工过程中产生的废料较少；

（2）生产效率高，可实现大批量生产，成本低廉；

（3）操作工艺方便，不需要操作者有较高水平的技艺；

（3）冲压出的零件一般不需要再进行机械加工，具有较高的尺寸精度；

（4）冲压件有较好的互换性，即同一批冲压件，可相互交换使用，不影响装配和产品性能；

（5）冲压加工能获得强度高、刚度大而重量轻的零件。

**2. 挤压**

挤压是用强大的压力作用于模具，使夹在凸凹模之间的金属产生剧烈的定向塑性变形，从而高效地生产杆件、空心件和薄壁件。

挤压按不同的方法分类如下。

1）按金属流动方向与凸模运动方向间的关系分类

（1）正挤压　正挤压时金属流动方向与凸模运动方向相同，如图 6-10 所示。正挤压适用于制造带头部的杆件和带凸缘的空心件。

（2）反挤压　反挤压时金属流动方向与凸模运动方向相反，如图 6-11 所示。反挤压适用于制造杯形零件。

（3）复合挤压　复合挤压时，一部分金属流动方向与凸模运动方向相同，另一部分金属与凸模运动方向相反，如图 6-12 所示。复合挤压适用于制造比较复杂的零件如双杯形件和杯杆形件。

（4）径向挤压　径向挤压时，金属的流动方向与凸模的运动方向垂直，即在挤压时，金属的流动方向是离心方向，如图 6-13 所示。利用径向挤压的方法，可以加工具有凸缘及凸台的轴对称零件。

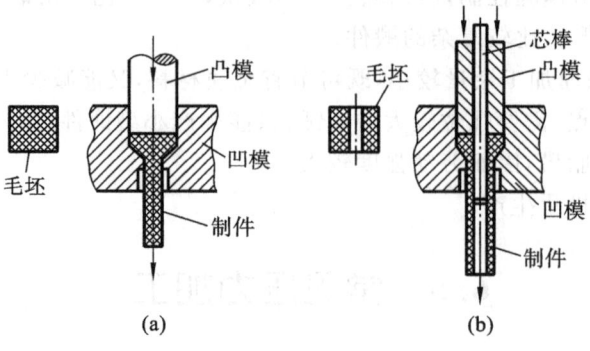

(a)　　　　　　　　(b)

图 6-10　正挤压

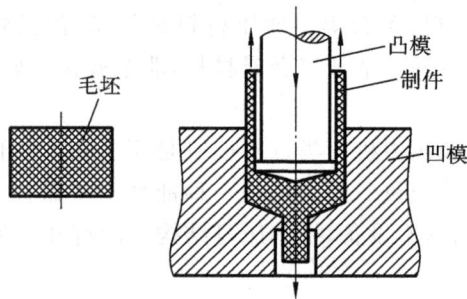

图 6-11　反挤压

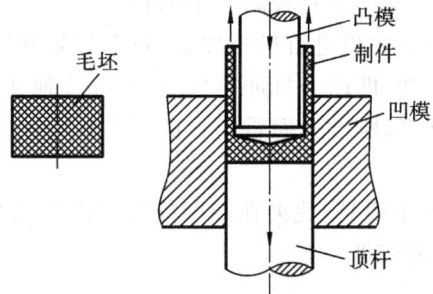

图 6-12　复合挤压

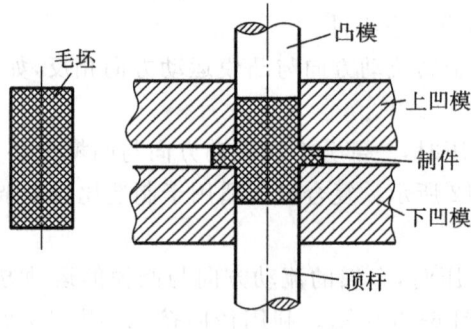

图 6-13　径向挤压

2）按坯料的挤压温度不同分类

（1）热挤压　热挤压就是将金属材料加热到热锻成型温度（金属的再结晶温度以上的某个温度）进行挤压成型。

热挤压工艺的优点：

①热挤压可以成型塑性好、强度相对较低的有色金属及其合金，低、中碳钢等；

②可以成型强度较高的高碳钢、高合金钢，如结构用特殊不锈钢、高速工具钢和耐热钢等。

热挤压工艺的缺点：由于坯料必须加热至热锻成型温度进行挤压，常伴有较严重的氧化和脱碳等加热缺陷，并且挤压件的尺寸精度和表面粗糙度也会因此而受到影响。一般情况下，机器零件热挤压成型后，须采用切削等机械加工来提高零件的尺寸精度和表面质量。

（2）冷挤压　冷挤压就是把金属毛坯放在冷挤压模腔中，在室温下，通过压力机上固定的凸模向毛坯施加压力来进行挤压。

冷挤压工艺的优点：

①材料利用率可达 90%～95%，与切削加工相比，可节约大量原材料。

②生产率高。

③可加工形状复杂的零件。

④由于冷挤压利用了金属材料冷作硬化的特性，且冷挤压时，金属处于三向压应力状态，变形后材料组织紧密，金属纤维仍然保持连续流畅状态，因此材料强度大为提高，加工时可用低强度材料代替高强度钢材。

⑤所制造零件的尺寸精确，表面粗糙度比较小。

冷挤压工艺的缺点：

①变形抗力比较大（要求设备吨位要大）；

②模具的使用寿命比较短；

③对坯料质量的要求高。

适用范围：适宜生产有色金属和钢的薄壁件、质量不超过 30 kg 的中小件。

（3）温挤压：温挤压是指将坯料加热至温度低于再结晶温度而高于回复温度时的挤压。其优势在于：适当的加热可降低钢料的变形抗力，650～800 ℃的加热温度又可避免钢料的剧烈氧化，为"两全其美"。

**3. 轧制**

轧制适宜于加工回转体件，目前有横轧、斜轧和楔横轧。

（1）横轧　横轧是轧辊轴线与坯料轴线平行的一种轧制方式。横轧用于热轧齿轮时效率高，省材料，齿轮金属流纹沿齿廓分布，齿轮强度高而耐用。

（2）斜轧　斜轧是轧辊轴线与坯料轴线在空间以一定角度相交的一种轧制方式。采用斜轧工艺轧钢球、麻花钻及纺织锭杆等都有优质高效的特点。

图 6-14 所示为斜轧钢球，两轧辊轴线交角在 4°～14°之间。轧辊上制有多头圆弧形螺旋槽。我国已能斜轧 $S\phi(25～150)$ mm 的钢球。钢球每分钟产量为轧辊每分钟转数乘其螺旋头数。

如图 6-15 所示为斜轧麻花钻。利用两对倾斜安装的轧轮（固定在轮上的扇形模板）在空间形成一个相应于钻头横截面形状的封闭孔；四个同步旋转运动的扇形模板夹着已经加热的坯料，迫使它做旋转运动，并使它沿周向展宽和沿轴向拔长。扇形模板每转一周，便轧一根麻花钻。

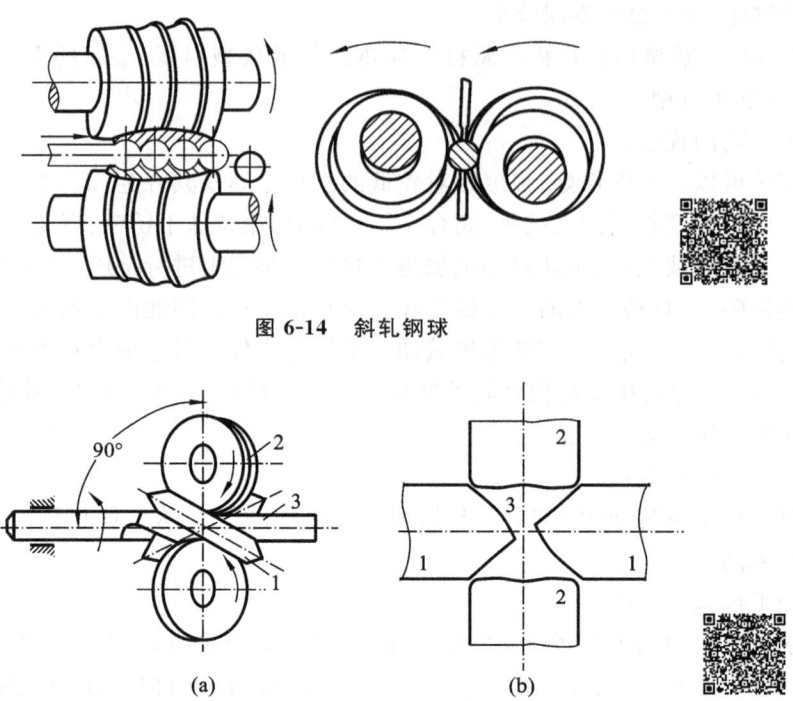

图 6-14　斜轧钢球

图 6-15　斜轧麻花钻

（a）工作原理；（b）孔型

（3）楔横轧　利用在两个轴线平行的轧辊上安装楔块,对坯料逐渐进行挤压,使其直径减小,长度增大。楔横轧特别适合用来轧制各种成型轴类零件,尤其是阶梯轴。楔横轧轧机结构简单,设备吨位小,模具耐用,所需投资小;在轧制过程中金属纤维线条逐渐改变,可避免产生切削断头和晶粒细化等现象,因此制件疲劳强度高,耐磨性好。图 6-16 为楔横轧示意图。

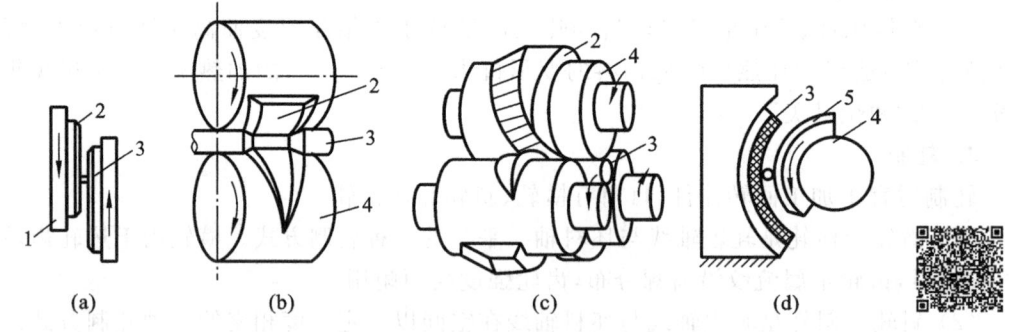

图 6-16　楔横轧示意图

（a）平板式；（b）二辊式；（c）三辊式；（d）单辊圆弧式

1—模板；2—变形楔模具；3—工件；4—轧辊；5—固定圆弧模板

# 6.6　零件结构对锻造性能的影响

锻件的结构工艺性是指所设计的以锻件为毛坯的零件,在满足使用需求的前提下,锻造成型的难易程度。锻造方法不同,对零件的结构工艺性的要求也不同。对自由锻件的结构工艺性要求如下。

（1）锻件的形状应尽可能简单、对称、平直，这样才适应自由锻设备上、下都是平砧的特点。

（2）锻件上应避免有锥形和楔形面，如图 6-17 所示。

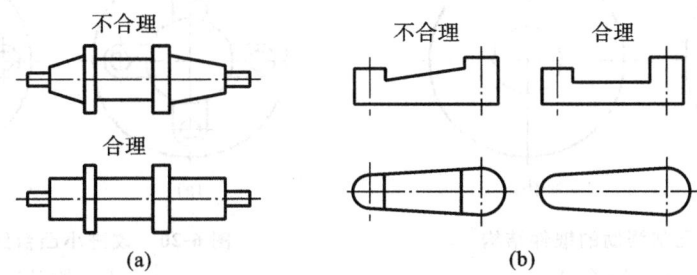

图 6-17　避免锥形和楔形面的锻件结构

（a）避免锥形面；（b）避免楔形面

（3）避免圆柱面与圆柱面相交、圆柱面与棱柱面相交。因为这些表面的交接处是复杂的曲线，难以锻出，如图 6-18 所示。

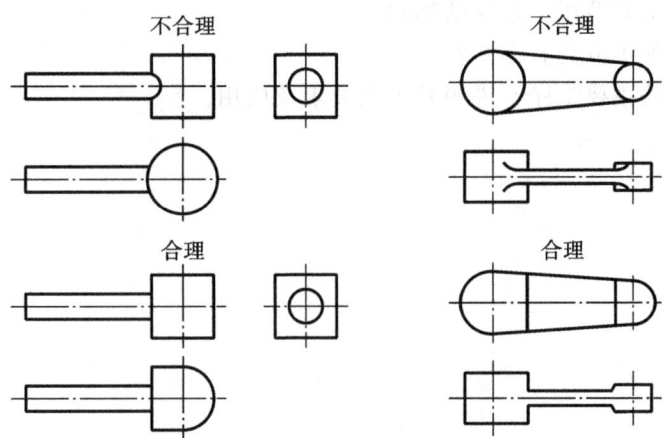

图 6-18　避免锻件上有复杂曲线

（4）锻件上不能有加强肋。在铸件上用加强肋来提高零件的承载能力是正确的，用铸造方法生产带肋的铸件也不会有太大的困难。但是，在自由锻件上设加强肋显然是不合理的，因为在平砧上是不可能锻打出肋来的，合理的办法是增加零件的直径或壁厚，如图 6-19 所示。

（5）应避免锻件上有凸台，因为凸台不可能用自由锻方法制造出来。图 6-20（a）所示的有四个凸台的法兰盘，若改为图 6-20（b）所示的鱼眼坑结构，则锻造出来是不会有太大困难的，因为这些鱼眼坑可以加上余块后再锻造。

（6）采用组装结构　对于截面尺寸相差很大的零件和形状比较复杂的零件，可以考虑将零件分成几个形状简单的部分，分别锻造出来后，再用焊接或者螺纹连接的方法将它们连接成一个整体。

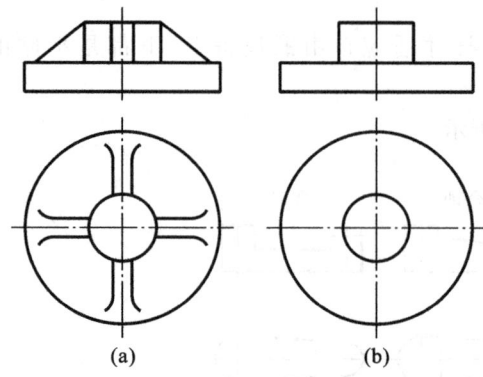

图 6-19　有、无加强肋的锻件结构
（a）不合理；（b）合理

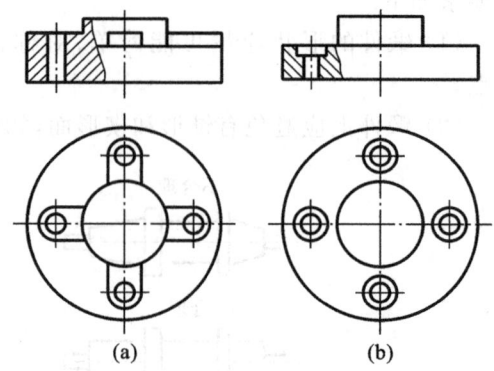

图 6-20　改进小凸台结构的方法
（a）不合理；（b）合理

# 思考与练习

习题解析

1. 简述压力加工的基本原理。
2. 简述零件结构对锻压工艺性的影响。
3. 常用的压力加工方法有哪些？
4. 自由锻有哪些主要工序？说明其工艺要求及应用。

# 第7章 焊接成型

## 7.1 概　述

在现代工业生产中，常常需要将多个零件连接在一起。常用的零件连接方式有键连接、螺栓连接、铆接、焊接、胶接等。其中前两种连接方式为机械连接，是可以拆卸的；后三种连接方式属于永久性连接，是不可拆卸的。不可拆卸连接指的是必须毁坏或损伤被连接零件才能拆卸的连接方式。

焊接在桥梁、容器、舰船、锅炉、起重机械、电视塔、金属桁架等的结构制造中的应用都十分广泛。随着焊接技术的发展及计算机技术在焊接中的应用，焊接质量及生产率都在不断提高，焊接在国民经济建设中的应用将更加广泛。

## 7.2　焊接的基本原理

### 1. 焊接的分类

焊接是指通过加热或加压，或者两者并用，实现工件的不可拆卸连接的一种加工方法。被焊接的对象称为焊件；焊接生产的产品是各种各样的焊接结构，焊接结构是指用焊接的方法将焊件连接起来而得到的金属结构。

焊接方法有很多，按其过程特点可以分为三大类，如图 7-1 所示。

1）熔焊

熔焊是指在焊接过程中，将焊件接头加热至熔化状态，经冷却结晶后，使分离的工件连接成整体的焊接方法。

2）压焊

压焊是指在焊接过程中，必须对焊件施加压力（加热或不加热），以完成焊接的方法。

3）钎焊

钎焊采用比焊件熔点低的钎料和焊件一起加热，使钎料熔化，而焊件不熔化，钎料熔化后填充到与焊件连接处的间隙，待钎料凝固后，两焊件就被连接成整体。钎焊可以用火焰或电作为加热源，在钎焊时为改善润湿性，去除氧化膜，要用钎料。按所用钎料熔点不同，可将钎焊分为硬钎焊（钎料熔点大于 450 ℃）和软钎焊（钎料熔点小于 450 ℃）两种。

### 2. 焊接的特点

焊接生产具有如下特点。

（1）减轻结构重量，节省金属材料。焊接与传统的连接方法——铆接相比，可以节省金属材料 15%～20%。由于节约了材料，金属结构的自重也得以减轻。

（2）可以制造双金属结构。用焊接可以对不同的材料进行对焊、摩擦焊等，还可以制造复

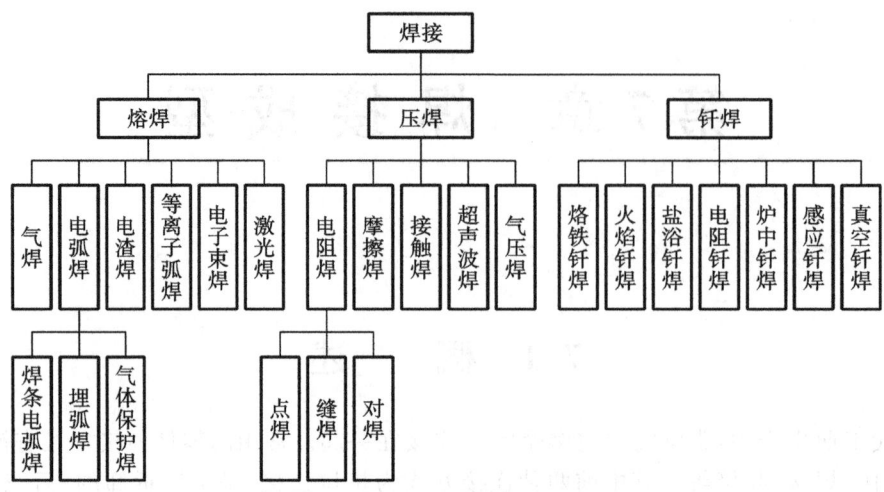

**图 7-1　焊接分类**

合层容器,以满足高温、高压设备及化工设备等的特殊性能要求。

（3）能化大为小,以小拼大。在制造形状复杂的结构件时可先把材料分解成较小的部分,然后用逐步装配焊接,以小拼大。对大型结构（如轮船船体）的焊接都是采用以小拼大的方法。

（4）结构强度高,产品质量好。在多数情况下焊接接头强度都能达到母材强度,甚至高于母材强度。因此,焊接结构的产品质量比铆接要好。目前,焊接已基本上取代了铆接。

（5）焊接时的噪声较小,工人劳动强度较低。生产率较高,易于实现机械化与自动化。

（6）由于焊接是一个不均匀的加热和冷却过程,所以焊接后会产生焊接应力与变形。不过,如果在焊接过程中采取一定的措施,也可消除或减小焊接应力与变形。

# 7.3　常用的焊接方法

在焊接过程中,将焊件接头加热至熔化状态,不加压力完成焊接的方法称为熔焊。常用的熔焊方法有电弧焊、电渣焊和气焊,其中以电弧焊应用最为广泛。电弧焊又可分为焊条电弧焊、埋弧焊和气体保护焊。

## 7.3.1　熔焊

**1. 焊条电弧焊**

1）焊接电弧

焊接电弧是由焊接电源供给的,它是在具有一定电压的两电极间或电极与焊件间,在气体介质中产生的强烈而持久的放电现象。

焊接电弧的基本构造及热量分布:焊接电弧的构造及热量分布按照焊接电弧分三个区域,即阴极区、阳极区和弧柱区,如图 7-2 所示。当采用直流电源时,如焊条接负极,工件接正极,则阴极区在焊条末端,阳极区在工件上。

阴极区是指靠近阴极端部很窄的区域,它是一次电子发射的发源地。阳极区是指靠近阳极端部的区域,它是电弧放电时,阳极表面接收电子的区域。处于阴极区和阳极区之间的空间区域是弧柱区,其长度相当于整个电弧的长度。用钢焊条焊接钢材时,阴极区释放的热量约占电弧总热量的 36%,温度约为 2100 ℃;阳极区释放的热量约占电弧总热量的 43%,温度约为 2300 ℃;弧柱区释放的热量约占电弧总热量的 21%,弧柱中心温度可达 5700 ℃以上。当使用交流电源时,由于电源极性快速交替变化,所以两极的温度基本一样。

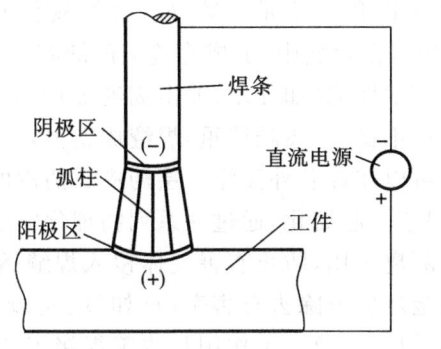

**图 7-2　焊接电弧的组成**

2) 焊接电流极性选用

采用直流电源焊接时:工件接电源正极,焊条接负极的接法称为正接,如图 7-3(a)所示;工件接负极,焊条接正极的接法称为反接,如图 7-3(b)所示。焊接薄板时,如果采用正接接法,则焊件会因热量大、温度高而产生烧穿缺陷。焊接厚板时,如果采用反接接法,则焊件又会因热量较小、温度较低而产生未焊透的缺陷。因此,在采用直流焊接电源时,要根据焊件的厚薄来选择正负极的接法。

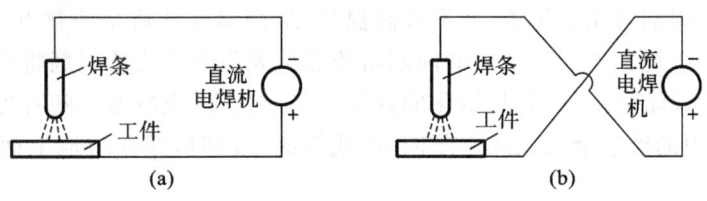

**图 7-3　正接法与反接法**

一般情况下,焊接薄板时应采用反接法;如果焊接厚板,则应采用正接法。用交流电源焊接时,不存在正反接问题。

3) 焊条

焊条是焊条电弧焊时的重要焊接材料,它直接影响到焊接电弧的稳定性、焊缝金属的化学成分和力学性能。焊条的质量是影响焊条电弧焊质量的主要因素之一。

焊条由焊芯和药皮两部分组成,如图 7-4 所示。

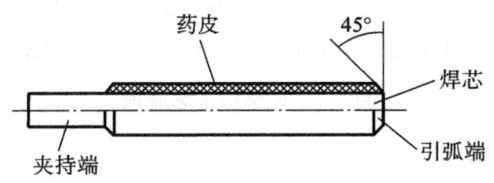

**图 7-4　电焊条**

(1) 焊芯　焊芯是焊条中被药皮包覆的金属芯。焊接时,焊芯有两个作用:一是传导电流,产生电弧;二是焊芯本身在焊接过程中熔化,作为填充金属与焊件熔化后的金属液熔合形成焊缝。在焊缝中,焊芯金属占 50%～70%,可见焊芯的化学成分对焊缝金属的化学成分影响是很大的。

(2)药皮　在焊条电弧焊中,若直接用焊芯进行所谓光焊条焊接,则在焊接过程中的氧和氮会大量侵入熔化金属,将金属铁和有益元素碳、硅、锰等氧化或氮化,生成各种氧化物(如 FeO)和氮化物(如 $Fe_4N$),并残留在焊缝中,造成焊缝夹渣缺陷。而溶入熔池的气体能使焊缝产生大量气孔。这样,焊缝的力学性能(如强度、冲击韧度等)大大降低。此外,用光焊条焊接,由于缺乏易电离的物质,电弧很不稳定,飞溅严重,焊缝成型很差。

为了防止产生上述缺陷,可以在焊芯外面涂一层药皮。药皮的主要作用有三个:第一是机械保护作用,焊接时,药皮与焊芯一起熔化,通过一系列物理化学反应,生成大量还原性气体和低熔点熔渣,它们都能起机械隔离作用,防止有害气体侵入焊缝熔化金属;第二是冶金处理作用,通过熔渣与熔化金属的冶金反应可除去有害杂质(如氧、氢、硫、磷等),添加有益的合金元素,使焊缝获得合乎要求的力学性能;第三个作用是改善焊接工艺性能,由于药皮中含有易电离的物质,所以可使电弧稳定,飞溅少,容易操作,焊缝成型好,得到平整致密的焊缝。所以说,药皮也是影响焊缝质量的主要因素之一。

**2. 埋弧焊**

电弧在焊剂层下燃烧进行焊接的方法称为埋弧焊。

1)埋弧焊焊缝的形成过程

图 7-5 所示为埋弧焊工艺原理图。焊接前,在焊件接头上覆盖一层 30～50 mm 厚的颗粒状焊剂,然后将焊丝插入焊剂中,使它与焊件接头处保持适当距离,并使其产生电弧。电弧产生的热量使周围的焊剂熔化成熔渣,并形成高温气体,高温气体将熔渣排开形成一个空腔,电弧就在这一空腔中燃烧。覆盖在上面的液态熔渣和最表面未熔化的焊剂将电弧与外界空气隔离。焊丝熔化后形成熔滴落下,并与熔化的焊件金属混合,形成熔池。随着焊丝沿箭头所指方向不断移动,熔池中的液态金属也随之凝固,形成焊缝。同时,浮在熔池上面的熔渣也凝固成渣壳。

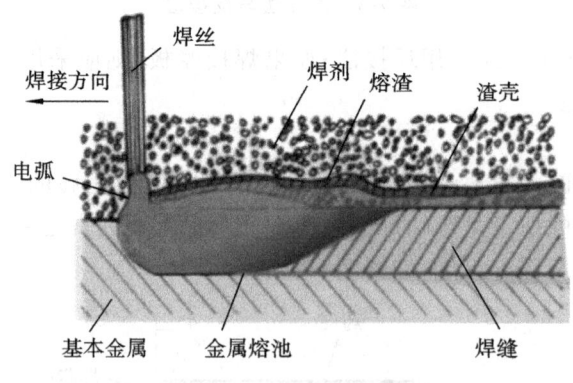

**图 7-5　埋弧焊工艺原理**

2)埋弧焊的特点及应用

与焊条电弧焊相比,埋弧焊有以下特点。

(1)焊接质量好。由于焊接过程能自动控制,各项工艺参数可以调节到最佳数值,焊缝的化学成分比较均匀稳定,焊缝成型光洁平整。同时有害气体难以侵入,熔池金属冶金反应充分,焊接缺陷较少。

（2）生产率高。由于焊丝从导电嘴伸出长度较短,所以可采用较大的焊接电流,这样就能提高焊接速度。同时,焊件厚度在 14 mm 以下时一般可以不开坡口进行焊接。又由于连续施焊的时间较长,所以焊接的生产率高。

（3）节省焊接材料。由于焊件可以不开坡口或开小坡口,可减少焊缝中焊丝的填充量,也可减少因加工坡口而消耗的焊件材料。同时,由于焊接时金属飞溅小,又没有焊条头的损失,所以可节省焊接材料。

（4）易实现自动化。劳动强度低,劳动条件较好,操作也简单。

（5）设备费用高,由于采用颗粒状焊剂,一般情况下只能焊接平焊缝,而不适宜焊接结构复杂有倾斜焊缝的焊件;又因看不见电弧,焊接时检查焊缝质量不方便。

埋弧焊适用于低碳钢、低合金钢、不锈钢、铜、铝等金属材料厚板的长焊缝焊接。

**3. 气体保护焊**

用外加气体作为电弧介质并保护电弧和焊接区的电弧焊称为气体保护电弧焊,简称气体保护焊。

最常用的气体保护焊方法有氩弧焊和二氧化碳气体保护焊。

1）氩弧焊

氩弧焊是用氩气作为保护气体的电弧焊。氩弧焊按电极在焊接过程中是否熔化分为熔化极氩弧焊和非熔化极氩弧焊,分别如图 7-6(a)和图 7-6(b)所示。熔化极氩弧焊是采用直径为 0.8～2.44 mm 的实芯焊丝,由氩气来保护电弧和熔池的一种焊接方法。焊丝既是电极,也是填充金属,所以称为熔化极氩弧焊。非熔化极氩弧焊是以钨极作为电极,用氩气作为保护气体的气体保护焊。在焊接过程中,钨极不熔化,所以称为非熔化极氩弧焊。填充金属是靠熔化送进电弧区的焊丝。氩弧焊与其他电弧焊方法相比,焊接时不必用焊剂就可获得高质量焊缝。由于是明弧焊接,操作和观察都比较方便,可进行各种空间位置的焊接。

氩弧焊多用于焊接铝、镁、钛、铜及其合金,低合金钢,不锈钢和耐热钢等材料。

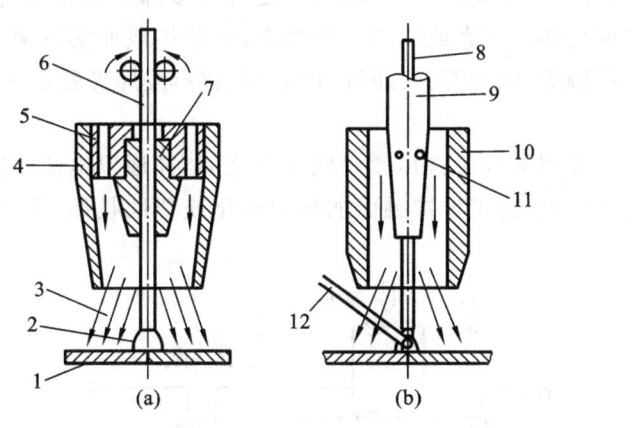

**图 7-6 氩弧焊示意图**

1—焊件;2—熔滴;3—氩气;4、10—喷嘴;5、11—氩气喷管;
6—熔化极焊丝;7、9—导电嘴;8—非熔化极钨丝;12—外加焊丝

2）二氧化碳气体保护焊

二氧化碳气体保护焊是在连续送出实芯焊丝的同时,用二氧化碳作为保护气体进行焊接

的熔化电弧焊,如图7-7所示。

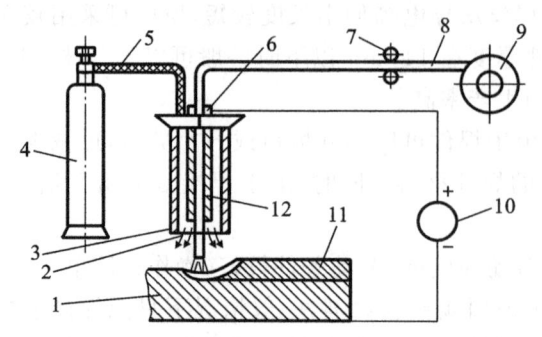

**图7-7　二氧化碳气体保护焊示意图**

1—焊件;2—CO₂气体;3—喷嘴;4—CO₂气瓶;5—送气软管;6—焊枪;

7—送丝机构;8—焊丝;9—绕丝盘;10—电焊机;11—焊缝金属;12—导电嘴

　　二氧化碳气体保护焊的优点是生产率高。二氧化碳气体的价格比氩气低,电能消耗少,所以成本较低。由于电弧热量集中,所以熔池小,焊接变形小,焊接质量高。其缺点是不宜焊接容易氧化的有色金属等材料,也不宜在有风的场地工作,电弧光强,熔滴飞溅较严重,焊缝成型面不够光滑。

　　二氧化碳气体保护焊常用于碳钢、低合金钢、不锈钢和耐热钢的焊接,也适用于修理机件,如零磨损零件的堆焊。

## 7.3.2　压焊

　　压焊是在焊接时施加一定压力而完成焊接的方法。这类焊接有两种形式,可加热后施压,亦可直接冷压焊接,其压接接头较牢固。压焊是典型的固相焊接方法,固相焊接时必须利用压力使待焊部位的表面在固态下直接紧密接触,并使待焊接部位的温度升高,通过调节温度、压力和时间,使待焊表面呈塑性状态或局部熔化状态,充分扩散而实现原子间结合,形成牢固的焊接接头。如锻焊、接触焊、摩擦焊、气压焊、电阻焊、超声波焊等就是压力焊方法。

**1. 电阻焊**

　　电阻焊(见图7-8)是将被焊工件压紧于两电极之间,并通以电流,利用电流流经工件接触面及邻近区域产生的电阻热将工件接触面加热到熔化或塑性状态,使之形成金属结合的一种方法。

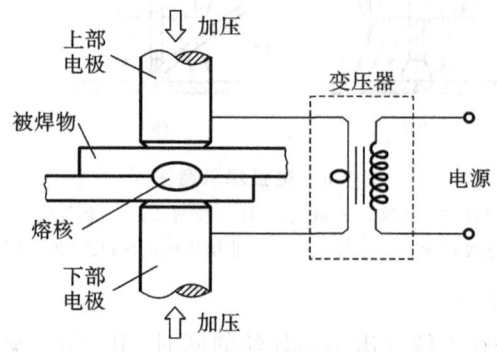

**图7-8　电阻焊示意图**

电阻焊方法主要有四种：点焊、缝焊、凸焊和对焊。

（1）点焊是利用柱状电极，在两块搭接工件接触面之间形成焊点的焊接方法，也是一种高速经济的焊接方法。

（2）缝焊主要用于油桶、罐头罐、暖气片、飞机和汽车油箱的薄板焊接。

（3）凸焊主要用于焊接低碳钢和低合金钢的冲压件。

（4）对焊时两工件端面相接触，经过电阻加热和加压后两工件沿整个接触面被焊接起来。

**2. 摩擦焊**

摩擦焊是一种固态焊接方法，其原理是：在恒定或递增压力以及扭矩的作用下，利用焊接接触端面之间的相对运动，在摩擦面及其附近区域产生摩擦热和塑性变形热，使其附近区域温度上升到接近但低于材料熔点的温度区间，材料的变形抗力降低、塑性增强、界面的氧化膜破碎，在顶锻压力的作用下，材料产生塑性变形及流动，通过界面的分子扩散和再结晶而实现焊接，如图 7-9 所示。

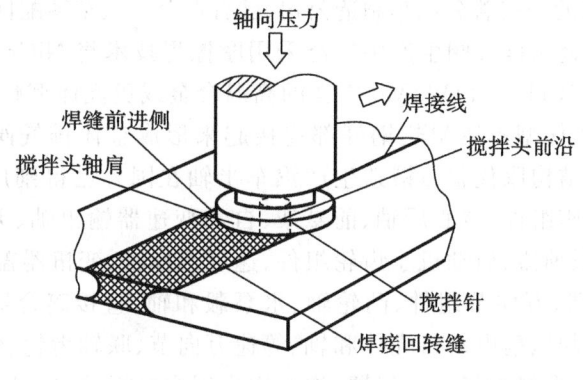

**图 7-9　摩擦焊**

摩擦焊与传统熔焊最大的不同在于，在整个焊接过程中，待焊金属在焊接时的温度并没有达到其熔点，即金属焊接是在热塑性状态下实现的类锻态固相连接。相对传统熔焊，摩擦焊具有焊接接头质量高——能达到焊缝强度与基体材料等强度，焊接效率高、质量稳定、一致性好，可实现异种材料焊接等目标。

摩擦焊以其优质、高效、节能、无污染的技术特色，在航空、航天、核能、兵器、汽车、电力、海洋开发、机械制造等高新技术领域和传统产业部门得到了愈来愈广泛的应用。下面以摩擦焊在航空航天工业与汽车工业中的应用举例说明。

1）航空航天工业

随着现代高性能军用航空发动机的不断更新，其主要性能指标——推重比亦不断提高。同时对发动机的结构设计、材料及制造工艺均提出了更高的要求。20 世纪 70 年代，美国通用汽车（GE）公司在军用航空发动机转子部件（盘＋盘、盘＋轴）制造中，率先成功地采用了惯性摩擦焊技术。GE 公司生产的 TF39 航空发动机的 16 级压气机盘，CMF56 航空发动机的 1～2 级、4～9 级，以及压气机轴，F101 航空发动机的 1～3 级盘与鼓及前轴颈，5～9 级盘与鼓及后轴颈等均采用了摩擦焊工艺，有的还采用了粉末冶金-等温锻造-摩擦焊组合工艺。API（Udimet700、Astroloy）、In100 和 René95 及 In718 之类的粉末高温合金盘已成功地采用了惯性摩擦焊，其焊接接头性能可达到母材的水平。美国 Textron Lycoming 公司生产的新型大功率 T55 涡轮喷气发动机的前盘与前轴、后轴的连接都是采用盘＋轴一体的摩擦焊结构。国外一些先进的航空发动机制造公司已将摩擦焊作为焊接高推重比航空发动机转子部件的主导的、典型的和标准的工艺方法。摩擦焊已被普遍认为是可靠、再现性好和可信赖的焊接技术。

在飞机制造中,摩擦焊也展现了新的应用前景。AISI 4340(40CrNi2MoA)超高强度钢因具有高的缺口敏感性和焊接脆化倾向,用于制造飞机起落架时,国外规定不允许采用熔焊方法施焊。现已成功地进行了 AISI 4340 管与 AISI 4030 锻件起落架、拉杆的摩擦焊。此外,直升机旋翼主传动轴的 Nitralloy N 合金齿轮与 18% 高镍合金钢管轴的焊接、双金属飞机铆钉、飞机钩头螺栓等均采用了摩擦焊,这表明摩擦焊技术已渗透到了飞机重要承力构件的焊接领域。

某航天飞机三部发动机上 1800 个高温合金喷射器柱全部是采用摩擦焊方法焊接到发动机上的。

2) 汽车工业

在国外汽车零配件规模化生产中,摩擦焊技术占有较重要的地位。据不完全统计,美国、德国、日本等工业发达国家的一些著名汽车制造公司,已有百余种汽车零配件采用了摩擦焊技术。

国内外在发动机双金属排气阀生产中广泛采用摩擦焊技术将 NiCr20TiAl(Nimonic 80)、5Cr21Mn9Ni4(21-4N)、4Cr14Ni14W2Mo 之类的高温合金或奥氏体型耐热钢盘部与 4Cr9Si2、4Cr10Si2Mo 之类的马氏体型不锈耐热钢杆部连接起来形成整体排气阀,特别适合于空心阀的制造。采用锻焊复合结构取代整体锻造生产汽车半轴在国外已得到广泛应用。另外,汽车及工程机械上风扇轴支座组件、空心后轴、前悬架、自动变速器输出轴、无变形飞轮齿圈、发电机支座、黏性传动风扇联轴器、启动机小齿轮组件、速度选择轴、变扭器盖、汽车液压千斤顶、转向节、司机侧气囊充气器、万向节组件、凸轮轴、水泵壳和轴、直接离合器鼓和壳组件、后桥壳管、倾斜转向轴和叉、冷却风扇电动机壳体和轴、等速万向节、联轴齿轮、传动轴和叉、涡轮传动轴、中央轴、涡轮增压器、乘客侧气囊充气器、汽车用扁尾套筒扳手、后悬架臂、空调机蓄压器等的制造均可利用摩擦焊工艺,以简化制造工艺和降低生产成本。

**3. 超声波焊**

塑料超声波焊的原理是使塑料的焊接面在超声波能量的作用下做高频机械振动而发热熔化,同时施加焊接压力,从而把塑料焊接在一起。根据焊具与工件相互位置的不同,超声波焊分为近程和远程两种。近程超声波焊又称为直接式超声波焊,或接触超声波焊。远程超声波焊称为间接超声波焊。

塑料超声波焊接的焊缝质量受以下几个因素的影响:母材的焊接性能;被焊工件的几何形状和公差范围;焊缝设计的几何形状和公差范围;焊具(超声波振头)的几何形状和公差范围;焊接压力、焊接功率(振幅)、焊接时间、冷却时间以及焊具的压入深度等的调整和控制。

## 7.3.3 钎焊

钎焊是采用比母材熔点低的金属材料作钎料,将焊件和钎料加热到高于钎料熔点、低于母材熔化温度,利用液态钎料润湿母材、填充接头间隙并与母材相互扩散实现焊接的方法。钎焊变形小,接头光滑美观,适合于焊接精密、复杂和由不同材料组成的构件,如蜂窝结构板、涡轮叶片、硬质合金刀具和印制电路板等。钎焊前对工件必须进行细致加工和严格清洗,除去油污和过厚的氧化膜,保证接口装配间隙(一般要求在 0.01~0.1 mm 之间)。

较之熔焊,钎焊时母材不熔化,仅钎料熔化;较之压焊,钎焊时不对焊件施加压力。钎焊形成的焊缝称为钎缝,钎焊所用的填充金属称为钎料。

钎焊过程:将表面清洗好的工件以搭接形式装配在一起,把钎料放在接头间隙附近或接头间隙之间。当工件与钎料被加热到稍高于钎料熔点温度后,钎料熔化(工件未熔化),并在毛细作用下被吸入和充满固态工件间隙,液态钎料与工件金属相互扩散溶解,冷凝后即形成钎焊接头。

钎焊的特点是:

(1)钎焊加热温度较低,接头光滑平整,组织和力学性能变化小,变形小,工件尺寸精确;

(2)可焊异种金属,也可焊异种材料,且对工件厚度差无严格限制;

(3)有些钎焊方法可同时焊多个焊件、多个接头,生产率很高;

(4)钎焊设备简单,生产投资费用少;

(5)接头强度低,耐热性差,且焊前清整要求严格,钎料价格较贵。

钎焊的应用:主要用于制造精密仪表、电气零部件、异种金属构件以及复杂薄板结构,如夹层构件、蜂窝结构等,也常用于钎焊各类异线与硬质合金刀具。钎焊不适于一般钢结构和重载、动载机件的焊接。

钎焊在机械、电机、仪表、无线电等行业都得到了广泛的应用。在硬质合金刀具、钻探钻头、自行车车架、换热器、导管及各类容器等的制造中都用到了钎焊;在微波波导、电子管和电子真空器件的制造中,钎焊甚至是唯一可能的连接方法。

# 7.4 常用金属材料的焊接性能

在进行焊接结构设计时,需要了解采用什么焊接材料可以获得优良的焊接质量,或者已知某种焊件材料较难焊接时,应采用哪些措施才能保证焊接质量。也就是说,只有了解金属材料的焊接性,才能正确地进行焊接结构设计、焊前准备和拟定焊接工艺。

**1. 金属的焊接性**

金属的焊接性是指金属材料对焊接加工的适应性。主要指在一定的焊接工艺条件下,获得优质焊接接头的难易程度。它包括两方面的内容:其一是工艺性能,即在一定焊接工艺条件下,金属形成焊接缺陷(主要是裂纹)的容易程度;其二是使用性能,即在一定焊接工艺条件下,金属的焊接接头对使用要求的适应性。

在焊接低碳钢时,很容易获得无缺陷的焊接接头,不需要采取复杂的工艺措施。如果用同样的工艺焊接铸铁,则常常会产生裂纹,得不到良好的焊接接头。所以说,低碳钢的焊接性比铸铁好。

完整的焊接接头并不一定具备良好的使用性能。例如,焊补铸铁时,即使未发现裂纹等缺陷,但是由于在熔合区和半熔合区容易形成白口组织,所以,焊件会因不能加工和接头脆性强而无法使用,这就是说铸铁的焊接性不好。

**2. 常用金属材料的焊接性**

1)低碳钢的焊接性

低碳钢的碳当量较低,焊接性好,一般不需要采取特殊的工艺措施即可得到优质的焊接接头。另外,低碳钢几乎可用所有的焊接方法进行焊接。

低碳钢焊接一般不需要预热,只有在气候寒冷或焊件厚度较大时才需要考虑预热。例如,当板材厚度大于 30 mm 或环境温度低于 $-10\ ℃$ 时,需要将焊件预热至 $100\sim150\ ℃$。

2）中碳钢的焊接性

中碳钢的碳当量较高,焊接性比低碳钢差。中碳钢焊件的热影响区容易产生淬硬组织。当焊件厚度较大、焊接工艺不当时,焊件很容易产生冷裂纹。同时,焊件接头处有一部分碳会溶入焊缝熔池,从而使焊缝金属的碳当量提高,焊缝的塑性降低,容易在凝固冷却过程中产生热裂纹。

中碳钢焊前需要预热,以减小焊接接头的冷却速度,降低热影响区的淬硬倾向,防止产生冷裂纹。预热的温度一般为 $100\sim200$ ℃。

中碳钢焊件接头要开坡口,以减小焊件金属熔入焊缝的比例,防止产生热裂纹。

3）低合金结构钢的焊接性

低合金结构钢的焊件热影响区有较大的淬硬性。强度等级较低的低合金结构钢,碳含量小,淬硬倾向小。随着强度等级的提高,钢中碳含量也增大,加上合金元素的影响,使热影响区的淬硬倾向亦增大,因此,导致焊接接头处的塑性下降,产生冷裂纹的倾向也随之增大。可见,低合金结构钢的焊接性随着其强度等级的提高而变差。

在焊接低合金结构钢时,应选择较大的焊接电流和较小的焊接速度,以减小焊接接头的冷却速度。在焊接后及时进行热处理或者焊前预热,均能有效地防止冷裂纹的产生。

4）铸铁的焊接性

铸铁的焊接性是很差的,这是因为它的碳当量很大,而且组织中又有作用与裂纹相当的石墨。在焊接铸铁时,一般容易出现以下问题。

（1）焊后产生白口组织。铸铁中虽含有较多的石墨化元素碳和硅,但是在焊接过程中由于电弧的高温作用和气体的浸入,碳和硅将严重烧损。碳和硅含量降低,加上冷却速度较快,使得焊缝容易形成白口组织。

为了防止产生白口组织,可将焊件预热到 $400\sim700$ ℃后进行焊接,或者在焊接后将焊件保温冷却,以减慢焊缝的冷却速度,同时增加焊缝金属中石墨化元素的含量,或者采用非铸铁焊接材料（如镍、镍铜、高钒钢焊条等）。

（2）焊件产生裂纹。由于铸铁的塑性极差,抗拉强度又低,当焊件因局部加热和冷却造成较大的焊接应力时,就容易产生裂纹。

为了防止产生裂纹,应注意焊前预热和焊后缓冷。另外,选用塑性较好的焊条（如镍、镍铜、高钒钢焊条等）,通过锤击焊缝消除应力,以及采用细焊条、小电流、断续焊减小焊缝与母材金属之间温度差,均可防止裂纹的产生。

在生产中,铸铁是不作为焊接材料的。只有当铸件表面出现了不太严重的气孔、缩孔、砂眼和裂纹等缺陷时,才采用铸铁进行焊补。

# 7.5　焊接结构设计

**1. 焊缝的组织和性能**

焊件经焊接后所形成的结合部分称为焊缝。

焊缝由液态熔池金属经冷却结晶而形成。熔池金属的结晶一般从液固交界的熔合线上开始。由于晶体的长大方向与其散热方向相反,所以晶体从熔合线向两侧和熔池中心长大。由于向两侧生长受到相邻晶体的阻挡,所以晶体主要是向着熔池中心长大,这样就使焊缝金属得到柱状晶粒结构。因为熔池冷却速度较快,所以柱状晶粒并不粗大,加上焊条中合金元素的渗入,焊缝金属的力学性能与母材相比,变化并不大。

在焊接过程中,材料因受热(但未完全熔化)的影响而发生金相组织和力学性能变化的区域称为热影响区。热影响区又可分为熔合区、过热区、正火区和不完全正火区。

**2. 焊接变形及防止方法**

1) 焊接变形产生的原因

焊接构件因焊接而产生的内应力称为焊接应力,焊件因焊接而产生的变形称为焊接变形。产生焊接应力与变形的根本原因是焊接时工件局部的不均匀受热和冷却。焊接变形的基本形式有弯曲变形、角变形、波浪变形和扭曲变形等,如图 7-10 所示。

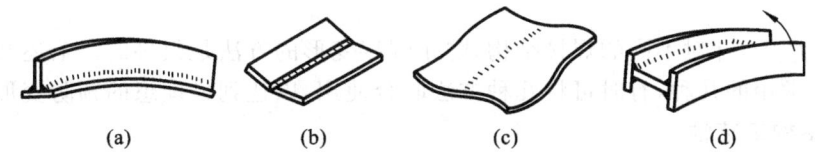

**图 7-10 焊接变形**

(a) 弯曲变形;(b) 角变形;(c) 波浪变形;(d) 扭曲变形

2) 焊接变形的防止方法

(1) 反变形法 根据某些焊件易发生的变形的规律,焊前在放置焊件时,使其形态与焊接时发生的变形方向相反,以抵消焊接后产生的变形。如图 7-11 所示,针对板料焊接易产生角变形的规律,焊前将两块板料放在垫块上,并使其向下弯折一个角度,这个角度就是 V 形坡口焊后向上弯折的角度,于是焊后的两块板料就平直了。

(2) 焊前固定法 焊接前,用夹具或重物压在焊件上,以抵抗焊接应力,防止焊接变形,如图 7-11(a)、(b)所示。也可预先将焊件点焊固定在平台上,然后再焊接,如图 7-12 所示。为了防止将固定装置去除后再发生变形,一般在焊接时用手锤敲击焊缝,将焊接应力及时释放,使焊件形状比较稳定。

**图 7-11 防止角变形的反变形法**

(a) 焊前;(b) 焊后

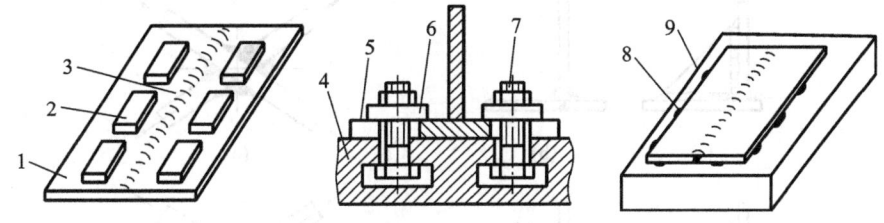

**图 7-12 焊前固定法防止变形**

1—焊件;2—压铁;3—焊缝;4—平台;5—垫铁;6—压板;7—螺栓;8—定位焊点;9—平台

(3) 焊接顺序变换法 这是一种通过变换焊接的顺序,将焊接时施加给焊件的热量尽快发散掉,从而防止焊接变形的方法。常用的焊接顺序变换法有对称法、跳焊法和分段倒退法,如图 7-13 所示。图中小箭头为焊接时焊条运行的方向,数字由小到大为焊接顺序。

(4) 锤击焊缝法 这种方法是在焊接过程中,用手锤或风锤敲击焊缝金属,使焊缝金属产

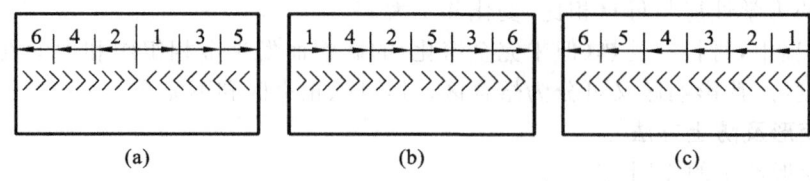

**图 7-13　焊接顺序变换法**

(a) 对称法;(b) 跳焊法;(c) 分段倒退法

生塑性变形,焊接应力得以减小的焊接方法。敲击力应均匀,而且最好在焊缝金属具有较高塑性时敲击。

在实际生产中,针对不同的焊接结构,防止焊接变形的方法是很多的。上述几种防止焊接变形的方法是常用的几种,有时可将几种方法联合使用,以达到最理想的预防变形效果。

**3. 焊接结构工艺性**

在设计焊接结构时应考虑焊接结构工艺性,即所设计的焊接结构在满足使用性能要求的前提下,还应满足结构焊接工艺的要求,力求做到制造方便、生产率高、成本低、焊接质量好。焊接工艺性主要涉及以下三个方面的内容。

1) 焊接结构材料的选择

不同金属材料的焊接性存在一定差异,其焊接工艺也不相同,因而其焊接的难易程度不同。因此,应尽量选择焊接性好的金属材料来制造焊件结构。一般来说,低碳钢和强度级别低的低合金结构钢具有良好的焊接性,应优先选用。碳含量大于 0.5% 和碳当量大于 0.4% 的合金焊接性能差,一般不宜采用。焊接结构件要尽量选用工字钢、槽钢和各种型材,以减小焊缝数量和简化焊接工艺,同时提高结构的强度和刚度。异种金属材料的焊接,由于两种材料焊接性能的不同,其焊接质量难以保障,因此应尽量选用同种金属材料制作焊件,如必须选用异种金属材料,焊接时应采取合适的工艺措施。镇静钢的组织致密,可作为重要焊接结构的用材;沸腾钢焊接时易产生裂纹,仅用作一般焊接结构的用材。

2) 焊缝布置的一般原则

在焊接结构中,焊缝布置与焊接质量、生产率、成本及工人劳动条件有密切的关系,因此考虑焊缝布置时应注意以下一般原则。

(1) 焊缝布置应尽量分散,避免密集、交叉,以及防止金属严重过热,力学性能下降,如图 7-14 所示。

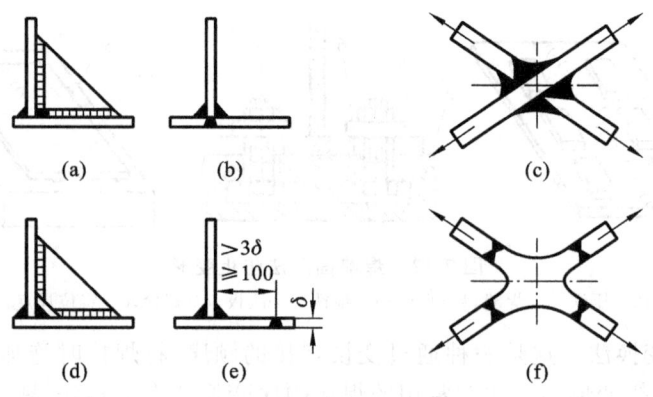

**图 7-14　焊缝的分散布置**

(a)、(b)、(c) 不合理;(d)、(e)、(f) 合理

（2）焊缝位置应尽量均匀、对称，以减小焊接应力和变形，如图 7-15 所示。

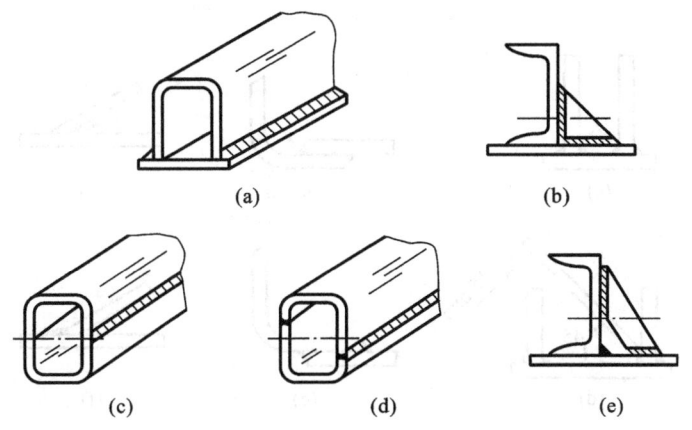

**图 7-15　对称布置焊缝**

（a）、（b）不合理；（c）、（d）、（e）合理

（3）焊缝应尽量避开应力最大和应力集中部位，如图 7-16 所示。

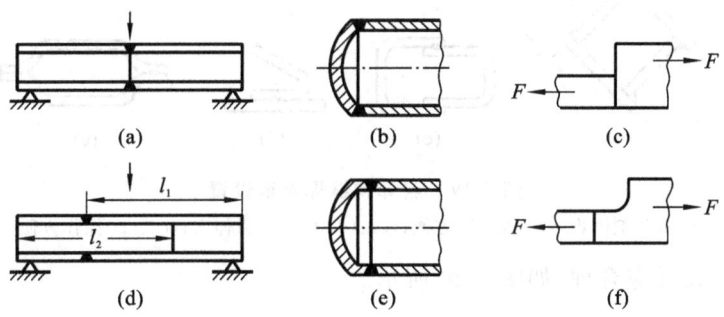

**图 7-16　焊缝避开应力最大和应力集中部位**

（a）、（b）、（c）不合理；（d）、（e）、（f）合理

（4）焊缝应尽量远离已加工表面，以免破坏已加工表面的精度和表面质量，如图 7-17 所示。

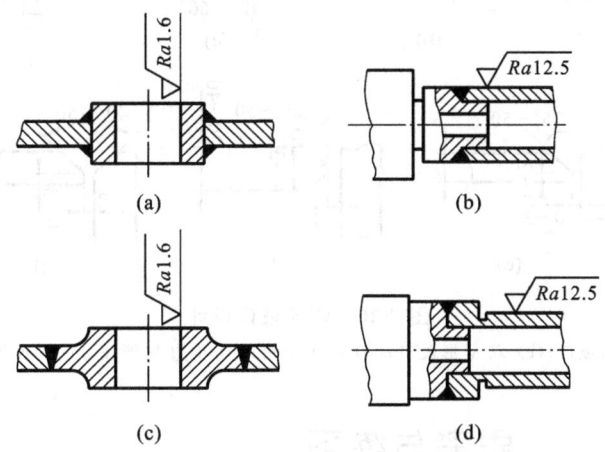

**图 7-17　焊缝应远离已加工表面**

（a）、（b）不合理；（c）、（d）合理

（5）焊缝位置应便于操作，特别是对于焊条电弧焊，应考虑焊接的操作空间，如图 7-18 和图 7-19 所示。

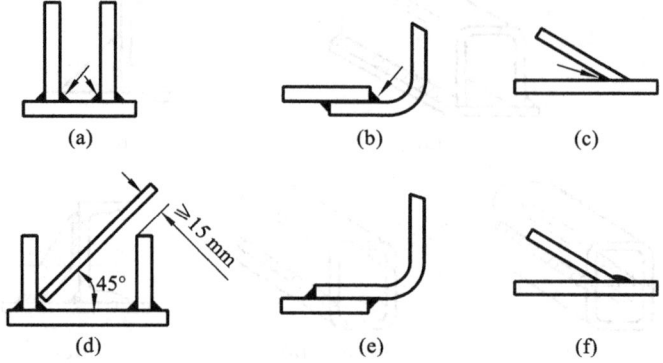

**图 7-18　焊条电弧焊焊缝设置**

（a）、（b）、（c）不合理；（d）、（e）、（f）合理

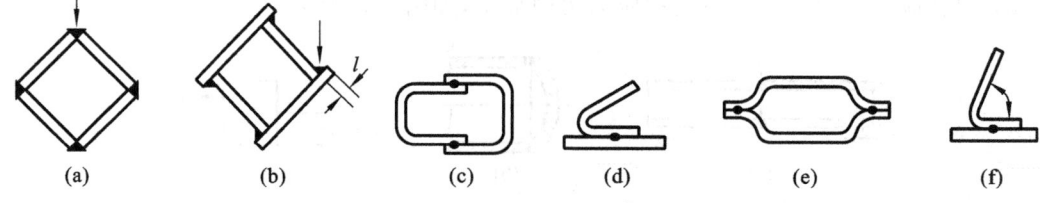

**图 7-19　点焊和缝焊焊缝设置**

（a）放焊剂困难；（b）放焊剂方便；（c）、（d）电极难以伸入；（e）、（f）操作方便

（6）焊接坡口设计应合理，如图 7-20 所示。

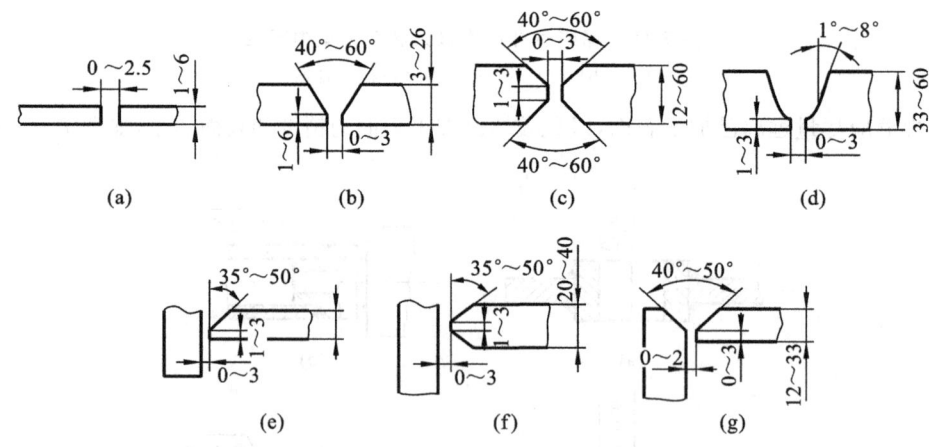

**图 7-20　焊接坡口设计**

（a）I 形坡口；（b）V 形坡口；（c）双 V 形坡口；（d）U 形坡口；（e）单边 V 形坡口；（f）K 形坡口；（g）Y 形坡口

# 思考与练习

**1.** 焊接方法的种类有哪些？简述它们各自的特点。

习题解析

**2.** 防止焊接变形的方法有哪些？

**3.** 电弧焊可分为哪几种？每种的特点是什么？

**4.** 常见的压力焊有哪些？每种的特点是什么？

**5.** 什么是钎焊？其特点是什么？

# 第8章 非金属材料成型

## 8.1 工程塑料成型

工程塑料成型方法有多种,如注射成型、挤出成型、压制成型、吹塑成型、浇铸成型、压延成型等。

**1. 注射成型**

注射成型又称注射模塑成型,是热塑性塑料的重要的成型方法之一。其特点是生产率高、生产周期短,对热塑性塑料的适应性强,生产中易于实现自动化,能一次成型形状复杂、精度高、带有嵌件的塑料制品。常用注射成型设备有柱塞式注射机或螺旋式注射机。

**2. 挤出成型**

挤出成型又称挤塑成型,主要用于生产棒材、板材、线材、薄膜等连续的塑料型材。挤出成型过程总体可分两个阶段:第一阶段是使固态塑料塑化(即使塑料转变成黏流态),并在加压情况下,使其通过特殊形状的口模而成为截面与口模截面形状相似的连续体;第二阶段是用适当的处理方法使挤出具有黏流态的连续体转变为玻璃态的连续体,即得到所需型材或制品。

挤出成型采用干法塑化,成型设备为螺杆式挤出机,适用于热塑性塑料。挤出成型的特点是:成型过程是连续的,生产率高,制品内部组织均衡致密;尺寸稳定性高,模具结构简单,制造维修方便,成本低;此外,挤出成型工艺还可用于塑料的着色、造粒和共混改性等。

**3. 压制成型**

压制成型又称压缩成型或模压成型,是塑料加工中最传统的工艺方法。压制成型通常用于热固性塑料的成型。因为热塑性塑料在压制时模具需要交替地加热与冷却,生产周期长,故热塑性塑料的成型采用注射成型更为经济,只有在成型较大平面的热塑性塑料制品时才采用压制成型方法。

压制成型的主要特点是:设备和模具结构简单,投资少,可以生产大型制品,尤其是有较大平面的平板类制品,也可以利用多槽模大量生产中、小型制品,制品的强度高;但压制成型的生产周期长,效率低,劳动强度大,难以实现自动化。热固性塑料压制成型是将粉状、粒状或纤维状的热固性塑料放入模具型腔中,然后闭模加压,在一定温度和压力作用下,热固性塑料转为熔融的黏流态,并在这种状态下充满型腔而取得型腔所赋予的形状,随后发生交联反应,分子结构由原来线型分子结构转变为网状分子结构,塑料也由黏流态转化为玻璃态,即硬化定型成塑料制品,最后脱模取出制品。

**4. 吹塑成型**

吹塑成型包括注射吹塑成型和挤出吹塑成型两种。它是借助压缩空气,使处于高弹态或黏流态的中空塑料型坯发生吹胀变形,然后经冷却定型获得塑料制品的方法。塑料型坯是用注射成型或用挤出成型工艺生产的。吹塑成型的设备是注射机、挤出机、模具及模具中的冷却系统。

**5. 浇铸成型**

塑料的浇铸成型是借鉴液态金属浇铸成型的方法而形成的。其成型过程是将已准备好的浇铸原料(通常是单体经初步聚合或缩聚的浆状物或聚合物与单体的溶液等)注入一定的模具中并使其固化(完成聚合或缩聚反应),从而获得与模具型腔相吻合的塑料制品。浇铸时原料是在重力作用下充满型腔的,故称为静态浇铸成型。若改变原料的受力形式,又可发展出其他的浇铸成型方法,如嵌铸成型、离心浇铸成型、搪塑和滚塑成型等。

浇铸成型的生产特点是:投资小(因浇铸成型时不施加压力,对模具和设备的强度要求不高),产品内应力低,对产品的尺寸限制较小,可生产大型制品。其缺点是成型周期长,制品的尺寸准确性较低。

**6. 压延成型**

压延成型是将已加热塑化的接近黏流温度的热塑性塑料通过一系列相向旋转的水平辊筒间隙,在挤压和延展作用下得到规定尺寸的连续片状制品的成型方法。压延成型的原材料大多是热敏性非晶态塑料,其中用得最多的是聚氯乙烯。压延软质聚氯乙烯薄膜时,如果将布或纸张随同薄膜一起压延成型,则薄膜就会粘在布或纸张上,所得制品为涂层布,也就是人造革或塑料墙纸。

# 8.2　陶瓷成型

陶瓷生产过程是:将配制好的符合要求的坯料用不同成型方法制造成具有一定形状的坯体,对坯体进行干燥、施釉、烧成等处理,最后得到陶瓷制品。

常见的陶瓷坯体成型方法有注浆成型、压制成型和可塑成型等。可塑泥团的成型性能要求:长期保持塑性状态,易于流动和变形。泥浆的成型性能要求有:流动性好(固相含量低、温度高)、吸浆速度快、脱模性好、挺实能力高、加工性好。压制用粉料的成型性能要求是流动性高。调整坯料成型性能的添加剂有解凝胶、黏结剂和润滑剂。

注浆成型法根据成型压力的大小和方式的不同,可分为基本注浆法、强化注浆法、热压铸成型法和流延法等。其中,基本注浆法有空心注浆法和实心注浆法两种,所用模型为石膏模型。

压制成型是将含有一定水分的粒状粉料填充到模具中,使其在压力下成为具有一定形状和强度的陶瓷坯体的成型方法,分干压成型(含水量小于 7%)、半干压成型(含水量为 7%~15%)和特殊的压制成型方法(如等静压成型,料的含水量可低于 3%)。

可塑成型法有旋压成型、滚压成型、塑压成型、注射成型和轧膜成型等几种类型。

陶瓷的注射成型与工程塑料的注射成型过程相似。但陶瓷注射成型的坯料是将不含水的陶瓷瘠性粉料与黏结剂(热塑性树脂)、润滑剂、增塑剂等有机添加物(质量分数一般为 20%~30%)按一定比例加热混合,干燥固化后经粉碎造粒而得到的。经注射成型获得的坯料在烧结前要进行脱脂处理(即清除坯料中的有机添加物),脱脂时间为 24~96 h。注射成型设备主要是柱塞式或螺杆式注射机,成型模具采用高强度的金属模。

轧膜成型方法与金属板料轧制相似,是生产薄片瓷坯的成型工艺之一,可轧制厚度为1 mm 以下的坯片,常见的是 0.15 mm 左右的坯片。该方法主要应用于电子陶瓷工业中的瓷片电容、电路基片等坯体的轧制。轧膜用的坯料由瘠性粉料和塑化剂组成,制坯过程是将预烧过的瘠性粉料磨细过筛,掺入塑化剂并搅拌均匀,然后倒在轧膜机上进行混炼(使粉料与塑化剂充分混合),同时在混炼过程中不断吹风,使塑化剂中的溶剂逐渐挥发,以形成较厚的膜片,这个过程也称粗轧。粗轧后的膜片再经过反复的轧炼,直到达到所要求的厚度,成为坯片。轧好的坯片应存放在一定湿度的环境中,以防干燥脆化;另外,这样做坯片还能便于冲切。

# 8.3　复合材料成型

玻璃钢的成型方法有手糊成型、层压成型、模压成型、缠绕成型、挤拉成型和注射成型(热塑性玻璃钢可借用工程塑料的挤出成型和注射成型方法)等。

金属基复合材料的成型方法有扩散结合法、熔融金属渗透法、等离子喷涂法等。

**1. 玻璃钢的成型方法**

1) 手糊成型

手糊成型是指通过手工作业把不饱和聚酯树脂或环氧树脂与玻璃纤维交替铺在模具上,固化成型得到玻璃钢制品的方法。

2) 层压成型

层压成型是先将纸、布(包括玻璃布)等浸胶,制成浸胶布或浸胶纸半制品,然后将一定量的浸胶布(或纸)层叠在一起,送入液压机,使其在一定温度和压力的作用下成型的工艺方法。层压成型除可用于生产层压板外,还可用于玻璃钢卷管的生产,其工艺过程是:将经过浸胶的胶布通过张力辊、导向辊,送入上辊筒;胶布在已加热的上辊筒上受热变软发黏,然后卷入并粘到包有底布的管芯上去;卷至规定的厚度时割断胶布,将卷好的胶布管送进加热炉中进行固化,经脱芯、修饰,便可获得玻璃钢管制品。

3) 模压成型

模压成型工艺是将置于金属对模中的模压料,在一定的温度和压力作用下,压制成各种形状制品的过程。模压料由树脂、增强材料和辅助材料组成。树脂常为酚醛树脂或酚醛环氧树脂。根据模压料中增强材料的分类,模压成型方法可分为以下几种类型:短纤维料模压法、毡料模压法、层压模压法、碎布料模压法、缠绕模压法和织物模压法等。

4) 缠绕成型

缠绕成型是将经过树脂浸胶的连续纤维或布带等,按照一定规律缠绕到芯模上,经过固化而形成一定形状制品的一种工艺方法。缠绕成型方法按树脂基本的状态不同可分为干法、湿法和半干法三种。

干法是在缠绕前预先将玻璃纤维制成预浸渍带,卷在卷盘上待用,缠绕时将预浸渍带加热软化后绕在芯模上的一种方法。干法的优点是缠绕张力均匀,速度较高,可达 $100 \sim 200 \ \mathrm{m/min}$,设备清洁,易实现自动化缠绕,可严格控制预浸渍带的含胶量和尺寸;其缺点是设备复杂,投资大。湿法是缠绕时将玻璃纤维经集束后送入树脂胶槽浸胶,使其在张力控制下直接缠绕在芯模上,然后进行固化成型的一种方法。湿法的特点是缠绕设备较简单,但对预浸渍带质量不易控制和检验,张力不易调节,设备不清洁,维修困难。半干法与湿法相比增加了烘干工序,与干法相比缩短了烘干时间,降低了烘干程度。

5) 挤拉成型

挤拉成型是指利用树脂的热熔黏流性和玻璃纤维的连续性、松弛压缩性,将浸渍过树脂胶液的连续纤维,通过具有一定截面形状的成型模具,在模腔内固化成型或形成凝胶,出模后加热固化,在牵引机构拉力作用下,连续引拔出无限长的型材制品的一种复合材料加工方法。此法适用于制造各种不同截面形状的管、杆、棒,以及工字型、角型、槽型型材或板材等。

**2. 金属基复合材料的成型方法**

1) 扩散结合法

扩散结合法是将增强纤维与金属基体排布好,在高温下加压,使纤维与基体扩散结合的一种成型方法。常用于生产各种复合板材或带材。

2) 熔融金属渗透法

熔融金属渗透法也称液态渗透法,它是在真空或惰性气体介质中,使排列整齐的纤维束浸透熔融金属,经冷却结晶后获得纤维增强复合材料的一种成型方法。目前有三种工艺:毛细管上升法、压力渗透法和真空吸铸法。熔融金属渗透法可用于管材、棒材、型材等复合材料的生产。其优点是成型过程中不伤害纤维,且适用于各种金属基体及形状。其缺点是高温过程中界面反应大。

3) 等离子喷涂法

等离子喷涂法是在惰性气体保护下,采用等离子弧作为热源将陶瓷、金属等加热到熔融或半熔融状态,并以高速向排列整齐的纤维喷射,待其凝固后形成金属基体纤维增强复合材料的成型方法。它不仅用于纤维增强复合材料的成型,还可用于层合复合材料的成型,如在金属基体表面上喷涂陶瓷或合金形成层合复合材料。此法的优点是熔融金属对增强纤维的润湿性好,界面结合紧密,成型过程中纤维不受损伤。

# 思考与练习

习题解析

**1.** 塑料成型方法有哪几种? 每种方法的特点是什么?

**2.** 陶瓷成型方法有哪几种? 每种方法的特点是什么?

**3.** 复合材料成型方法有哪几种? 每种方法的特点是什么?

# 第9章 金属切削加工的基础理论

## 9.1 金属切削基本知识

### 9.1.1 切削运动与切削用量

**1. 切削运动**

金属切削加工就是用金属切削刀具切除工件上多余的金属材料，使其形状、尺寸精度及表面质量达到预定要求的一种机械加工方法。在金属切削加工过程中，刀具和工件之间的相对运动称为切削运动。按照在切削加工过程中所起的作用不同，可分为主运动和进给运动。

（1）主运动　切削运动中直接切出工件上的切削层，使之转变为切屑，以形成工件新表面的运动是主运动。其特点是运动速度高，消耗的功率大。通常主运动只有一个，它可由工件完成，也可由刀具完成。如车削时工件的旋转运动（见图 9-1（a））、牛头刨床刨削时（见图 9-1（b））刀具的往复运动都是主运动。

（2）进给运动　配合主运动使切削层不断地投入切削，完成对某一表面切削的运动是进给运动。其特点是运动速度较低，消耗的功率比主运动小得多。进给运动可以是一个、二个或多个，甚至可能没有，如拉削过程只有主运动，而没有进给运动。进给运动可以是连续的运动，如车削外圆时车刀平行于工件轴线的纵向运动；也可以是间歇运动，如刨削时工作台的移动。

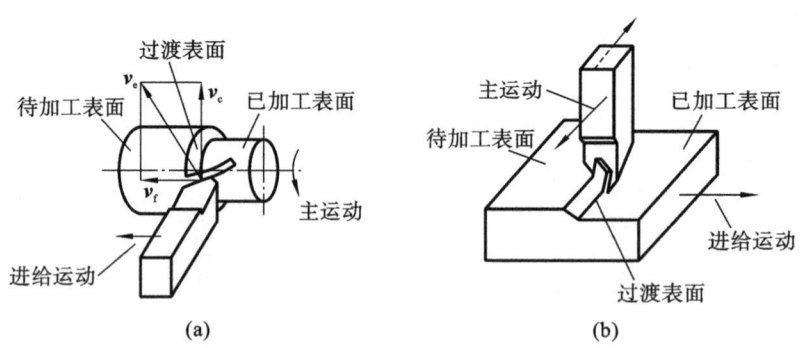

**图 9-1　外圆车削与平面刨削的切削运动**

**2. 切削时的工件表面**

在切削加工过程中，工件上一般存在三个不断变化的表面，即已加工表面、待加工表面和过渡表面，如图 9-2 所示。

（1）待加工表面　指工件上即将投入切削的表面。

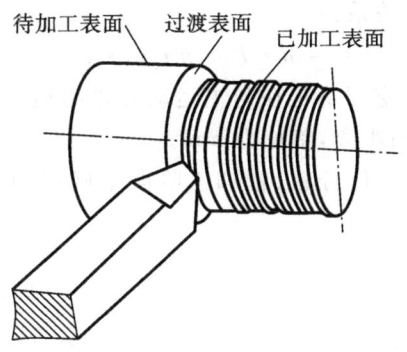

**图 9-2　加工表面**

（2）已加工表面　指工件上已切削过的表面。

（3）过渡表面　指工件上正在切削的那部分表面。

**3. 切削用量**

切削用量是切削加工中主运动和进给运动的参数。切削用量包括切削速度、进给量和背吃刀量，常称之为切削用量三要素。切削用量是调整机床，计算切削力、切削功率和工时定额的重要参数。

（1）切削速度 $v_c$　切削刃上选定点相对于工件的主运动的瞬时速度（线速度）称为切削速度，它表示在单位时间内工件与刀具沿主运动方向相对移动的距离，单位为 m/min 或 m/s。主运动为旋转运动时，切削速度 $v_c$ 的计算公式为

$$v_c = \frac{\pi dn}{1000}$$

式中：$d$——工件待加工表面的直径（mm）；

　　　$n$——工件或刀具转速（r/min 或 r/s）。

（2）进给量 $f$(mm/r)　刀具在进给方向上相对于工件的位移量，称为进给量，如图 9-3 所示。车外圆时，它是指刀具相对于工件旋转一周时，在进给方向上的位移量。

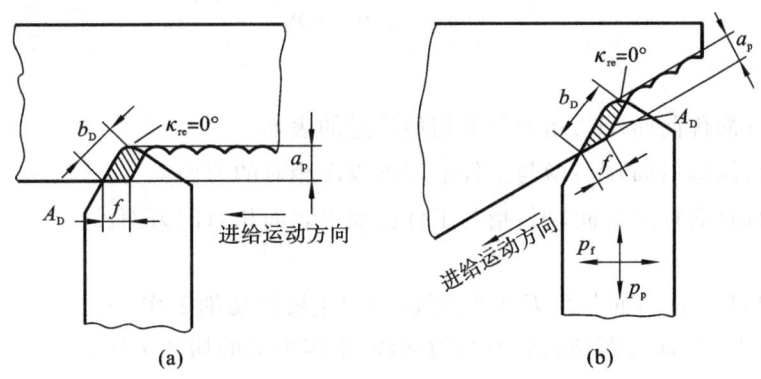

**图 9-3　进给量**

（a）车外圆；（b）车锥体

对于铰刀、铣刀等多齿刀具，在加工时还应规定每齿进给量 $f_z$，即刀具每转过一个齿，刀具相对于工件在进给运动方向上的位移量，单位是 mm/z(毫米/齿)。

单位时间的进给量称为进给速度。进给速度用符号 $v_f$ 表示，单位为 mm/min 或 mm/s。

它与进给量、每齿进给量之间的关系为

$$v_f = n \cdot f = n \cdot f_z \cdot z$$

（3）背吃刀量 $a_p$（mm） 背吃刀量是在与主运动和进给运动方向相垂直的方向上测量的已加工表面与待加工表面之间的距离，单位为 mm。

生产中为提高效率，一般对工件分粗、精加工阶段来确定切削用量，如粗加工时先定 $a_p$，次选 $f$，最后定 $v_c$。

## 9.1.2　刀具角度

金属切削刀具的种类繁多，结构各异，但是各种刀具的切削部分的基本构成是一样的。其中外圆车刀是最基本、最典型的刀具，其他各种刀具（如刨刀、钻头、铣刀等）切削部分的几何形状和参数，都可视为以外圆车刀为基本形态而按各自的特点演变而成。因此，研究金属切削刀具时，通常以车刀为例进行研究和分析。

**1. 车刀的组成**

普通外圆车刀的构造如图 9-4 所示，其由刀柄和刀头组成。刀柄是车刀在车床上要夹持的部分，刀头用于切削工作。切削部分一般由三个刀面、两个刀刃和一个刀尖组成，可简称为"三面、两刃、一尖"。

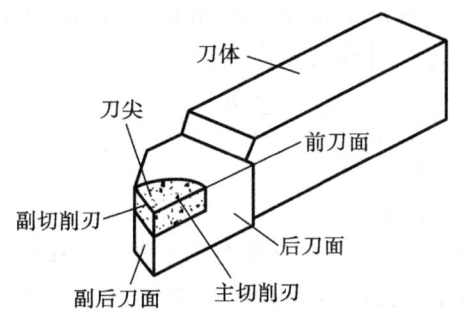

图 9-4　车刀的结构

1）"三面"

（1）前刀面（简称前面）$A_\gamma$：指刀具上切屑流过的表面。

（2）后刀面（简称后面）$A_\alpha$：指与工件上切削表面相对的刀面。

（3）副后刀面（简称副后面）$A_\alpha'$：指与工件已加工表面相对的刀面。

2）"两刃"

（1）主切削刃 $S$：前刀面与后刀面的交线，承担主要的切削工作。

（2）副切削刃 $S'$：前刀面与副后刀面的交线，承担少量的切削工作。

3）"一尖"

一尖指刀尖，是主切削刃与副切削刃连接处相当少的一部分切削刃。实际刀具上常见的刀尖类型如图 9-5 所示。为了强化刀尖，对许多刀具都在刀尖处磨出了直线或圆弧形过渡刃。

**2. 刀具标注角度**

为了确定刀具切削部分的几何角度，必须把刀具放在一个确定的参考系中。度量刀具几何角度的参考系有两种：刀具标注角度参考系和刀具工作角度参考系，前者由主运动方向确

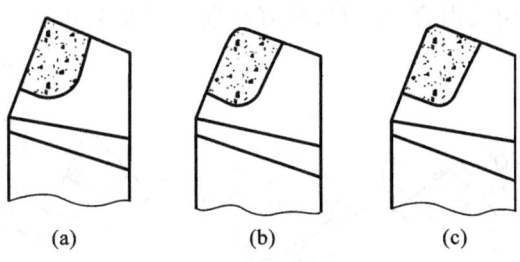

(a)　　　　　　　　(b)　　　　　　　　(c)

图 9-5　刀尖类型

定,后者由合成切削运动方向确定。

1)刀具标注角度参考系

刀具标注角度参考系是刀具设计、制造、刃磨和测量时使用的参考系。在该参考系中确定的刀具几何角度称为刀具的标注角度。由于刀具角度的参考系沿切削刃各点可能是变化的,故所定义的刀具角度应指明是切削刃选定点处的角度;凡未特别注明者,则指切削刃上与刀尖毗邻的那一点的角度。

任何一把刀具,在使用之前,总可以知道它将要安装在什么机床上,将有怎样的切削运动,因此也可以预先给出假设的工作条件,并以此确定刀具标注角度参考系。

(1)假定运动条件:首先给出刀具的假定主运动方向和假定进给运动方向;其次假定进给速度值很小,用主运动向量 $v_c$ 近似地代替相对运动合成速度向量 $v_e$(即 $v_f = 0$)。

(2)假定安装条件:刀杆中心线与进给运动方向垂直;刀尖与工件中心等高。

根据 ISO 3002-1—1997 标准,刀具标注角度参考系有正交平面参考系、法平面参考系和假定工作平面参考系三种。刀具在设计、制造、刃磨和测量角度时最常用的是正交平面参考系。因此,下面主要介绍常用的正交平面参考系。

正交平面参考系由三个互相垂直的平面组成,如图 9-6 所示。

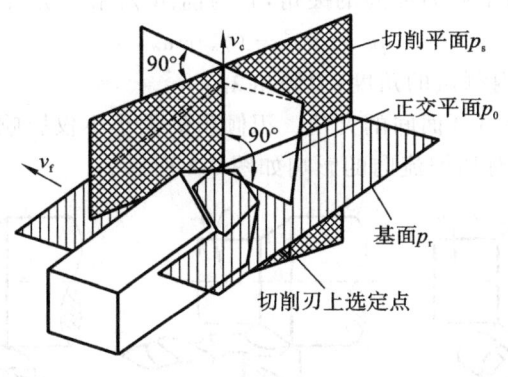

图 9-6　正交平面参考系

基面 $p_r$ 是通过切削刃选定点并垂直于假定主运动方向的平面。车刀的基面可理解为平行于刀具底面(水平面)的平面。

切削平面 $p_s$ 是通过切削刃上选定点,与切削刃相切并垂直于基面的平面。

正交平面 $p_o$ 是通过切削刃上选定点,同时垂直于基面和切削平面的平面。

2)刀具标注角度

刀具的标注角度如图 9-7 所示,它们分别在不同的参考坐标平面中测量,需要用到机械制图当中向视图、剖视图的相关内容,学习者最好提前预习相关知识。

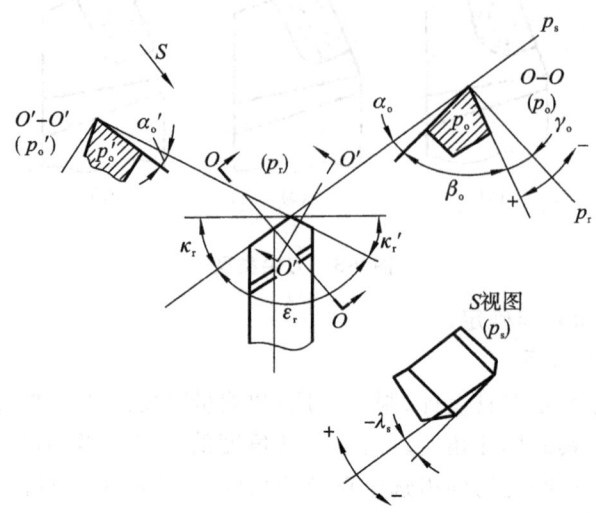

**图 9-7　正交平面参考系内的刀具标注角度**

（1）在基面 $p_r$ 内测量的角度：主偏角 $\kappa_r$、副偏角 $\kappa_r'$ 和刀尖角 $\varepsilon_r$。

①主偏角 $\kappa_r$ 是主切削刃与进给运动方向之间的夹角。

②副偏角 $\kappa_r'$ 是副切削刃与进给运动反方向之间的夹角。

③刀尖角 $\varepsilon_r$ 是主切削平面与副切削平面间的夹角。它与主偏角和副偏角的关系为

$$\varepsilon_r = 180° - (\kappa_r + \kappa_r')$$

（2）在主切削刃正交平面 $p_o$ 内测量的角度：前角 $\gamma_o$、后角 $\alpha_o$ 和楔角 $\beta_o$。

①前角 $\gamma_o$ 是前刀面与基面间的夹角。

②后角 $\alpha_o$ 是主后刀面与切削平面间的夹角。

③楔角 $\beta_o$ 是前刀面与主后刀面间的夹角,它与前角 $\gamma_o$ 和后角 $\alpha_o$ 的关系为

$$\beta_o = 90° - (\gamma_o + \alpha_o)$$

（3）在切削平面（$p_s'$）内测量的角度：刃倾角 $\lambda_s$。

刃倾角 $\lambda_s$ 是主切削刃与基面间的夹角。刃倾角的大小不仅影响刀尖的强度,而且影响切屑的流向。刃倾角的大小对切屑流向的影响如图 9-8 所示。

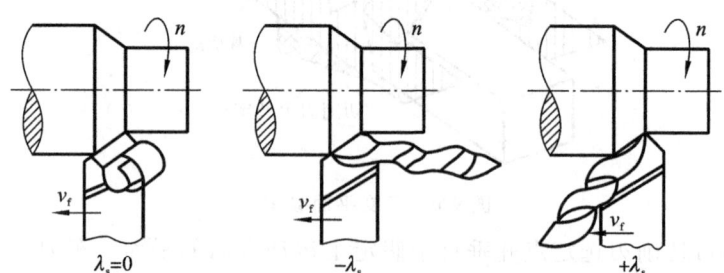

**图 9-8　刃倾角的大小对切屑流向的影响**

（4）在副切削刃正交平面内测量的角度：副后角 $\alpha_o'$。

副后角 $\alpha_o'$ 是副后刀面与副切削刃切削平面间的夹角。

前角 $\gamma_o$、后角 $\alpha_o$、刃倾角 $\lambda_s$ 的定义是有正负的,遵循"使刀具实体削弱时的角度为正"的规律。例如:前刀面与切削平面间的夹角为 90° 时,前角为 0°;前刀面与切削平面间的夹角由 90°

向小于 90°的方向变化时，使刀具实体削弱，前角为正。

普通外圆车刀有三个刀面、两个切削刃。如果主、副切削刃在同一个平面——前刀面上，那么，由刃倾角 $\lambda_s$ 和主偏角 $\kappa_r$ 可以确定主切削刃在空间的方位，由前角 $\gamma_o$ 和后角 $\alpha_o$ 可以确定前刀面和主后刀面在空间的方位，由副偏角 $\kappa_r'$ 和副后角 $\alpha_o'$ 可以确定副切削刃和副后刀面在空间的方位。由此可知，所需标注的基本角度有六个：前角（$\gamma_o$）、后角（$\alpha_o$）、主偏角（$\kappa_r$）、刃倾角（$\lambda_s$）、副偏角（$\kappa_r'$）和副后角（$\alpha_o'$）。$\varepsilon_r$、$\beta_o$ 为派生角度。

### 9.1.3　刀具材料

刀具材料主要是指刀具切削部分的材料。在切削加工过程中，刀具的切削部分直接承担切削工作，刀具切削性能的优劣主要取决于刀具材料、几何形状和结构，而刀具材料是首要的，它对金属切削的生产率、成本、质量有很大的影响，因此要重视刀具材料的正确选择与合理使用。

**1. 刀具材料应具备的性能**

金属加工时，刀具受到很大切削压力、摩擦力和冲击力，会产生很高的切削温度。刀具在这种高温、高压和剧烈的摩擦环境下工作，应具备以下一些基本要求。

1）高硬度和良好的耐磨性

要实现切削加工，刀具材料必须具有比工件材料高的硬度，高硬度是刀具材料的最基本性能。在金属切削加工中，刀具材料的硬度应在 60 HRC 以上，工件材料的硬度越高，对刀具材料的硬度要求也越高。耐磨性表示刀具抵抗磨损的能力，通常刀具材料硬度越高，耐磨性越好，材料中硬质点的硬度越高，数量越多，颗粒越小，分布越均匀，则耐磨性越好。

2）足够的强度和韧度

要使刀具在切削力作用下不致产生破坏，就必须保证其具有足够的强度和韧度，以承受各种应力、冲击载荷和振动作用。一般刀具的强度用抗弯强度表征，韧度用冲击韧度表征。

3）良好的耐热性和导热性

切削过程一般都会产生很高的温度，刀具材料必须具有一定的耐热性，以保证在高温下刀具仍然具有要求的硬度。

4）良好的减摩性

刀具材料的减摩性越好，刀面的摩擦因数越小，因此，采用具有良好减摩性的刀具材料可减小切削力和降低切削温度，并抑制刀-屑界面处的冷焊现象。

5）良好的工艺性和经济性

为了便于制造，刀具材料应具有良好的锻造、焊接、热处理和磨削加工性能等。其次，刀具材料的价格应低廉，便于推广应用。

**2. 刀具材料的种类与选用**

刀具材料主要有碳素工具钢、合金工具钢、高速钢、硬质合金、陶瓷、金刚石和立方氮化硼等。其中，碳素工具钢与合金工具钢因耐热性较差，但抗弯强度高，焊接与刃磨性能好，通常用于制造手工刀具和切削速度较低的刀具；陶瓷、金刚石和立方氮化硼仅用于有限的场合。目前，生产中使用最多的刀具材料是高速钢和硬质合金。

高速钢是在合金工具钢中加入了较多的钨、钼、铬、钒等合金元素的高合金工具钢。高速钢具有良好的热稳定性，较高强度和韧度；高速钢还具有一定的硬度（63～70 HRC）和耐磨性。

1）高速钢

高速钢按用途不同分为通用型高速钢和高性能高速钢

（1）通用型高速钢　通用型高速钢包括钨系高速钢和钨钼钢。

①钨系高速钢简称 W18，其优点是磨削性能和综合性能好，通用性强，缺点是碳化物分布常不均匀，强度与韧度不够高，热塑性差，不宜用于制造成大截面刀具。

②钨钼钢是将 W18 中的一部分钨用钼代替所制成的钢。其优点是减小了碳化物数量及分布的不均匀性，缺点是高温切削性能和 W18 相比稍差。

（2）高性能高速钢　高性能高速钢的优点是具有较强的耐热性，采用这种材料制作的刀具耐用度是普通高速钢的 1.5～3 倍；缺点是强度与韧度较普通高速钢低。高性能高速钢刀具适用于加工奥氏体不锈钢、高温合金、钛合金、超高强度钢等难加工材料。

（3）粉末冶金高速钢　其优点是无碳化物偏析，强度、韧度和硬度高，其中硬度达 69～70 HRC；能保证材料各向同性，减小热处理内应力和变形；磨削加工性好，采用这种材料制作的刀具的磨削效率比熔炼高速钢刀具高 2～3 倍。粉末冶金高速钢适用于制造切削难加工材料的刀具、大尺寸刀具（如滚刀和插齿刀）、精密刀具和加工量大的复杂刀具。

2）硬质合金

硬质合金是由难熔金属碳化物和金属黏结剂采用粉末冶金方法制成的。其优点是熔点高，高硬度碳化物含量高，热熔性好，热硬性好，切削速度高。其缺点是脆性强，抗弯强度和抗冲击韧度不够高；抗弯强度只有高速钢的 1/3～1/2，冲击韧度只有高速钢的 1/4～1/35。

其性能主要由组成硬质合金碳化物的种类、数量、粉末颗粒的粗细和黏结剂的含量决定。

普通硬质合金的种类、牌号及适用范围，按其化学成分的不同可分为以下几类。

（1）钨钴类（WC＋Co）　钨钴类合金代号为 YG，对应于国标 K 类。合金钴含量越高，韧度越高，所制作的刀具适于粗加工；钴含量低，所制作的刀具适于精加工。

（2）钨钛钴类（WC＋TiC＋Co）　钨钛钴类合金代号为 YT，对应于国标 P 类。此类合金有较高的硬度和耐热性，采用此类合金制作的刀具主要用于加工切屑呈带状的钢件等塑性材料的工件。TiC 含量增大，则合金耐磨性和耐热性增强，但强度降低。粗加工一般选择 TiC 含量少的牌号，精加工选择 TiC 含量多的牌号。

（3）钨钛钽（铌）钴类（WC＋TiC＋TaC(Nb)＋Co）　钨钛钽（铌）钴类合金代号为 YW，对应于国标 M 类。采用此类合金制作的刀具适用于加工冷硬铸铁、有色金属及合金半精加工，也能用于高锰钢、淬火钢、合金钢及耐热合金钢的半精加工和精加工。

（4）碳化钛基类（WC＋TiC＋Ni＋Mo）　碳化钛基类合金代号 YN，对应于国标 P01 类。采用此类合金制作的刀具适用于精加工和半精加工，对于大长零件且加工精度较高的零件尤其适合，但不适于有冲击载荷的粗加工和低速切削。

3）超细晶粒硬质合金

超细晶粒硬质合金多用于 YG 类合金，它的硬度、抗弯强度和冲击韧度较一般硬质合金高很多，耐磨性也比一般硬质合金好；适合于制作小尺寸铣刀、钻头等，可加工高硬度难加工材料。

4）其他刀具材料和涂层材料

（1）陶瓷材料　陶瓷材料是以氧化铝为主要成分，经压制成型后烧结而成的一种刀具材料。它有高的硬度和良好的耐磨性，硬度达 78 HRC，可耐高达 1200 ℃以上的温度，化学性能稳定，故陶瓷材料刀具能适应较高的切削速度。陶瓷材料的最大弱点是抗弯强度低，冲击韧度低。陶瓷材料刀具主要用于钢、铸铁、有色金属、高硬度材料及大件和高精度零件的精加工。

（2）金刚石　金刚石分天然金刚石和人造金刚石两种。天然金刚石由于价格昂贵应用很少。金刚石是目前已知的最硬物质，其硬度接近 10000 HV，是硬质合金的 80～120 倍；但韧度低，在一定温度下与铁元素亲和力大，因此金刚石刀具不宜用于加工黑色金属，主要用于有色金属加工以及非金属材料的高速精加工。

（3）立方氮化硼（CBN）　立方氮化硼是由氮化硼在高温高压作用下转变而成的。它具有仅次于金刚石的硬度和耐磨性，硬度可达 8000～9000 HV，耐热温度高达 1400 ℃，化学稳定性好，与铁族元素亲和力小，但强度低，焊接性差。立方氮化硼刀具主要用于加工淬硬钢、冷硬铸铁、高温合金和一些难加工材料。

（4）涂层材料　通过气相沉积或其他技术方法，在硬质合金或高速钢的基体上涂覆一薄层高硬耐磨的难熔金属或非金属化合物涂层材料即可构成涂层刀具。如在硬质合金表面上涂厚 4～9 μm 的涂层时，刀具表面硬度可达 2500～4200 HV，涂敷涂层材料是实现刀具"面硬而心韧"要求的有效方法之一。

常用的涂层材料有 TiC-TiN、$Al_2O_3$ 等。硬质合金刀具涂层后使用寿命可比原来高 1～3倍，高速钢刀具涂层后使用寿命可提高 2～10 倍。世界各国对涂层刀具的应用很广泛。在刀具制造领域处于领先地位的瑞典，在车削中使用涂层硬质合金刀片已达 70%～80%。

# 9.2　金属切削过程

金属切削过程是指通过切削运动，使刀具从工件表面上切去多余的金属层，形成已加工表面的全过程。在这个过程中会产生一系列物理现象，如产生切削力、切削热，发生切削变形、刀具磨损等。掌握这些物理现象的产生和变化规律，对于保证切削加工质量、提高生产效率、降低成本和促进切削加工技术的发展，都有十分重要的意义。

## 9.2.1　切削变形

**1. 切削过程的形成过程**

金属切削与非金属切削不同，金属切削的特点是被切金属层在刀具的挤压、摩擦作用下产生变形以后转变为切屑，形成已加工表面。

金属切削过程中的滑移线和流线及三个变形区如图 9-9 所示。由图可见，在刀具的挤压作用下，在切削刃附近的金属首先产生弹性变形，当由剪应力引起的应力达到金属材料的屈服极限以后，切削层金属便沿倾斜的剪切面变形区滑移，产生塑性变形，然后在沿前刀面流出去的过程中，受摩擦力作用再次发生滑移变形，最后形成切屑。

**2. 切屑的种类**

切屑是切削层金属在切削过程中经过一系列复杂的变形而形成的。根据切削层金属的变形特点和变形程度不同，切屑可分为四类（见图 9-10）。

（1）带状切屑　外形连绵不断，与前刀面接触的面很光滑，背面呈毛茸状。用较大前角、较高的切削速度和较小的进给量切削塑性材料时，容易得到带状切屑。形成带状切屑时，切削过程较平稳，切削力波动较小，加工表面较光滑。但切屑连续不断，易缠绕在工件上，不利于切屑的清除和运输，生产上常采用在车刀上磨断屑槽等方法断屑。

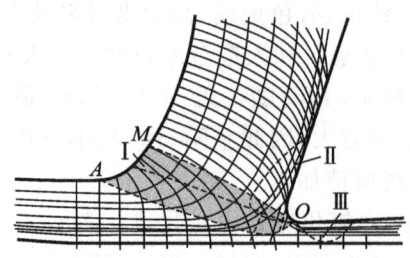

**图 9-9　金属切削过程中的滑移线和流线及三个变形区**

（2）节状切屑　切屑的背面呈锯齿形,底面有时出现裂纹。采用较低的切削速度和较大的进给量切削中等硬度的钢件时,容易得到节状切屑。这种切屑的形成过程是典型的金属切削过程,由于切削力波动较大,切削过程不平稳,工件表面较粗糙。

（3）单元切屑　当切屑形成时,如果整个剪切面上剪应力超过了材料的破裂强度,则整个单元将被切离,成为梯形的粒状切屑,称为单元切屑。

（4）崩碎切屑　切削铸铁等脆性材料时,切削层产生弹性变形后,一般不经过塑性变形就突然崩碎,形成不规则的碎块状屑片,称为崩碎切屑。产生崩碎切屑过程中,切削热和切削力都集中在主切削刃和刀尖附近,刀尖易磨损,切削过程不平稳,影响表面质量。

切屑类型是由材料特性和变形的程度决定的,加工相同塑性材料,采用不同加工条件,可得到不同的切屑。如在形成节状切屑情况下,进一步减小前角,加大切削厚度,就可得到粒状切屑;反之,则可得到带状切屑。生产中常利用切屑类型转化的条件,得到较为有利的切屑类型。

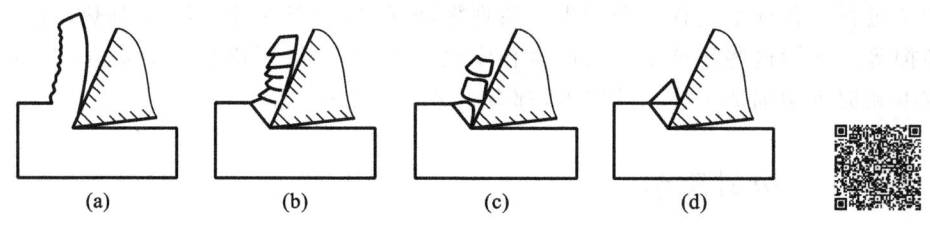

**图 9-10　切屑的种类**
（a）带状切屑;（b）挤裂切屑;（c）单元切屑;（d）崩碎切屑

### 3. 切削时的三大变形区

以切削塑性金属为例,切削层金属转变为切屑而和母体分离的过程,即是工件表层材料在加工过程中,受到刀具切削刃和前刀面的强烈挤压,连续发生弹性变形、塑性变形直至断裂破坏的过程。通常将切削过程中切削层内发生的塑性变形区域划分为三个变形区,如图 9-9 所示。

（1）第 Ⅰ 变形区　从被切金属开始发生塑性变形到金属晶粒的剪切滑移基本完成的区域称为第 Ⅰ 变形区。

（2）第 Ⅱ 变形区　切屑沿前刀面排出时进一步受到前刀面的挤压和摩擦,使靠近前刀面处的金属纤维化,发生金属纤维化的这 Ⅰ 区域称为第 Ⅱ 变形区。

（3）第 Ⅲ 变形区　已加工表面受到切削刃钝圆部分和后刀面的挤压和摩擦,造成表层金属纤维化与加工硬化,相应区域称为第 Ⅲ 变形区。

在第 Ⅰ 变形区内,变形的主要特征就是沿滑移线的剪切变形,以及随之产生的加工硬化。

当金属沿滑移线发生剪切变形时,晶粒会伸长。晶粒伸长的方向与滑移方向(即剪切面方向)是不平行的,它们形成一夹角。据研究,在一般切削速度范围内,第 I 变形区的宽度仅为 0.02~0.2 mm,所以可以用一剪切面来表示。剪切面与切削速度方向的夹角称为剪切角。

**4. 积屑瘤的形成及其对加工的影响**

在一定切削速度下连续切削,加工塑性材料时,在前刀面常常黏结一块剖面呈三角状的硬块,这块金属被称为积屑瘤,如图 9-11 所示。

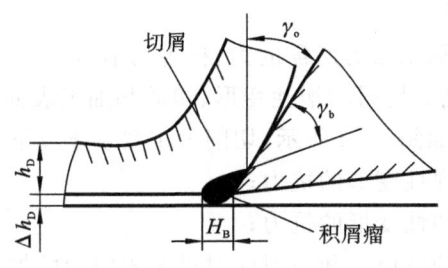

**图 9-11　积屑瘤**

积屑瘤的形成可以根据第 II 变形区的特点来解释。当金属切削层从终滑移面流出时,受到前刀面的挤压和摩擦,切屑与前刀面接触部分温度升高,挤压力和温度达到一定的程度时,就产生黏结现象,也就是"冷焊"。切屑流过与刀具黏附的底层时,产生内摩擦,这时底层上面金属出现加工硬化,并与底层黏附在一起,逐渐长大,成为积屑瘤。

积屑瘤的产生不但与材料的加工硬化有关,而且也与刀刃前区的温度和压力有关。一般材料的加工硬化性越强,越容易产生积屑瘤;温度与压力太低不会产生积屑瘤,温度太高也不会产生积屑瘤。与温度相对应,切削速度太低不会产生积屑瘤,切削速度太高,也不会产生积屑瘤,因此切削速度对切削温度有较大的影响。

积屑瘤对切削过程的影响如下。

(1) 使刀具前角变大。阻滞在前刀面上的积屑瘤有使刀具实际前角增大的作用,从而使切削力减小。

(2) 使切削厚度变化。积屑瘤前端超过了切削刃,使切削厚度增大,其增量将随着积屑瘤的成长逐渐增大,一旦积屑瘤从前刀面上脱落或断裂,增量值就将迅速减小。切削厚度变化必然导致切削力产生波动。

(3) 使加工表面粗糙度增大。积屑瘤伸出切削刃之外的部分高低不平,形状也不规则,会使加工表面粗糙度增大;破裂脱落的积屑瘤也有可能嵌入加工表面,使加工表面质量下降。

(4) 对刀具使用寿命的影响。黏在前刀面上的积屑瘤,可代替刀刃切削,有减小刀具磨损、提高刀具使用寿命的作用;但如果积屑瘤从前刀面上频繁脱落,可能会把前刀面上刀具材料颗粒拽走(这种现象易发生在硬质合金刀具上),反而使刀具使用寿命下降。

积屑瘤对切削过程的影响有积极的一面,也有消极的一面。精加工时必须防止积屑瘤的产生,可采取的控制措施有:

(1) 正确选用切削速度,使切削速度避开产生积屑瘤的区域;

(2) 使用润滑性能好的切削液,目的在于减小切屑与前刀面间的摩擦;

(3) 增大刀具前角,减小前刀面与切屑之间的压力;

(4) 适当提高工件材料硬度,减小加工硬化倾向。

### 9.2.2　切削力与切削功率

切削过程中,切削力直接影响切削热、刀具磨损与耐用度、加工精度和已加工表面质量。在生产中,切削力又是计算切削功率,设计机床、刀具和夹具时进行强度、刚度计算的主要依据。研究切削力的变化规律,对于分析切削过程和生产实际都有重要意义。

**1. 切削力的来源与分解**

刀具在切削过程中克服加工阻力所需的力,称为切削力。

刀具在切削过程中,需克服切屑的塑性变形、切屑和加工表面对刀具的摩擦以及切屑的弹性挤压力等。切削力的产生如图 9-12 所示,切削力主要基于以下几个方面的目标而产生:

(1) 克服被加工材料对弹性变形的抗力;

(2) 克服被加工材料对塑性变形的抗力;

(3) 克服切屑对前刀面的摩擦力和后刀面对过渡表面和已加工表面间的摩擦力。

作用在刀具上的各个力的总和形成对刀具的总合力。切削合力及其分解如图 9-13 所示。合力 $F_r$ 又可以分解为三个垂直方向的分力 $F_f$、$F_p$、$F_c$。车削时的分力如下。

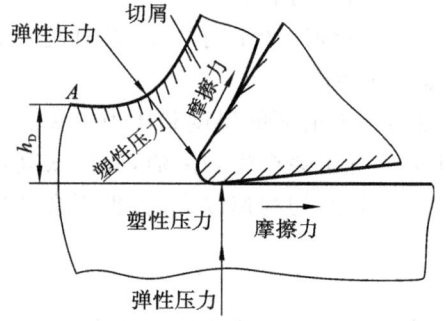

图 9-12　切削力的产生

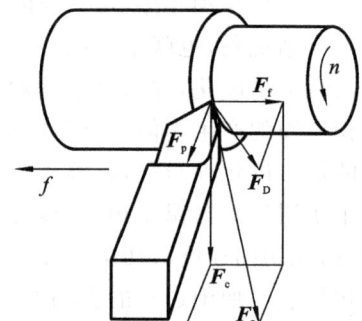

图 9-13　切削合力及其分解

进给力 $F_f$,也称轴向力或走刀力,是总合力沿进给方向的分力。它是设计走刀机构时计算车刀进给功率的依据。

背向力 $F_p$,也称径向力或吃刀力,是总合力沿切深方向的分力。此力的反力使工件发生弯曲变形,影响工件的加工精度,并在切削过程中产生振动。它是设计机床零件和车刀强度的依据。

切削力 $F_c$,也称切向力,是总合力在主运动方向上的分力。它是计算车刀强度、设计机床零件、确定机床功率的依据。

由图 9-13 可知:

$$F_r = \sqrt{F_c^2 + F_D^2}$$

$F_D$ 为总合力在切削层平面上的投影,是进给力 $F_f$ 与背向力 $F_p$ 的合力,则

$$F_D = \sqrt{F_p^2 + F_f^2}$$

因此总合力为

$$F_r = \sqrt{F_c^2 + F_p^2 + F_f^2}$$

由经验可得,当刀具主偏角 $\kappa_r = 45°$,刀具刃倾角 $\lambda_s = 0$,刀具前角 $\gamma_o = 15°$ 时,三力 $F_f$、$F_p$、

$F_c$ 之间有如下关系:

$$F_p = (0.4 \sim 0.5)F_c$$
$$F_f = (0.3 \sim 0.4)F_c$$
$$F_r = (1.12 \sim 1.18)F_c$$

**2. 切削力的计算**

为了计算切削力,人们进行了大量的实验和研究,但由所得到的一些理论公式还是不能比较精确地进行切削力的计算。所以,目前生产实际中采用的计算公式都是通过大量的实验、经数据处理后而得到的经验公式。经验公式主要有以下两种形式:指数形式和单位切削力形式。

(1) 指数形式公式　指数形式公式应用较广,指数形式公式为

$$F_c = C_{F_c} a_p^{x_{F_c}} f^{y_{F_c}} v_c^{n_{F_c}} K_{F_c} \tag{9-1a}$$

$$F_p = C_{F_p} a_p^{x_{F_p}} f^{y_{F_p}} v_c^{n_{F_p}} K_{F_p} \tag{9-1b}$$

$$F_f = C_{F_f} a_p^{x_{F_f}} f^{y_{F_f}} v_c^{n_{F_f}} K_{F_f} \tag{9-1c}$$

式中:$C_{F_c}$、$C_{F_f}$、$C_{F_p}$——工件材料和切削条件对三个分力的影响系数;

$x_{F_c}$、$y_{F_c}$、$n_{F_c}$、$x_{F_p}$、$y_{F_p}$、$n_{F_p}$、$x_{F_f}$、$y_{F_f}$、$n_{F_f}$——切削用量对三个分力影响的指数;

$K_{F_c}$、$K_{F_f}$、$K_{F_p}$——实际切削条件与经验公式不符时的修正系数。

以上各影响指数、修正系数值可以查阅参考文献或有关机械加工工艺手册。

(2) 单位切削力形式公式　单位切削力指单位切削面积上的切削力。单位切削力形式公式为

$$K_c = \frac{F_c}{A_D} = \frac{F_c}{a_p f} \qquad (\text{N/mm}^2) \tag{9-2}$$

式中:$F_c$——切削力(N);

$A_D$——切削面积($\text{mm}^2$);

$a_p$——背吃刀量(mm);

$f$——进给量(mm/r);

$K_c$——单位切削力,可以通过查表获得。

根据以上公式能求出切削力,然后根据背向力和进给力与切削力的比例关系估出其余两力。

**3. 切削功率的计算**

切削过程中所消耗的功率称为切削效率 $P_c$,它等于总主切削力的三个分力消耗的功率之和。通过图 9-12 可以看到,背向力 $F_p$ 在力的方向上无位移,不做功,因此切削功率为进给力 $F_f$ 与切削力 $F_c$ 所做的功。

$$P_c = (F_c v_c + F_f n f / 1000) \times 10^{-3} \qquad (\text{kW}) \tag{9-3}$$

式中:$F_f$——切削力(N);

$v_c$——切削速度(m/min);

$F_f$——进给力(N);

$n$——工件转速(r/s);

$f$——进给量(mm)。

由于 $F_f$ 所消耗的功率所占比例很小($1\% \sim 1.5\%$),通常略去不计。因此功率公式简化如下:

$$P_c = F_c v_c \times 10^{-3} \qquad (\text{kW}) \tag{9-4}$$

根据式（9-4）求出切削功率后，可按下式计算机床电动机功率 $P_E$：

$$P_E = \frac{P_c}{\eta_c} \tag{9-5}$$

式中：$\eta_c$——机床传动效率，一般取 $\eta_c = 0.75 \sim 0.85$。

### 4．影响切削力的主要因素

#### 1）工件材料的影响

工件材料的强度、硬度越高，则剪应力相应增大，切削力也增大。工件材料的塑性越强、韧度越高，加工硬化及变形越严重，切削力也越大。如不锈钢 1Cr18Ni9Ti 的硬度和 45 钢接近，但其塑性比 45 钢好，断后伸长率为 45 钢的 4 倍，在同样的切削条件下，产生的切削力较 45 钢大 25%。在切削铸铁、黄铜等脆性材料时，由于塑性变形小，崩碎切屑与前刀面摩擦小，故切削力小。此外，工件的热处理状态、金相组织也会影响切削力的大小。

#### 2）切削用量的影响

（1）背吃刀量 $a_p$ 和进给量 $f$。当 $a_p$ 和 $f$ 加大时，切削面积加大，变形抗力和摩擦阻力增加，从而引起切削力增大。实验证明，当其他切削条件一定时：$a_p$ 增大一倍，切削力增大一倍；$f$ 加大一倍，切削力增加 68% ~ 86%。

（2）切削速度 $v_c$。切削塑性金属时，在形成积屑瘤范围内，$v_c$ 较低时，随着 $v_c$ 的增加，积屑瘤增大，$\gamma_o$ 增大，切削力减小；$v_c$ 较高时，随着 $v_c$ 的增加，积屑瘤逐渐消失，$\gamma_o$ 减小，切削力又逐渐增大；在积屑瘤消失后，$v_c$ 再增大，使切削温度升高，切削层金属的强度和硬度降低，切削变形减小，摩擦力减小，因此切削力减小；$v_c$ 达到一定值后再增大时，切削力变化减慢，渐趋稳定。切削脆性金属（如铸铁、黄铜等）时，切屑和前刀面的摩擦小，$v_c$ 对切削力无显著的影响。

#### 3）刀具几何角度的影响

前角 $\gamma_o$ 增大，切削变形减小，故切削力减小；主偏角对切削力 $F_c$ 的影响较小，而对进给力 $F_f$ 和背向力 $F_p$ 影响较大，当主偏角增大时，$F_f$ 增大，$F_p$ 减小。实践证明，刃倾角 $\lambda_s$ 在很大范围（$-40° \sim +40°$）内变化时，对 $F_c$ 没有什么影响，但 $\lambda_s$ 增大时，$F_f$ 增大，$F_p$ 减小。

#### 4）其他因素

刀具材料与工件材料之间的摩擦因数 $\mu$ 会直接影响到切削力的大小。一般按立方碳化硼刀具、陶瓷刀具、涂层刀具、硬质合金刀具、高速钢刀具的顺序，切削力依次增大。

当后刀面磨损后，形成零后角，且切削刃变钝，后刀面与加工表面间的挤压和摩擦加剧，使切削力增大。

使用以冷却作用为主的切削液（如水溶液）对切削力影响很小。使用润滑剂作用强的切削液（如切削油）能显著地降低切削力。由于润滑剂作用，减小了刀具前面与切屑、后面与工件表面间的摩擦。

## 9.2.3　切削热和切削温度

产生切削热是切削过程中的重要物理现象。切削时做的功，可转化为等量的热。切削热除少量散逸在周围介质中外，其余均传入刀具、切屑和工件中，并使它们温度升高，引起工件变形、加速刀具磨损。因此，研究切削热与切削温度具有重要的实用意义。

### 1．切削热的产生和传导

切削热是由切削功转变而来的。切削热的产生和传导如图 9-14 所示，其中包括：剪切区

变形功转化成的热 $Q_p$、切屑与前刀面摩擦功转化成的热 $Q_{rf}$、已加工表面与后刀面摩擦功转化成的热 $Q_{af}$。因此,切削时共有三个发热区域,即剪切面、切屑与前刀面接触区、后刀面与已加工表面接触区,三个发热区与三个变形区相对应。所以,切削热的来源就是切屑变形功和前、后刀面的摩擦功。所产生的总的切削热 $Q$,分别传入切屑($Q_{ch}$)、刀具($Q_c$)、工件($Q_w$)和周围介质($Q_f$),即

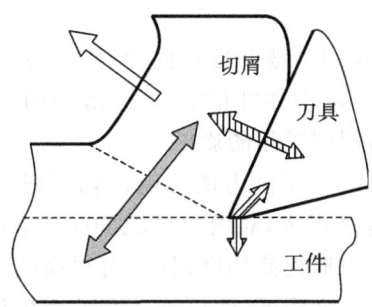

**图 9-14　切削热的产生和传导**

$$Q_p + Q_{rf} + Q_{af} = Q_{ch} + Q_c + Q_w + Q_f$$

切削塑性金属时,切削热主要来源于剪切区变形和前刀面与切屑的摩擦。切削脆性材料时,切削热主要来源于后刀面与工件的摩擦。总的来说,切削塑性材料产生的热量要比切削脆性材料产生的热量多。

**2. 切削温度的测量**

切削温度的测量方法很多。

(1)自然热电偶法　自然热电偶法主要用于测定切削区域的平均温度。

(2)人工热电偶法　人工热电偶法是用于测量刀具、切屑和工件上指定点的温度,用它可求得温度分布场和最高温度位置。

**3. 影响切削温度的主要因素**

根据理论分析和大量的实验研究知,切削温度主要受切削用量、刀具几何参数、工件材料、刀具磨损和切削液的影响,以下对这几个主要因素加以分析。

分析各因素对切削温度的影响,主要应从这些因素对单位时间内产生的热量和传出的热量的影响入手。如果某些因素使产生的热量大于传出的热量,则这些因素将使切削温度升高;如果某些因素使传出的热量增大,则这些因素将使切削温度降低。

1)切削用量的影响

切削用量是影响切削温度的主要因素。通过测温实验可以找出切削用量对切削温度的影响规律。

2)刀具几何参数的影响

切削温度随前角 $\gamma_o$ 的增大而降低。这是因为前角增大时,单位切削力将下降,使产生的切削减小。切削温度随主偏角 $\kappa_r$ 的增大而增大。这是因为主偏角增大时,单位切削面积会增大,使切削热增多。

3)工件材料的影响

工件材料的强度(包括硬度)和导热系数对切削温度的影响是很大的。由理论分析可知,单位切削力是影响切削温度的重要因素,而工件材料的强度(包括硬度)直接决定了单位切削力,所以工件材料强度(包括硬度)增大时,产生的切削热增多,切削温度升高。工件材料的导

热系数则直接影响切削热的导出。

4）刀具磨损的影响

后刀面的磨损达到一定程度时，对切削温度的影响增大；切削速度越高，影响就越显著。合金钢的强度大，导热系数小，所以切削合金钢时刀具磨损对切削温度的影响，就比切削碳素钢时大。

5）切削液的影响

切削液对切削温度的影响，与切削液的导热性能、比热容、流量、浇注方式及温度有很大的关系。从导热性能来看，油类切削液不如乳化液，乳化液不如水基切削液。

**4. 切削温度对工件、刀具和切削过程的影响**

（1）切削温度对工件材料强度和切削力的影响。切削时的温度虽然很高，但是切削温度对工件材料硬度及强度的影响并不很大，对剪切区域的应力影响不很明显。

（2）对刀具材料的影响。适当地提高切削温度，对提高硬质合金的韧度是有利的。

（3）切削温度高还会使加工精度降低，使已加工表面产生残余应力以及其他缺陷。

（4）切削速度和进给量大，则切削温度高，因此切削温度会影响切削速度和进给量的增大。

（5）切削温度高是刀具磨损的主要原因，它将限制生产率的提高。

# 9.3　切削条件的合理选择

金属切削加工过程的效率、质量和经济性等问题与机床设备的工作能力、操作者技术水平、工件的形状、生产批量、刀具的材料有关，同时还受到工件材料的切削加工性及切削条件的影响和制约。

## 9.3.1　工件材料的切削加工性

工件材料的切削加工性，不仅取决于工件材料的本身，还取决于具体的加工要求及切削条件。研究工件材料切削加工性，是为了找出改善难加工材料切削加工性的途径。

**1. 衡量工件材料切削加工性的指标**

根据加工要求和生产条件的不同，评定材料切削加工性的指标也不相同，常用指标有以下几种。

1）刀具使用寿命指标

在相同的切削条件下，刀具使用寿命高的工件材料，其切削加工性好。或者在一定刀具使用寿命（$T$）下，所允许的最大切削速度（$v_T$）高的工件材料，其切削加工性好。由于材料的切削加工性概念具有相对性，所以我们经常以抗拉强度 $R_m = 0.637$ GPa 的 45 钢的 $v_{60}$ 作为基准，写作 $(v_{60})_j$，而把其他被切削材料的 $v_{60}$ 与之相比，可得到该材料的相对切削加工性系数 $K_r$，即

$$K_r = \frac{v_{60}}{(v_{60})_j}$$

凡是 $K_r > 1$ 的材料，均比 45 钢容易切削；凡是 $K_r < 1$ 的材料，均比 45 钢难切削。常用金属材料的相对加工性系数等级见表 9-1。

表 9-1　常用金属材料的相对加工性等级

| 相对加工性等级 | 名称及种类 | | 相对加工性 $K_r$ 系数 |
|:---:|:---:|:---:|:---:|
| 1 | 很容易切削材料 | 一般有色金属 | >3.0 |
| 2 | 容易切削材料 | 易削钢 | 2.5～3.0 |
| 3 | | 较易削钢 | 1.6～2.5 |
| 4 | 普通材料 | 一般钢及铸铁 | 1.0～1.6 |
| 5 | | 稍难切削材料 | 0.65～1.0 |
| 6 | 难切削材料 | 较难切削材料 | 0.5～0.65 |
| 7 | | 难切削材料 | 0.15～0.5 |
| 8 | | 很难切削材料 | <0.15 |

2）已加工表面质量指标

将材料是否容易得到所要求的已加工表面质量,作为评定材料切削加工性的指标。一般精加工零件可用表面粗糙度值来评定工件材料的切削加工性。对某些有特殊要求的零件,在评定材料切削加工性时,要用表面粗糙度值指标和表面层材质的变化指标来全面评定。

3）切削力和切削温度指标

在相同的切削条件下,凡使用切削力大、切削温度高的材料,其切削加工性就差;反之,其切削加工性就好。在粗加工或机床动力不足时,常以此指标来评定材料的切削加工性。

4）切屑控制指标

在自动机床或自动生产线上,常用切屑控制的难易来评价工件材料的切削加工性。凡是切屑容易被控制或容易折断的材料,其切削加工性就好;反之,其切削加工性就差。

对于某一种工件材料,只能根据需要选择一项或几项作为衡量其切削加工性的指标。在一般的生产中,常以保证一定的刀具使用寿命所允许的切削速度作为评定材料切削加工性的指标。

**2. 影响工件材料切削加工性的因素**

在切削加工中主要是下列因素影响工件材料的切削加工性。

1）工件材料的物理、力学性能

工件材料的强度、硬度、塑性、韧度、导热率等都会影响其切削加工性。工件材料的强度和硬度越高,切削力越大,切削温度越高,切削加工性越差;工件材料塑性越强,切削时塑性变形越大,切削温度越高,切削加工性越差。

2）工件材料的化学成分

除了金属材料中碳含量的多少外,材料中加入锰、硅、铬、镍、钼、钒等元素时,都将不同程度地影响工件材料的强度、硬度、韧度和塑性,从而影响工件材料的切削加工性。

3）工件材料的金相组织

金属材料经过淬火处理后得到马氏体组织,由于硬度高、强度大,易使刀具磨损,切削加工性差。奥氏体不锈钢虽然硬度不高,但韧度高、塑性好、加工硬化严重,因此切削加工性也较差。冷硬铸铁表面渗碳体多,硬度相当高,很难切削。

## 9.3.2 刀具几何参数的选择

**1. 刀具几何参数**

1）定义

所谓刀具几何参数，是指在保证加工质量和刀具使用寿命的前提下，能够满足生产率高、成本低的要求的刀具几何参数。

刀具的几何参数是一个有机的整体，各参数之间相互联系又相互制约，各参数在切削过程中对刀具切削性能的影响存在两面性。因此在进行选择时不能固执一端，要抓主要矛盾。

2）刀具几何参数的基本内容

（1）刃形　刃形是指切削刃的形状。常见的有直线刃、折线刃、圆弧刃、波形刃等。

（2）切削刃刃区的剖面形式　切削刃刃区的剖面形式有锋刃、消振棱刃、倒圆刃、刃带等。

（3）刀面形式　如卷屑槽、断屑台、波形刀面等都是常见的刀面形式。

（4）刀具角度　包括前角、后角、主偏角、刃倾角及副后角、副偏角等。

3）刀具几何参数选择应考虑的因素

（1）工件材料，如工件材料的化学成分、制造方法、热处理状态、性能等。

（2）刀具材料，如刀具材料的化学成分、性能和刀具结构形式等。

（3）具体加工条件，如工艺系统刚度、机床功率大小、切削用量大小、切削液等。

**2. 前角的选择**

1）前角的功用

（1）影响切削区域的变形程度。

（2）影响切削刃与刀头的强度、受力性质和散热条件。

（3）影响切屑形态和断屑效果。

（4）影响已加工表面质量。

2）前角的选择原则

（1）加工塑性材料时，应选大的前角；加工脆性材料时，塑性变形小，应选用较小的前角；工件材料的强度、硬度高时，应选用较小的前角。

（2）加工抗弯强度和冲击韧度大的刀具材料时，应选较大的前角。反之，应采用较小的前角。

（3）粗加工时应选较小的前角，精加工时应选用较大的前角。成型刀具常用较小的前角，甚至取前角为零度。

（4）工艺系统刚度低和机床功率较小时，宜选用较大前角，以减小切削力和振动。

当工件材料和加工性质不同时，常用硬质合金车刀的合理前角参考值见表 9-2。

表 9-2　硬质合金车刀合理前角参考值

| 工件材料 | 合理前角/(°) | |
| --- | --- | --- |
| | 粗车 | 精车 |
| 低碳钢 | 20～25 | 25～30 |
| 中碳钢 | 10～15 | 15～20 |
| 合金钢 | 10～15 | 15～20 |

续表

| 工件材料 | 合理前角/(°) | |
|---|---|---|
| | 粗车 | 精车 |
| 淬火钢 | $-15\sim-5$ | |
| 奥氏体不锈钢 | $15\sim20$ | $20\sim25$ |
| 灰铸铁 | $10\sim15$ | $5\sim10$ |
| 铜及铜合金 | $10\sim15$ | $5\sim10$ |
| 铝及铝合金 | $30\sim35$ | $35\sim40$ |
| 钛合金 | $5\sim10$ | |

### 3. 后角的选择

1）后角的功用

加大后角能减小后刀面与过渡表面的摩擦,减少刀具磨损;可以减小切削刃钝圆半径,使刀具锋利;能改善刀具切削性能,降低工件表面粗糙度。

2）后角的选择原则

（1）粗加工时,后角应取小值。精加工时,后角应取大值。

（2）工件材料硬度、强度要求较高时,应取较小的后角。

（3）工件材料塑性较大,材质较软或容易产生加工硬化现象时,应适当加大后角。

（4）尺寸精度要求较严时,宜取较小的后角。

（5）工艺系统刚度低,容易出现振动,应适当减小后角。

一般车刀副后角做成与主后角相等的角。切断刀、铣刀的副后角较小,用以提高刀具强度。

表 9-3 所示为硬质合金车刀合理后角参考值。

**表 9-3　硬质合金车刀合理后角参考值**

| 工件材料 | 合理后角/(°) | |
|---|---|---|
| | 粗车 | 精车 |
| 低碳钢 | $8\sim10$ | $10\sim12$ |
| 中碳钢 | $5\sim7$ | $6\sim8$ |
| 合金钢 | $5\sim7$ | $6\sim8$ |
| 淬火钢 | $8\sim10$ | |
| 奥氏体不锈钢 | $6\sim8$ | $8\sim10$ |
| 灰铸铁 | $4\sim6$ | $6\sim8$ |
| 铜及铜合金 | $6\sim8$ | $6\sim8$ |
| 铝及铝合金 | $8\sim10$ | $10\sim12$ |
| 钛合金 | $10\sim15$ | |

### 4. 主偏角的选择

1）主偏角的功用

主偏角 $\kappa_r$ 影响切削分力、加工表面粗糙度的大小,影响刀具耐用度,以及工件表面形状。

2）主偏角的选择原则

（1）在加工强度高、硬度高的材料时，应选取较小的主偏角。

（2）在工艺系统刚度不足的情况下，应选取较大的主偏角。

（3）根据加工表面形状要求选取主偏角。

表 9-4 所示为主偏角的参考值。

表 9-4　主偏角的参考值

| 工作条件 | 主偏角/(°) |
|---|---|
| 系统刚度大、背吃刀量较小、进给量较大、工件硬度高 | 10～30 |
| 系统刚度大（$L/d<6$），加工盘套类零件 | 30～45 |
| 系统刚度较小（$L/d=6\sim12$） | 60～75 |
| 系统刚度小（$L/d>12$），车细长轴、阶梯轴 | 90～95 |

**5. 副偏角的选择**

1）副偏角的功用

减小副偏角，能增加副切削刃与已加工表面的接触长度，降低表面粗糙度，并能提高刀具耐用度。但过小的副偏角会引起振动。

2）副偏角的选用原则

因副偏角的大小会影响表面粗糙度和刀具强度，所以副偏角主要根据加工性质选取。通常在不产生摩擦和振动的条件下，应选取较小的副偏角。

**6. 刃倾角的选择**

1）刃倾角的功用

（1）控制切屑的流向。

（2）控制切削刃切入时，首先与工件接触的位置。

（3）控制切削刃在切入和切出时的平稳性。

（4）控制背向力 $F_p$ 和进给力 $F_f$ 的比值。

2）刃倾角的选择

刃倾角的合理数值与正、负号，主要根据加工性质选取。粗加工时取 $\lambda_s<0$（保护刀尖），精加工时取 $\lambda_s>0$（使 $F_p$ 小些）；断续切削及工件抗拉强度、硬度高时 $\lambda_s<0$（保护刀尖）；系统刚度差时取 $\lambda_s>0$（使 $F_p$ 小些）；微量切削时 $\lambda_s$ 取大值（使刀具实际刃口半径减小）。

表 9-5 所示为刃倾角的参考值。

表 9-5　刃倾角的参考值

| 切削条件 | 刃倾角/(°) | |
|---|---|---|
| | 粗加工 | 精加工 |
| 材料为一般钢料和铸铁 | 0～－5 | 0～5 |
| 有冲击载荷 | －5～－15 | |
| 有特大冲击载荷 | －30～－45 | |
| 强力切削 | －10～－20 | |
| 车淬硬钢 | －5～－12 | |
| 工艺系统刚度不足 | ＞0 | |
| 微量精细加工 | 45～75 | |

### 9.3.3　切削液及其选用

　　合理选用切削液,可以有效地减小切削过程中的摩擦,改善散热条件,而降低切削力、切削温度和刀具磨损,提高刀具耐用度、切削效率和已加工表面质量,降低产品的加工成本。科学技术和机械加工工业的不断发展,特别是大量的难切削材料的应用和对产品零件加工质量要求越来越高,给切削加工带来了难题。为了使这些难题获得解决,除合理选择切削条件外,合理选择切削液也尤为重要。

　　降低切削热的一个有效途径是喷注切削液。除了冷却作用外,切削液还可以起润滑、清洗和防锈作用。

　　生产中常用的切削液可分为三类。

　　(1) 水溶液　以水为主,加有防锈液等添加剂,主要是起冷却作用。

　　(2) 乳化液　将乳化油加水稀释而成,不仅具有冷却作用,还具有润滑作用。

　　(3) 切削油　以矿物油为主,少数采用动、植物油等,主要起润滑作用。

# 思考与练习

习题解析

**1.** 切削运动包括哪些运动? 它们各有什么作用?

**2.** 切削用量三要素是什么?

**3.** 刀具正交平面参考系由哪些平面组成? 它们是如何定义的?

**4.** 刀具的工作角度和标注角度有什么区别? 影响刀具工作角度的主要因素有哪些?

**5.** 说明刃倾角的作用。

**6.** 刀具材料的基本性能要求有哪些?

**7.** 金属切削层的三个变形区各有什么特点?

**8.** 简要说明切屑的形成过程。

**9.** 切屑的基本类型有哪些? 其产生的条件是什么?

**10.** 什么是积屑瘤? 试述其成因、影响和避免方式。

**11.** 切削力和切削热的来源包括哪些?

**12.** 各切削力对加工过程有何影响?

**13.** 工件材料的切削加工性与哪些因素有关?

**14.** 选择切削用量的次序是什么? 为什么?

**15.** 粗加工和精加工在选择切削用量时有什么不同?

**16.** 试述刀具前角、后角、主偏角、副偏角、刃倾角的功用及选择原则。

**17.** 切削液的作用有哪些? 切削液有哪些种类? 一般选择原则有哪些?

# 第10章　金属切削机床基础

## 10.1　机床的分类和型号编制

机床的品种和规格繁多,为了便于设计、制造、使用和管理,必须对机床进行分类和型号编制。

**1. 机床的分类**

1) 基本分类方法

对机床主要是按照加工性质和所用刀具进行分类的。目前我国机床主要分为12大类,即车床、钻床、镗床、磨床、齿轮加工机床、螺纹加工机床、铣床、刨插床、拉床、特种加工机床、锯床和其他机床。

每一类机床按工艺范围、布局形式和结构等,分为若干个组,每一个组又细分为若干个系列。国家制定的机床型号就是依据此分类方法进行编制的。

除上述基本分类方法以外,还有其他分类方法。

2) 其他分类方法

(1) 按机床通用程度分类　相同类型的机床,按通用程度可分为以下几种。

①通用机床:它可用于多种零件的不同加工工序,加工范围较广,通用性较大,但结构比较复杂,主要适用于单件小批量生产,如普通卧式车床、万能升降台铣床、万能外圆磨床等均属于通用机床。

②专门化机床:它的加工范围较窄,主要用于完成形状类似而尺寸不同的工件的某一道(或几道)特定工序的加工。其特点介于通用机床和专用机床之间,既有加工尺寸的通用性,又有加工工序的专用性,生产效率较高,适用于成批生产。凸轮轴车床、曲轴车床、丝杠车床、齿轮加工机床等均属于专门化机床。

③专用机床:它的加工范围最窄,只能用于某一种工件的某一道特定加工工序,具有专用、高效、自动化程度高和易于保证加工精度的特点,适用于大批大量生产,如加工机床床身导轨的专用磨床,汽车、拖拉机制造中使用的各种组合机床都属于专用机床。

(2) 按工作精度分类　相同类型的机床,按工作精度可分为普通精度机床、精密机床和高精度机床。

(3) 按自动化程度分类　机床按自动化程度可分为手动机床、机动机床、半自动机床和自动机床。

(4) 按重量和尺寸分类　机床按重量和尺寸可分为中小型机床(一般机床)、大型机床(重10 t以上)、重型机床(重30 t以上)和超重型机床(重100 t以上)。

(5) 按主要工作部件(主轴和刀具)的数目分类　机床按照刀具数目可以分为单刀机床、多刀机床;按主轴数目可以分为单轴机床、多轴机床等。

（6）按数控功能分类　机床按数控功能可分为非数控机床、一般数控机床（如数控机床）、加工中心（如车削中心、镗铣加工中心等）、柔性制造单元等。

**2. 机床型号的编制方法**

机床的型号是机床产品的代号，用以简明地表示机床的类型、通用特性、结构特性及主要技术参数等。目前我国的机床型号是按照 1994 年颁布的国家标准《金属切削机床型号编制方法》（GB/T 15375—2008）编制而成的。此标准规定：我国的机床型号由汉语拼音字母和阿拉伯数字按一定的规律组合而成。它适用于各类通用机床和专用机床（不包括组合机床和特种加工机床）。

1）通用机床型号

（1）型号的表示方法　型号由基本部分和辅助部分组成，中间用"/"隔开。型号具体构成如图 10-1 所示。

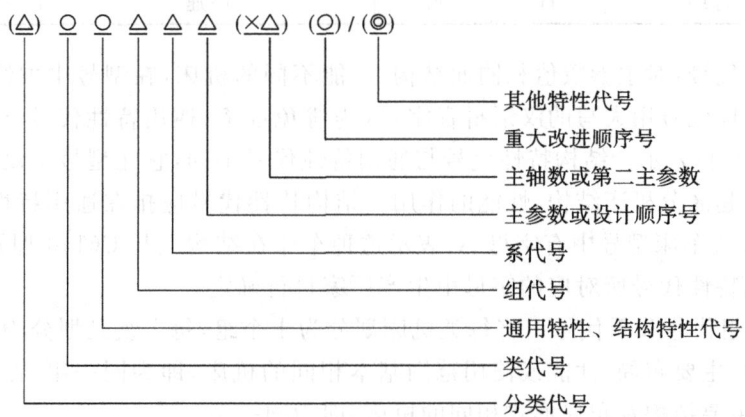

**图 10-1　通用机床型号的表示方法**

注：①有"（　）"的代号或数字，无内容时不表示，若有内容则不带括号。

②"○"表示大写的汉语拼音字母。

③"△"表示阿拉伯数字。

④"◎"表示大写的汉语拼音字母或阿拉伯数字，或两者的组合。

（2）机床的分类代号和类代号　机床的类代号用大写的汉语拼音字母表示。必要时，每类可分为若干分类。分类代号在类代号之前，作为机床型号的首位，并用阿拉伯数字表示。第一分类代号为"1"时可省略，为"2""3"时则应予以表示。

机床的类别代号和分类代号见表 10-1。

**表 10-1　机床的分类和代号**

| 机床类别 | 车床 | 钻床 | 镗床 | 磨床 | | | 齿轮加工机床 | 螺纹加工机床 | 铣床 | 刨插床 | 拉床 | 特种加工机床 | 锯床 | 其他机床 |
|---|---|---|---|---|---|---|---|---|---|---|---|---|---|---|
| 代号 | C | Z | T | M | 2M | 3M | Y | S | X | B | L | D | G | Q |
| 读音 | 车 | 钻 | 镗 | 磨 | 二磨 | 三磨 | 牙 | 丝 | 铣 | 刨 | 拉 | 电 | 割 | 其 |

（3）机床的通用特性代号和结构特性代号　这两种特性代号，用大写的汉语拼音字母表示，位于类代号之后。

①通用特性代号：通用特性代号有统一的固定含义，它在各类机床的型号中，表示的意义

相同。当某类型机床,除有普通型外,还有其他通用特性时,则在类代号之后加上相应的通用特性代号予以区分。如果某类型机床仅有某种通用特性,而无普通型,则通用特性不予表示。机床的通用特性代号见表 10-2。

表 10-2　机床的通用特性代号

| 通用特性 | 代号 | 读音 | 通用特性 | 代号 | 读音 |
|---|---|---|---|---|---|
| 高精度 | G | 高 | 仿形 | F | 仿 |
| 精密 | M | 密 | 轻型 | Q | 轻 |
| 自动 | Z | 自 | 加重型 | C | 重 |
| 半自动 | B | 半 | 柔性加工单元 | R | 柔 |
| 数控 | K | 控 | 数显 | X | 显 |
| 加工中心(自动换刀) | H | 换 | 高速 | S | 速 |

②结构特性代号:对主参数值相同而结构、性能不同的机床,在型号中加结构特性代号予以区分。结构特性代号用大写的汉语拼音字母(为避免混淆,通用特性代号已用的字母和"I、O"两个字母不能用)表示。结构特性代号与通用特性代号不同,它在型号中没有统一的含义,只在同类机床中起区分机床结构、性能的作用。结构特性代号应排在通用特性代号之后。例如,CA6140 型卧式车床型号中有字母 A,表示这种车床在结构上与 C6140 型及 CY6140 型车床有区别。结构特性代号所对应的字母由生产厂家自行确定。

(4)机床的组代号和系代号　将每类机床划分为十个组,每个组又划分为十个系(系列)。在同一类机床中,主要布局、性能或使用范围基本相同的机床,即为同一组;在同一组机床中,其主参数相同、主要结构及布局形式相同的机床,即为同一系。

机床的组代号和系代号用两位阿拉伯数字表示,前一位是组代号,后一位是系代号。例如,车床中组代号"6",表示落地及卧式车床,它又可分为若干个系,即 60(落地车床)、61(卧式车床)、62(马鞍车床)、63(轴车床)、64(卡盘车床)及 65(球面车床)。机床的组和系的划分及相应代号请查阅相关资料。

(5)机床的主参数或设计顺序号　机床主参数代表机床规格的大小,位于组代号和系代号之后。在机床型号中,用阿拉伯数字给出主参数的折算系数,折算系数一般为 1/10 或 1/100。几种常用机床的主参数及折算系数见表 10-3。

表 10-3　几种常用机床的主参数及折算系数

| 机床名称 | 主参数 | 主参数的折算系数 | 机床名称 | 主参数 | 主参数的折算系数 |
|---|---|---|---|---|---|
| 卧式车床 | 床身最大回转直径 | 1/10 | 卧式升降台铣床 | 工作台面宽度 | 1/10 |
| 摇臂钻床 | 最大钻孔直径 | 1/1 | 立式升降台铣床 | 工作台面宽度 | 1/10 |
| 坐标镗床 | 工作台面宽度 | 1/10 | 牛头刨床 | 最大刨削长度 | 1/10 |
| 外圆磨床 | 最大磨削直径 | 1/10 | 龙门刨床 | 最大刨削宽度 | 1/100 |

某些通用机床,当无法用一个主参数表示时,则在型号中用设计顺序号来表示。设计顺序号由 1 起始。

(6)机床主轴数和第二主参数　对于多轴车床、多轴钻床、排式钻床等机床,其主轴数应以实际数值列入型号,置于主参数之后,用"×"分开,读作"乘";单轴机床可省略,不予表示。第二主参数是对主参数的补充,如机床所能加工的最大工件长度、最大切削长度、工作台工作面长度、最大跨距等。第二主参数一般不予表示。

(7) 机床的重大改进序列号 当机床的结构、性能有重大改进和提高时,按其设计改进的先后顺序选用 A、B、C 等汉语拼音字母,加在机床型号基本部分的尾部,以区别原机床型号。

重大改进设计不同于完全的新设计,它是在原机床的基础上进行的改进设计。如局部小改进或增减某些附件、测量装置或改变装夹工件的方法等,因对原机床的结构、性能没有重大的改变,故不属于重大改进。

(8) 其他特性代号 其他特性代号主要用来反映各类机床的特性,如对于数控机床,可用来反映不同的控制系统。

机床型号示例如下。

例 10-1 MG1432A×750:M——磨床类(类代号);G——高精度(通用特性代号);1——外圆磨床组(组代号);4——万能外圆磨床系(系代号);32——最大磨削直径为 320 mm(主参数);A——第一次重大改进(重大改进顺序号);750——最大磨削长度为 750 mm(第二主参数)。

例 10-2 CA6140×1000:C——车床类;A——结构特性代号;6——落地及卧式车床组;1——卧式车床系;40——最大加工直径为 400 mm;1000——第二主参数,最大工件长度为 1000 mm。

2)专用机床型号

专用机床的型号一般由设计单位代号和设计顺序号组成,如图 10-2 所示。

设计单位代号包括机床生产厂和机床研究单位代号,与通用机床型号中的企业代号相同。专用机床的设计顺序号按该单位的设计顺序号排列,由 001

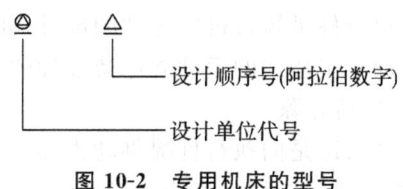

图 10-2 专用机床的型号

起始。例如沈阳第一机床厂设计制造的第一种专用机床为专用机床,其型号为 S1-001;北京第一机床厂设计制造的第 15 种专用机床为专用铣床,其型号为 B1-015。

# 10.2 机床的传动

**1. 机床的运动**

在机床上,为了获得所需的工件表面形状,必须使刀具完成一定的运动,这种运动称为表面成型运动,简称成型运动。成型运动按其组成情况不同,可分为简单成型运动和复合成型运动两种。

1)简单成型运动

简单成型运动是独立的成型运动,由最基本的成型运动组成,如车外圆时,由工件的回转运动和刀具的直线运动两个独立的运动形成圆柱面。

2)复合成型运动

复合成型运动是由两个或两个以上简单运动按照一定的运动关系合成的成型运动。用展成法加工齿轮时,刀具的旋转和被加工齿轮的旋转必须保持严格的相对运动关系,以形成所需的渐开线齿面,因而刀具的成型运动是一个复合成型运动。同理,车螺纹时,工件的回转运动和刀架直线运动之间必须保持确定的相对运动关系,这样才能得到螺纹表面的导线(螺旋线),此时刀具的成型运动也是复合成型运动。

机床在加工过程中除了完成成型运动外,还需要完成其他一系列的辅助运动。机床上的运动可按功用或组成分类,如图 10-3 所示。

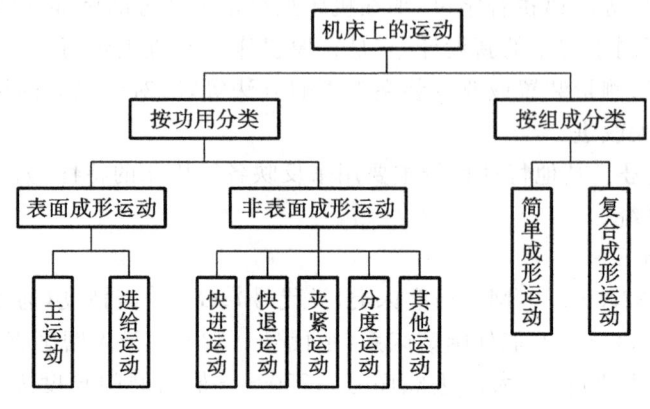

图 10-3　机床上的运动分类

**2. 机床的传动联系**

机床的运动需要由执行件、动力源和传动装置来实现。

1)执行件

执行件是执行机床运动的部件,如主轴、刀架、工作台等。其任务是安装刀具或工件,带动其完成一定形式的运动并保持准确的运动轨迹。

2)动力源

动力源是向执行件提供动力和运动的装置。普通机床常用三相交流异步电动机作为动力源,数控机床常用直流或交流调速电动机及伺服电动机作为动力源。

3)传动装置

传动装置是传递运动和动力的装置,通过它把动力源的运动和动力传递给执行件或把一个执行件的运动传递给另一个执行件。在大多数情况下,传动装置还需完成变速、换向、改变运动形式等任务,使执行件获得所需的运动形式、速度和方向。

机床的传动形式可分为机械传动、液压传动、电气传动和气压传动等。根据机床的不同工作特点,往往采用以上几种传动形式的组合。

**3. 机床的传动链**

1)传动链

把执行件和动力源,或者把执行件和执行件连接起来的一系列传动件的组合称为传动链。机床上有一个运动,就有一条实现这一运动的传动链。每一条传动链都有两个端件,首端件为主动件,是运动的输入件;末端件为被动件,是运动的输出件。首端件可以是动力源,也可以是执行件,末端件是执行件。

传动链的多少决定了机床构造的复杂程度。传动链越少,机床传动越简单,结构就越简单;反之,机床结构就复杂。

2)传动链的分类

根据传动联系的性质,传动链可以分为两类。

(1)外联系传动链　若传动链两端件之间不要求有严格的传动比,则称其为外联系传动链。外联系传动链联系动力源和机床执行件,使执行件获得一定的速度和方向。例如,车外圆时,主轴的转动和刀架的移动是两个独立的成型运动,有两条外联系传动链。由于主轴的转速和刀架的移动速度只影响生产率和表面粗糙度,并不影响圆柱面的性质,因此外联系传动链的传动比不要求准确,工件的转动和刀架的移动之间也没有严格的相对速度要求。

(2) 内联系传动链　内联系传动链是指传动链两端件之间的传动比有严格要求的传动链。它联系复合运动的各个运动分量,需要保证严格的传动比关系,否则会影响加工表面的形状精度,甚至无法形成所需要的表面形状。例如,如果传动比不准确,车螺纹时就不能得到所要求的导程,加工齿轮时就不能形成正确的渐开线齿形。为了保证准确的传动比,内联系传动链中不能有传动比不确定或瞬时传动比变化的传动机构,如带传动、链传动和摩擦传动机构等。

根据执行件运动性质和用途的不同,传动链还可分为主运动传动链、进给传动链、快速空行程传动链、分度传动链等。

**4. 机床的传动系统**

1) 传动原理图

在研究表面成型运动及其运动联系时,为便于分析、讨论问题,常采用传动原理图。传动原理图是用一些简单的示意符号表示传动链两端件间运动关系的简图。它可以简明地表示出机床加工时形成某一表面所需的成型运动、分度运动等与表面成型有直接关系的运动及其联系。用传动原理图来研究、分析机床的运动联系简单明了、重点突出,尤其适用于分析运动和运动联系比较复杂的机床。

通常传动机构可分为两大类:一类是传动比固定的传动机构,简称定比机构,如定比齿轮副、丝杠螺母副以及蜗杆副等;另一类是传动比和传动方向可以变换的传动机构,或者说是变换执行件的运动速度和方向的传动机构,简称换置机构,如各种变速机构、变向机构。

图 10-4 所示的是卧式车床上用螺纹车刀车螺纹时的传动原理图。其中电动机、工件、刀架以较为直观的图形表示,虚线表示定比传动机构,菱形符号表示换置机构(用以调整主轴转速)。在卧式车床上车螺纹时有两条传动链。

(1) 主运动传动链　由"电动机—1—2—$u_v$—3—4—工件"表示,这是外联系传动链,用来给执行件(工件)提供动力和运动。外联系传动链可由动力源联系复合运动中的任一环节。

(2) 车螺纹传动链　由"工件—4—5—$u_x$—6—7—丝杠—刀架"表示,这是联系复合运动两端件的内联系传动链。加工不同螺距的螺纹时,调整 $u_x$ 值可以满足加工要求。

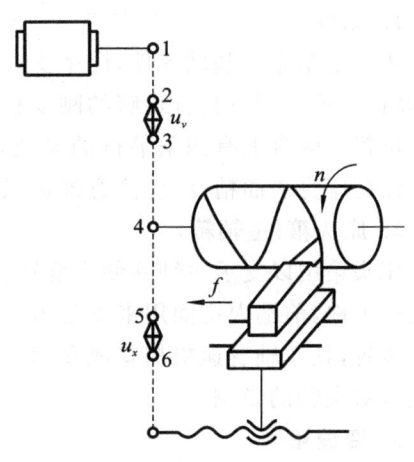

**图 10-4　车螺纹时的传动原理图**

2) 传动原理图的分析方法

(1) 确定传动系统的传动链。在阅读传动原理图时,首先要了解该机床所具有的执行件及其运动方式,以及执行件之间是否保持传动联系,然后逐一分析各条传动链的传动顺序、传动结构及传动关系。

(2) 传动链分析。分析传动链的方法通常为"抓两端,定关系,连中间,算结果",也就是在寻找某一个传动链之前,首先找出该传动链的两端件;然后明确两端件之间的相对运动关系,将两端件之间的传动件连接起来,这样就可以了解这条传动链的传动路线,并由此列出两端件之间的运动平衡式;最后,根据运动平衡式,就可以得出传动链换置机构的计算公式。

# 10.3　机床主要部件

车床由床身、床头箱、变速箱、进给箱、光杠、丝杠、溜板箱、刀架、床腿和尾座等部分组成,如图 10-5 所示。

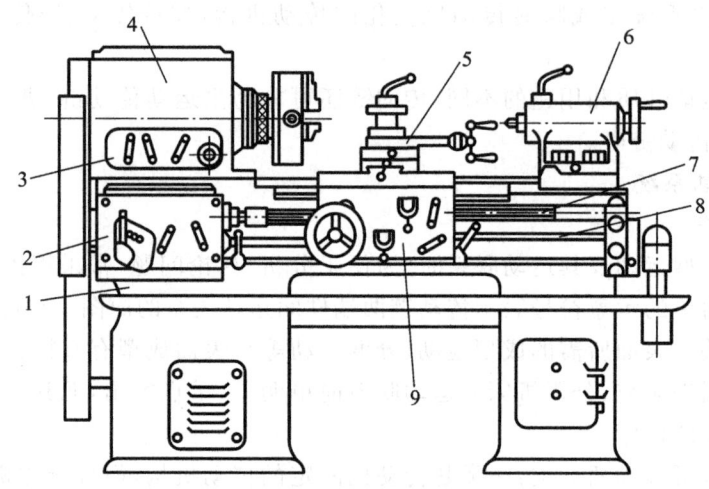

**图 10-5　车床主要部件**

1—床身;2—进给箱;3—变速箱;4—床头箱(主轴箱);5—刀架;6—尾座;7—丝杠;8—光杠;9—溜板箱

**1. 床身**

床身是车床的基础零件,用来支承和安装车床的各部件,保证其相对位置,如床头箱、进给箱、溜板箱等。床身具有足够的刚度和强度,且其表面精度很高,以保证各部件之间有正确的相对位置。床身上有四条平行的导轨,供大拖板(刀架)和尾架相对床头箱进行正确的移动。为了保持床身表面精度,应注意维护保养机床。

**2. 床头箱(主轴箱)**

床头箱用以支承主轴并使之旋转。主轴为空心结构,其前端外锥面安装三爪卡盘等附件来夹持工件,前端内锥面用来安装顶尖,细长孔可穿入长棒料。C6132 车床主轴箱内只有一级变速装置,其主轴变速机构安放在远离主轴的变速箱中,以减小变速箱中的传动件产生的振动和热量对主轴的影响。

**3. 变速箱**

变速箱内装有主轴变速机构,用来改变机床主运动速度。主轴变速原理为:电动机带动变速箱内的齿轮轴转动,通过改变变速箱内的齿轮搭配(啮合)位置,得到不同的转速,然后通过带轮传动把运动传给主轴。

**4. 进给箱**

进给箱又称走刀箱,内装用于实现进给运动的变速齿轮,可调整进给量和螺距,并将运动传至光杠或丝杠。

**5. 光杠、丝杠**

光杠和丝杠用于将进给箱的运动传给溜板箱。光杠用于一般车削时的自动进给,不能用于车削螺纹。丝杠用于车削螺纹。

**6. 溜板箱**

溜板箱又称拖板箱,与刀架相连,是车床进给运动的操纵箱。它可将光杠传来的旋转运动变为车刀的纵向或横向的直线进给运动;可将丝杠传来的旋转运动,通过"对开螺母"直接变为车刀的纵向移动,用以车削螺纹。

**7. 刀架**

刀架用来夹持车刀并使其做纵向、横向或斜向进给运动。

**8. 尾座**

尾座安装在床身导轨上。在尾座的套筒内安装顶尖,支承工件;也可安装钻头、铰刀等刀具,在工件上进行孔加工;将尾座偏移,还可用来车削圆锥体。

# 10.4　机床的精度、安装、验收及维护

**1. 机床精度概念**

机床的精度指的是机床在未受到外载荷条件下的原始精度。精度通常用按检验项目测出的误差来表示,误差越小,则精度越高。

机床的精度包括几何精度、传动精度、定位精度和工作精度等。不同类型的机床,对这几种精度的要求是不同的。

1) 几何精度

几何精度是指机床某些基础零件工作面的几何形状精度,包括决定机床加工精度的运动部件的运动精度、这些零部件运动轨迹之间的相对位置精度等,如床身导轨的直线度、工作台台面的平面度、主轴旋转精度、刀架等移动的直线度等。

2) 传动精度

机床的传动精度是指机床内传动链两端件之间的相对运动准确和均匀程度,这方面的误差称为该传动链的传动误差。例如车床在车螺纹时,主轴每转一周,刀架的移动量应等于螺纹的导程。但是,实际上由于在主轴和刀架之间的传动链中,齿轮、丝杠及轴承等存在着误差,使得刀架的实际移距与理想移距之间有了误差:主轴与刀架之间瞬时传动比的误差,每一导程的误差和一定长度内的累积误差,这就是车床螺纹传动链的传动误差。凡是采用内传动链的机床,都应规定各内传动链的传动精度。

3) 定位精度

机床的定位精度是指机床主要部件在运动终点所达到的实际位置的精度。实际位置与理想位置之间的误差称为定位误差。

机床的几何精度、传动精度和定位精度通常是在没有切削载荷以及机床不运动或运动速度较低的情况下检测的,故一般称之为机床的静态精度。静态精度主要取决于机床上主要零部件,如主轴部件、丝杠螺母、齿轮和床身等的制造精度及装配精度。

4) 工作精度

静态精度只能在一定程度上反映机床的加工精度,因为机床在实际工作状态下,还有一系列因素会影响加工精度。例如,由于切削力、夹紧力的作用,机床的零、部件会产生弹性变形;

在机床内部热源及环境温度的影响下,机床零、部件将产生热变形;由于切削力和运动速度的影响,机床会产生振动;机床运动部件以工作速度运动时,由于相对滑动面之间的油膜以及其他因素的影响,其运动精度也与低速下测得的精度不同。

所有这些都将引起机床静态精度的变化,影响工件的加工精度。机床在外载荷、温升及振动等工作状态作用下的精度,称为机床的动态精度。动态精度除与静态精度有密切关系外,还在很大程度上取决于机床的刚度、抗振性和热稳定性等。

生产中一般是通过测量切削加工出的工件精度,即机床工作精度,对机床的综合动态精度进行衡量。

**2. 机床的安装与验收**

1) 机床的地基

机床的自重、工件的重量、切削力等,都将通过机床的支承部件传给地基。所以,地基质量的好坏直接关系到机床的工作精度、运动平稳性、变形、磨损以及机床的使用寿命。因此,机床在安装之前,首要的工作就是打好地基。

2) 机床的安装

机床的安装通常有两种方法:一种是在混凝土地坪上直接安装机床,并用调整垫铁调整水平之后,在床脚周围浇灌混凝土固定机床,这种方法适用于小型和振动轻微的机床;另一种是用地脚螺栓将机床固定在块状式地基上,这是一种常用的方法。安装机床时,先将机床吊在已凝固的地基上,然后在地基的螺栓孔内装上地脚螺栓,并用螺母将其连接在床脚上,待机床用调整垫铁调整水平后,用混凝土浇灌进地基方孔,混凝土凝固后,再次对机床进行水平调整并均匀地拧紧螺栓。

3) 机床的验收试验

机床的验收试验是指对刚装配好的和经过大修的机床进行试验,以检查机床的制造或维修是否符合质量标准。

(1) 机床的空转试验　机床空转试验的目的是检查机床各机构在空载时的工作情况。对于主运动,应从低速到高速依次逐级进行空运转,每级速度的运转时间不得少于 2 min,最高速度的运转时间不得少于 30 min,运转后要检查轴承的温度和温升是否在标准规定范围内。对于进给运动,应进行低、中、高进给速度试验。

(2) 机床的负荷试验　机床负荷试验在于检验机床各机构的强度,以及在载荷下机床各机构的工作情况。其内容包括:机床传动系统最大转矩试验,即短时间超过最大转矩 25% 的试验;机床最大主切削力试验,即短时间超过最大主切削力 25% 的试验;机床传动系统达到最大功率的试验。负荷试验一般在机床上用切削试件的方法或用仪器加载的方法进行。

(3) 机床的精度检验　使用机床加工工件时,工件会产生各种加工误差。这些加工误差的产生,与机床本身的精度有很大的关系。国家对各类通用机床都规定了精度检验标准,标准中规定了精度检验项目、检验方法及允许误差等。

**3. 机床的日常维护和保养**

1) 机床的日常维护

机床的日常维护是提高效率、保持较长时间的机床使用寿命的必要条件。机床的日常维护主要是对机床的及时清洁和定期润滑。

(1) 机床的日常清洁　在机床开动之前,要用抹布清除机床上的灰尘污物;工作完毕后,应清除切屑,并把导轨上的切削液、切屑等污物清扫干净,在导轨上涂上润滑油。

（2）机床的润滑　分为分散润滑和集中润滑两种。分散润滑是在机床的各个润滑点分别用独立、分散的润滑装置进行润滑。分散润滑是指操作者在机床开动之前进行的定期的手动润滑。集中润滑是由润滑系统来完成的，操作者只要按照机床说明书的要求定期添油和换油即可。

2）机床的保养及维修

（1）机床的保养　机床的保养分例行保养（日保养）、一级保养（月保养）和二级保养（年保养）。

①例行保养：由机床操作者每天独立进行。保养的内容除上述的日常维护外，还包括开动之前的机床检查，周末对机床进行的大清洗工作等。

②一级保养：机床每运转 1～2 个月（两班制），应以操作工为主、维修工配合，进行一次保养。保养的内容是对机床的外露部件和易磨损部分进行拆卸、清洗、检查、调整和紧固等。如对传动部分的离合器、制动器、丝杠螺母间隙进行调整以及对润滑、冷却系统进行检修等。

③二级保养：机床每运转一年，以维修工为主，操作工人参加，进行一次包括修理的保养。除一级保养的内容外，二级保养内容还包括修复、更换磨损零件，导轨等部位间隙调整，镶条等的刮研维修，润滑油、冷却液的更换，电气系统的检修，机床精度的检验及调整等。

（2）机床的维修　机床的维修分小修、中修（又称项修）和大修三种。这三种维修是根据设备动力部门编制的年维修计划进行的。

①小修：一般情况下，小修可以以二级保养代替。小修时，以维修工人为主，对机床进行检修、调整，并更换个别磨损严重的零件，对导轨的划痕进行修磨等。

②中修：中修前应进行预检，以确定中修项目，制定中修预检单，并预先准备好外购件和磨损件。

③大修：大修前须对机床进行全面预检，必要时要对磨损件进行测绘，制定大修预检单，做好各种配件的预购或制造工作。

# 思考与练习

习题解析

1. 解释下列机床型号中各字母的含义：MG1432、CK6132、X4325、Z5140。

2. 表面成型的方法有哪些？成型运动和机床运动之间有什么样的关系？

3. 什么是内传动链？什么是外传动链？下列哪些变速器机构可以用在内传动链中，为什么？

（1）带轮传动机构；（2）链轮传动机构；（3）斜齿圆柱齿轮传动机构。

# 第 11 章　切削加工方法与应用

机械零件表面加工的目的是使被加工工件获得规定的形状、加工精度以及表面质量。在机械制造中,切削加工是在机床上利用刀具将毛坯上多余的材料切除来获得特定形状和尺寸的零件的。机器零件的大小不一,形状和结构各异,切削加工方法也多种多样,其中常用的切削加工方法有车削、铣削、刨削、磨削、钻削和镗削等。

## 11.1　常用切削加工方法

### 11.1.1　车削加工

车削加工是在车床上利用刀具对旋转的工件进行切削加工的方法。车削加工的切削能主要由工件而不是刀具提供。车削是最基本、最常见的切削加工方法,在生产中占有十分重要的地位。

**1. 车削基本概念**

1) 切削运动

车削时工件的旋转运动就是主运动;使工件多余材料不断被车去的运动为进给运动,车外圆时是纵向进给运动,车端面、切断、车槽时是横向进给运动。

2) 切削用量

(1) 切削深度(背吃刀量)　对于外圆车削,切削深度为工件上已加工表面和待加工表面间的垂直距离,单位为 mm。即

$$a_p = \frac{d_w - d_m}{2}$$

式中:$d_w$——工件待加工表面的直径,单位为 mm;

$d_m$——工件已加工表面的直径,单位为 mm。

(2) 进给量　工件每转一周时,车刀在进给运动方向上移动的距离称为进给量(也叫每转进给量),用 $f_r$ 表示,单位是 mm/r。进给量还可表示进给运动时的速度,进给速度($f_v$)就是在单位时间内刀具在进给方向上移动的距离,单位 mm/s。两者关系如下:

$$f_v = n \cdot f_r$$

式中:$n$——主运动的转速,单位为 r/s;

$f_r$——每转进给量,单位为 mm/r。

(3) 切削速度　主运动的线速度称为切削速度,单位为 m/min。

车削外圆时的切削速度计算公式为

$$v = \frac{\pi d n}{1000}$$

式中：$d$——工件待加工表面的直径，单位为 mm；

　　　$n$——工件的转速，单位为 r/min；

　　　$v$——切削速度，单位为 m/min。

**2. 车削的工艺特点及其应用**

1）车削工艺特点

车削方法应用广泛，车床种类也很多。车削的工艺特点如下。

（1）位置精度易于保证。车削时，工件绕固定轴线回转，各加工表面具有相同的回转轴线，因而易于保证各加工表面间的同轴度要求。

（2）连续切削平稳高效，生产率较高。车削过程是连续切削，比较平稳，不像铣削和刨削，在一次走刀过程中刀齿有多次切入和切出，易产生冲击。又由于车削的主运动为工件的回转，避免了惯性力和冲击的影响，所以车削允许采用较大的切削用量进行强力车削和高速车削，有利于提高生产效率。

（3）适用于有色金属的精加工。对于一些不适合磨削加工的有色金属，可以采用金刚石车刀进行精细车削。

（4）刀具结构简单，成本较低。车刀是刀具中结构最简单的一种刀具，刚度高，制造容易，便于根据加工要求对刀具材料、刀具几何角度进行合理选择。此外，车刀刃磨及拆装也比较方便。

（5）适用范围广，批量不限。

2）车削的应用

车削一般分为粗车和精车两种方式。为了尽快从毛坯上切去大部分加工余量，使工件接近最后形状与尺寸，可采用粗车方式。粗车可提高生产率，保护刀具。为了保证加工精度和表面粗糙度，则选取精车。

车削用途很广泛，如车外圆、车端面、切断、车外沟槽、车圆锥面、车成型面、滚花、车螺纹等。多种形面都可车削加工。

图 11-1 所示为卧式车床典型的几种车削加工方法。

（1）车外圆：将工件装夹在卡盘上做旋转运动，车刀装在刀架上做纵向进给运动，就可以加工圆柱表面。外圆车削方法如图 11-2 所示。用 45°、75°、90°外圆车刀等车外圆时应横向走刀，纵向进给。车外圆的具体步骤如下。

①安装工件。工件轴线与车床主轴轴线重合，并尽量夹紧。

②安装车刀。刀尖与工件回转轴线等高，刀杆与主轴轴线垂直，车刀伸出长度为刀体高度的 1.5~2 倍，刀杆下的垫片平整并尽量少。

③调整机床。以变速手柄调整转速和刀架进给量。

④试切（试切长度为 $L=2~4$ mm）。确定背吃刀量，以准确控制尺寸。

⑤测量，调整（向右退刀，停车）。

⑥加工。

（2）车端面　车平面主要是车端面（车刀安装时刀尖对准工件中心，否则会留有凸台）。图 11-3（a）所示是用弯头刀车平面，可采用较大背吃刀量，切削顺利，表面光滑，大小平面均可切削；图 11-3（b）所示是用 90°右偏刀从外向中心进给车平面，适宜车削尺寸较小的平面或一般的台肩端面；图 11-3（c）所示是用 90°右偏刀从中心向外进给车平面，适宜车削中心带孔的端面或一般的台肩端面；图 11-3（d）所示是用左偏刀车平面。

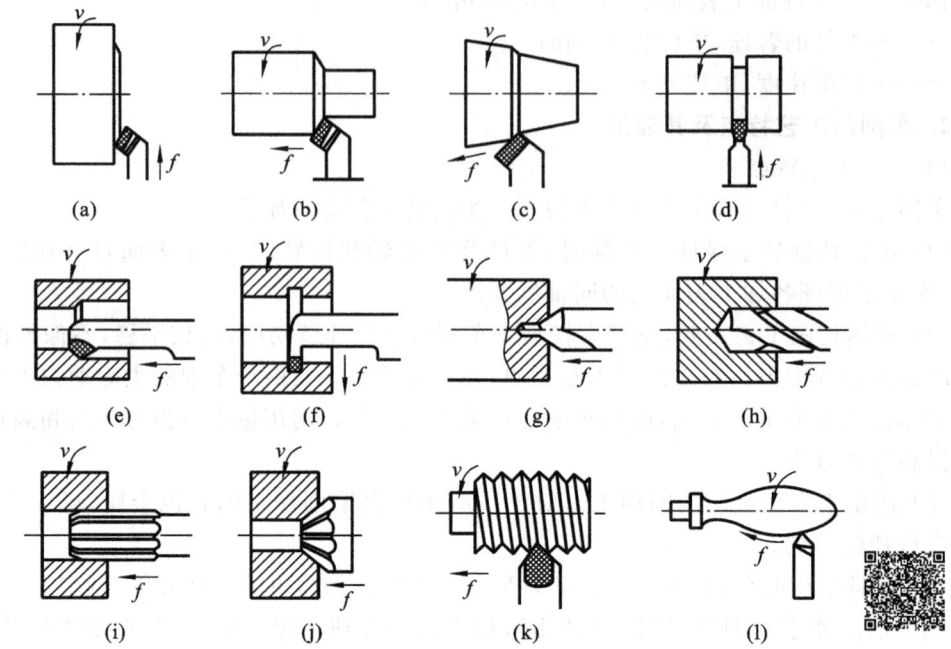

**图 11-1　卧式车床的典型车削方法**

（a）车端面；（b）车外圆；（c）车外锥面；（d）切槽、切断；（e）镗孔；（f）切内槽；

（g）钻中心孔；（h）钻孔；（i）铰孔；（j）锪锥孔；（k）车外螺纹；（l）车成型面

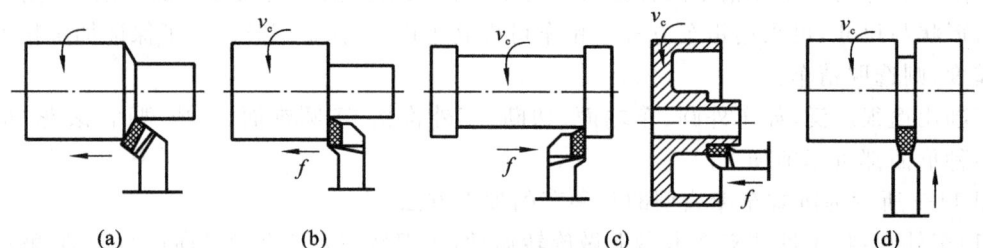

**图 11-2　车外圆方法**

（a）用 45°弯头刀车外圆；（b）用右偏刀车外圆；（c）用左偏刀车外圆；（d）车外槽

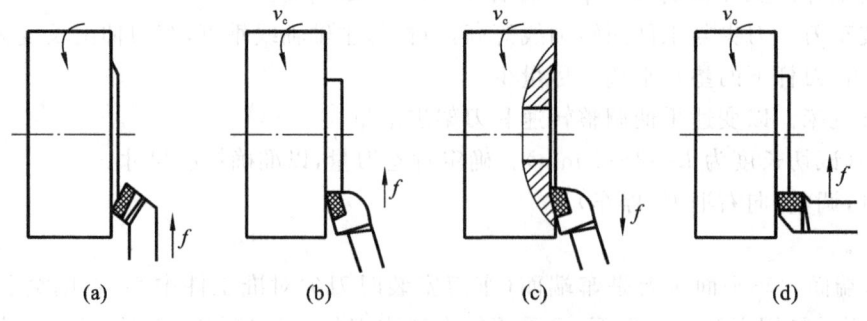

**图 11-3　车平面方法**

（a）用弯头车刀平面；（b）用右偏刀车平面（从外向中心走刀）；

（c）用右偏刀车平面（从中心向外走刀）；（d）用左偏刀车平面

（3）车锥面　锥面可看作圆柱面的一种特殊形式。内锥面具有配合紧密、拆卸方便、多次拆卸后仍能保持准确对中的特点，广泛用于要求对中准确和需要经常拆卸的配合件。常用的标准圆锥有莫氏圆锥、米制圆锥和专用圆锥三种。

车锥面时，主运动与辅助运动（进给运动）的轨迹应形成一个角度。车锥面的方法有以下几种，如图 11-4 所示。

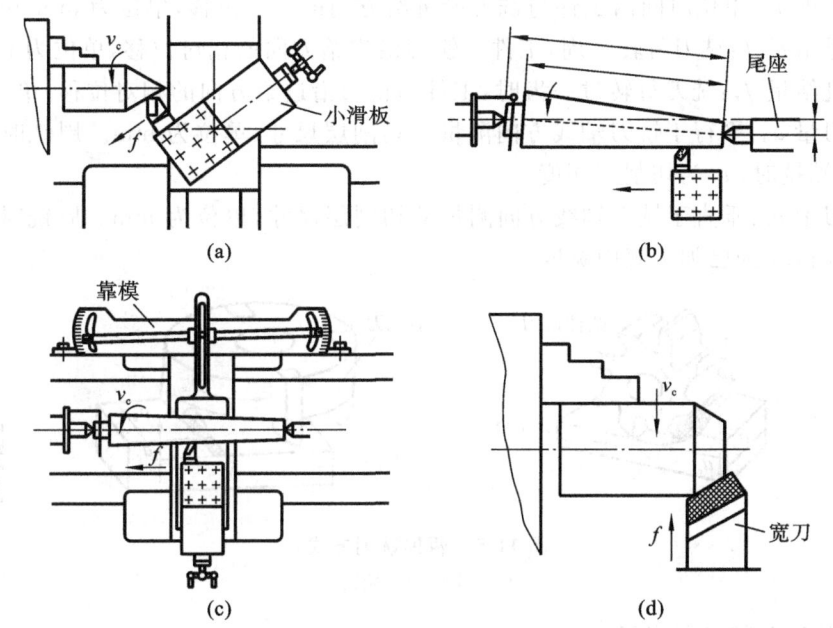

**图 11-4　车锥面方法**

（a）小滑板转位法；（b）尾座偏移法；（c）靠模法；（d）宽刀法

①小滑板转位法：将刀架小滑板绕转盘轴线转动大小等于锥面斜角 $\alpha$ 的角度，从而实现锥面加工。主要用于单件小批量生产中精度较低和长度较短（≤100 mm）内锥面的加工。

②尾座偏移法：用尾座顶尖偏移一个距离使工件的轴线与主轴轴线相交 $\alpha$ 角来加工锥面。用于加工单件或成批生产中轴类零件上较长的外锥面。

③靠模法：用于成批和大量生产中较长的内外锥面的加工。

④宽刀法：用于成批和大量生产中较短（≤20 mm）的内外锥面的加工。

## 11.1.2　铣削加工

铣削是一种常见的金属冷加工方式，和车削不同之处在于铣削加工中刀具在主轴驱动下高速旋转，而被加工工件处于相对静止状态。根据工件形状类型不同，铣削加工可分为卧铣和立铣。根据加工时刀具参与切削的部位的不同，铣削加工可分为周铣和端铣（见图 11-5）。

**1. 铣削基本概念**

1）切削运动

铣削时主运动是铣刀的旋转运动，进给运动是工件的直线移动、旋转或曲线运动。

2）切削用量

（1）铣削速度 $v_c$　铣削速度是指铣刀最大直径处切削刃的线速度，单位为 m/min。

$$v_c = \frac{\pi D_0 n}{1000}$$

式中：$D_0$——铣刀直径，单位为 mm；

　　　　$n$——铣刀转速，单位为 r/min。

（2）进给量　在铣削加工中，进给量是指工件与铣刀沿进给方向的相对位移量。

①进给速度 $v_f$：单位时间内工件与铣刀沿进给方向的相对位移，单位为 mm/min。

②每转进给量 $f$：铣刀每转一周，工件与铣刀沿进给方向的相对位移，单位为 mm/r。

③每齿进给量 $f_z$：铣刀每转过一齿时，工件与铣刀沿进给方向的相对位移，单位为 mm/z。

④背吃刀量 $a_p$：平行于铣刀轴线方向测量的切削层尺寸，单位为 mm。周铣时，$a_p$ 为已加工表面宽度；端铣时，$a_p$ 为切削层深度。

⑤侧吃刀量 $a_e$：垂直于铣刀轴线方向测量的切削层尺寸，单位为 mm。周铣时，$a_e$ 为切削层深度；端铣时，$a_e$ 为已加工表面宽度。

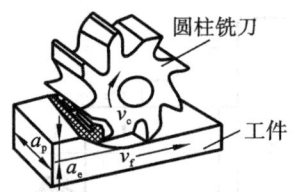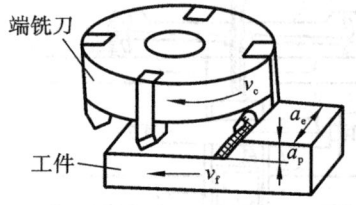

**图 11-5　两种铣削方式**

（a）周铣；（b）端铣

**2. 铣削的工艺特点和应用**

铣削是平面加工的基本方法，常用铣床有升降台卧式铣床、立式铣床、双端面铣床等。

1）铣削加工的特点

（1）铣削质量　铣削加工的质量与刨削质量相当。一般工件经粗铣、精铣后，尺寸精度可达 IT9～IT7，表面粗糙度 $Ra$ 可达 3.2～1.6 $\mu$m，直线度可达 0.12～0.08 mm/m。

（2）铣削生产率　可实现高速切削，故生产率较高。

（3）铣削加工成本　由于铣床和铣刀比刨床、刨刀复杂价高，因此铣削成本比刨削高。

2）铣削的应用

铣削可用于加工平面、台阶面、沟槽、成型面、齿面等，还可以用于切断和加工孔。图 11-6 所示为铣削的应用。

3）铣削方式

加工平面可以用周铣法，也可用端铣法。

（1）周铣法　周铣是指用圆柱铣刀的圆周刀齿加工平面。周铣可进一步分为逆铣和顺铣（见图 11-7）。切削部位刀齿的旋转方向和工件的进给方向相反时为逆铣，相同时为顺铣。

逆铣时，铣刀的刀刃接触工件后，将在工件表面滑行一段距离，然后才真正切入金属，这就使得刀刃容易磨损，并会使加工表面的粗糙度增大。逆铣时，铣刀对工件有上抬的切削分力，影响工件安装在工作台上的稳固性。

顺铣则没有上述缺点。但是，顺铣时工件的进给会受工作台传动丝杠与螺母之间间隙的影响。因为铣削的水平分力与工件的进给方向相同，铣削力忽大忽小，就会使工作台窜动和进给量不均匀，甚至引起打刀或损坏机床。因此，只有在纵向进给丝杠处有消除间隙的装置时才

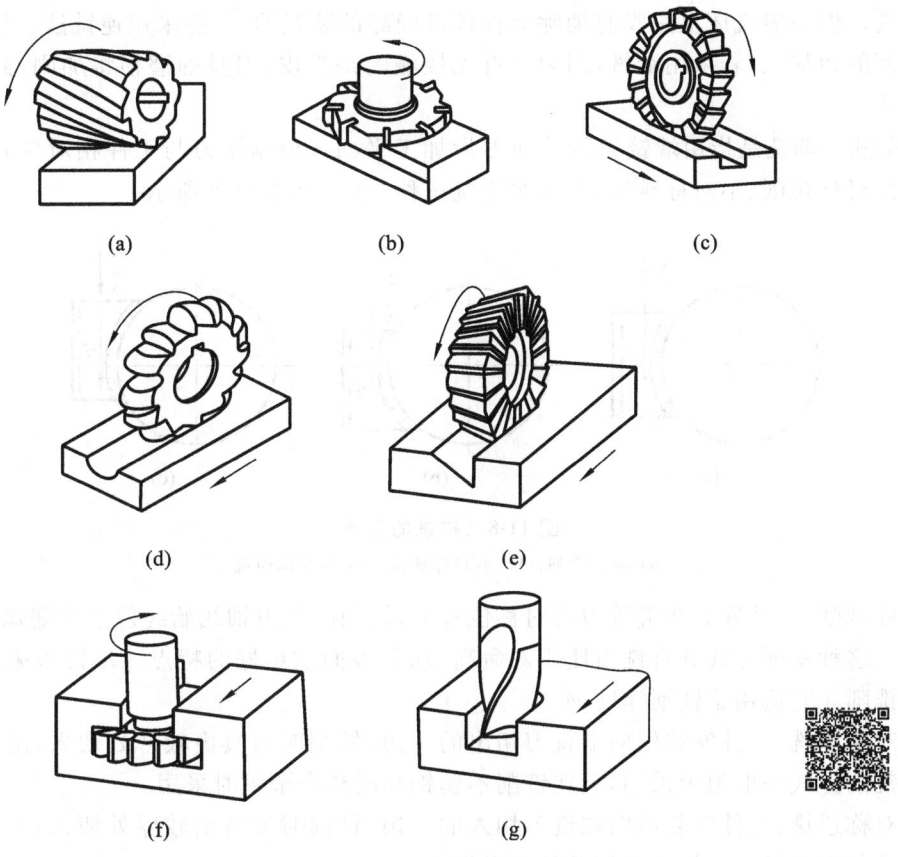

**图 11-6　铣削的应用**

（a）、（b）铣平面；（c）铣方形槽；（d）铣半圆槽；（e）铣不对称 V 形槽；（f）铣 T 形槽；（g）铣沟槽

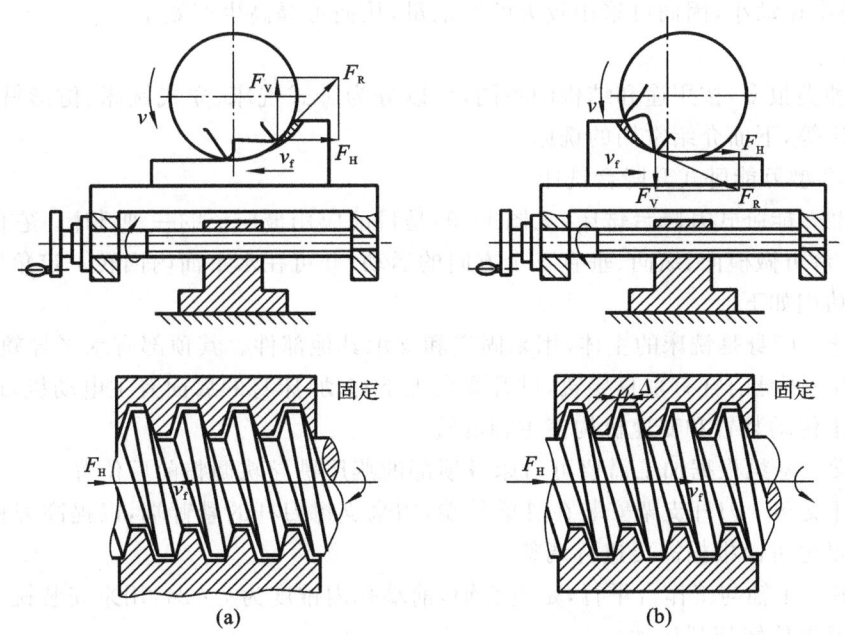

**图 11-7　逆铣和顺铣**

（a）逆铣；（b）顺铣

能采用顺铣。但一般铣床上是没有消除丝杠螺母间隙的装置的,只能采用逆铣法。另外,对于铸锻件表面的粗加工,若采用顺铣,因刀齿首先接触的是黑皮,刀具的磨损将加剧,此时,也是以逆铣为妥。

（2）端铣　端铣是指用端铣刀的端面刀齿加工平面。根据铣刀与工件相对位置的不同,端铣可分为对称铣削、不对称顺铣、不对称逆铣三种方式,如图 11-8 所示。

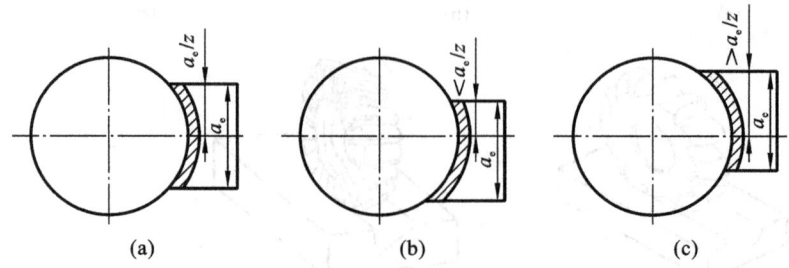

**图 11-8　端铣的分类**

（a）对称铣削；（b）不对称顺铣；（c）不对称逆铣

①对称铣削:工件安装在端铣刀的对称位置上,铣削时铣刀轴线始终位于铣削弧长的对称中心位置。这种铣削方式具有铣刀使用寿命高,加工表面质量好的特点。端铣多采用对称铣削。对称铣削尤其适用于铣削淬硬钢。

②不对称顺铣:工件安装偏向端铣刀切出的一边,铣削时刀具由较薄处切入,由较厚处切出。这种铣削方式一般很少采用,只在铣削不锈钢和耐热合金钢时采用。

③不对称逆铣:工件安装偏向端铣刀切入的一边,铣削时刀具由较厚处切入,由较薄处切出。这种铣削方式适合于加工碳钢及低合金钢。

用端铣法铣平面时,由于端铣刀刀杆伸出较短,刚度高,同时参与切削的刀齿较多,切削力波动小,铣削中振动小,因而可采用较大的切削量,从而可提高生产效率。

**3. 铣床**

铣床的种类很多,按用途和结构的不同,可以分为卧式铣床、立式铣床、仿形铣床、工具铣床和龙门铣床等,下面介绍常用的铣床。

1) X6132 型万能卧式升降台铣床

X6132 型万能卧式升降台铣床(见图 11-9)是目前应用最广泛的一种铣床。它的主轴水平布置,其工作台可做横向、纵向、垂直三个方向的运动,并可在水平面内回转一定角度。其主要组成部件及功用如下。

（1）床身　床身是铣床的主体,用来固定和支承其他部件。其顶部有水平导轨,供悬梁前后移动和定位;床身前臂有垂直导轨,供升降台上下移动;床身的后面有主电动机,通过安装在床身内部的主传动装置和变速机构使主轴旋转。

（2）悬梁　悬梁根据加工需要可沿床身顶部的燕尾槽导轨调整前后位置。

（3）刀杆支架　刀杆支架安装在悬梁外端,用来支撑刀杆的悬臂端,以提高刀杆刚度。刀杆支架的位置也可以根据需要进行调整。

（4）主轴　主轴与工作台平行,是空心轴,前端孔内锥度为 7：24,用来安装铣刀刀杆和铣刀并带动铣刀做旋转切削运动。

（5）升降台　升降台安装在床身前臂的垂直导轨上,是整个工作台的支座,可带着整个工作台做垂直上下移动,用以调整工作台与铣刀的距离。它的内部装有进给电动机和进给变速

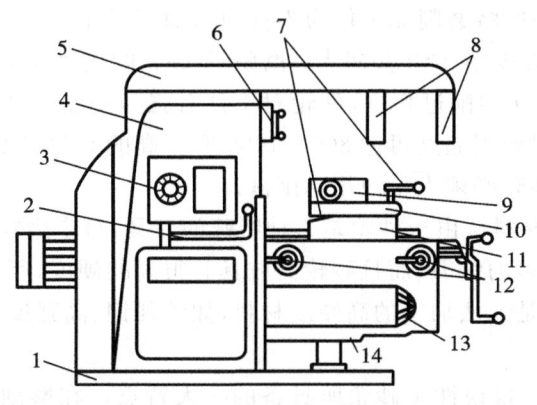

**图 11-9　X6132 型万能卧式升降台铣床结构**

1—底座；2—主轴变速手柄；3—主轴变速盘；4—床身；5—悬梁；6—主轴；7—纵向操纵手柄；

8—刀杆支架；9—工作台；10—回转盘；11—溜板；12—十字手柄；13—进给变速柄与盘；14—升降台

机构。

（6）横向工作台（床鞍）　横向工作台（床鞍）安装在升降台上面的横向水平导轨上，可沿平行于主轴轴线方向（横向）移动，使纵向工作台做横向进给运动。

（7）回转盘（转台）　回转盘在纵向工作台和横向工作台之间，顶部有水平导轨供纵向工作台纵向移动，并可带动其在水平面内回转±45°，下部与横向工作台连接。X6132 型万能卧式升降台铣床与一般升降台铣床的主要区别就是增加了这一回转盘，因此，纵向工作台可在水平面内调整角度，从而可以加工斜槽、螺旋槽等。

（8）纵向工作台　纵向工作台安装在回转盘的纵向水平导轨上，可沿垂直于主轴轴线的方向移动，实现纵向进给。纵向工作台的上面有三条 T 形槽，用来安装压板螺栓，以固定夹具或工件。

（9）底座　底座用来支承床身，其内可存储切削液。

2）立式升降台铣床

立式升降台铣床与卧式升降台铣床的主要区别是其主轴与工作台面是垂直的。主轴头架可根据加工要求在垂直面内旋转一定角度，以铣削斜面。主轴可以通过手动沿轴线方向调整位置。其纵向工作台、横向工作台和升降台的结构与卧式升降台铣床相同。这种铣床刚度高，生产效率更高，只是加工范围要小一些。立式升降台铣床主要用于加工平面、台阶面、沟槽、齿轮、盘形凸轮等。

## 11.1.3　磨削加工

**1. 磨削的基本概念**

磨削是指用磨具以较高的线速度对工件表面进行加工的方法。磨削可以加工各种表面，如内外圆柱面、内外锥面、平面、螺旋面、渐开线齿面等，还可以刃磨刀具和切断工件。

磨削实质上是滑擦、刻划、切削作用三者的综合。

**2. 磨削工艺特点**

（1）加工精度高，所加工工件表面粗糙度小。在一般条件下，磨削的加工精度为 IT7～IT6，表面粗糙度 $Ra$ 为 1.6～1.4 $\mu m$；高精度磨削时，加工精度可达 IT5～IT4，表面粗糙度 $Ra$

为 0.2~0.01 μm。所以一般将磨削加工作为零件的精加工工序。

（2）磨削速度高，切削厚度小，产生热量大。磨削时，砂轮的线速度很高，一般为 35~50 m/s，高速磨削时可达 60 m/s。在磨削过程中，砂轮对工件有强烈的挤压作用和摩擦作用，会产生大量的切削热，磨削区瞬时磨削温度可达 800~1000 ℃。高的磨削温度可使工件变形、烧伤或力学性能下降，所以在磨削时必须大量使用切削液。

（3）可以加工高硬度材料。由于砂轮是一种特殊的刀具，每个磨粒相当于一个刀齿，整个砂轮就相当于一把刀齿极多的铣刀，而且砂轮磨粒具有很高的硬度，所以磨削可以加工一般的金属切削刀具难加工甚至是无法加工的高硬度材料，如淬硬钢、高强度合金、硬质合金、玻璃和陶瓷等。

（4）砂轮具有自锐性。自锐性是砂轮所具备的一大特点。在磨削过程中，磨钝的磨粒能在切削力的作用下破碎并脱落，露出锋利的磨粒继续切削，这就是砂轮的自锐性。它能使砂轮保持良好的切削性能，特别是在工件的硬度和磨粒的硬度十分接近时也能进行磨削。

**3. 磨削方式**

1）外圆磨削方法

外圆磨削的基本方法有纵磨法、横磨法和综合磨法三种（见图 11-10）。

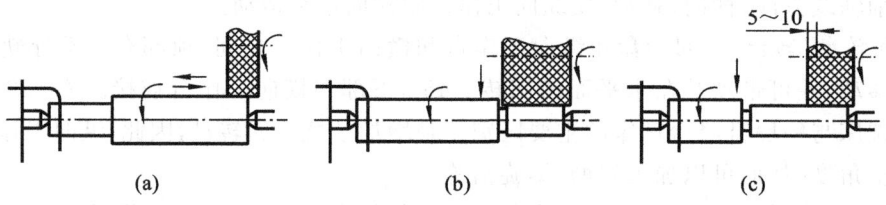

**图 11-10　外圆磨削方法**
(a) 纵磨法；(b) 横磨法；(c) 综合磨法

（1）纵磨法　纵磨法主要用于磨削轴向尺寸大于砂轮宽度的工件。纵向磨削时，砂轮做高速旋转运动，工件做圆周进给运动，并和工作台一起做直线往复运动（纵向进给运动）。每单次纵向行程或每往复纵向行程结束时，砂轮做一次横向进给，每次进给量很小，以提高工件的磨削精度和表面质量。

采用纵磨法磨削工件时，生产率低，但磨削力小，散热条件好，磨削温度低，因而工件可获得较高的加工精度。纵磨法是目前生产中应用最广的一种磨削方法，尤其是单件小批量生产和精磨时，一般都采用这种方法。

（2）横磨法　横磨法又称为径向磨削法或切入磨削法，是一种用宽砂轮进行横向切入磨削的方法。主要用于磨削轴向尺寸小于砂轮宽度的工件。横向磨削时，工件不做纵向往复运动，只做旋转运动，砂轮在做旋转主运动的同时，以缓慢的速度连续或断续地做横向进给运动，直至磨去全部加工余量。

采用横磨法磨削工件时，生产效率高，但工件与砂轮接触面积大，磨削力大，磨削温度高，因而加工精度低，表面质量较差。因此，横磨法一般用于大批量生产中刚度较高、精度较低、轴向尺寸较短的外圆柱面的加工。

（3）综合磨法　综合磨法是横磨法和纵磨法的综合应用。先用横磨法将工件分段粗磨、相邻两段间搭接 5~10 mm，工件上留有精磨余量，然后用纵磨法将余量磨去。此方法兼有横磨法生产率高和纵磨法加工精度高、加工表面粗糙度小的优点，适用于在成批生产中磨削刚度较高的较长外圆柱面。

2）平面磨削方法

根据砂轮工作表面不同，平面磨削方法可分为周磨法和端磨法两类。

（1）周磨法　周磨法是使用砂轮的圆周面磨削工件的方法。这种磨削方法适用于磨削长而宽的平面工件。其特点是砂轮与工件的接触面较小，磨削时的冷却和排屑情况较好，产生的磨削力和磨削热也较小，因而加工质量高，容易保证工件的平行度和平面度。但磨削过程中要间断地通过横向进给来完成整个工件表面的磨削，故生产率较低，主要用于精磨。

（2）端磨法　端磨法是用砂轮的端面磨削工件的方法。采用这种磨削方法时，砂轮主轴主要承受轴向力，因而主轴的弯曲变形小，刚度高，磨削时可选用较大的磨削用量。砂轮与工件的接触面积大，同时参与磨削的磨粒多，故生产效率高，容易保证工件的平行度和平面度。但磨削过程中发热量较大，切削液不易直接注到磨削区，排屑也较困难，因而工件易产生热变形和烧伤，磨削质量比周磨差一些。端磨法一般多用于粗磨，用来加工批量生产的大平面工件。

**4. 磨床**

磨床种类很多，按用途和磨削方式不同分为外圆磨床、平面磨床、内圆磨床、工具磨床以及各种专用磨床等。下面介绍常用的磨床。

1）M1432A 型万能外圆磨床

万能外圆磨床是应用最为普遍的一种外圆磨床，其工艺范围较广。它可以磨削外圆柱面和外圆锥面，还可以磨削内孔和阶梯轴轴肩等。M1432 型万能外圆磨床（见图 11-11）主要组成部件及其功用如下。

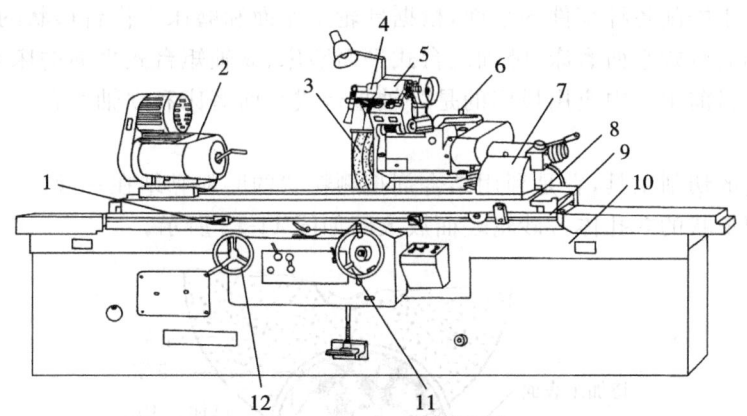

**图 11-11　M1432A 型万能外圆磨床**

1—换向挡块；2—头架；3—砂轮；4—内圆磨具；5—磨架；6—砂轮架；7—尾座；
8—上工作台；9—下工作台；10—床身；11—横向进给手轮；12—纵向进给手轮

（1）床身　床身是磨床的基础支承件，用以支承和固定磨床的各个部件，在床身上面有纵向导轨和横向导轨。纵向导轨上装有工作台，横向导轨上装有砂轮架。床身内部装有液压传动系统。

（2）头架　头架安装在工作台上，在其主轴上安装有卡盘或顶尖，用以夹持工件，并带动工件做圆周进给运动。头架上装有专用电动机，经变速机构可以使工件得到不同的转速。头架还可在水平面内旋转一定角度，以磨削短圆锥面。头架和尾座可随工作台一起沿床身导轨做纵向往复进给运动。

（3）砂轮架　砂轮架用于支承并带动砂轮主轴做高速旋转运动。砂轮安装在砂轮架主轴上，由单独的电动机直接驱动。砂轮可以沿着床身后部的横向导轨前后移动，以调整砂轮相对于工件的径向位置，并完成横向进给运动。当需要磨短圆锥面时，砂轮架可以在水平面内转动，回转角度为±30°，以适应磨削短圆锥面的需要。砂轮架上装有内圆磨装置。

（4）内磨圆具　内磨圆具是磨削内圆表面用的，在它的主轴上安装有用于磨内孔的砂轮。内圆磨具的主轴由单独的内圆砂轮电动机驱动。磨削内孔时，将内圆磨具翻下，用内圆砂轮进行磨削。

（5）尾座　尾座上面装有顶尖，和头架的顶尖一起，用于支承工件。尾座可以沿工作台导轨左右移动，调整位置以适应磨削不同长度工件的需要。

（6）工作台　工作台上装有头架和尾座，它们将随工作台一起沿床身导轨做纵向往复运动，往复运动由液压控制箱和换向挡块控制。工作台由上工作台和下工作台两部分组成，上工作台可绕下工作台的心轴在水平面内偏转±10°左右的角度，以磨削锥度不大的长圆锥面。

（7）横向进给机构　转动横向进给手轮，即可通过横向进给机构带动砂轮架做横向进给运动，此外，也可以利用液压装置，使砂轮架及滑鞍做快速进、退或周期性自动切入进给运动。

从上述可知，在外圆磨床上进行磨削加工时，机床可实现如下运动。

（1）主运动　砂轮的高速旋转运动。

（2）进给运动　工件旋转运动是工件的圆周进给运动；工件纵向往复运动是工件沿砂轮轴向的进给运动；砂轮径向切入运动是砂轮的横向进给运动。

2）平面磨床

平面磨床用于磨削各种零件的平面，根据砂轮工作面和磨床工作台形状的不同，普通平面磨床可分为卧轴矩台式平面磨床、卧轴圆台式平面磨床、立轴矩台式平面磨床和立轴圆台式平面磨床四大类。目前生产中应用最广的是卧轴矩台式平面磨床和立轴圆台式平面磨床。

**5. 砂轮**

砂轮是磨削的切削工具，它是利用结合剂把颗粒状的磨料黏结在一起，经压制后焙烧而成的具有一定几何形状的多孔体。砂轮表面放大图如图11-12所示。

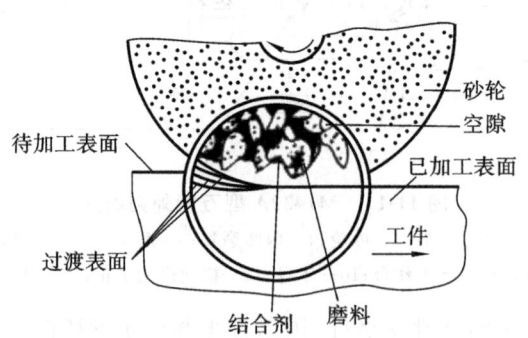

**图 11-12　砂轮表面放大图**

1）砂轮的组成要素

砂轮的切削性能取决于磨料、粒度、结合剂、硬度、组织、形状和尺寸等基本要素，它将直接影响工件的加工精度、表面粗糙度和生产率。

（1）磨料　磨料是砂轮的主要组成部分，直接参加磨削工作。根据场合，有时要添加填充剂、添加剂，并需要做特殊处理。磨料种类很多，有砂轮、油石、砂瓦、砂布、砂纸、砂带和研磨膏等。它除了应具备锋利的尖角外,还必须有很高的硬度、耐磨性、耐热性、适当的韧度以及一定的强度等,以保证其在磨削加工时在高温下能经受剧烈的摩擦和挤压。

常用的磨料有氧化物系(刚玉类)、碳化物系(碳化硅类)、高硬磨料系(金刚石、立方氮化硼)三大类。表 11-1 所示为常用磨料的特点及应用。

表 11-1　常用磨料的特点及应用

| 类别 | 磨料名称 | 代号 | 颜色 | 硬度 | 韧度 | 应用范围 |
|---|---|---|---|---|---|---|
| 刚玉类 | 棕刚玉 | GZ(A) | 棕褐色 | 低 ↑ ↓ 高 | 高 ↑ ↓ 低 | 磨削碳钢、合金钢、可锻铸铁等 |
| | 白刚玉 | GB(WA) | 白色 | | | 磨削淬火钢、高速钢、高碳钢等 |
| | 单晶刚玉 | GD(SA) | 浅黄或乳白 | | | 磨削不锈钢、高钒高速钢及其他难加工材料 |
| | 铬刚玉 | GG(PA) | 紫红色 | | | 磨削淬硬高速钢、高强度钢,特别适用于成型磨削 |
| 碳化硅类 | 黑色碳化硅 | TH(C) | 黑色 | | | 磨削铸铁、黄铜、耐火材料及非金属材料 |
| | 绿色碳化硅 | TL(GC) | 绿色 | | | 磨削硬质合金、宝石、陶瓷、玻璃等高硬磨料 |
| 高硬磨料 | 立方氮化硼 | CBN | 黑色 | | | 磨削各种高温合金,高钼、高钒、高钴钢及不锈钢等 |
| | 人造金刚石 | MBD、RVD | 乳白色 | | | 磨削硬质合金、光学玻璃、宝石、陶瓷等硬质材料 |

(2) 粒度　粒度是指磨料颗粒尺寸的大小。砂轮的粒度对磨削表面的粗糙度和磨削效率有很大影响。粒度号小则磨削深度大,故磨削效率高,但表面粗糙度大。所以粗磨时,一般选粒度号小的砂轮,精磨时选粒度号大的砂轮。磨软金属时,多选用较粗的磨粒;磨脆和硬的金属时,则选用较细的磨粒。

(3) 结合剂　结合剂是把磨粒黏结在一起组成磨具的材料。它决定了砂轮的强度、抗冲击性、耐蚀性及耐热性,而且它对磨削温度和加工表面质量也有一定的影响。

(4) 硬度　砂轮的硬度反映砂轮工作时,磨料自砂轮上脱落的难易程度。砂轮硬即表示磨粒难脱落,砂轮软,表示磨粒易脱落。一般情况下,加工硬度大的金属时,应选用软砂轮;加工硬度小的金属时,应选用硬砂轮。粗磨时,应选用软砂轮;精磨时,应选用硬砂轮。

(5) 组织　砂轮的组织是指组成砂轮的磨料、结合剂、空隙三部分体积的比例关系。通常以磨粒所占砂轮的百分比来分级。有三种组织状态(紧密、中等、疏松)共 15 级(0～14 级),组织号越小,磨粒所占的比例越大,砂轮组织越紧密。砂轮组织疏松则不易堵塞,并可把切削液或空气带入切削区,降低磨削温度,但过分疏松则磨粒含量小,容易磨钝和失去正确的廓形。故粗磨时应采用组织疏松的砂轮,精磨时应采用组织较紧密的砂轮。

(6) 形状和尺寸　为了适应在不同类型的磨床上磨削各种不同形状和尺寸工件的需要,砂轮的形状和尺寸是根据磨床类型、加工方法及工件的加工要求来确定的。

2) 砂轮的标记

国家标准《固结磨具一般要求》(GB/T 2484—2018)规定,砂轮标记的书写顺序是:磨具名称、产品标准号、基本形状代号、圆周型面代号(若有)、尺寸(包括型面尺寸)、磨料牌号(可选)、磨料种类、磨料粒度号、硬度等级、组织号(可选)、结合剂种类和允许的最高工作速度,如"平形砂轮 GB/T 2485.1 N-300×50×76.2-A/F80L 5V-50 m/s"表示外径为 300 mm、厚度为 50 mm、内径为 76.2 mm,采用 F80 的棕刚玉磨料,硬度为 L 级,并采用 5 号组织、陶瓷结合剂,最高线速度为 50 m/s 的平形砂轮。

3) 砂轮的修整

砂轮本身具有自锐性,但切屑和碎磨粒会把砂轮堵塞,使它失去切削能力,同时磨粒随机脱落的不均匀性,也会使砂轮失去外形精度。所以,为了恢复砂轮的切削能力和外形精度,在磨削一定时间后,仍需对砂轮进行修整。

## 11.1.4 刨削加工

在刨床上使用单刃刀具相对工件做直线往复运动而进行切削加工的方法,称为刨削。刨削是金属切削加工中的常用方法之一,在机床床身导轨、机床镶条等较长、较窄零件表面的加工中,刨削仍然占据着十分重要的地位。

### 1. 刨削的基本概念

在刨削加工中,刨刀的直线往复运动为主运动,工件的间歇移动为进给运动。

(1)刨削速度 $v_c$   刨刀或工件在刨削时的主运动平均速度,称为刨削速度,它的单位为 m/min,其值可按下式计算:

$$v_c = \frac{2Ln}{1000}$$

式中:$L$——刀具往返行程长度,单位为 mm;

$n$——滑枕每分钟的往复次数。

(2)进给量 $f$   刨刀每往复一次工件横向移动的距离,称为进给量。它的单位为 mm/str(毫米每次往复)。进给量 $f$ 可按下式计算:

$$f = \frac{k}{3}$$

式中:$k$——刨刀每往复行程一次,棘轮被拨过的齿数。

(3)刨削深度 $a_p$   刨削深度 $a_p$ 指已加工面与待加工面之间的垂直距离,它的单位为 mm。

### 2. 刨削加工范围及工艺特点

1) 刨削加工范围

刨削主要用于加工平面、各种沟槽和成型面等。

2) 刨削的应用

刨削多用于单件小批量生产以及维修与模具加工中。刨削特别适合加工较窄、较长的工件表面,此时仍可获得较高的生产率。加之刨床的结构简单,操作简便,刨刀的制造和刃磨都很简便,因此刨削的通用性较好。刨削的应用如图 11-13 所示。

刨削加工时,工件的尺寸精度可达 IT10～IT8,表面粗糙度 $Ra$ 一般可达 6.3～1.6 $\mu$m。

3) 刨削的工艺特点

(1)刨刀结构简单,易于制造和刃磨,因此工件的加工成本低。

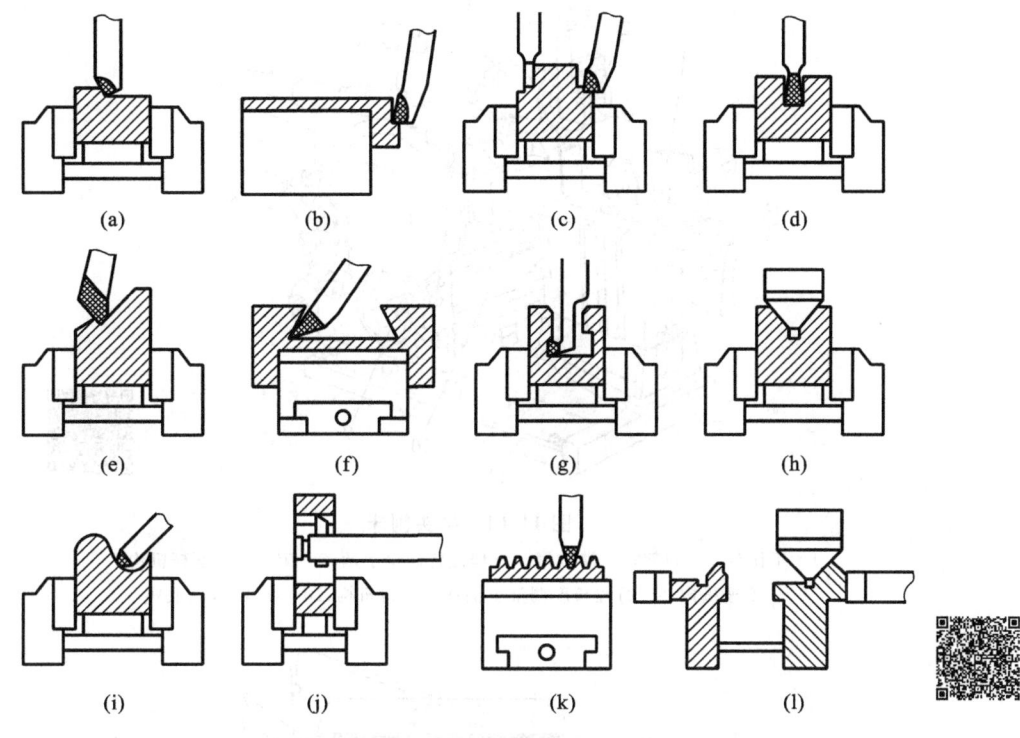

**图 11-13　刨削的应用**

(a) 刨平面；(b) 刨竖直面；(c) 刨台阶面；(d) 刨竖直沟槽；(e) 刨斜面；(f) 刨燕尾形沟槽
(g) 刨 T 形槽；(h) 刨 V 形槽；(i) 刨曲面；(j) 孔内加工；(k) 刨齿面；(l) 刨复合表面

（2）加工质量低。刨削时有冲击和振动，影响加工精度和表面质量。但在龙门刨床上用宽刃刨刀细刨，可得到很高的表面质量。

（3）生产效率低。刨削的主运动为直线往复运动，会产生冲击，限制了切削速度的提高。

（4）刨削适应性强、通用性好。它能刨削平板类、支架类、箱体类零件，以及机座、床身零件的各种表面、沟槽等。

**3. 刨床**

刨削加工是在刨床上进行的，常用的刨床为牛头刨床和龙门刨床。

1）牛头刨床

牛头刨床（见图 11-14）主要用于加工中小型工件。它主要由床身、滑枕、刀架、横梁、工作台及底座等部件组成。装有刀架的滑枕可沿床身的水平导轨做直线往复运动，以实现刀具的主运动。刀架座可绕水平轴线转至一定的位置以加工斜面，刀架能沿刀架座的导轨上下移动。工作台可带动工件沿横梁做间歇式的横向进给运动，横梁可沿床身的垂直导轨上下移动，以适应不同高度工件的加工。

2）龙门刨床

龙门刨床（见图 11-15）由床身、工作台、立柱、横梁、垂直刀架、侧刀架等组成。加工时，工件装夹在工作台上，随工作台一起做直线往复运动，工作台靠液压驱动；垂直刀架可在横梁的导轨上间歇移动，做横向进给运动，以刨削工件的水平面。垂直刀架上的滑板可使刨刀上下移动，做切入运动，滑板还能绕水平轴线旋转至一定的角度，用以加工斜面；侧刀架可沿立柱上的

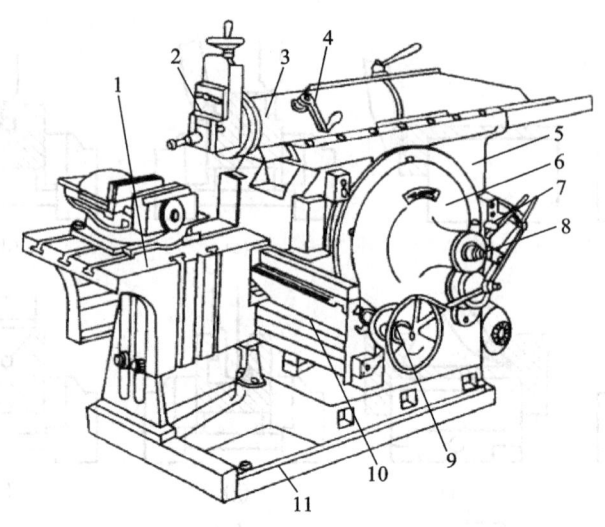

**图 11-14　牛头刨床**

1—工作台；2—刀架；3—滑枕；4—行程位置调整手柄；5—床身；6—摆杆机构；
7—变速机构；8—行程长度调整手柄；9—进刀机构；10—横梁；11—底座

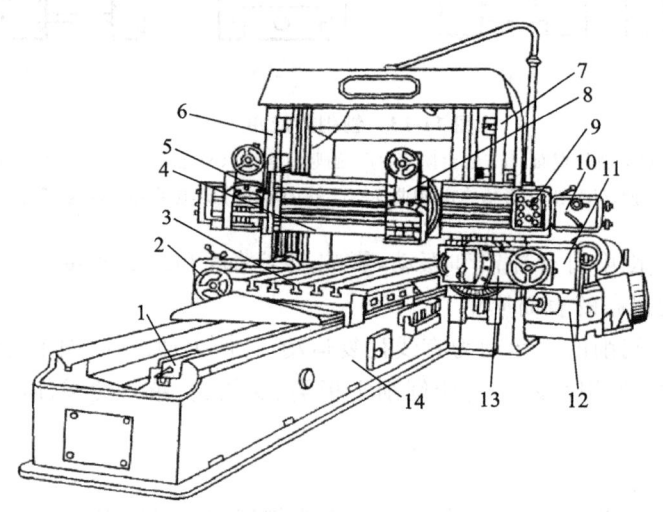

**图 11-15　双柱龙门刨床**

1—液托安全器；2—左侧刀架进给箱；3—工作台；4—横梁；5—左垂直刀架；6—左立柱；
7—右立柱；8—右垂直架；9—悬挂按钮；10—垂直架进给箱；11—右侧刀架进给箱；
12—工作台减速箱；13—右侧刀架；14—床身

导轨做上下间歇进给运动，也可沿自身的滑板导轨做横向进给运动；横梁还可沿立柱导轨上下升降，以调整刀具和工件的相对位置，适应不同高度工件的加工。

龙门刨床主要用于加工大平面，特别是长而窄的平面，还可同时加工几个中小型零件的平面，精刨时也可得到较高的加工质量。

**4. 刨刀**

1）刨刀的种类

刨刀的种类很多，按加工形式的不同可分为平面刨刀、偏刀、切刀（如直切刀和弯头切刀）等，如图 11-16 所示。

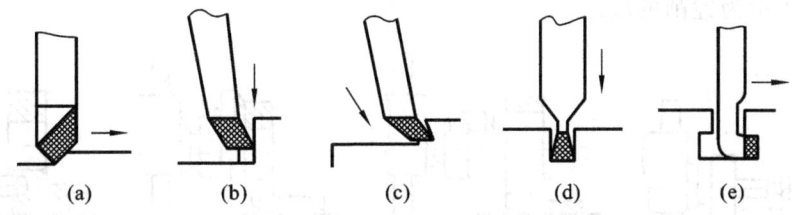

**图 11-16　几种常用的刨刀**

(a) 平面刨刀；(b)、(c) 偏刀；(d) 直切刀；(e) 弯头切刀

2）刨刀的结构特点

刨刀形状与车刀相似，但由于刨削加工的不连续性，刨刀切入工件时，会承受较大的冲击力，所以，一般刨刀刀杆的横截面面积比车刀大 1.25～1.5 倍。刨刀按刀杆形状分一般有直头刨刀、弯头刨刀两种，切削量大的刨刀常制成弯头的。弯头刨刀受力后，刀杆弯曲部分可向上方弹起，这样刀尖不易啃入工件，从而可避免刀尖折断，而且弯头刨刀可防止刨刀从已加工表面上提起时损坏已加工表面。

## 11.1.5　镗削加工

**1. 镗削基本概念**

在镗床上以镗刀的旋转为主运动，工件或镗刀移动为进给运动，对工件表面进行切削，使工件表面获得一定加工精度的加工方法称为镗削。

镗削时，镗刀随镗杆一起转动，形成主切削运动，而工件不动。用镗刀对已有的孔进行再加工，称为镗孔。对于直径较大的孔（一般 $D>80～100$ mm）、内成型面或孔内环槽等，镗削是唯一合适的加工方法。一般镗孔精度达 1T8～IT7，表面粗糙度 $Ra$ 为 1.6～0.8 $\mu m$；精细镗时，加工精度可达 IT7～IT6，表面粗糙度 $Ra$ 为 0.8～0.2 $\mu m$。

镗削加工工件的加工质量除与所用加工设备密切相关外，还与工人技术水平有关；镗削加工时调整机床、刀具时间较长，故镗削加工生产率不高。但镗削加工灵活性较大，适应性强。

1）镗削的特点

（1）镗削加工灵活性大，适应性强。

（2）镗削加工操作技术要求高。

（3）镗刀结构简单，刃磨方便，成本低。

（4）镗孔可修正上一工序所产生的孔的轴线位置误差，保证孔的位置精度。

2）镗削的应用

镗削一般用于加工机座、箱体、支架及非回转体等外形复杂的大型零件上的较大直径孔，尤其是有较高位置精度要求的孔与孔系；对外圆、端面、平面也可采用镗削进行加工，且加工尺寸可大可小；当配备各种附件、专用镗杆和相应装置后，镗削还可以用于加工螺纹孔、孔内沟槽、端面、内外球面、锥孔等。当利用高精度镗床（精镗）或具有锋利刃口的金刚石镗刀（金刚镗），采用较高的切削速度和较小的进给量进行镗削时，可获得更高的加工精度及表面质量。精镗一般用于对有用色金属等软材料进行孔的精加工。

机座、箱体、支架等外形复杂的大型工件上直径较大的孔，特别是有位置精度要求的孔系，常在镗床上利用坐标装置和镗模加工。

图 11-17 所示为镗削的应用。

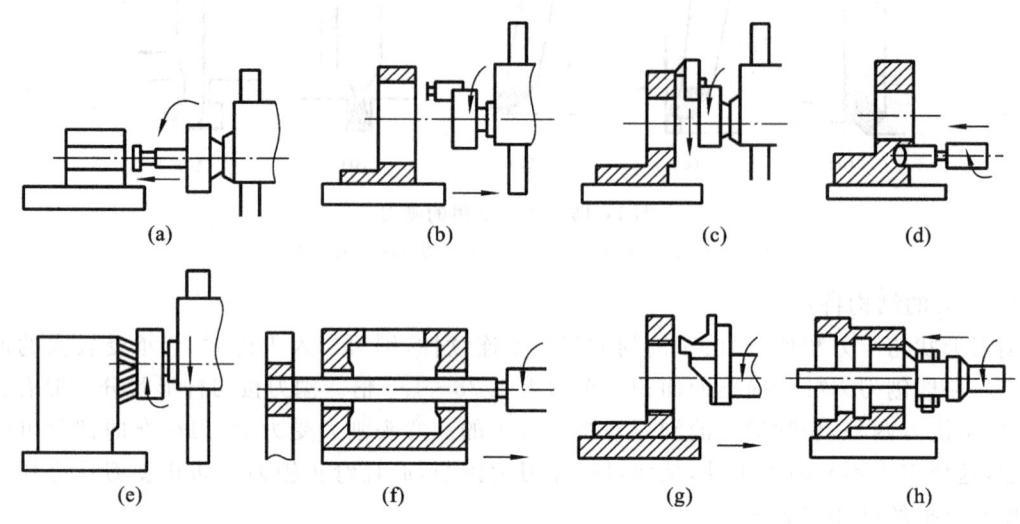

**图 11-17　镗削的应用**

（a）镗小孔；（b）镗大孔；（c）镗端面；（d）钻孔；（e）铣平面；
（f）铣组合面；（g）镗螺纹；（h）镗深孔螺纹

镗孔可以在多种机床上进行。回转体零件上的孔多在车床上加工,箱体类零件上的孔或孔系（即要求相互平行或垂直的若干几个孔）则常用镗床加工。

**2. 镗床**

镗床主要用于加工重量、尺寸较大工件上的大直径孔系,尤其是有较高位置、形状精度要求的孔系。镗床的主要类型有卧式镗床、坐标镗床、金刚镗床等。

1）卧式镗床

卧式镗床是一种应用较广泛的镗床,其外形如图 11-18 所示。前立柱 7 固定连接在床身 10 上,在前立柱的侧面轨道上,安装着可沿立柱导轨上下移动的主轴箱 8 和尾筒 9;主轴箱中装有主运动和进给运动的变速及其操纵机构;可做旋转运动的平旋盘 5 上铣有径向 T 形槽,供安装刀夹或刀盘用;平旋盘端面的燕尾形导轨槽中可安装径向刀架 4,装在径向刀架上的刀座 13 可随刀架在燕尾导轨槽中做径向进给运动;镗轴 6 的前端有精密莫氏锥孔,也可用于安装刀具或刀杆;后立柱 2 和工作台部件均能沿床身导轨做纵向移动,安装于后立柱上的支架 1 可支撑悬伸较长的镗杆,以增加其刚度;工件装于工作台上除能随下滑座 11 沿轨道纵移外,还可在上滑座 12 的环形导轨上绕垂直轴转动。

由上述可知,在卧式镗床上可实现多种运动。

（1）镗轴、平旋盘的旋转运动,二者独立,并分别由不同的传动机构驱动,均为主运动。

（2）镗轴的轴向进给运动,工作台的纵向进给运动,工作台的横向进给运动,主轴箱的垂直进给运动,平旋盘上径向刀架的径向进给运动。

（3）主轴、主轴箱及工作台在进给方向上的快速调位运动,后立柱的纵向调位运动,后支架的竖直调位移动,工作台的转位运动等构成卧式镗床上的各种辅助运动,这些运动可通过手动实现,也可以由快速电动机实现。

由于卧式镗床能方便灵活地实现以上多种运动,所以,卧式镗床的应用范围较广。

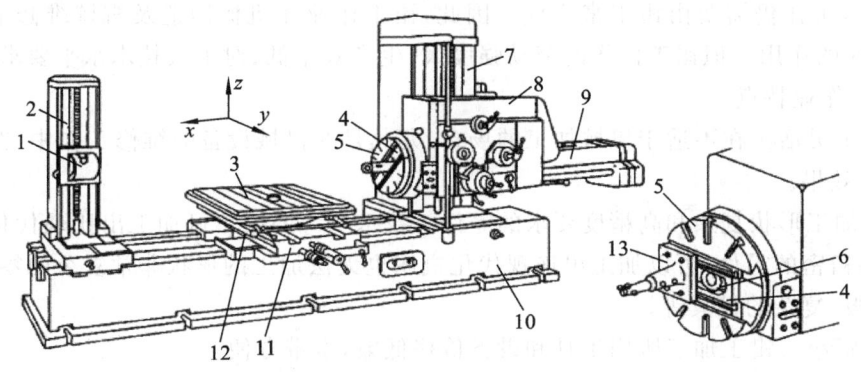

**图 11-18　卧式镗床**

1—支架；2—后立柱；3—工作台；4—径向刀架；5—平旋盘；6—镗轴；

7—前立柱；8—主轴箱；9—尾筒；10—床身；11—下滑座；12—上滑座；13—刀座

2）坐标镗床

坐标镗床因具有坐标位置的精密测量装置而得名。在加工孔时，其可按直角坐标来精密定位，因此坐标镗床是一种高精密机床，主要用于镗削高精度的孔，尤其适合于相对位置精度很高的孔系，如钻模、镗模等上孔系的加工，也可用于钻孔、扩孔、铰孔、铣削加工，还可用于精密刻度、样板划线、孔距及直线尺寸的测量等。

坐标镗床有立式、卧式之分。立式坐标镗床适宜加工轴线与安装基面垂直的孔系和铣顶面；卧式坐标镗床则宜用于加工轴线与安装基面平行的孔系和铣削侧面。立式坐标镗床还有单柱和双柱之分。图 11-19 所示为立式单柱坐标镗床。工件安装于工作台 3 上，坐标位置由工作台沿滑座 5 的导轨纵向（$x$ 向）移动和滑座沿底座 4 的导轨横向（$y$ 向）移动实现；主轴箱 1 可在立柱 6 的垂直轨道上上下调整位置，以适应不同高度的工件加工需

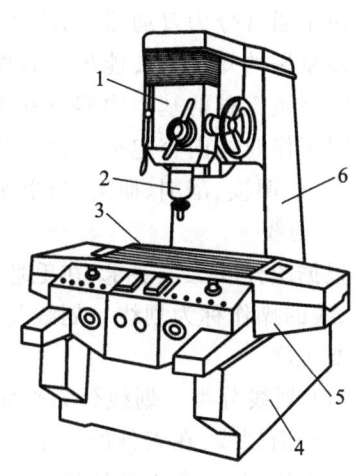

**图 11-19　立式单柱坐标镗床**

1—主轴箱；2—主轴；3—工作台；

4—底座；5—滑座；6—立柱；

求；主轴箱内装有主电动机和变速、进给装置及其操纵机构，主轴 2 由精密轴承支承在主轴套筒中。当进行镗、钻、扩、铰孔时，主轴由主轴套筒带动，沿竖直方向做机动或手动进给运动。进行铣削时，则由工作台实现纵、横方向的进给运动。

## 11.1.6　钳工

**1. 钳工基本概念**

1）钳工的定义及其作用

钳工是指用手持各种工具来完成零件的制造、装配和修理的工件，它是机械制造中的重要工种之一。钳工操作主要是以锉刀、钻、铰刀、老虎钳、台虎钳、车床、铣床、磨床为主的工具进行装配和维修。

钳工是一种比较复杂、细微、工艺要求较高的工种，劳动强度较大，生产率低。目前虽然有各种先进的加工方法，但钳工作业具有所用工具简单、加工多样灵活、操作方便、适应面广等特

点,故有很多工作仍需要由钳工来完成。因此,钳工作业在机械制造及机械维修中有着特殊的、不可取代的作用。但钳工操作的劳动强度大、生产效率低、对工人技术水平要求较高。

2) 钳工作业特点

(1) 加工灵活。在不适于机械加工的场合,尤其是在机械设备的维修工作中,钳工加工可获得满意的效果。

(2) 可加工形状复杂和高精度要求的零件。技术熟练的钳工可加工出比现代化机床加工的零件还要精密的零件,可以加工出连现代化机床也无法加工的形状非常复杂的零件,如高精度量具、样板、复杂的模具等。

(3) 投资小。钳工加工所用工具和设备价格低廉,携带方便。

(4) 质量不稳定。加工质量的高低受工人技术熟练程度的影响,加工质量不稳定。

(5) 完全依靠手工操作,生产效率低,劳动强度大。

**2. 钳工分类及其内容**

钳工通常分为普通钳工、冷作钳工、调整维修钳工等多种。各种钳工根据其业务分工的不同所需掌握的知识与技能虽各有侧重,但对他们的技术素质的要求是一致的,即无论哪种钳工都要掌握该工种的基本内容及其操作技能。

钳工作业的内容包括:划线、錾削、锯削、锉削、钻孔、扩孔、锪孔、铰孔、攻螺纹、套螺纹、矫正和弯形、铆接、刮削、研磨、机器装配调试、设备维修、测量和简单的热处理等。

1) 划线

根据图样和工艺要求,在毛坯或工件上,用划线工具划出待加工部位的轮廓线或作为基准的点、线的操作称为划线。划线是单件中小批量生产中直接关系到加工成本和产品质量的一道重要工序。

(1) 划线分类　划线分为平面划线和立体划线,如图 11-20 所示。

①平面划线:在工件的一个表面上划线称为平面划线。

②立体划线:在工件的长、宽、高三个方向的几何空间表面上划线称为立体划线。

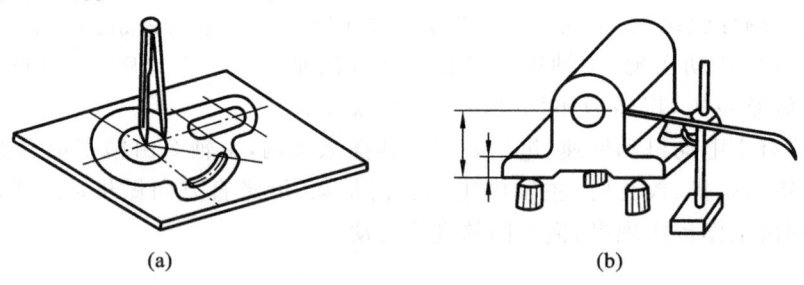

(a)　　　　　　　　　　　　　　　(b)

**图 11-20　力的正交分解图划线分类**

(a) 平面划线;(b) 立体划线

(2) 划线基准　划线基准是用来确定生产对象几何要素间的几何关系所依据的点、线、面。划线的规则从基准开始。平面划线时一般要选择两个划线基准,立体划线时一般要选择三个划线基准。划线时,应先分析图样,找出设计基准,使划线基准与设计基准尽量一致,这样能够直接量取划线尺寸,简化换算过程。

划线基准一般可根据以下三个原则来选择。

(1) 以两个互相垂直的平面(或线)为划线基准,如图 11-21 所示。

(2) 以两条中心线为划线基准,如图 11-22 所示。

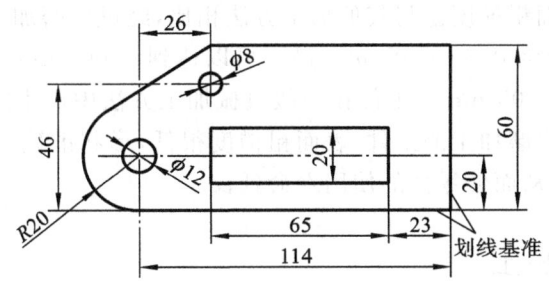

**图 11-21　以两个互相垂直的平面为划线基准**

（3）以一个平面和一条中心线为划线基准，如图 11-23 所示。

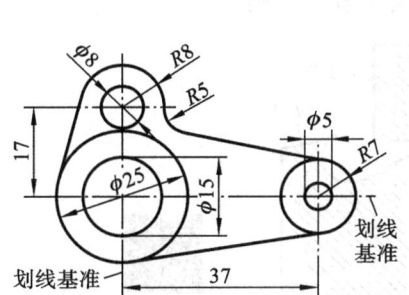

**图 11-22　以两条中心线为划线基准**

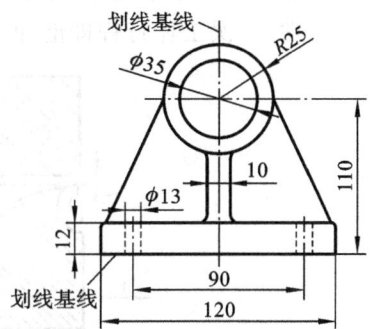

**图 11-23　以一个平面和一条中心线为划线基准**

2）孔加工

钳工孔加工的主要方法有钻孔、扩孔、铰孔、锪孔等，其中钻孔、扩孔、铰孔的特点和工艺范围如下。

（1）钻孔　用钻头在实体材料上加工孔的方法称为钻孔，钻孔属于粗加工，其精度可达 IT12～IT11，表面粗糙度 $Ra$ 可达 $25～12.5\ \mu m$，一般钻头用高速钢制成。

（2）扩孔　用扩孔刀具扩大孔径的方法称为扩孔。常用的扩孔刀具有麻花钻和扩孔钻。麻花钻用于一般精度的工件，扩孔钻用于精度要求高的工件。扩孔属于半精加工。

（3）铰孔　操作简单，效率高，广泛用于加工直径较小、长度较长的通孔。其精度可达 IT9～IT7，表面粗糙度 $Ra$ 可达 $0.4\ \mu m$。

3）刮削与研磨

（1）刮削　刮削指用刮刀在工件表面上刮去一层很薄的金属，以提高工件加工精度的操作。

在刮削过程中，由于工件多次反复地受到刮刀的推挤和压光作用，因此其表面组织会变得比原来紧密，并得到较低的表面粗糙度。经过刮削，可以提高工件的形状精度和配合精度；增加接触面积，从而增大工件承载能力；形成比较均匀的微浅凹坑，创造良好的存油条件；提高工件的表面质量，从而提高工件的耐磨和耐蚀性，延长工件的使用寿命；刮削还能使工件的表面和整机更美观。刮削可用于机床导轨和滑动轴承的接触面，工具和量具的接触面及密封表面等，在机械加工之后也常用刮削方法进行加工。

（2）研磨　研磨是使用研具和研磨剂从工件上除去一层极薄的金属，使工件达到精确的尺寸、准确的几何形状和很小的表面粗糙度的加工方法。

研磨可降低工件表面粗糙度。与其他加工方法相比,经过研磨加工的表面粗糙度最低,一般情况下表面粗糙度 $Ra$ 为 $0.8\sim0.05\ \mu m$,最小可以达到 $0.006\ \mu m$。经过研磨加工的工件,尺寸精度可达 $0.001\sim0.005\ mm$。工件在一般机械加工方法中产生的形状误差,可以通过研磨的方法来校正。经过研磨加工的工件,表面粗糙度很低,形状准确,所以工件的耐蚀性和疲劳强度也相应得到提高,从而使零件的使用寿命延长。

### 11.1.7　拉削加工

拉削加工是一种高效率的加工方法,是利用特制的拉刀在拉床上进行的。当拉刀相对工件从右向左做直线移动时,工件的加工余量由拉刀上逐齿递增尺寸的刀齿依次切除,如图 11-24 所示。通常,一次工作行程即能加工成型。拉削相当于多刀齐刨。

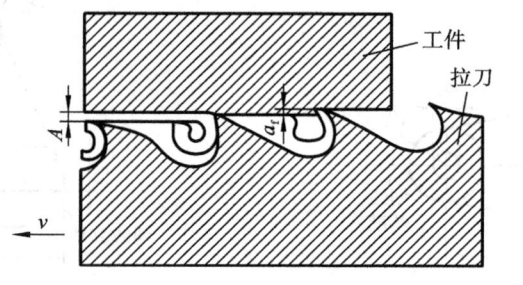

**图 11-24　拉削示意图**

拉削加工与其他金属切削加工方法相比较,具有以下主要特点。

(1) 生产效率高。拉刀同时工作的刀齿多,切削刃长,一次行程能完成粗、半精及精加工,因此生产率很高。

(2) 加工精度高,表面粗糙度低。由于拉削速度较低,一般为 $0.04\sim0.13\ m/s$,拉削平稳,切削厚度很薄,因此拉削精度可达 IT9~IT7,表面粗糙度 $Ra$ 一般可达 $2.5\sim1.25\ \mu m$,甚至可达 $0.32\ \mu m$。

(3) 拉刀耐用度高。由于拉削速度小,切削温度低,拉刀磨损慢,因此耐用度较高。

(4) 拉床结构简单。拉削通常只有一个主运动(拉刀直线运动),进给运动通过拉刀刀齿的齿升量实现,因此拉床结构简单,操作方便。

(5) 切削条件差。拉削属于封闭式切削,排屑困难,这就要求拉刀有足够的容屑空间。

(6) 拉刀制造复杂,成本高。

由于拉削优点较多,故在成批和大量生产中使用广泛。但是,对于某些精度要求较高且形状特殊的内、外成型表面,用其他方法加工比较困难时,虽是单件小批量生产,也有采用拉削加工的。

## 11.2　典型表面加工分析

### 11.2.1　齿形的加工方法

齿轮机构是现代机械中应用最广泛的一种高副机构,它主要用于传递两轴间的回转运动,还可以实现回转运动和直线运动之间的转换。齿轮传动与其他形式的机械传动相比,具有传动准确、平稳、机械效率高、使用寿命长和工作安全可靠等优点,故广泛用于机械传动。

**1. 齿轮加工**

齿轮加工可分为轮坯加工和齿面加工。齿轮轮坯属盘类零件,多由车削完成。齿面加工按加工原理分为成型法和展成法两种。

1) 成型法

成型法(见图 11-25)主要指铣齿,铣齿是用与被切齿轮齿槽形状相当接近的铣刀加工齿轮或齿条等的齿面的过程。

成型法铣齿特点如下。

(1) 不需专用设备,刀具成本低。

(2) 每铣一齿分一次度,效率低,误差大。

(3) 适用于修配,或用在单件生产中,加工低速齿轮和对精度要求不高的齿轮。

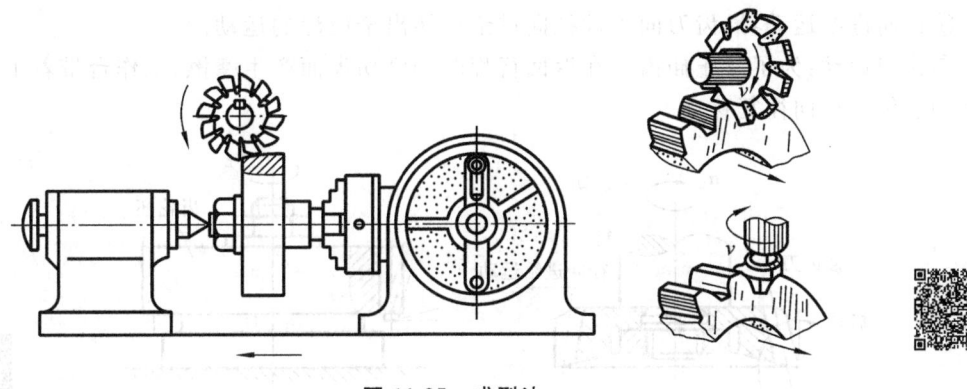

**图 11-25　成型法**

2) 展成法

利用齿轮刀具与被切齿轮的啮合运动而切出齿轮齿面的加工方法称为展成法。滚齿和插齿都属于展成法。

(1) 滚齿　用齿轮滚刀按展成法加工齿轮、蜗轮等齿面为滚齿(见图 11-26)。

滚刀的形状与蜗杆相似,但要在垂直于螺旋线的方向上开出若干个槽,形成刀齿,磨出切削刃。一排排的刀齿如齿条的齿形,因此滚齿时齿轮坯与齿条做啮合运动,从而实现分齿。

滚齿机加工齿面有三种运动。

①主运动:滚刀的旋转。

②分齿运动:滚刀与被切齿轮的强制啮合运动。

③垂直进给运动:滚刀沿轮坯轴线的进给运动,以逐渐切出整个齿宽。

(2) 插齿　插齿是指用插齿刀按展成法或成型法加工内、外齿轮或齿条的齿面(见图 11-27)。

插齿刀形状类似于圆柱齿轮,只是将轮齿都磨制成有前角、后角的切削刃。这种特制的"齿轮"就是插齿刀。插齿时,插齿刀与相啮合的齿轮坯之间保持一定相对转动关系,插齿刀做上下往复运动,实现齿轮加工。

插齿加工的运动形式如下。

①主运动:插齿刀的上下往复直线运动。

②分齿运动:插齿刀和齿轮坯之间的啮合运动。

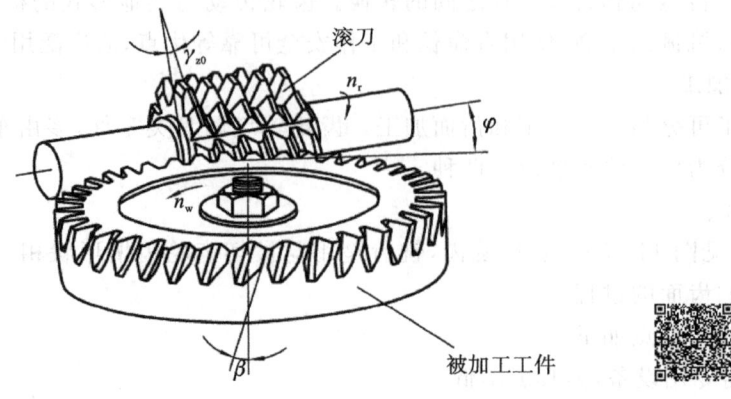

**图 11-26　滚齿**

③圆周进给运动:插齿刀每往复一次在自身分度圆上所转过一定弧长的运动。

④径向进给运动:插齿刀向工件径向进给以切出全齿深的运动。

⑤让刀运动:为了防止插齿刀在返回行程时和已切齿面产生摩擦,工作台带着工件所做的退让和复位的径向往复移动。

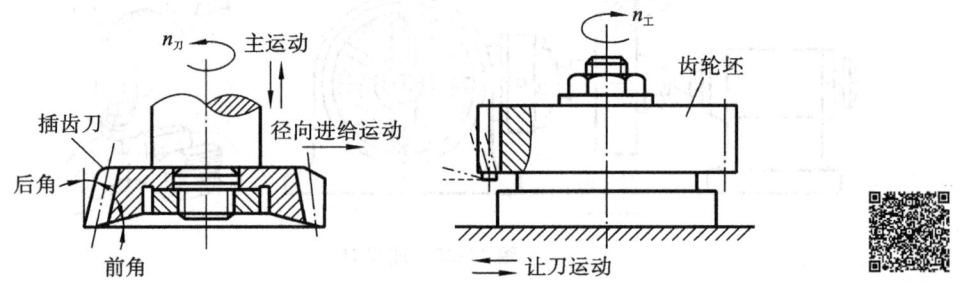

**图 11-27　插齿**

**2. 齿轮加工工艺**

1)齿轮的工作条件和性能要求

(1)齿轮的工作条件如下。

①由于传递转矩,齿根承受较大的交变弯曲应力。

②齿的表面承受较大的接触应力,在工作中两接触面相对滚动和滑动,表面受到强烈的摩擦和磨损作用。

③由于换挡、启动或啮合不良,齿轮会受到冲击。

(2)齿轮的性能要求如下。

根据上述齿轮工作条件,要求齿轮材料具备以下性能:

①齿面有高的硬度和良好的耐磨性;

②齿面具有高的接触疲劳强度,齿根具有高的弯曲疲劳强度;

③轮齿心部要有足够的强度和韧性。

2)齿轮材料和毛坯的选择

由以上分析可知,齿轮一般应选用具有良好力学性能的中碳结构钢和中碳合金钢。承受较大冲击载荷的齿轮,可采用合金渗碳钢;一些在低速或中速低应力、低冲击载荷条件下工作的齿轮,可采用铸钢、灰铸铁或球墨铸铁。一些受力不大或在无润滑条件下工作的齿轮,可选用塑料(如尼龙、聚碳酸酯等)。

中、小齿轮一般选用锻造毛坯,大量生产时可采用热轧或精密模锻的方法制造毛坯。在单件小批量生产条件下,直径在 100 mm 以下的小齿轮也可用圆钢作为毛坯,直径在 500 mm 以上的大型齿轮,可用灰铸铁、铸钢或球墨铸铁铸造毛坯,铸造齿轮一般以辐条结构代替锻造齿轮的辐板结构。在单件小批量生产条件下,常采用焊接方法制造大型齿轮的毛坯。

3) 典型齿轮材料、毛坯选择及加工工艺路线

(1) 机床齿轮　机床的齿轮工作时一般受力不大,转速中等,工作较平稳且无强烈冲击,工作条件较好。

①性能要求　对齿面和心部的强度、韧度要求均不太高;齿轮心部硬度 220~250 HBW,齿面硬度 45~50 HRC。

②适用材料　根据齿轮的工作条件和性能要求,该齿轮材料以选 45 钢或 40Cr、40MnB 为宜。

③毛坯制造方法　该齿轮形状简单,厚度差别不大,可选用圆钢作为毛坯,但齿轮的性能稍差,故应选锻造毛坯。在单件小批量生产时,可采用自由锻生产;在成批大量生产时,宜采用胎模锻等方法生产。

④工艺路线　齿轮毛坯采用锻件时,其加工工艺路线一般为:下料→锻造→正火→粗加工→调质→精加工→齿部表面淬火＋低温回火→精磨。

(2) 汽车变速箱齿轮　载货汽车变速器上的齿轮,其工作条件比机床齿轮恶劣,在工作过程中承受着较高的载荷,齿面受到很高的交变或脉动接触应力及摩擦力,齿轮受到很大的交变或脉动弯曲应力,尤其是在汽车启动、爬坡行驶时,还受到变动的大载荷和强烈的冲击。

①性能要求　要求齿轮表面有良好的耐磨性和较高的疲劳强度,心部保持较高的强度和韧度。

②适用材料　根据齿轮的使用条件和性能要求,确定该齿轮材料为 20CrMnTi 或 20MnVB。

③毛坯生产方法　该齿轮形状比机床齿轮复杂,性能要求也高,故应使用模锻制造毛坯,以使材料纤维合理分布,提高力学性能。单件小批量生产时,也可用自由锻生产毛坯。

④工艺路线　根据所选材料,确定该齿轮的加工工艺路线为:下料→锻造→正火→粗、半精切削加工(内孔及端面留余量)→渗碳(内孔防渗)、淬火、低温回火→喷丸→拉花键孔→磨端面→磨齿→最终检验。

## 11.2.2　螺纹的加工方法

螺纹可直观地看成在圆柱或者圆锥母体表面上制出的螺旋线形的具特定截面的突出部分。

螺纹按其母体形状分为圆柱螺纹和圆锥螺纹;按其在母体所处的位置分为内螺纹、外螺纹;按其截面形状(牙型)分为普通螺纹、管螺纹、矩形螺纹、梯形螺纹、锯齿形螺纹及其他特殊型螺纹;按螺旋线方向分为左旋螺纹和右旋螺纹;按螺旋线的数量分为单线螺纹、双线螺纹及多线螺纹;按牙的大小分为粗牙螺纹和细牙螺纹等;按使用场合和功能不同,可分为紧固螺纹、管螺纹、传动螺纹、专用螺纹等。

螺纹加工分为以下几个步骤。

### 1. 攻螺纹与套扣

攻螺纹是指加工内螺纹;套扣是指加工外螺纹。一般指螺纹直径小于 16 mm 的情况,可用手工操作。

### 2. 车螺纹

在车床上加工螺纹主要是指用车刀车削各种螺纹,对于直径较小的螺纹,也可在车床上先车出大径或中径,再用板牙或丝锥套攻螺纹。

在车床上加工螺纹的特点是设备通用、刀具简单,适应性广但效率低下,主要适合单件小批量生产,且毛坯未淬硬的情况。

### 3. 铣螺纹

铣螺纹又分为盘形铣刀铣螺纹与梳形铣刀铣螺纹。

### 4. 磨螺纹

磨螺纹又分为单线砂轮磨螺纹与多线砂轮磨螺纹。

# 思考与练习

习题解析

**1.** 试分析普通车床、立式铣床、卧式铣床、钻床、牛头刨床、平面磨床和外圆磨床的主体运动和进给运动,理解不同机床上切削用量三要素的含义。

**2.** 磨具切削加工有何特点? 为什么相对刀具切削加工,它比较容易达到更高的精度和更低的表面粗糙度?

**3.** 钻扩铰组合适用于什么场合?

**4.** 铰孔时应注意哪些主要的工艺要点? 铰孔的精度和表面粗糙度主要取决于哪些要素?

**5.** 常用的铣床有哪几类? 其主要用途是什么?

**6.** 试指出砂轮的参数特性及其含义,并简述各参数对砂轮使用性能的影响。

**7.** 简述铣削的工艺特点和应用范围。

**8.** 成型法和展成法加工齿轮的具体方法包括哪些? 它们各有何特点? 分别应用于什么场合?

**9.** 试简述齿轮加工的工艺路线。

**10.** 什么是展成法加工?

**11.** 螺纹的加工方法有哪些?

# 第12章 机床夹具设计

机床上用来安装工件的装备称为机床夹具,简称夹具。在现代生产中,机床夹具是一种不可缺少的工艺装备,它直接影响着零件加工的精度、劳动生产率和产品的制造成本等。本章主要介绍机床夹具设计的基本知识。

## 12.1 机床夹具设计概述

### 12.1.1 工件的安装

**1. 工件安装概述**

在机床上加工工件时,为了使某一工序所要加工的表面能够达到图样所规定的技术要求(如尺寸、几何形状、与其他表面间的相互位置精度等方面要求),首先必须把工件正确地固定到机床上。通常把固定工件的工作称为安装或装夹。在大多数情况下,安装(装夹)包括两个方面的工作内容:一是定位,二是夹紧。

定位就是指在机床上使工件相对于刀具及机床有正确的加工位置,工件只有在这个位置上接受加工,才能保证被加工表面达到所要求的各项技术要求;夹紧就是把已经处于正确待加工位置上的工件可靠地固定住,并且不使之发生变形,以保证在加工过程中,工件在切削力、离心力、重力、冲击以及振动等的影响下能够保持正确位置。

**2. 工件的安装方式**

工件在各种不同的机床上进行加工时,由于其尺寸、形状、加工要求和生产批量不同,安装方式亦不同。工件的安装方式大致可以归纳为直接找正安装、划线找正安装和机床夹具安装三种。

1) 直接找正安装

对于形状简单的工件可以采用直接找正安装方式,即操作者利用划针、百分表等量具直接在机床上确定工件的正确位置。例如,在四爪卡盘上加工一个套筒零件,要求待加工表面(内孔)与外圆表面同轴,如图 12-1 所示。若同轴度要求不高,可在外圆表面划线找正;若同轴度要求较高,可用百分表在外圆表面上进行找正,找正用的外圆表面即为定位基准;若外圆表面不需要加工,只要求镗内孔时能切除均匀的余量,则应以内孔找正装夹,使内孔的轴线按机床主轴的轴线定位。

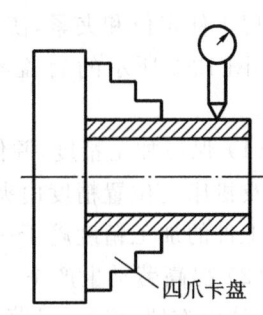

图 12-1 直接找正安装

直接找正安装费时费力,因此一般只适用于以下情况。

(1) 单件小批量生产的简单工件,采用专业夹具不经济,一般采用直接找正安装方式。例如轴类、套类、圆盘类工件在卧式或立式车床上的安装,齿坯在滚齿机上的安装等,使用直接找正安装是比较普遍的。

(2) 对工件的定位精度要求特别高,采用专业夹具不能保证精度时,只能采用直接找正安装。

2) 划线找正安装

对于一些批量不大但结构复杂的零件(如车床主轴箱),采用直接找正安装会顾此失彼,这时就有必要按照零件图的要求预先在毛坯或半成品上划出中心线、对称线及待加工表面的位置线,然后在机床上按划出的线找正工件,称为划线找正安装。对于形状复杂的工件,常常需要经过几次划线。

划线找正安装的定位精度比较低,一般为 0.2～0.5 mm,因为线本身有一定的宽度,划线又有划线误差,找正时还有观察误差。划线找正安装需要技术等级高的划线工,而且非常费时,因此它只适用于以下情况:

(1) 单件小批量生产中,形状复杂的铸件和锻件的安装;

(2) 在重型机械制造中,尺寸和重量都很大的铸件和锻件的安装;

(3) 毛坯的尺寸偏差较大,表面很粗糙,无法直接使用夹具。

3) 机床夹具安装

大批量生产工件时,若工件仍采用找正安装方式进行安装,则生产率远远不能满足要求,为此,必须使用机床夹具进行安装。机床夹具是为完成一种工件的一道工序(或几道工序)而专门设计制造的夹具。使用机床夹具时,在工件未安装前已预先调整好机床、夹具、刀具间的相对位置,工件则安装在夹具之中,所以加工一批工件时,不必再逐个找正定位,按一定的操作方法,将工件直接安装在夹具中,就能保证加工的技术要求。

例如:成批生产中,加工图 12-2 所示零件,钻后盖上的 $\phi 10$ mm 孔,要保证 $\phi 10$ mm 孔轴线至后端面距离为 18 mm±0.1 mm,且与 $\phi 30$ mm 孔轴线垂直,与下面的 $\phi 5.8$ mm 孔轴线在同一平面上。其钻床夹具如图 12-3 所示,$\phi 10$ mm 孔径尺寸由钻头保证,该孔轴线垂直度由钻套 1 保证,距后端面距离 18 mm±0.1 mm 由支承板 4 保证,$\phi 10$ mm 孔轴线与 $\phi 30$ mm 孔轴线垂直度由钻套和圆柱销 5 共同保证。$\phi 10$ mm 孔轴线与下面 $\phi 5.8$ mm 孔轴线在同一平面上由菱形销 9 保证。加工时拧紧螺母 7,实现定位,松开螺母 7,拿开开口垫圈 6,实现快速更换工件。

**3. 机床夹具的功用**

从上述机床夹具的使用中不难看出,机床夹具是一种装夹工件的工艺装备,它的主要功用是实现工件定位和夹紧,使工件加工时相对于机床、刀具有正确的位置,以保证工件的加工精度,如图 12-3 所示的后盖零件钻床夹具。机床夹具在零件加工过程中的作用主要有以下五个。

(1) 保证加工精度,并使一批工件的加工精度稳定。用机床夹具装夹工件时,工件相对于刀具及机床的位置精度由夹具保证,可减少对其他生产设备和操作工人技术水平的依赖性,使一批工件的加工精度趋于一致。

(2) 提高劳动生产率。用机床夹具装夹工件,不需要划线找正便能使工件迅速地定位和夹紧,从而方便、快速,显著地减少辅助工时,提高劳动生产率。

(3) 改善工人的劳动条件。气动、液压、电磁等动力源在机床夹具中的应用,一方面减少了工人的劳动强度,另一方面也保证了夹紧工件的可靠性,保证了操作者和机床设备的安全。

(4) 降低生产成本。在批量生产中使用机床夹具,由于劳动生产率的提高和允许使用技

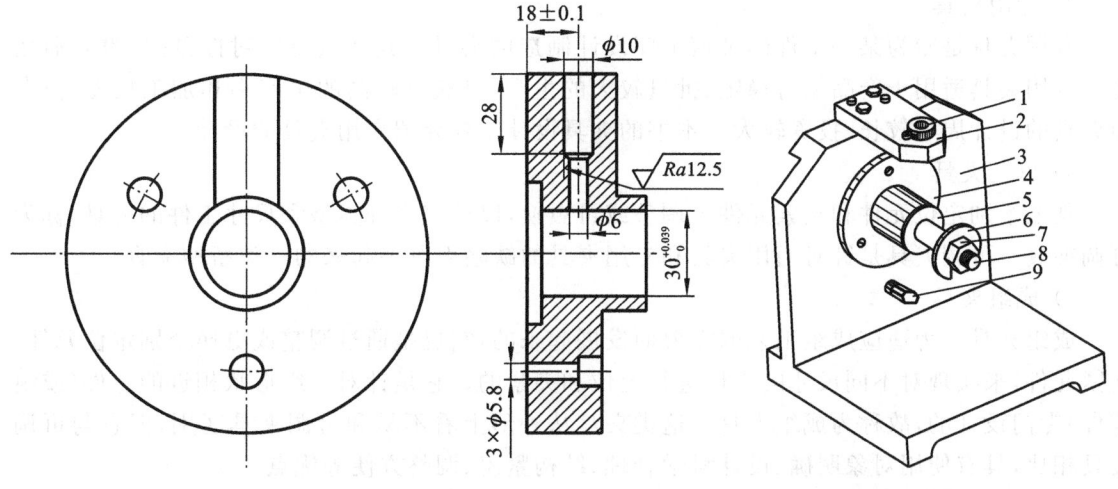

图 12-2　后盖零件钻径向孔的工序图　　　　图 12-3　后盖零件钻床夹具

1—钻套；2—钻模板；3—夹具体；

4—支承板；5—圆柱销；6—开口垫圈；

7—螺母；8—螺杆；9—菱形销

术等级较低的工人操作以及废品率下降等原因,生产成本可明显地降低。夹具制造的成本分摊在每个工件上是极少的,远远小于由于提高劳动生产率而降低的成本。工件批量越大,使用机床夹具所取得的经济效益就越显著。

（5）扩大机床工艺范围　在通用机床上采用专用机床夹具可以扩大机床的工艺范围,充分发挥机床的潜力,达到一机多用的目的。

机床夹具安装是一种先进的装夹方法,适用于批量较大的中、小尺寸工件,对某些零件,即使批量不大,为了达到某些特殊的加工要求,也仍要设计制造机床夹具。但机床夹具也有其弊端,如:设计制造周期长;因工件直接装在夹具体中,不需要找正工序,因此对毛坯质量要求较高;一旦产品改型,则为加工此类型产品而设计制造的机床夹具将报废,可能影响产品的更新换代。所以专用夹具主要适用于生产批量较大、产品品种相对稳定的场合。

## 12.1.2　机床夹具的分类

机床夹具的种类很多,可以从不同的角度对机床夹具进行分类。常用的分类方法有以下几种。

**1. 按夹具的使用特点分类**

根据机床夹具的使用特点,可将夹具分为以下几种。

1）通用夹具

通用夹具是指结构、尺寸已规格化、标准化,而且具有一定通用性的夹具,如三爪自定心卡盘、四爪单动卡盘、顶尖、中心架、平口钳、万能分度头、电子吸盘等。这类夹具通用性强,不需要调整或稍加调整即可装夹一定形状和尺寸范围内的各种工件。这类夹具已商品化,由专门厂家生产,与通用机床配套,作为机床附件供应给用户。

采用通用夹具可缩短生产准备周期,减少夹具品种,降低生产成本。其缺点就是夹具的加工精度不高,生产率较低,且较难装夹形状复杂的工件,故适用于单件小批量生产。

2）专用夹具

专用夹具是专为某一工件的某道工序设计制造的夹具。其特点是针对性极强,没有通用性。专用夹具适用于产品相对稳定、批量较大的生产,可获得较高的生产率和加工精度,但专用夹具的设计周期较长、投资较大。本书的夹具设计主要介绍专用夹具的设计。

3）可调夹具

其上个别定位元件和夹紧元件可调整或可更换,以适应多种类型和尺寸工件的夹具,称为可调夹具。可调夹具是针对通用夹具和专用夹具的缺陷而发展起来的一类新型夹具。

4）成组夹具

成组夹具是为适应成组工艺的需要而发展起来的,它也是通过调整或更换个别定位元件、夹紧元件,来实现对不同尺寸的工件进行定位和夹紧的。它是针对一组形状相近的零件(或组零件)专门设计的,故称为成组夹具。这类夹具从外形上看不易和可调夹具区别,但它与可调夹具相比,具有使用对象明确、设计科学合理、结构紧凑、调整方便等优点。

5）组合夹具

组合夹具是由预先制造好的标准元件组装而成的专用夹具。当不再需要该夹具时,可将其拆卸,元件清洗后入库,留待组装新的夹具。所以,组合夹具在使用上具有专用夹具的优点,而产品变换时,又不会产生夹具的报废问题。另外,使用组合夹具可缩短生产准备周期,标准元件能重复多次使用,并具有可减少专用夹具数量等优点,适用于单件小批量生产。

6）拼装夹具

用专门的标准化、系列化的拼装夹具零部件拼装而成的夹具,称为拼装夹具。它具有组合夹具的优点,但比组合夹具精度高、效能高、结构紧凑。它的基础板和夹紧部件中常常有小型液压缸。此类夹具更适合在数控机床上使用。

7）随行夹具

随行夹具是在自动线上使用的夹具。在自动线上,对于那些形状复杂且不规则,又无良好输送表面的工件,常将其安装在随行夹具上,使用中夹具带着工件一起由输送带沿着自动线从一个工位移至下一个工位进行加工。

**2. 按使用机床分类**

夹具按使用机床可分为车床夹具、铣床夹具、钻床夹具、镗床夹具、齿轮机床夹具、数控机床夹具、自动机床夹具、自动线随行夹具以及其他机床夹具等。

**3. 按夹紧的动力源分类**

按夹紧的动力源不同,夹具可分为手动夹具、气动夹具、液压夹具、电动夹具、气液增力夹具、电磁夹具和真空夹具等。

## 12.1.3　夹具的组成

虽然各类机床夹具结构不同,但按其组成元件的功能来看,各类机床夹具一般都是由定位元件、夹紧装置、夹具体、对刀或导向元件、连接元件以及其他装置或元件组成的。

**1. 定位元件**

定位元件是夹具的主要功能元件之一,它的作用是使一批工件在夹具中占据正确的位置,并支承工件。例如,图 12-3 所示钻床夹具中的圆柱销 5、菱形销 9 和支承板 4,图 12-4 所示铣床夹具中的 V 形块都是定位元件。定位元件的定位精度可直接影响工件的加工精度。

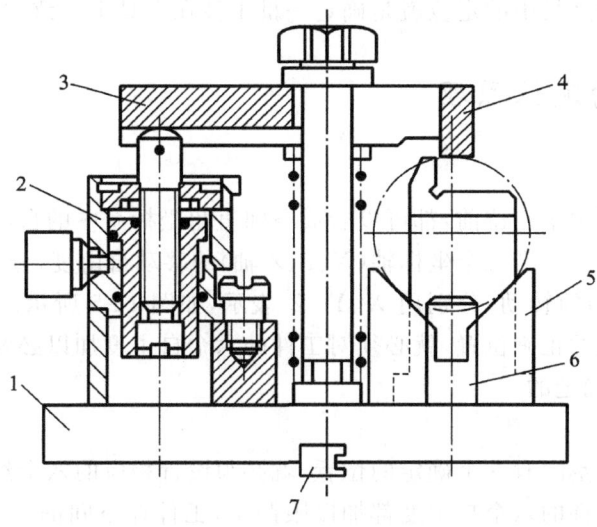

**图 12-4　铣床夹具**

1—夹具体;2—液压缸;3—压板;4—对刀块;5—V形块;6—定位销;7—定位键

**2. 夹紧装置**

夹紧装置也是夹具的主要功能元件之一,它的作用是将工件压紧夹牢,保证工件在加工过程中受到外力(切削力等)作用时不发生位置的移动。例如,图 12-3 所示钻床夹具中的螺杆 8 (与圆柱销合成一个部件)、螺母 7 和开口垫圈 6,图 12-4 所示铣床夹具中的液压缸 2 和压板 3 都属于夹紧装置。

**3. 夹具体**

夹具体是夹具的基础件,通过它将夹具所有元件构成一个整体。例如:图 12-3 中的件 3、图 12-4 中的件 1 都是夹具体。常用的夹具体可为铸件结构、锻造结构、焊接结构和装配结构等。

**4. 对刀或导向元件**

对刀或导向元件用来确定刀具相对于夹具的正确位置。用于确定刀具在加工前正确位置的元件称为对刀元件。图 12-4 中的对刀块 4 即为对刀元件。钻床夹具、镗床夹具上用来引导钻头的钻套和引导镗刀杆的镗套都是导向元件。

**5. 连接元件**

连接元件用来确定夹具相对于机床主轴、工作台的正确位置。车床夹具上的过渡盘、铣床夹具上的定位键都属于连接元件。

**6. 其他装置或元件**

根据加工需要,有些夹具上还设有分度装置、靠模装置、上下料装置、工件顶出机构、电动扳手和平衡块等,这些装置或元件也需要专门设计。

上述各部分中,定位元件、夹紧装置和夹具体一般是一个夹具的基本组成部分,也是夹具设计的主要内容。

# 12.2　工件在夹具中的定位

在机械加工中,必须使工件、夹具、刀具和机床之间保持正确的相互位置,这样才能加工出符合要求的零件。工件在夹具中的定位就是确定一批工件在夹具中一致的正确位置。

## 12.2.1　工件的定位原理

### 1. 自由度的概念

任何一个工件在夹具中未定位前，都可以看成空间直角坐标系中的自由刚体，其空间位置是不确定的，即有六个自由度：沿三个坐标轴（$X$、$Y$、$Z$ 轴）的移动自由度，分别用 $\vec{X}$、$\vec{Y}$、$\vec{Z}$ 表示；绕三个坐标轴（$X$、$Y$、$Z$ 轴）的转动，分别用 $\hat{X}$、$\hat{Y}$、$\hat{Z}$ 表示，如图 12-5 所示。由此可见，要使一批工件在夹具中占有一致的正确位置，就必须对工件的六个自由度加以必要的限制，一个尚未定位的工件，其位置是不确定的。

### 2. 六点定位原理

要使一个自由刚体在空间有一个确定的位置，就必须设置相应的六个约束，分别限制自由刚体的六个自由度。对工件的六个自由度都加以限制了，工件在空间的位置也就完全被确定下来了，因此，工件定位的实质就是用定位元件来阻止工件的移动或转动，从而限制工件的自由度。

在分析工件定位时，通常用一个支承点来限制工件的一个自由度，用合理分布的六个支承点，限制工件的六个自由度，使工件在夹具中的位置完全确定，这就是六点定位原理。

图 12-6 所示为长方体工件在空间坐标系中的情形：在 $X$-$Y$ 面上设置了呈三角形布置的三个定位支承点，当工件底面与这三个定位支承点接触时，就限制了工件 $\vec{Z}$、$\hat{X}$、$\hat{Y}$ 三个自由度，三个定位支承点构成的三角形面积越大，定位越稳定；在 $Y$-$Z$ 面上设置了两个定位支承点，这两个定位支承点的连线平行于 $X$-$Y$ 平面，当工件侧面与这两个定位支承点接触时，就限制了工件 $\vec{X}$、$\hat{Z}$ 两个自由度（注意：两定位支承点的连线不能与底面垂直，否则，工件绕 $Z$ 轴的转动自由度便不能限制）；在 $Y$-$Z$ 平面上设置了一个定位支承点，工件靠向该点，便限制了 $\vec{Y}$ 一个自由度。

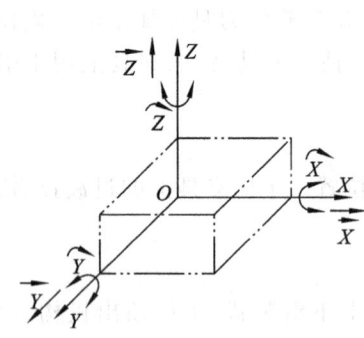

图 12-5　工件的六个自由度

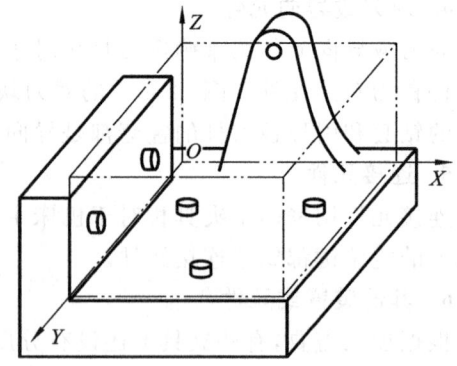

图 12-6　长方体工件的六点定位原理

由此可见，装夹工件时只要紧靠夹具上位置合理分布的这六个定位支承点，工件的六个自由度便可被限制，工件在空间中的位置就完全确定了。要注意的是，由于定位是通过定位支承点与工件的定位基面相接触来实现的，两者一旦脱离，定位作用就自然消失了。

必须强调的是：定位以后，防止工件相对于定位元件做反方向移动或转动属于夹紧所要解决的问题，定位与工件动不动是两个概念，不能混为一谈。对于其他各种形状的工件也可做类似的分析。图 12-7 所示为圆柱形工件定位支承点的分析情况,可在其外圆表面上设置四个定位支承点 1、3、4、5 限制 $\vec{X}$、$\vec{Z}$、$\widehat{X}$、$\widehat{Z}$ 四个自由度;在其槽侧设置一个定位支承点 2,限制 $\vec{Y}$ 一个自由度。此时,工件已实现完全定位。

通过上述分析,说明了六点定位原则的几个主要问题:

(1) 在机床夹具的实际结构中,理论上的定位支承点总是通过具体的定位元件来实现的。

(2) 定位支承点与工件定位基准面始终保持接触,才能起到限制自由度的作用。

(3) 分析定位支承点的定位作用时,不考虑力的影响。工件的某一自由度被限制,是指工件在某个坐标方向有了确定的位置,并不是指工件在受到使其脱离定位支承点的外力时不能运动。使工件在外力作用下不能运动,要靠夹紧装置来完成。

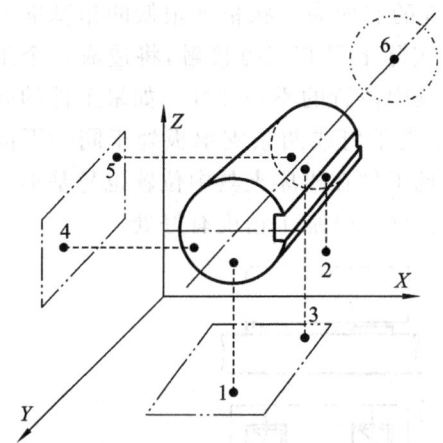

图 12-7　圆柱形工件定位分析

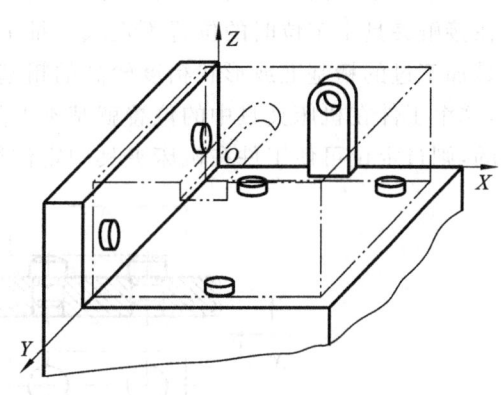

图 12-8　完全定位

### 3. 工件定位中的几种情况

1) 完全定位

完全定位是指不重复地限制了工件六个自由度的定位。当工件在 $X$、$Y$、$Z$ 三个坐标方向均有尺寸要求或位置精度要求时,一般采用这种定位方式,如图 12-8 所示。

2) 不完全定位

根据工件的加工要求,有时并不需要限制工件的全部自由度,这样的定位方式称为不完全定位。如在车床上车一个工件,要求保证其直径的尺寸精度,在工件装夹过程中,三爪自定心夹盘限制了工件四个自由度,而工件沿主轴中心线的移动和绕主轴中心线的转动这两个自由度没有被限制,也没有必要限制,就可保证其直径的尺寸精度。又如在一个光轴上铣键槽时,因对键槽在其圆周上的位置无任何要求,故绕工件轴线转动的自由度不必限制,只需限制其余五个自由度即可。由此可知,工件在定位时应该限制的自由度数目应由工序的加工要求而定,不影响加工精度的自由度可以不加限制。不完全定位可简化定位装置,因此,其在实际生产中也得到了广泛的应用。

3) 欠定位

根据工件的加工要求,应该限制的自由度没有完全被限制的定位称为欠定位。欠定位无法保证加工要求,因此,在确定工件在机床夹具中的定位方案时,不允许有欠定位的现象发生。如图 12-8 所示,若不设 $X$-$Z$ 平面上的端面定位支承点,则工件上半封闭槽的长度就无法保证;若缺少侧面两个定位支承点,则工件上槽宽尺寸和槽与工件侧面的平行度均无法保证。

4) 过定位

机床夹具上的两个或两个以上的定位元件重复限制同一个自由度的现象称为过定位。过定位是否允许,应根据具体情况具体分析。一般情况下,如果工件的定位面为没有经过机械加工的毛坯面或虽经过机械加工,但仍然很粗糙的表面,这时过定位是不允许的。如果工件的定位面经过了机械加工,并且其定位面和定位元件的尺寸、形状和位置都比较准确,表面较滑,则过定位不但对工件加工表面的位置尺寸影响不大,反而可以增加加工时的刚度,这时过定位是允许的。

在立式铣床上用端铣刀加工矩形工件的上表面时,若将工件以底面为定位基准放置在三个支承钉上,则相当于三个定位支承点限制了三个自由度。若将工件放置在四个支承钉或两条支承板上,则为过定位,如图 12-9 所示。此时,如果工件的底面为形状精度很低的粗基准或四个支承钉不在同一平面上,则工件放置在支承钉上时,实际上只有三点接触,将造成一个工件在接触夹具中定位时的位置不定或一批工件在机床夹具中位置的不一致性。如果工件的底面是加工过的精基准或形状精度较高的粗基准,只要四个支承钉或两条支承板处于同一平面上,这个工件在机床夹具中的位置就基本上是确定的,一批工件在机床夹具中位置也是基本一致的,则过定位可使工件在机床夹具中定位稳定,反而对保证工件加工精度有好处。

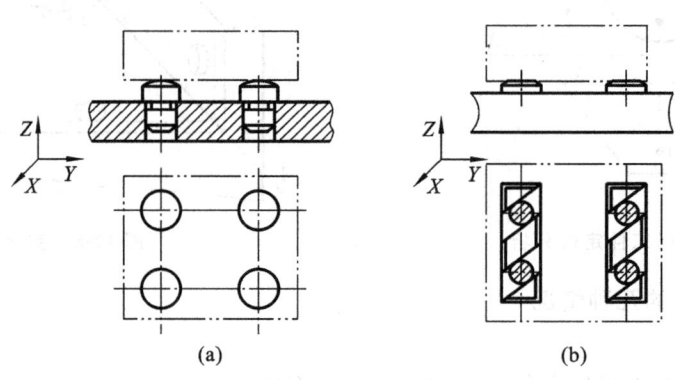

**图 12-9　过定位**

(a) 四个支承钉定位;(b) 两个定位板定位

在某些零件如箱体或发动机连杆中,经常采用零件上一主要平面以及该平面上的两个孔组合定位,称为一面两孔定位,如图 12-10 所示。工件的定位基准是底面 A 和两孔中心线,采用一面两销方式定位。如果两个定位销均为短圆柱销,如图 12-10(a)所示,则当工件两孔的中心距与机床夹具上两个短圆柱销的中心距相差较大时,孔 1 与短圆柱销 2 相配后,孔 3 有可能套不进短圆柱销 4,原因是沿两孔中心线方向的自由度被短圆柱销重复限制了。改进方法是将短圆柱销 4 改为菱形销 5,并使削边定位销的长轴方向与两销连心线垂直,如图 12-10(b)所示,这样就不会产生过定位。若只采用增大销孔配合间隙来消除干涉的方法,则会增大定位误差。

## 12.2.2　工件的定位方法及其定位元件

工件的定位表面有各种形式,如平面、外圆、内孔等,对于这些定位表面,总是采用一定结构的定位元件,以保证定位元件的定位表面和工件的定位基准面相接触或配合,从而实现工件的定位。一般来说,定位元件的设计应满足下列要求。

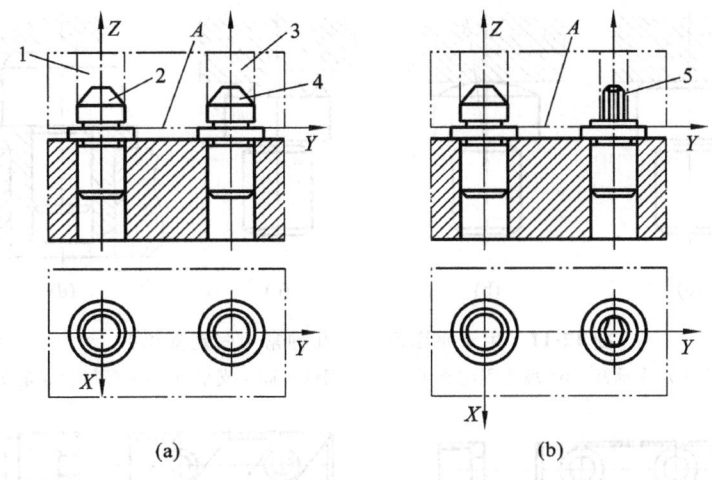

**图 12-10　一面两孔定位**

(a) 两短圆柱销定位；(b) 短圆柱销和菱形销定位

1、3—孔；2、4—短圆柱销；5—菱形销

（1）定位元件要有与工件相适应的结构精度。

（2）定位元件要有足够的刚度，不允许受力后发生变形。

（3）定位元件要有耐磨性，以便在使用中保持定位精度。一般定位元件多采用低碳钢渗碳淬火或中碳钢淬火，硬度为 $58 \sim 62$ HRC。

下面分析各种典型的定位方法和相应的定位元件。

**1．工件以平面定位**

在机械加工中，利用工件上的一个或几个平面作为定位基准面来定位工件的方式，称为平面定位。如箱体、机座、支架、板盘类零件等，多以平面为定位基准面。平面定位所用的定位元件称为基本支承，包括固定支承、可调支承、自位支承和辅助支承。

1）固定支承

固定支承是指高度尺寸固定、不能调整的支承，包括固定支承钉和固定支承板两类。固定支承钉用于较小平面的支承，而固定支承板用于较大平面的支承。

图 12-11 所示为用于平面定位的几种常用固定支承钉，它们利用顶面对工件进行定位。其中：图 12-11(a) 所示的平头固定支承钉常用于精基准面的定位；图 12-11(b) 所示的球头固定支承钉常用于粗基准面的定位，以保证良好的接触；图 12-11(c) 所示的网纹头固定支承钉常用于要求较大摩擦力的侧面定位；图 12-11(d) 所示的带衬套固定支承钉便于拆卸和更换，一般用于批量大、磨损快，且需要经常修理的场合。固定支承钉限制一个自由度。

固定支承板有较大的接触面积，可使工件定位稳固。一般较大的精基准平面定位多用固定支承板作为定位元件。如图 12-12 所示为两种常用的固定支承板。图 12-12(a) 所示为平板式固定支承板，结构简单、紧凑，但不易清除落入沉头螺孔中的切屑，一般用于侧面定位。图 12-12(b) 所示为斜槽式固定支承板，其在结构上做了改进，即在固定支承板上开两个斜槽以安装固定螺钉，并可使清屑容易；这种支承板适用于底面定位。短支承板限制一个自由度，长支承板限制两个自由度。

2）可调支承

可调支承的顶端位置可以在一定的范围内调整。它用于未加工表面的定位，以调节补偿

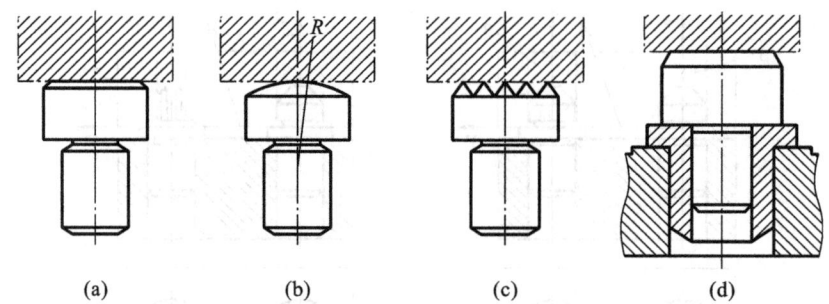

**图 12-11　用于平面定位的几种常用固定支承钉**

（a）平头固定支承钉；（b）球头固定支承钉；（c）网纹头固定支承钉；（d）带衬套固定支承钉

**图 12-12　两种常用的固定支承板**

（a）平板式固定支承板；（b）斜槽式固定支承板

各批毛坯尺寸误差，一般不是对每个加工工件进行调整，而是一批工件毛坯调整一次。如图 12-13 所示为几种常用的可调支承。图中按要求高度调整好可调支承钉 1 后，用螺母 2 锁紧。

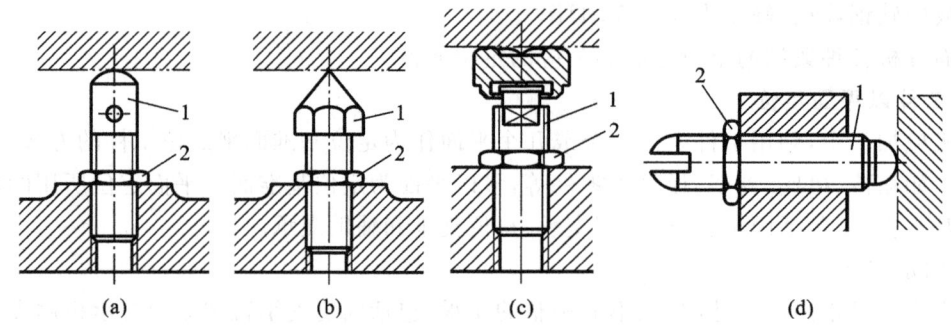

**图 12-13　几种常用的可调支承**

（a）球头可调支承；（b）锥头可调支承；（c）自位可调支承；（d）侧向可调支承

1—可调支承螺钉；2—螺母

图 12-14 为可调支承的应用示例。图 12-14（a）中工件以箱体的 $A$ 面为粗基准定位，铣削底面 $B$，再以 $B$ 面定位镗双孔。因 $A$ 面误差太大，这样定位铣 $B$ 面后会使 $H_1$、$H_2$ 尺寸变化较大，而使镗孔余量不均匀，甚至不够，为此定位时应按划线找正的位置，通过调节使 $H_1$、$H_2$ 尺寸变化尽量小，同一批次的毛坯镗孔尽可能有足够而均匀的余量。图 12-14（b）所示是在同一夹具上加工相似工件。在轴上钻径向孔时，工件侧面定位用可调支承，以适应不同的轴向定位要求。对一批工件来说，可调支承就相当于固定支承。

　3）自位支承

　　自位支承又称为浮动支承，在定位过程中，自位支承本身所处的位置随工件定位基准面的变化而自动调整。如图 12-15 所示为几种常见的自位支承。尽管每一个自位支承与工件间可能是以两个或三个定位支承点接触，但实质上仍然只起一个定位支承点的作用，只限制工件的一个自由度。自位支承常用于断续表面、阶梯表面和毛坯表面的定位。

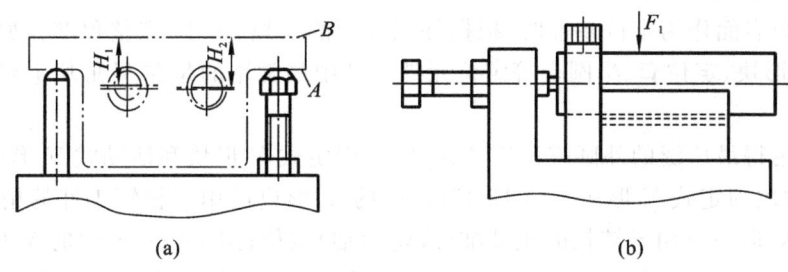

图 12-14　可调支承的应用

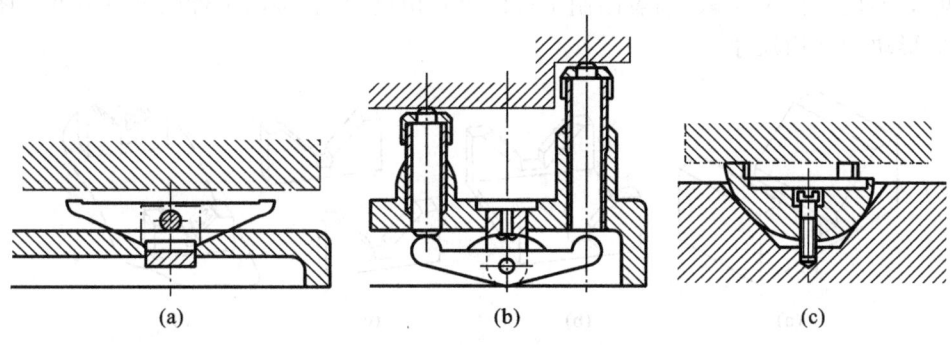

图 12-15　几种常见的自位支承

（a）断续表面自位支承；（b）阶梯表面自位支承；（c）毛坯表面自位支承

4）辅助支承

辅助支承是在工件实现定位后才参与支承的定位元件，不起定位作用，仅用来提高工件的装夹刚度和稳定性，承受重力、切削力和夹紧力，防止工件因受力而产生振动或变形。如图 12-16 所示为几种常用的辅助支承。图 12-16（a）和图 12-16（b）所示的辅助支承用于小批量生产，图 12-16（c）所示的辅助支承用于大批量生产。

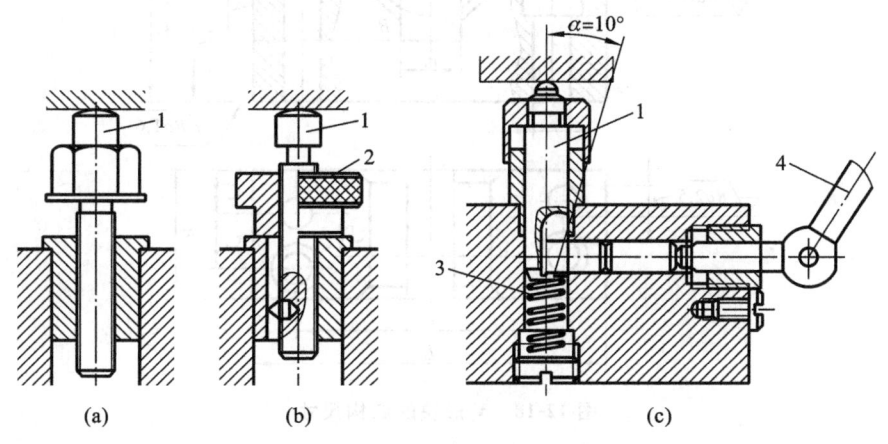

图 12-16　几种常见的辅助支承

（a）断续表面辅助支承；（b）阶梯表面辅助支承；（c）毛坯表面辅助支承

1—支承；2—螺母；3—弹簧；4—手轮

**2. 工件以外圆表面定位**

工件以外圆表面作为定位基准时,根据外圆柱面的长短、大小、完整程度和加工要求等,可以对应采用 V 形块、定位套、半圆套等定位元件。其中最常用的是在 V 形块上定位。

1) V 形块

V 形块是用得最广泛的外圆表面定位元件,有固定式 V 形块和活动式 V 形块之分。如图 12-17 所示为常用固定式 V 形块。图 12-17(a)中的 V 形块可用于较短工件的精基准定位;图 12-17(b)中的 V 形块可用于较长的粗基准(或阶梯轴)定位;图 12-17(c)中的 V 形块可用于两段精基准面相距较远的场合;图 12-17(d)中的 V 形块是在铸铁底座上镶淬火钢垫制成的,可用于定位基准直径与长度较大的场合。根据工件与 V 形块的接触母线长度,固定式 V 形块可以分为短 V 形块和长 V 形块,前者限制工件两个自由度,后者限制工件四个自由度。图 12-18 所示为 V 形块的结构尺寸。

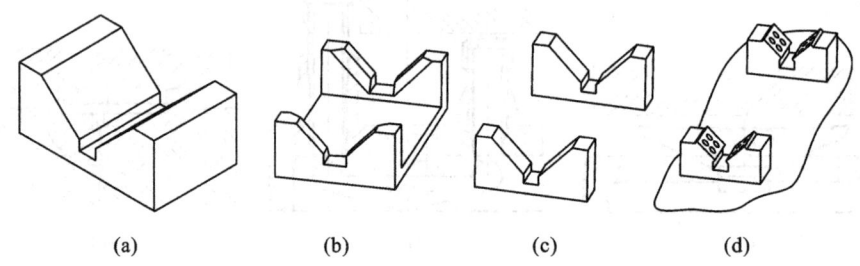

**图 12-17　常用固定式 V 形块**

(a) 定位短工件的 V 形块;(b) 定位长工件的 V 形块;
(c) 定位两基准面相距较远工件的 V 形块;(d) 定位基准直径与长度较大工件的 V 形块

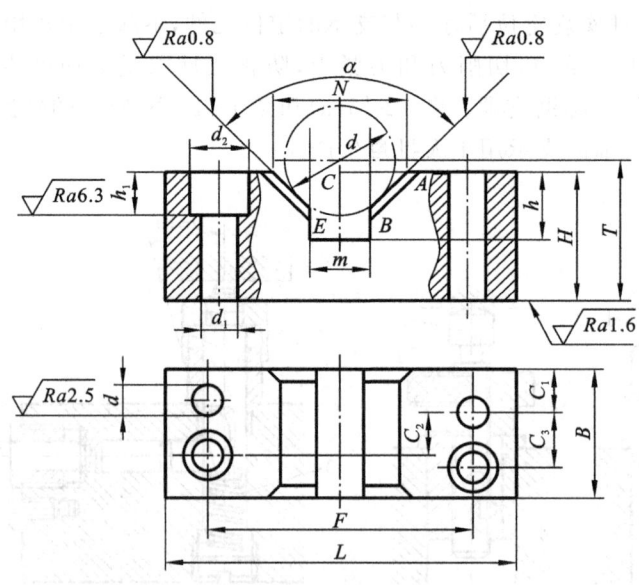

**图 12-18　V 形块的结构尺寸**

活动式 V 形块的应用如图 12-19 所示,其中:图 12-19(a)所示为加工轴承底座孔的限位方式;图 12-19(b)所示为加工连杆的限位方式,此时活动 V 形块除限制工件的一个自由度以外,还兼有夹紧的作用。

V 形块定位的优点如下。

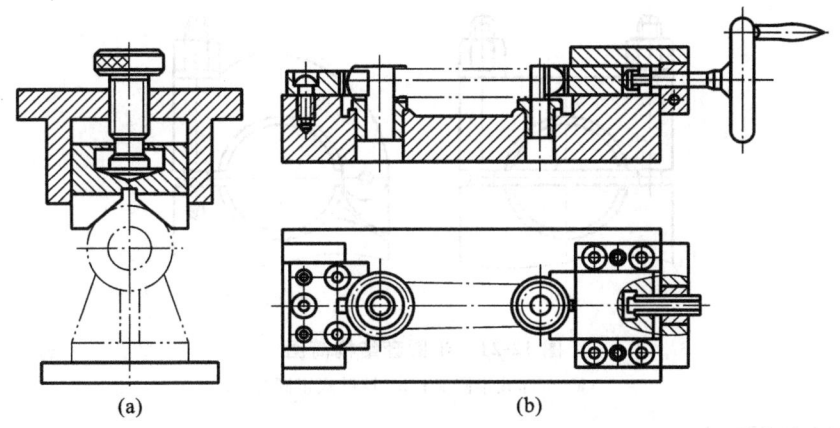

**图 12-19　活动式 V 形块的应用**

（1）对中性好。能使工件的定位基准轴线落在 V 形块两斜面的对称平面上，在左右方向上不会发生偏移，且安装方便。

（2）应用范围较广。不论定位基准是否经过加工，不论是完整的圆柱面还是局部圆弧面，都可采用 V 形块定位。

V 形块上两斜面间的夹角一般选用 60°、90°、120°，其中，以 90°夹角应用最多。典型 V 形块结构和尺寸均已标准化，设计时可查国家标准手册。V 形块的材料一般用 20 钢，渗碳深度为 0.8～1.2 mm，淬火硬度为 60～64 HRC。

2）定位套

工件以外圆柱面作定位基准面在定位套中定位的方法一般适用于静基准定位。如图 12-20(a)所示为以套筒定位，限制工件四个自由度；图 12-20(b)所示为以锥套定位，限制工件的五个自由度。

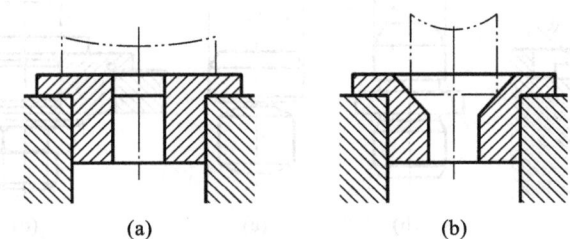

**图 12-20　工件在定位套内定位**

（a）以套筒定位；（b）以锥套定位

应用定位套时要考虑工件与套配合间隙等的影响，必要时应采取工艺措施，避免重复定位。

3）半圆套

如图 12-21 所示为半圆套结构简图。其中下半圆起定位作用，上半圆起夹紧作用。图 12-21(a)中的可卸式半圆套与图 12-21(b)中的铰链式半圆套相比，后者装卸工件更方便。短半圆套限制工件两个自由度，长半圆套限制工件四个自由度。

这种定位方式常用于不便轴向安装的大型轴套类零件的精基准定位。半圆套与定位基面接触面积大，夹紧力均匀，尤其可减少薄套类工件定位基面的接触变形。

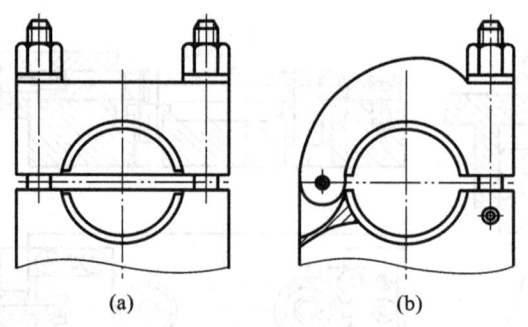

**图 12-21　半圆套结构简图**

(a) 可卸式半圆套;(b) 铰链式半圆套

**3. 工件以圆孔定位**

有些工件,如套筒、法兰盘、拨叉及齿轮零件等以孔作为定位基准,此时采用的定位元件有定位销、菱形销和圆柱销、定位心轴(圆柱心轴和圆锥心轴)等,以保证加工面如外圆锥面或齿轮分度圆对内孔的同轴度。

1) 定位销

图 12-22 所示为几种常用的圆柱定位销。其工作部分直径 $d$ 通常根据加工要求和考虑便于装夹的原则并按 g5、g6、f6、f7 进行设计和制造。图 12-22(a)、(b)、(c)所示的固定式定位销与夹具体的连接采用过盈配合。图 12-22(d)所示为带衬套的可换式圆柱定位销,这种定位销与衬套的配合采用间隙配合,故其位置精度较固定式定位销的低,一般用于大批量生产中。为便于工件顺利装入,定位销的头部应有 15°倒角。短圆柱销限制工件两个自由度,长圆柱销限制工件四个自由度。

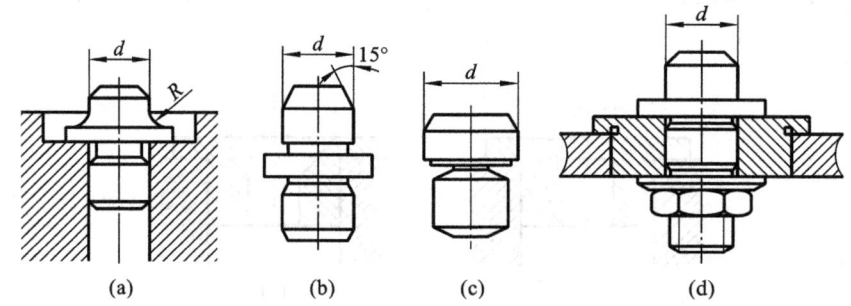

**图 12-22　几种常用的圆柱定位销**

(a) 固定式定位销($d \leqslant 10$ mm);(b) 固定式定位销($d > 10 \sim 18$ mm);
(c) 固定式定位销($d > 18$ mm);(d) 可换式圆柱定位销($d > 10$ mm)

2) 菱形销和圆锥销

在加工套筒类、空心轴工件时,也经常用到菱形销和圆锥销,如图 12-23 所示。图 12-23(a)中的菱形销,定位时只在接触位置限制工件一个自由度,在需要避免过定位时使用。图 12-23(b)中的圆锥菱形销常用于毛坯孔定位。图 12-23(c)中的定位销常用于已加工孔的定位。

3) 定位心轴

定位心轴主要用于套筒类和空心盘类工件的车、铣、磨及齿轮加工。定位心轴的类型很多,常见的有圆柱心轴和圆锥心轴等。图 12-24(a)所示的间隙配合圆柱心轴的定位精度不高,

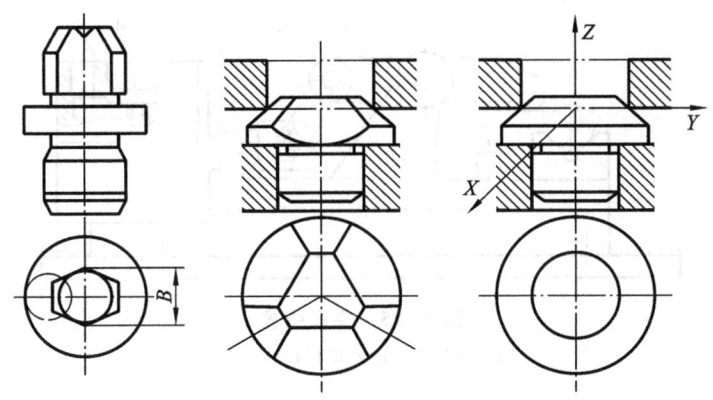

**图 12-23　菱形销和圆锥销**

（a）菱形销；（b）圆锥菱形销；（c）圆锥销

但装卸工件较方便；图 12-24(b)所示的过盈配合圆柱心轴常用于对定心精度要求高的场合；图 12-24(c)所示为小锥度心轴,当工件孔的长径比 $L/D>1$ 时,心轴的工作部分可略带锥度。短圆柱心轴限制工件两个自由度,长圆柱心轴限制工件四个自由度。圆锥心轴定位方式是圆锥面与圆锥面接触,要求锥孔和圆锥心轴的锥度相同,接触良好,因此,其定心精度与周向定位精度均较高,而轴向定位精度取决于工件孔和心轴的尺寸精度。圆锥心轴限制工件五个自由度,即除绕轴线转动的自由度没限制外其余均已限制。

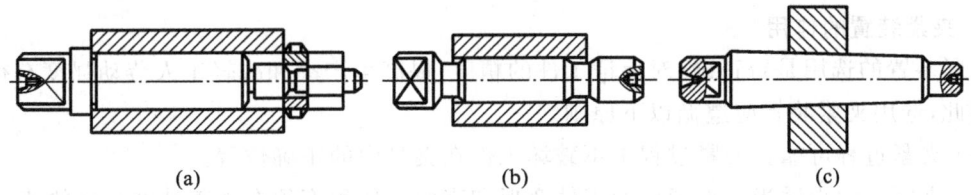

(a)　　　　　　　　　　(b)　　　　　　　　　　(c)

**图 12-24　几种常用的圆柱心轴**

（a）间隙配合圆柱心轴；（b）过盈配合圆柱心轴；（c）小锥度心轴

## 12.3　工件的夹紧

### 12.3.1　夹紧装置的组成和基本要求

工件在机床上定位后,将工件固定并使其在加工过程中保持定位位置不变的装置,称为夹紧装置。

**1. 夹紧装置的组成**

夹紧装置由动力源装置、传力机构和夹紧元件三部分组成。如图 12-25 所示为夹紧装置。

1）动力源装置

动力源装置是产生夹紧作用力的装置。按夹紧力的来源,机动夹紧的动力源装置包括气动、液压、气液联动、电磁、真空动力源装置等。图 12-25 中的气缸就是一种动力源装置。

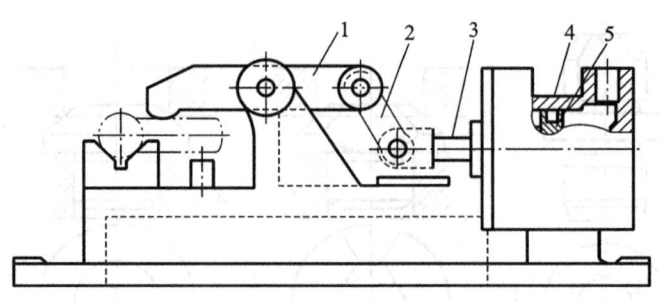

**图 12-25　夹紧装置**
1—压板；2—连杆；3—活塞推杆；4—气缸；5—活塞

2）传力机构

动力源装置所产生的力或人力要正确地作用到工件上，因此，需有适当的传力机构。传力机构是把原动力传递给夹紧元件的。传力机构的作用是：改变作用力的方向，改变作用力的大小，具有一定的自锁功能，以便在夹紧力消失后，仍能保证整个夹紧系统处于可靠的夹紧状态，这一点在手动夹紧时尤为重要。传力机构由两种构件组成，一是接受原始作用力的构件，二是中间传力机构。

3）夹紧元件

夹紧元件是通过直接与工件接触来完成夹紧作用的最终执行元件，如图 12-25 中的压板，它的作用是接受传力机构传来的作用力，夹紧工件。

**2．夹紧装置的作用**

夹紧装置的选用是否正确，对保证工件的精度、提高生产率和减轻工人劳动强度有很大影响。因此，选用夹紧装置应遵循以下原则。

（1）夹紧过程可靠。夹紧过程中不破坏工件在夹具中的正确位置。

（2）夹紧力大小适当。夹紧后的工件变形和表面压伤程度须在加工精度允许的范围内。

（3）结构工艺性好。结构力求简单、紧凑，便于制造和维修。

（4）使用性能好。夹紧动作迅速，操作方便，安全省力。

（5）经济实用原则。夹紧装置的自动化和复杂程度应与生产纲领相适应。

## 12.3.2　夹紧力的确定

夹紧力的方向、作用点和大小，应依据工件的结构特点、加工要求，结合工件加工中的受力状况及定位元件的结构和布置方式来确定。

**1．夹紧力的方向**

夹紧力的方向与工件定位的孔分布配置情况，以及工件所受外力的作用方向等有关。选择时必须遵守以下准则。

（1）夹紧力的方向应有助于定位稳定，不应破坏工件的定位，且主夹紧力应朝向主要定位基面。

如图 12-26（a）所示，夹紧力的竖直分力方向背离限位基面，会使工件抬起，而图 12-26（b）中夹紧力的两个分力分别朝向了限位基面，有助于使定位稳定；又如图 12-26（c）所示，工件要镗的孔与其侧面有垂直度要求，侧面为主定位面，选底面夹紧不利于保证镗孔轴线与侧面的垂直度;图 12-26(d)中夹紧力朝向主要限位基面的侧面,有利于保证加工孔轴线与侧端面的垂直度。

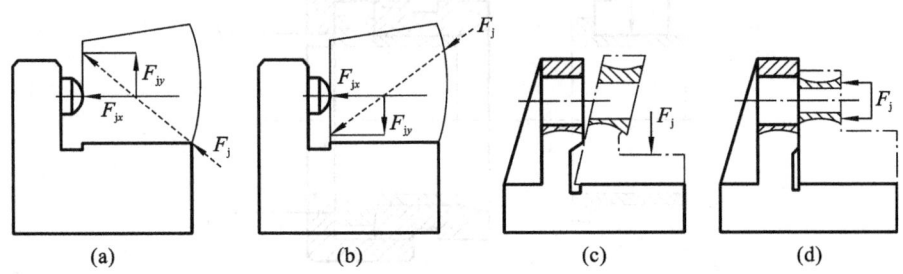

图 12-26 夹紧力方向应有助于定位

(2) 夹紧力的方向尽可能与切削力和工件重力同向。

当夹紧力的方向与切削力和工件重力的方向相同时,加工过程中所需要的夹紧力可最小,从而能简化夹紧装置的结构和便于操作,减少工人劳动强度。但在实际生活中,很难达到理想的情况,所以在选择夹紧方向时,应考虑在满足夹紧要求的前提下,使夹紧力尽量小。如图12-27(a)所示,若夹紧力与切削力同向,则切削力由机床夹具的固定支承承受,所需夹紧力较小。如图 12-27(b)所示,若夹紧力与切削力方向相反,则夹紧力至少要大于切削力。

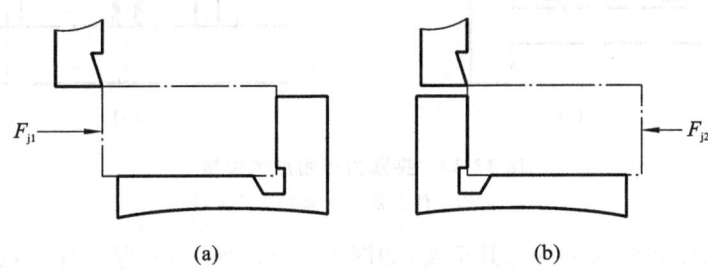

图 12-27 夹紧力与切削力方向
(a) 夹紧力与切削力方向相同;(b) 夹紧力与切削力方向相反

(3) 夹紧力的方向应是工件刚度较高的方向。

由于工件在不同方向上刚度是不等的,不同的受力表面也因接触面积大小不同而变形各异。尤其在夹紧薄壁零件时,更需注意使夹紧力的方向指向工件刚度最好的方向。如图12-28所示的薄壁套筒工件,它的轴向刚度比径向刚度高。图 12-28(a)中,用三爪自定心卡盘径向夹紧套筒,将使工件产生较大变形。若改成图 12-28(b)所示的形式,用螺母沿轴向夹紧工件,则不易产生变形。

**2. 夹紧力的作用点**

选择夹紧力作用点的实质是指在夹紧方向已定的情况下确定夹紧力作用点的位置和数目。夹紧力作用点的选择是达到最佳夹紧状态的首要因素。选择夹紧力作用点时必须遵循以下准则。

(1) 夹紧力的作用点应落在定位元件的支承范围内。

夹紧力的作用点应落在定位元件的支承范围内,应尽可能使夹紧点与支承点对应,使夹紧力作用在支承上。如图 12-29 所示,夹紧力作用在支承面范围之外,会使工件倾斜或移动,夹紧时将破坏工件的定位。夹紧力作用点的正确位置如图 12-29 中的箭头所示。

(2) 夹紧力的作用点应选在工件刚度较高的部位。

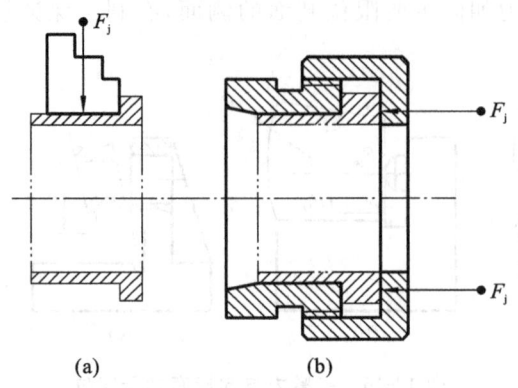

**图 12-28　薄壁套筒的夹紧**

（a）三爪卡盘夹紧；（b）用螺母夹紧

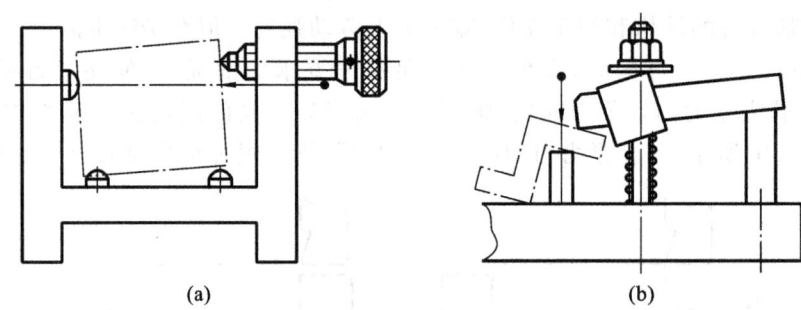

**图 12-29　夹紧力作用点的位置**

（a）方形工件夹紧；（b）薄壁工件夹紧

这一原则对刚度较低的工件尤其重要，如图 12-30（a）所示，夹紧力作用点在工件刚度较低的部位，易使工件发生变形。如改为如图 12-30（b）所示的夹紧方式，不但作用点处的工件刚度较高，而且夹紧力均匀分布在环形接触面上，可使工件整体及局部变形最小。对于薄壁零件，增加均布作用点的数目是减少工件夹紧变形的有效方法。薄壁箱体夹紧时，夹紧力不应作用在薄壁箱体的顶面，而应作用在刚度高的凸边上，如图 12-31（a）、（b）所示。当薄壁箱体没有凸边时，如图 12-31（c）所示，可使三点夹紧着力点的位置落在刚度较高的箱壁上，从而降低着力点处的压强，减小工件的夹紧变形。

（3）夹紧力的作用点应尽量靠近加工表面。

夹紧力的作用点应尽量靠近加工表面，以提高定位的稳定性和可靠性，防止工件产生振动和变形。在加工过程中，切削力一般容易引起工件的转动和振动。如图 12-32 所示，加工面离夹紧力 $F_j$ 作用点较远，这时应增添辅助支承，并附加夹紧力 $F_j'$，以减少工件受切削力后的位置变动、变形或振动。

**3. 夹紧力的大小**

夹紧力的大小与定位稳定程度、夹紧可靠程度，夹紧装置的结构尺寸，都有着密切的联系。夹紧力的大小要适当，若过小，则夹紧不牢靠，在加工过程中工件可能发生移位而破坏定位，其结果轻则影响加工质量，重则造成工件报废甚至引发安全事故。此外，夹紧力过大会使工件变形，也会对加工质量不利。

理论上，夹紧力的大小应与作用在工件上的其他力（力矩）相平衡，而实际上，夹紧力的大

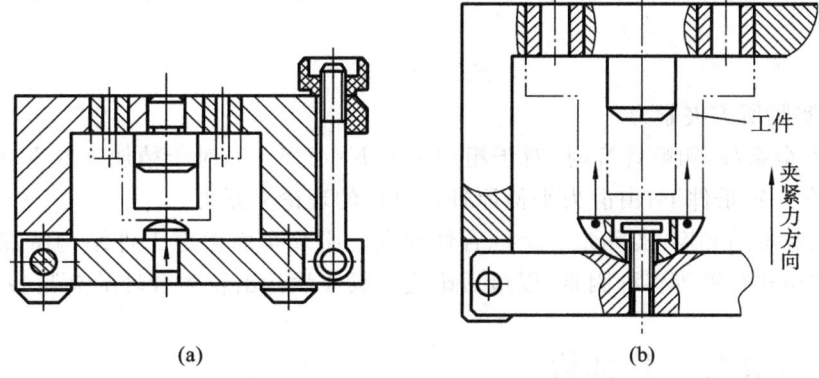

**图 12-30　夹紧力作用点与工件变形**

(a) 工件底面产生夹紧变形；(b) 改进方案

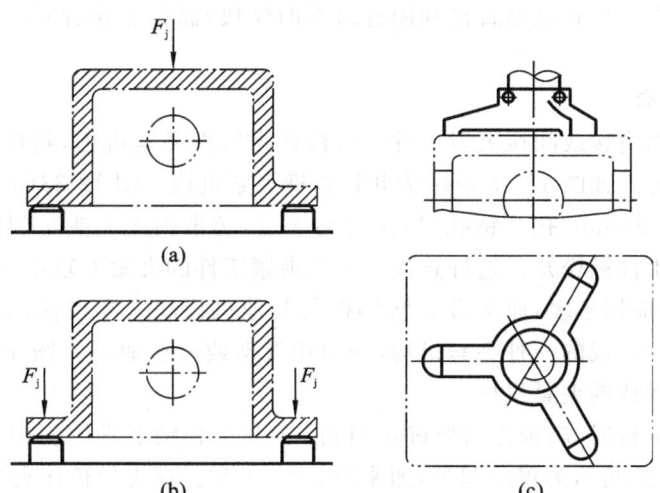

**图 12-31　薄壁箱体夹紧力的作用点**

(a) 薄壁工件顶面夹紧易变形；(b) 薄壁工件夹紧力作用于凸边；(c) 三点夹紧

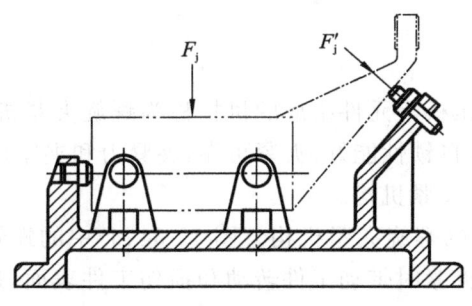

**图 12-32　增添辅助支承和附加夹紧力**

小还与工艺系统的刚度、夹紧机构的传递效率等因素有关，其计算是很复杂的。因此实际设计中常采用估算法、类比法和实验法确定所需夹紧力的大小。

当采用估算法确定夹紧力的大小时，为简化计算，通常将机床夹具和工件看成一个刚性系统。根据所受切削力、夹紧力（对于大型工件应考虑重力、惯性力等）的作用情况，找出加工过

程中对夹紧力最不利的状态,按静力平衡原理计算出夹紧力,最后再乘以安全系数作为实际所需夹紧力,即

$$F_k = K \cdot F_j$$

式中:$F_k$——实际所需夹紧力;

　　$K$——安全系数,粗略计算时,对于粗加工取 $K = 2.5\sim3$,对于精加工取 $K = 1.5\sim2$;

　　$F_j$——在一定条件下,由静力平衡原理计算出的理论夹紧力。

夹紧力三要素的确定,实际是一个综合性问题。必须全面考虑工件结构特点、工艺方法、定位元件的结构和布置等多种因素,以最后确定并具体设计出较为合理的夹紧装置。

### 12.3.3　典型夹紧机构

机床夹具中所使用的夹紧机构绝大多数都是利用斜面将楔块的推力转变为夹紧力来夹紧工件的。其中最基本的形式就是直接利用有斜面的楔块,而偏心轮、凸轮、螺钉等则是楔块的变型。

**1. 斜楔夹紧机构**

采用斜楔的斜面直接或间接夹紧工件的机构称为斜楔夹紧机构,斜楔是夹紧机构中最基本的增力和锁紧元件。如图 12-33 所示为几种斜楔夹紧机构。图 12-33(a)中工件上钻有两个相互垂直的 $\phi8$ mm、$\phi5$ mm 孔。钻孔时,工件装入后,锤击斜楔大头,工件被夹紧;钻孔完毕后,锤击斜楔小头,工件被松开。这种直接用斜楔夹紧工件的夹紧力较小,而且操作也不方便,因此,在实际生产中应用不多,而多数是将斜楔与其他机构联合起来使用。图 12-33(b)所示是由斜楔与滑柱组合而成的一种夹紧机构,一般用气动或液压驱动。图 12-33(c)所示是由端面斜楔与压板组合而成的夹紧机构。

选用斜楔夹紧机构时,应根据需要确定斜角 $\alpha$。凡有自锁要求的斜楔夹紧机构,其斜角 $\alpha$必须小于 $2\varphi$($\varphi$ 为摩擦角),为可靠起见,通常取 $\alpha = 6°\sim8°$。在现代机床夹具中,斜楔夹紧机构常与气压、液压传动装置联合使用。由于气压、液压传动装置可保持一定压力,因而斜楔斜角 $\alpha$ 不受 $6°\sim8°$ 的限制,可取得更大些,一般取 $15°\sim30°$。斜楔夹紧机构结构简单,操作方便,但传力系数小,夹紧行程短,自锁能力差,很少用于手动操作装置,而主要用于机动夹紧且毛坯质量较高的场合。

**2. 螺旋夹紧机构**

采用螺钉、螺母、垫圈、压板等元件组成的机构称为螺旋夹紧机构,它不仅结构简单、容易制造,而且由于螺旋升角小、自锁性能好、夹紧可靠,夹紧力和夹紧行程都较大,通用性好,是目前在夹具中应用最多的一种夹紧机构。

如图 12-34 所示为常用的螺旋夹紧机构。图 12-34(a)中的螺钉夹紧机构,其螺钉头部常装有摆动压块,可防止螺杆夹紧时带动工件转动和损伤工件表面,螺杆上部装有手柄,夹紧时不需要扳手,操作方便、迅速。螺钉夹紧机构的缺点是夹紧动作慢,工件装卸费时。图 12-34(b)中的螺母夹紧机构可以直接用扳手拧紧螺母来夹紧工件。在螺母和工件之间加垫圈,使工件所受的夹紧力均匀,并避免夹紧螺杆弯曲。在夹紧机构中,螺旋压板夹紧机构应用很普遍。由杠杆原理可知,图 12-34(c)中的螺旋压板夹紧机构所产生的夹紧力小于作用力,主要用于夹紧行程较大的场合。图 12-34(d)中的螺旋钩形压板夹紧机构的特点是结构紧凑,使用方便,已在实际生产中得到了普遍应用,并且已经标准化。

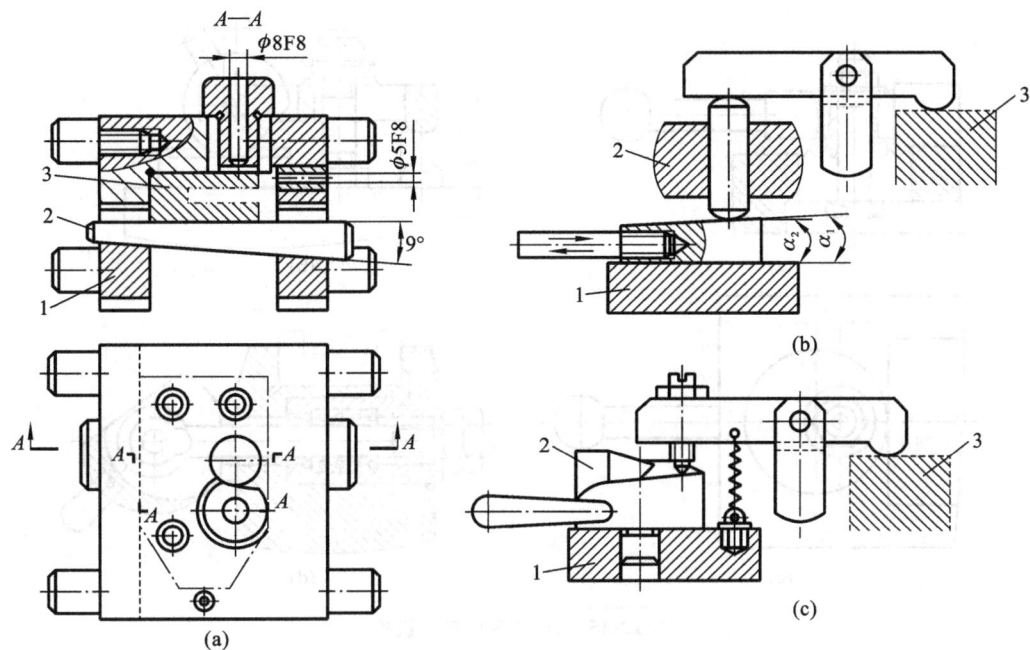

**图 12-33　几种斜楔夹紧机构**

（a）直接用斜楔夹紧机构；（b）斜楔与滑柱组合夹紧机构；（c）端面斜楔与压板组合夹紧机构

1—夹具体；2—斜楔；3—工件

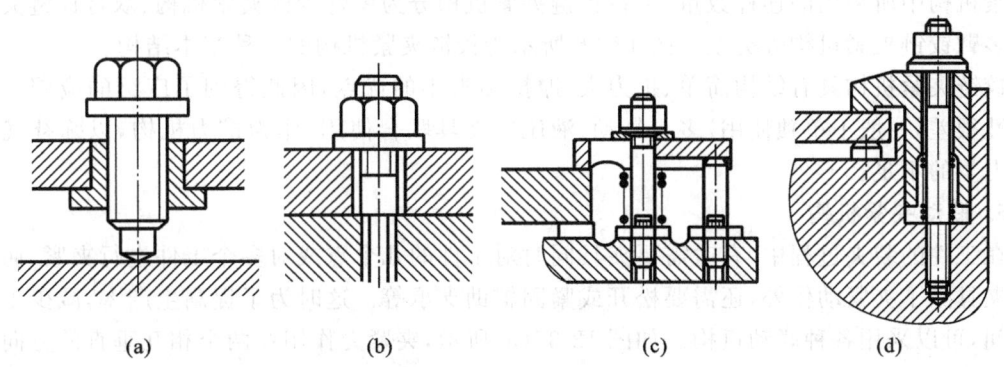

**图 12-34　常用的螺旋夹紧机构**

（a）螺钉夹紧机构；（b）螺母夹紧机构；（c）螺旋压板夹紧机构；（d）螺旋钩形压板夹紧机构

### 3. 偏心夹紧机构

采用偏心元件直接或间接夹紧工件的机构，称为偏心夹紧机构。偏心元件一般有圆偏心和曲线偏心两种类型。采用圆偏心元件的偏心夹紧机构因结构简单、容易制造而得到了广泛应用。

偏心夹紧机构与螺旋夹紧机构相比，还具有夹紧迅速、操作方便等优点。其缺点是夹紧力和夹紧行程均不大，自锁能力差，结构不抗振，故一般适用于切削载荷较小且平稳的场合。在实际使用中，偏心轮直接作用于工件的偏心夹紧机构不多见。偏心夹紧机构多和其他夹紧元件联合使用。图 12-35 所示为几种偏心夹紧机构，其中，图 12-35（a）所示为偏心轮夹紧机构，图 12-35（b）和图 12-35（c）所示为偏心压板夹紧机构。

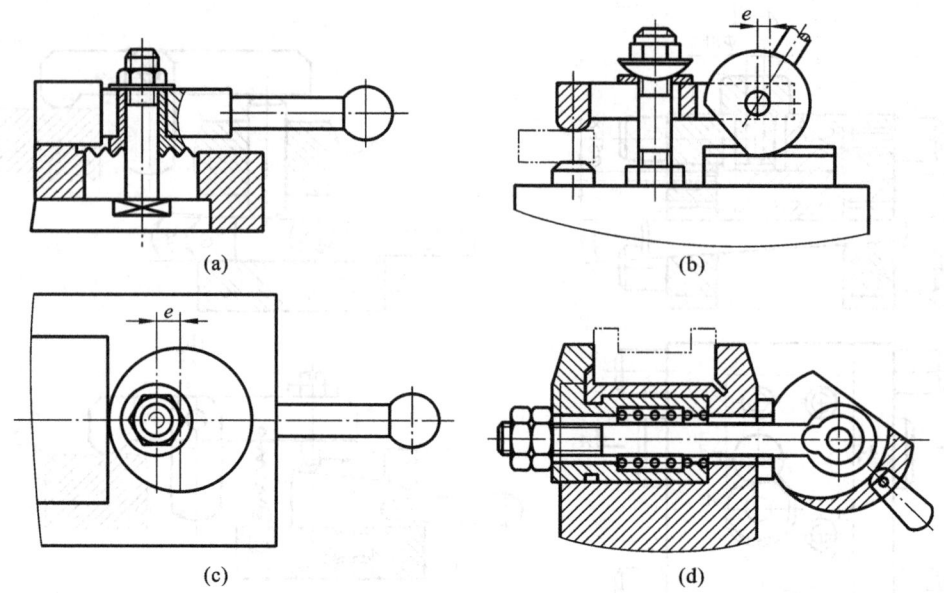

**图 12-35　几种偏心夹紧机构**

(a) 偏心轮夹紧机构；(b)、(c)、(d) 偏心压板夹紧机构

**4. 铰链夹紧机构**

铰链夹紧机构是一种增力夹紧机构，采用以铰链相连接的连杆为中间传力元件。根据铰链夹紧机构中所采用的连杆数量，可将铰链夹紧机构分为单臂铰链夹紧机构、双臂铰链夹紧机构和多臂铰链夹紧机构等类型。图 12-36 所示为铰链夹紧机构的三种基本结构。

铰链夹紧机构具有结构简单、扩力大、摩擦损失小的优点，因此得到了广泛的应用。但其自锁性很差，一般不单独使用，多与气动、液压等夹具联合使用，作为扩力机构，以弥补气缸或气室力量的不足。

**5. 联动夹紧机构**

在工件的装夹过程中，有时需要夹具同时对工件的几个点或对多个工件进行夹紧，而有些机床夹具除了夹紧动作外，还需要松开或紧固辅助支承等。这时为了提高生产率，减少工件装夹时间，可以采用各种联动机构。如图 12-37(a) 所示，夹紧力作用在两个相互垂直的方向上的联动夹紧机构，称为双向联动夹紧机构。如图 12-37(b) 所示，用一个原始作用力，通过一定的机构对数个相同或不同的工件进行夹紧的联动夹紧机械，称为多件联动夹紧机构。

联动夹紧机构便于实现多件加工，故能减少机动时间。又因其采用集中操作，简化了操作程序，可减少动力装置数量、辅助时间和工人劳动强度等，能有效地提高生产率，所以在大批量生产中应用广泛。

### 12.3.4　夹具的动力源

机床夹具的动力有人力、气动力、液压力、电动力、电磁力、弹力、离心力、真空吸力等。随着机械制造工业的迅速发展，自动化和半自动化设备的推广，以及在大批量生产中要求尽量减轻操作人员的劳动强度，现在大多采用气动、液压夹紧装置等来代替人力夹紧。这类夹紧装置还能远距离控制，其夹紧力可保持稳定，夹紧机构也不必考虑自锁，夹紧质量也比较高。

(a)　(b)　(c)

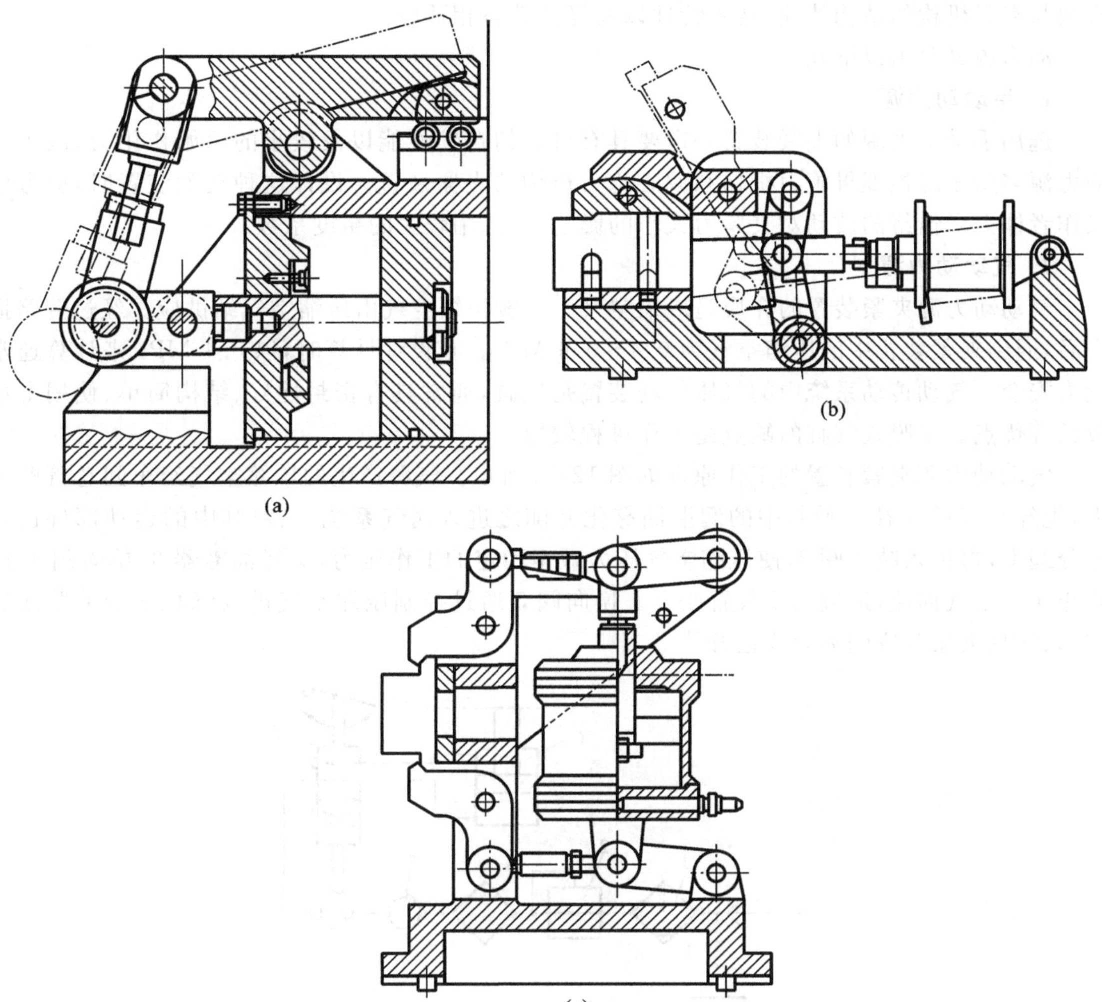

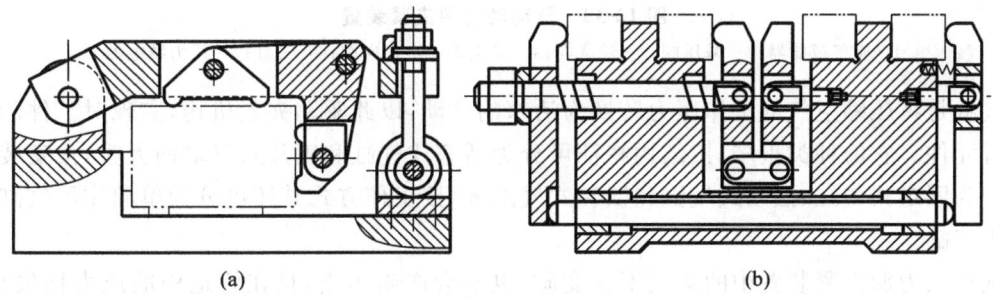

图 12-36　铰链夹紧机构的三种基本机构

(a)　(b)

图 12-37　联动夹紧机构

设计夹紧机构时，应同时考虑所采用的动力源。选择动力源时通常应遵循以下两条原则。

(1) 经济合理。采用某一种动力源时，首先应考虑使用的经济效益，不仅应使动力源设施的投资减少，而且应使机床夹具结构简化，降低机床夹具的成本。

(2) 与夹紧机构相适应。动力源在很大程度上决定了其所采用的夹紧机构，因此，动力源必须与夹紧机构的结构特性、技术特性以及经济效益相适应。

动力源又分为以下几类。

**1. 手动动力源**

选用手动动力源的夹紧装置一定要具有可靠的自锁性能以及较小的原始作用力,故手动动力源多用于螺栓螺母施力机构和偏心施力机构的夹紧装置。设计这种夹紧装置时,应考虑操作者体力和情绪的波动对夹紧力大小的影响,应选用较大的裕度系数。

**2. 气动动力源**

气动动力源夹紧装置的介质是压缩空气。一般压缩空气由压缩空气站供应。经过管路损失后,通到夹紧装置中的压缩空气为 $0.4\sim0.6$ MPa。在设计计算时,以 $0.4$ MPa 来计算通常较为安全。气动传动系统中的气压传动装置是气缸,通常具有密封性好、结构简单、使用寿命较长等优点。薄膜式气缸的缺点是工作进程较短。

气动动力源夹紧装置的工作原理如图 12-38 所示。气源产生的压缩空气经车间总管路送来,先经空气过滤器 1,使其中的润滑油雾化并随之进入送气系统,以对其中的运动部件进行充分润滑,再进入减压阀 2,使压缩空气压力减至稳定的工作压力,又经油雾器 3、单向阀 4,以防止压缩空气回流,造成夹紧装置松开。换向阀 5 通过控制压缩空气进入气缸 6 的前腔或后腔,来实现夹紧装置的夹紧或松开。

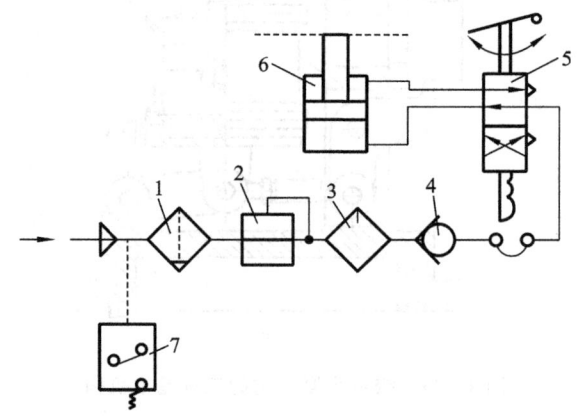

**图 12-38　气动动力源夹紧装置**
1—空气过滤器;2—减压阀;3—油雾器;4—单向阀;5—换向阀;6—气缸;7—压力继电器

气缸是将压缩空气的工作压力转换为活塞的移动,以此驱动夹紧机构,实现对工件的夹紧的执行元件。它的种类很多,按结构特征可分为活塞式气缸和膜片式气缸两大类,按安装方式其可分为固定式气缸、摆动式气缸和回转式气缸等,按工作方式其还可分为单向作用气缸和双向作用气缸。

气动动力源夹紧装置中的空气不会变质,也不会产生污染,且在管道中的压力损失小,但气压较低,当需要较大的夹紧力时,气缸就要很大,致使夹具结构不紧凑。另外,由于空气的压缩性大,因而机床夹具的刚度和稳定性较差。此外,气动动力源夹紧装置还有较大的排气噪声。

**3. 液压动力源**

液压动力源夹紧装置是利用液压油作为工作介质来传力的一种装置。其工作原理及结构与气动动力源夹紧装置相似。它们的共同优点是操作简单、动作迅速、辅助时间短。液压动力源夹紧装置与气动动力源夹紧装置比较,具有压力大、体积小、结构紧凑、夹紧力稳定、吸振能力强、不受外力变化的影响等优点。液压动力源夹紧装置特别适用于重力切削或加工大型工件时的多处夹紧。但如果机床本身没有液压传动系统,需设置专用夹紧液压传动系统,这样会使机床夹具成本提高。液压动力源夹紧装置的传动系统与普通液压传动系统类似,但系统中常设有蓄能器,用以储存压力油,以提高液压泵电动机的使用效率。在工件夹紧后,液压泵电动机可停止工作,靠蓄能器补偿漏油,保持夹紧状态。

**4. 气液组合动力源**

气液组合动力源夹紧装置的介质仍为压缩空气。但它综合了气动动力源夹紧装置与液动动力源夹紧装置的优点,又部分克服了它们的缺点,所以得到了发展和应用。它的工作原理如图 12-39 所示,压缩空气进入气缸 1,推动活塞 3 左移,活塞杆 4 随之在增压缸 2 内左移,使增压缸 2 和工作缸 5 内的油压增加,并推动工作缸活塞 6 上抬,将工件夹紧。

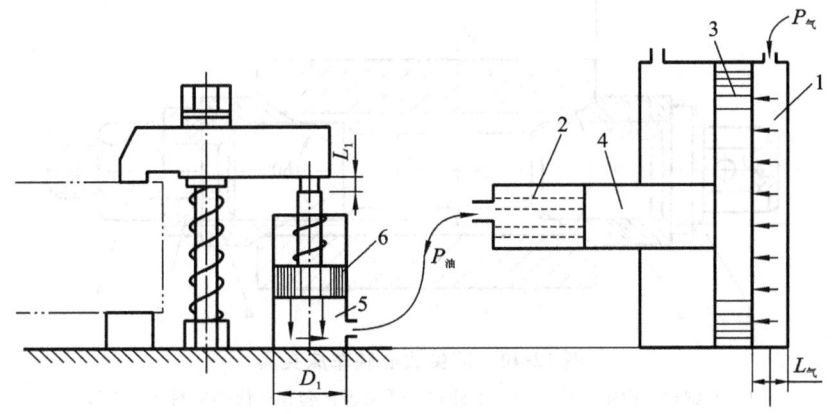

**图 12-39　气液组合动力源夹紧装置的工作原理**
1—气缸;2—增压缸;3—气缸活塞;4—活塞杆;5—工作缸;6—工作缸活塞

气液组合动力源夹紧系统的动力源为压缩空气,但要使用特殊的增压器,这比气动夹紧装置复杂。增压器已标准化、系列化,可根据行程及夹紧力的大小进行选择。

**5. 电和电磁动力源**

电动扳手和电磁吸盘都属于硬特性动力源,在流水作业线上常采用电动扳手代替手动扳手,不仅提高了生产效率,而且克服了手动施力的波动,减轻了工人的劳动强度。采用电和电磁动力源是获得稳定夹紧力的方法之一。电磁动力源主要用在要求夹紧力稳定的精加工机床夹具中。

# 12.4　各类机床夹具

## 12.4.1　车床夹具

车床夹具主要用于加工工件的内外圆柱面、圆锥面、回转成型面、螺纹及端平面等。根据使用范围大小,可将车床夹具分为两大类:一类是通用车床夹具;另一类是专用车床夹具。当工件定位基准面为单一圆柱表面或与被加工表面相垂直的平面时,可采用安装在车床主轴上的各种通用车床夹具,如三爪自定心卡盘、四爪单动卡盘、顶尖、花盘等。当工件定位基准面较复杂或有其他特殊要求时,例如,为了获得高的定位精度或在大批量生产、要求有较高的生产率时,应设计专用车床夹具。

**1. 车床夹具的典型结构**

1) 心轴类车床夹具

心轴类车床夹具常用于加工以孔作为定位基准的工件。心轴类车床夹具按照与车床主轴的连接方式可分为顶尖式心轴车床夹具和锥柄式心轴车床夹具。

如图 12-40 所示为顶尖式心轴车床夹具。工件 3 以孔口 60°角定位车削外圆表面。当旋转螺母 6 时,活动顶尖套 4 左移,从而将工件 3 定心夹紧。顶尖式心轴车床夹具结构简单、夹紧可靠、操作方便,适用于加工内、外圆无同轴度要求,或只需加工外圆的套筒类零件。

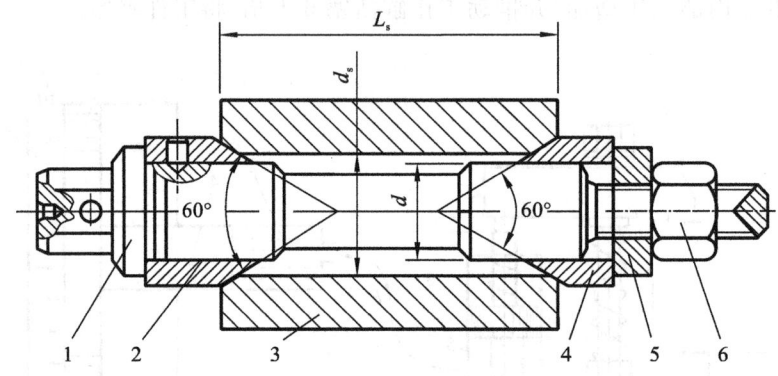

**图 12-40　顶尖式心轴车床夹具**

1—心轴;2—固定顶件套;3—工件;4—活动顶件套;5—快换垫圈;6—螺母

2) 角铁式车床夹具

在车床上加工箱体类、支座类零件上的回转面及端面时,由于零件形状比较复杂,难以装在通用卡盘上,需设计带有前台面的角铁车床夹具。

图 12-41 所示为角铁式车床夹具,用于加工壳体零件的孔和端面。工件以底面及两孔定位,并用两个钩形压板夹紧。镗孔中心线与零件底面之间的 8°夹角由角铁的角度来保证。为了控制端面尺寸,在夹具上设置了供测量用的测量基准(圆柱面端面),同时设置了供校正夹具用的工艺孔。

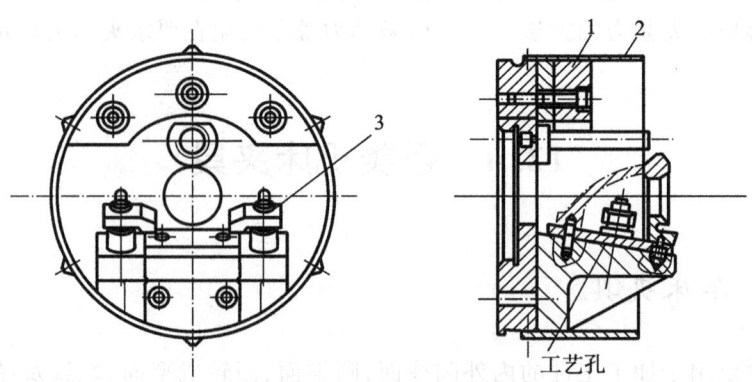

**图 12-41　角铁式车床夹具**

1—平衡块;2—防护罩;3—钩形压板

**2. 车床夹具的设计要点**

由于车床夹具一般是安装在机床主轴上，随主轴高速旋转，因此对车床夹具的设计有特别要求。车床夹具的设计要点如下。

（1）夹具结构要紧凑。夹具外轮廓尺寸要尽可能小，重量应尽可能轻，重心尽可能靠近回转轴线，以减小惯性力和回转力矩，减小振动，避免加剧主轴轴承的磨损。

（2）车床夹具一般应设置平衡装置。车床夹具应有消除回转中的不平衡现象的平衡措施，以减小振动等不利影响。一般应设置配重块或减重孔以消除回转中的不平衡现象。

（3）夹紧装置应安全可靠。加工过程中车床夹具要受到离心力、重力和切削力的作用，其合力的大小和方向是变化的，所以夹紧装置要有足够而合适的夹紧力和良好的自锁性，夹紧变形尽可能小，且要求受力布局合理，不应破坏工件的定位精度，以确保夹紧安全可靠。装在夹具体上的各个元件（包括工件）不允许伸出夹具体圆周之外，以免工作时碰伤操作者。此外，还应考虑切屑的缠绕、切削液的飞溅等影响安全操作的因素。

（4）夹具与车床主轴的定位和连接要准确。连接轴或盘的回转轴线与车床主轴轴线应具有尽可能高的同轴度。

## 12.4.2　钻床夹具

在钻床上进行孔的钻、扩、铰、锪、攻螺纹加工所用的夹具称为钻床夹具。钻床夹具是用钻套引导刀具进行加工的，所以简称钻模。钻模有利于保证被加工孔的定位基准和各孔之间的尺寸精度和位置精度，并可显著提高劳动生产率。

**1. 钻模的分类**

钻模的类型很多，有固定式、回转式、移动式、翻转式、盖板式和滑柱式等。

1）固定式钻模

固定式钻模使用时被固定在钻床工作台上不动。它常用于在立式钻床上加工较大的单孔或在摇臂钻床上加工平行孔系。

在立式钻床上安装钻模时，一般先将装在主轴上的定尺寸刀具（精度要求高时用心轴）伸入钻套中，确定钻模的位置，然后将其紧固。采用这种方式时钻孔精度较高。如图 12-42 所示，工件以一底面及两孔在斜端面、圆柱销 4 和菱形销 3 上定位；采用快速夹紧螺母 5 夹紧，用特殊加长钻套 6 导向加工斜孔。安装夹具时在钻床主轴上装入标准心棒，调整夹具位置使心棒顺利伸入钻套，然后用压板、螺栓及 U 形耳座固定夹具。

2）回转式钻模

带有回转式分度装置的钻模称为回转式钻模。这种钻模主要用于加工同一圆周上的平行孔系，或分布在圆周上的径向孔。它包括立轴回转式钻模、卧轴回转式钻模和斜轴回转式钻模三种基本形式。由于回转台已经标准化，在回转式夹具的设计中，在一般情况下是将专用的工件夹具和标准回转台联合，必要时才设计专用的回转式钻模。如图 12-43 所示为专用的回转式钻模，可利用其加工工件上均布的径向孔。工件利用定位盘 2 和带键的组合定位销 3 定位。工件的夹紧是通过夹紧螺母 5 和开口垫圈 4 完成的。夹具体 1 通过定位底盘面的衬套孔，利用通用转台的转盘中心的定位销定位，然后用螺钉紧固。

3）移动式钻模

移动式钻模用于钻削中、小型工件同一表面上的多个孔。如图 12-44 所示为移动式钻模。

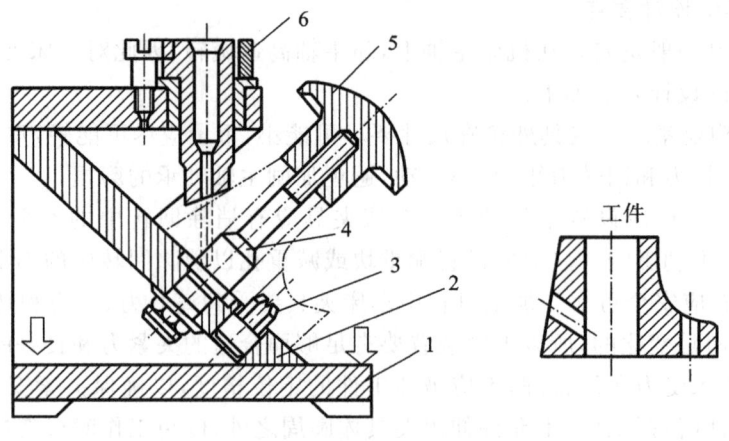

**图 12-42　固定式钻模**

1—夹具体；2—平面支承；3—菱形销；4—圆柱销；

5—快速夹紧螺母；6—特殊加长钻套

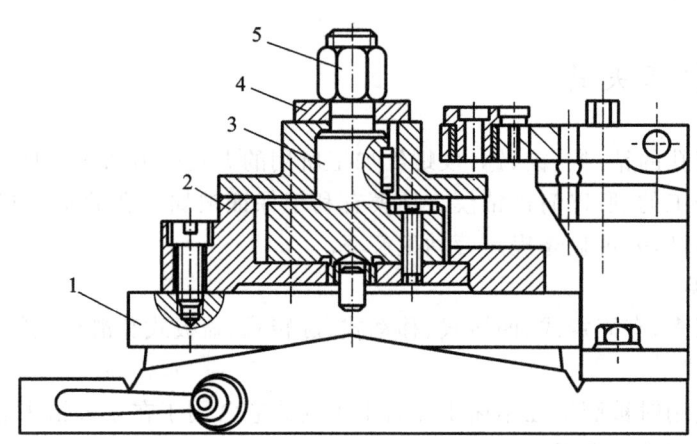

**图 12-43　专用的回转式钻模**

1—夹具体；2—定位盘；3—组合定位销；4—开口垫圈；5—夹紧螺母

工件以连杆端面及连杆头的大小头圆弧面作为定位基面,在定位套 12、13,固定 V 形块 2 及活动 V 形块 7 上定位。先通过手轮 8 推动活动 V 形块 7 夹紧工件,然后转动手轮 8 带动螺钉 11 转动,压迫钢球 10,使两个半圆键向外胀开而锁紧。V 形块带有斜面,使工件在夹紧分力作用下与定位套贴紧。通过移动钻模,将钻头导入两个钻套 4、5,从而加工工件上的两个孔。

4）翻转式钻模

翻转式钻模主要用于加工中、小型工件分布在不同表面上的孔。图 12-45 所示为加工套筒上四个径向孔的翻转式钻模。工件以内孔及端面在台肩销 1 上定位,用快换垫圈 2 和螺母 3 夹紧。钻完一组孔后,翻转 60°钻另一组孔。该钻模的结构比较简单,但每次钻孔时都需要找正钻套相对钻头的位置,所需辅助时间较长,而且翻转费力。因此,钻模连同工件的总重量不能太重,其加工批量也不宜过大。

5）盖板式钻模

盖板式钻模没有夹具体,其钻模盖板上除钻套外,一般还装有定位元件和夹紧装置,只要将钻模覆盖在工件上即可进行加工。

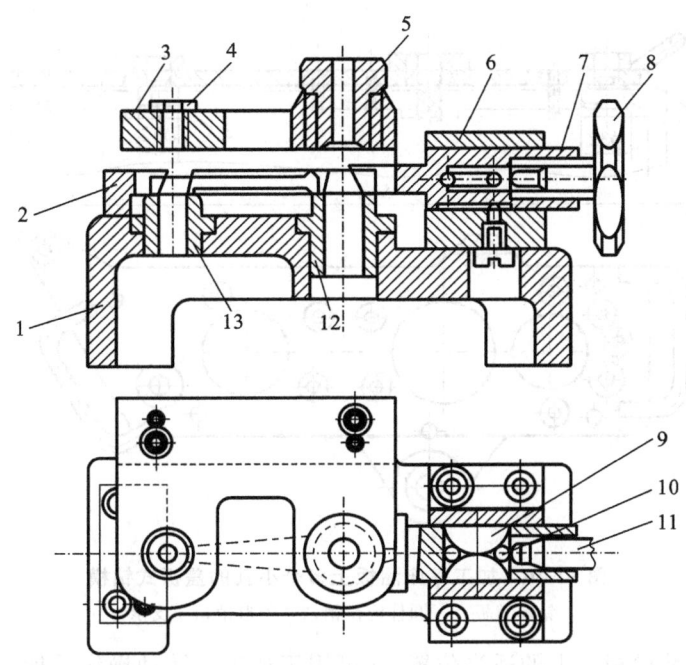

**图 12-44　移动式钻模**

1—夹具体;2—固定 V 形块;3—钻模板;4、5—钻套;6—换向阀;7—活动 V 形块;
8—手轮;9—半圆键;10—钢球;11—螺钉;12、13—定位套

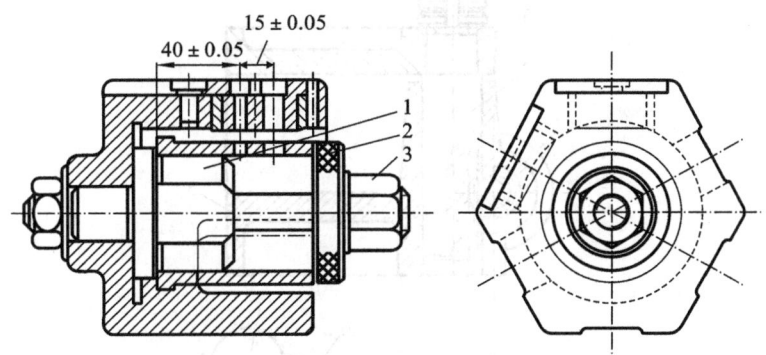

**图 12-45　加工套筒上四个径向孔的翻转式钻模**

1—台肩销;2—快换垫圈;3—螺母

如图 12-46 所示为加工车床溜板箱上多个小孔的盖板式钻模。在钻模盖板 1 上不仅装有钻套,还装有定位用的圆柱销 2、菱形销 3 和支承钉 4。因为是钻小孔,钻削力矩小,故未设置夹紧装置。

盖板式钻模结构简单,多用于加工大型工件上的小孔。因其在使用时经常搬动,故质量不宜超过 10 kg。为了使盖板式钻模的重量得到减轻,可在钻模盖板上设置加强肋而减小盖板厚度,加设减轻重量用的窗孔或选用铸铝制作盖板。

6)滑柱式钻模

滑柱式钻模是带有升降钻模板的通用可调夹具。如图 12-47 所示为手动滑柱式钻模的通用结构,其由夹具体、升降钻模板、滑柱,以及传动、锁紧机构所组成。使用时,只要根据工件的形状、尺寸和加工要求等具体情况,专门设计、制造相应的定位、夹紧装置和钻套等,装在夹具

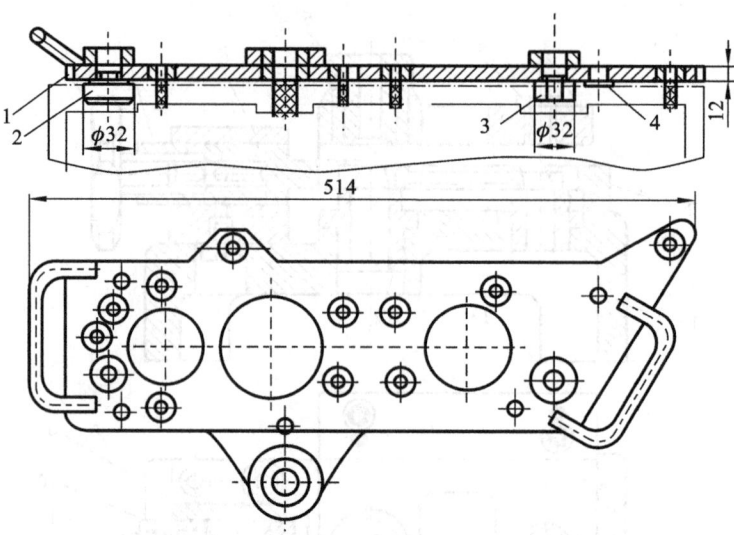

**图 12-46　加工车床溜板上多个小孔的盖板式钻模**

1—钻模盖板；2—圆柱定位销；3—菱形销；4—支承钉

体 5 的平台和升降钻模板 3 上的适当位置，就可用于加工。转动操作手柄 6，经过齿轮齿条的啮合传动和左右滑柱的导向，便能顺利地带动升降钻模板 3 升降，将工件夹紧或松开。

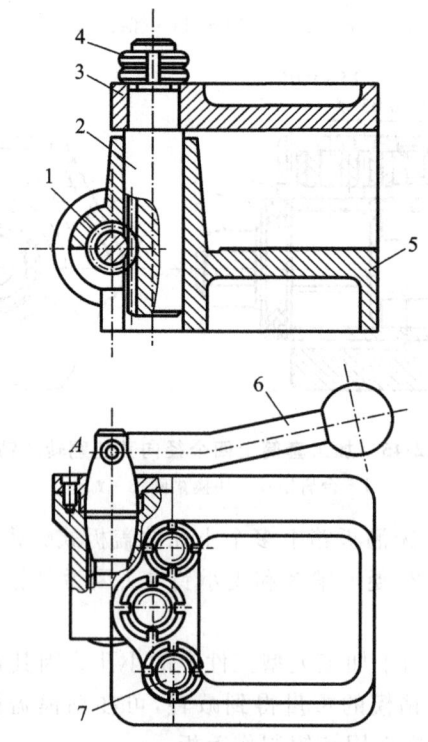

**图 12-47　手动滑柱式钻模的通用结构**

1—斜齿轮；2—斜齿条圆杆螺旋齿轮轴；3—升降钻模板；

4—锁紧螺母；5—夹具体；6—操作手柄；7—滑柱

这种手动滑柱式钻模的效率较低，夹紧力不大，此外，由于滑柱和导孔为间隙配合（一般为

H7/f7),因此被加工孔的垂直度和孔的位置尺寸难以达到较高的精度。但是其自锁性能好,结构简单,操作迅速,具有通用可调的优点,不仅可在大批量生产中广泛应用,而且也已推广到小批量生产中。

**2. 钻床夹具的设计特点**

钻床夹具的主要特点是都有一个安装钻套的钻模板。钻套和钻模板是钻床夹具的特殊元件。

1) 钻套

一般装在夹具的钻模板上,用来确定工件被加工孔的位置,引导加工刀具提高其刚度,并防止加工中的振动。钻套一般分为标准钻套及特殊钻套两类。

钻套按其结构和使用特点可分为以下四种类型。

(1) 固定钻套　如图 12-48(a)和图 12-48(b)所示,固定钻套分为 A、B 两种类型。固定钻套与钻模板或夹具体之间采用 H7/nb 或 H7/rb 配合。它结构简单,有利于提高钻孔精度,适用于单一钻孔工序和小批量生产。

(2) 可换钻套　图 12-48(c)所示为可换钻套。当工件只有单一钻孔工序并且大批量生产时,为便于更换磨损的钻套,应选用可换钻套。可换钻套与衬套之间采用 F7/m6 或 F7/k6 配合,衬套与钻模板之间采用 H7/n6 配合。可换钻套磨损后,可卸下螺钉,更换新的钻套。螺钉能防止加工时可换钻套转动,或退刀时可换钻套随刀具自行拔出。

(3) 快换钻套　图 12-48(d)所示为可换钻套。当工件需钻、扩、铰多工序加工时,为能快速更换不同孔径的钻套,应选用快换钻套。快换钻套的有关配合与可换钻套相同。更换快换钻套时,将快换钻套削边转至螺钉处,即可取下快换钻套。快换钻套削边的方向应考虑刀具的旋向,以免快换钻套随刀具自行拔出。

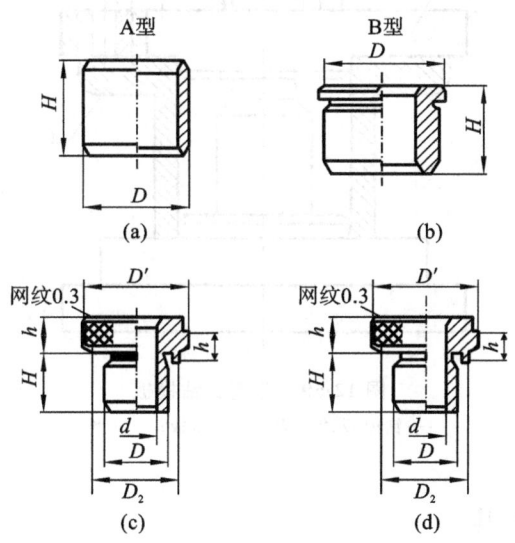

**图 12-48　标准钻套**

以上三类钻套已标准化,其结构参数、材料、热处理方法等可查阅有关手册。

(4) 特殊钻套　由于工件形状或被加工孔位置的特殊性,需要设计特殊结构的钻套。如图 12-49 所示为几种特殊钻套。图 12-49(a)所示的加长钻套为在凹面上钻孔时所用的钻套,由于钻模板无法接近加工表面,上下部分的孔径不一,因而减小了刀具与钻套的接触长度。图

21-49(b)所示为斜面钻套,用于在斜面或圆弧面上钻孔,排屑空间的高 $h<0.5$ mm,可增加钻头刚度,避免钻头引偏或折断。图 12-49(c)所示的小孔距钻套有两个导向孔,当孔距很接近时,可采用该结构。图 12-49(d)所示为可定位夹紧钻套,在钻套与衬套之间,一段为圆柱面间隙配合,一段为螺纹连接,钻套下端为内锥面,便于工件定位。

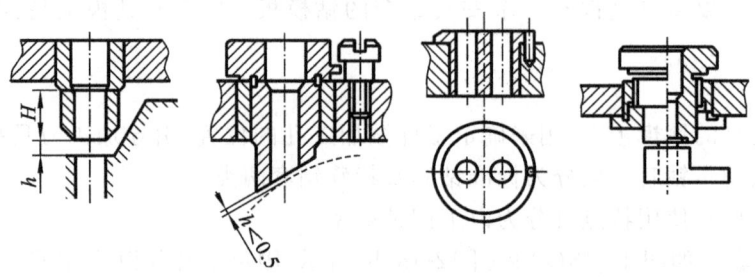

**图 12-49　几种特殊钻套**

(a) 加长钻套;(b) 斜面钻套;(c) 小孔距钻套;(d) 可定位夹紧钻套

2) 钻模板

用于安装钻套的钻模板,按其与夹具体连接的方式,常用的有固定式、铰链式、可卸分离式、悬挂升降式四种。

如图 12-50 所示为分离式钻模板,采用这类钻模板加工的工件精度高,但工效低,费时费力。

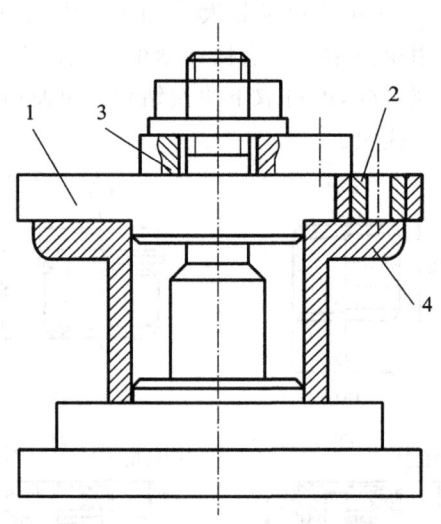

**图 12-50　分离式钻模板**

1—钻模板;2—钻套;3—压板;4—工件

## 12.4.3　铣床夹具

### 1. 铣床夹具的分类

铣床夹具主要用于加工零件上的平面、凹槽、缺口、花键及成型表面等。铣床夹具按使用范围,可分为通用铣床夹具、专用铣床夹具和组合铣床夹具三类。铣床夹具按工件在铣床上加工时进给运动的特点可分为直线进给铣床夹具、圆周进给铣床夹具、沿曲线进给铣床夹具(如仿形装置)三类。此外,铣床夹具还可按自动化程度和夹紧动力源的不同(如气动式、电动式、液动式等)以及装夹工件数量的多少(如单件、双件、多件)等进行分类。其中,最常用的分类方法是按其应用范围分为通用铣床夹具、专用铣床夹具和组合铣床夹具。

　　如图 12-51 所示为铣工件上斜面的单件铣床夹具。工件以一面两孔定位,为保证夹紧力作用方向指向主要定位面,两个压板的前端做成球面。此外,为了确定对刀块的位置,还在该夹具上设置了工艺孔。

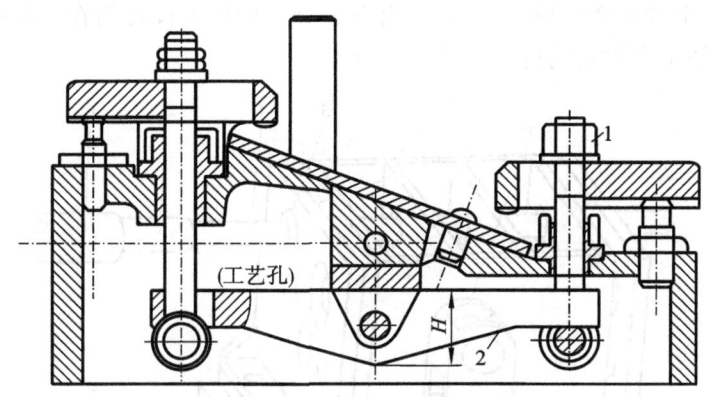

**图 12-51　铣工件上斜面的单件铣床夹具**

1—螺母;2—杠杆

### 2. 铣床夹具的设计特点

　　铣床夹具与其他机床夹具的不同之处在于,它通过定位键在机床上定位,且用对刀装置来确定铣刀相对于铣床夹具的位置。

　　1) 总体结构

　　铣削加工的切削力较大,又是断续切削,加工中易引起振动,因此,铣床夹具的受力元件要有足够的强度和刚度。铣床夹具的夹紧机构所提供的夹紧力应足够大,且要求有较好的自锁性能。为了提高铣床夹具的工作效率,应尽可能采用机动夹紧机构和联动夹紧机构,并在可能的情况下采用多件夹紧和多件加工。

　　2) 对刀装置

　　对刀装置主要由对刀块和塞尺组成,用来确定夹具与刀具的相对位置。其结构形式取决于工件加工表面的形状。图 12-52 所示为几种常用的对刀装置,其中图 12-52(a)所示装置用于铣平面,图 12-52(b)所示装置用于铣槽,图 12-52(c)所示装置用于铣削成型面。

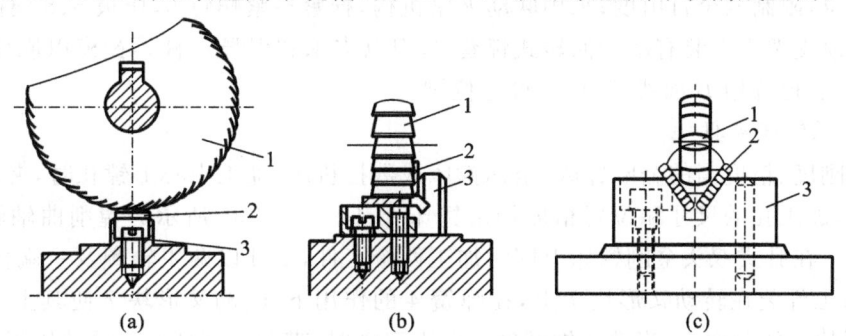

(a)　　　　　　　　　　(b)　　　　　　　　　　(c)

**图 12-52　几种常用的对刀装置**

(a) 高度对刀装置;(b) 直角对刀装置;(c) 成型对刀装置

1—铣刀;2—塞尺;3—对刀块

### 12.4.4　镗床夹具

镗床夹具又称镗模,它由镗套、镗模架、定位元件、夹具装置和夹具体组成,如图 12-53 所示,主要用于保证箱体上工件孔及孔系的加工精度。与钻削夹具类似,镗套按照工件被加工孔系的坐标布置在一个或几个镗模架上,用来引导刀具。镗模不仅可用在一般镗床上,也可以用在通用机床上,以加工有较高精度要求的孔及孔系。

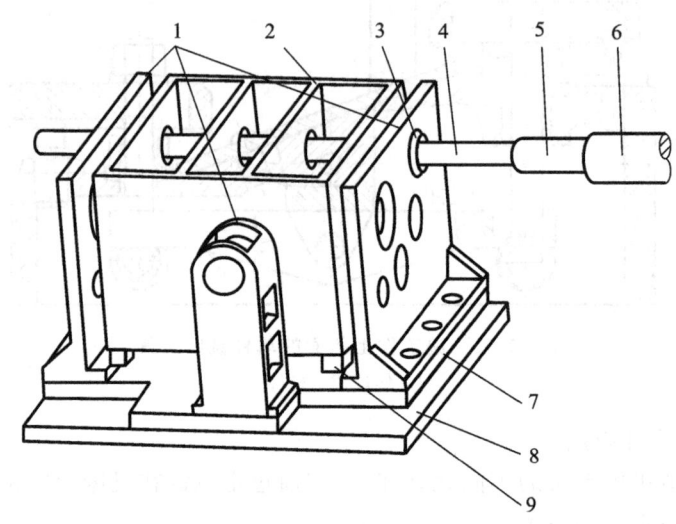

**图 12-53　用整体式镗模加工箱体类零件**
1—镗模架;2—工件;3—镗套;4—镗杆;5—浮动接头;
6—主轴;7—底座;8—工作台;9—定位块

**1. 镗模的典型结构形式**

镗模按导向支架的布置形式分为单支承镗模、无支承镗模和双支承镗模,其中后两种使用得较多。

1)前后双支承镗模

图 12-54 所示为镗削车床尾座孔的镗模。两个镗模导向支承分别设置在刀具的前后方,镗刀杆 10 与主轴之间通过浮动接头 11 连接。工件以底面、槽及侧面在定位板 3、4 及可调支承钉 7 上定位,限制六个自由度;采用联动夹紧机构,拧紧夹紧螺钉 6,压板 5、8 便能同时将工件夹紧。镗模支架 1 上装有滚动回转式镗套 2,用以支承和引导镗杆。镗模以底面 $A$ 安装在机床工作台上,位置用 $B$ 面找正,可不设定位键。

2)无支承镗床夹具

工件在刚度、精度高的金刚镗床、坐标镗床或数控机床、加工中心上镗孔时,夹具上可不设置镗模支承,加工孔的尺寸和位置精度均由镗床保证。图 12-55 所示为镗削曲轴轴承孔的金刚镗床夹具。在卧式双头金刚镗床上同时加工两个工件,工件以两主轴颈及一端面在 V 形块 1、3 上定位;工件装在转动叉形块 7 上,在弹簧 4 的作用下,转动叉形块 7 使其上的定位端面紧靠在 V 形块 1 的侧面上,当液压缸活塞 5 向下运动时,带动活塞杆 6 和浮动压板 8、9 向下运动,使四个浮动压块 2 分别从两个工件的主轴颈上方压紧工件。当活塞上升松开工件时,活塞杆带动浮动压板 8 转动,以便装卸工件。

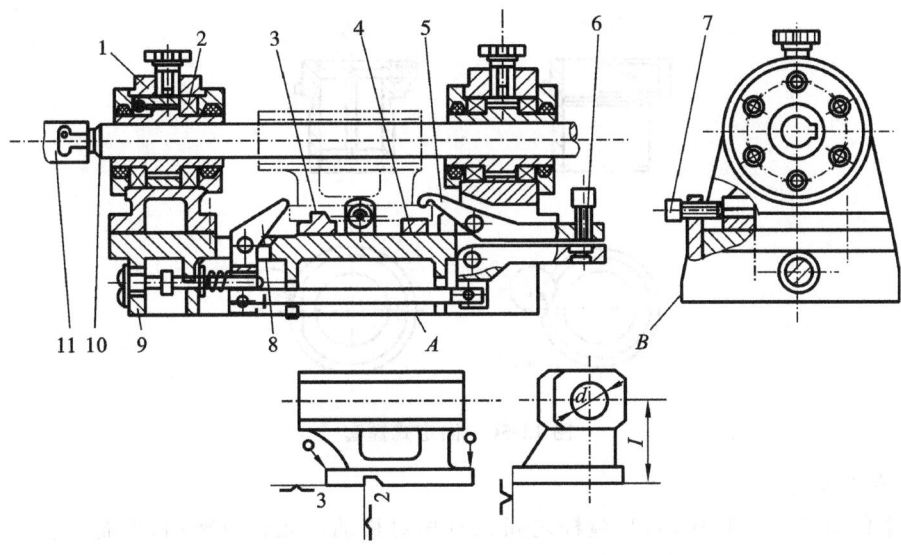

**图 12-54　车床尾座孔镗模**

1—支架；2—镗套；3、4—定位板；5、8—压板；6—夹紧螺钉；7—可调支承钉；

9—镗模底座；10—镗刀杆；11—浮动接头

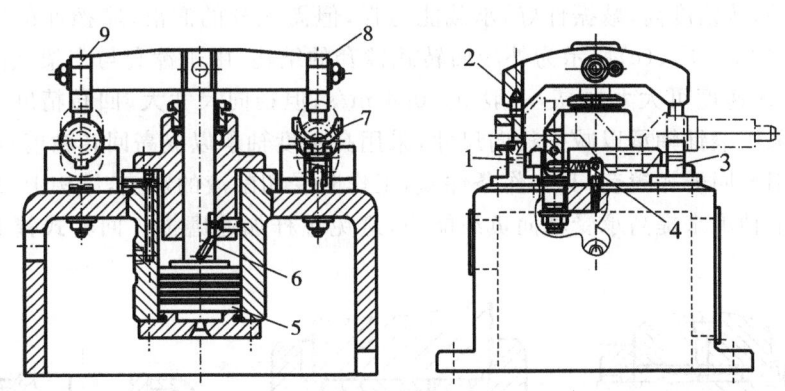

**图 12-55　镗曲轴轴承孔的金刚镗床夹具**

1、3—V 形块；2—浮动压块；4—弹簧；5—活塞；

6—活塞杆；7—转动叉形块；8、9—浮动压板

**2. 镗套的选择和设计**

镗套结构形式和精度直接影响被加工孔的精度。常用的镗套有固定式和回转式两类。设计时其结构、材料、配合关系等均可查阅夹具手册。

1）固定式镗套

镗孔时不随镗杆一起转动的镗套称为固定式镗套。如图 12-56 所示，固定式镗套有 A、B 两种类型，现已标准化。A 型不带油杯和油槽，靠镗杆上开的油槽润滑；B 型内孔中开有油槽并自带油杯，能在加工过程中使镗杆和镗套之间充分润滑，从而降低磨损并提高切削速度。

固定式镗套的优点是外形尺寸小、结构简单、导向精度高，但镗杆在镗套内既相对转动又相对轴向移动，镗套易磨损，故只适用于低速镗孔。一般摩擦面线速度 $v<0.3$ m/s；固定式镗套的导向长度取 $L=(1.5\sim2)D$。

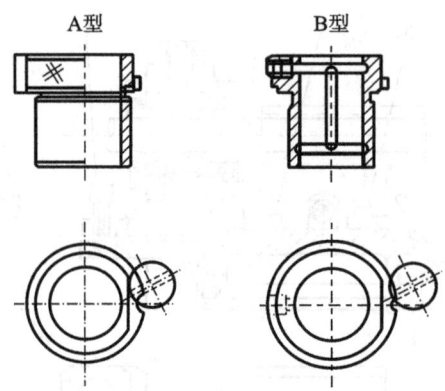

图 12-56　固定式镗套

2）回转式镗套

这种镗套随镗杆一起移动，与镗杆之间只有相对移动而无相对转动，因而镗套与镗杆之间的磨损小，可避免发热出现"卡死"的现象，适用于高速镗孔。

回转式镗套可分为滑动回转式镗套和滚动回转式镗套；滚动镗套又有内滚及外滚式两种。

图 12-57 所示为常用的回转式镗套。其中：图 12-57(a) 所示为滑动回转式镗套，其优点是结构尺寸较小，回转精度高，减振性好，承载能力强，但需充分的润滑，摩擦面的线速度不宜超过 0.3 m/s；图 12-57(b)、(c) 所示为外滚回转式镗套的结构，由于镗套与支架之间安装了滚动轴承，所以回转线速度可大大提高，一般 $v > 0.4$ m/s，但径向尺寸大，回转精度受轴承精度的影响，因此，常采用滚针轴承以减少径向尺寸，采用高精度轴承以提高回转精度；图 12-57(c) 所示为立式镗孔用的回转式镗套，其工作条件差，工作时受切削液的影响，结构上设有防屑结构，并采用圆锥滚子轴承来提高承受轴向负载能力，避免镗杆加速磨损。回转式镗套的导向长度 $L = (1.5 \sim 3)D$。

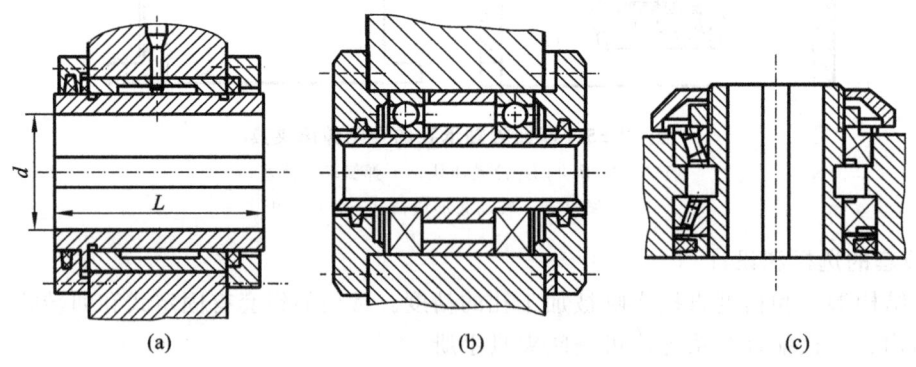

(a)　　　　　　(b)　　　　　　(c)

图 12-57　常用的回转式镗套

3）镗套的材料及主要技术要求

镗套材料常用 20 钢或 20Cr 钢渗碳淬火，渗碳深度为 0.8～1.2 mm，淬火硬度为 55～60 HRC。有时采用自润滑、耐磨性好的磷青铜做固定式镗套，这样镗套不易与镗杆咬死，多用于高速镗孔，但成本较高。对于大孔径镗套，或单件小批量生产用的镗套，也可采用铸铁。

**3. 镗杆的引导方式**

镗杆的引导方式分为单支承引导和双支承引导。

1）单支承引导

镗杆加工时镗模中只有一个位于刀具前面或后面的引导镗套。镗杆与机床主轴采用刚性连接，此时机床主轴回转精度影响工件镗孔精度，适用于小孔和短孔的加工。图 12-58(a) 所示为单支承前引导方式，镗套布置在刀具前面。这种方式便于观察和测量，适用于锪平面或攻螺纹工序，其缺点是切屑易进入镗套内，刀具切入与切出行程较长，多用于 $D>60$ cm 的场合；图 12-58(b) 所示为单支承后引导方式，镗套设置在刀具后面，适用于加工 $D\leqslant60$ cm 的通孔或盲孔，采用这种导引方式时结构刚度较高，装卸工件比较方便。当所镗孔长径比 $L/D\leqslant1$ 时，取镗杆引导直径 $d$ 大于孔径 $D$，以保证镗杆刚度；当 $L/D=1\sim1.25$ 时，镗杆直径应制成同一尺寸，且小于加工孔的直径，以缩短镗杆悬伸长度，保证镗杆的刚度，如图 12-58(c) 所示。

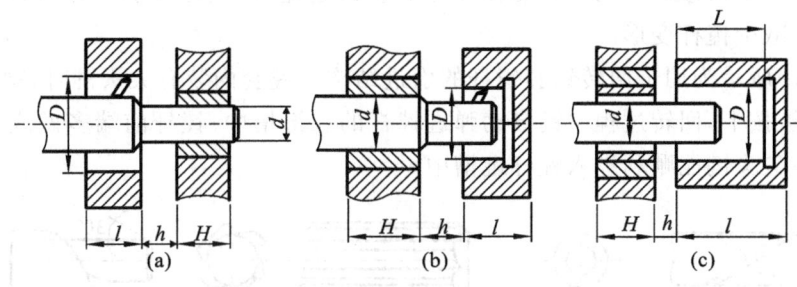

**图 12-58　单支承引导镗孔示意图**

图 12-58 中的尺寸 $h$ 为镗套端面至工件端面的距离，其值应根据刀具更换、工件装卸、尺寸测量及便于排屑来考虑，但不宜过长。在卧式镗床上镗孔时，其值一般取 $20\sim80$ mm，或 $h=(0.5\sim1)D$；在立式镗床上镗孔时，与钻模情况类似，可以参考钻模设计中的 $h$ 取值。镗套长度一般取 $H=(2\sim3)d$ 或按刀具悬伸量取 $H\geqslant h+1$。

2）双支承引导

采用双支承引导镗孔时，镗杆和机床主轴采用浮动连接。所镗孔的位置精度主要取决于导向支架上镗套孔的位置精度，不受机床主轴精度的影响。因此，两镗套孔的轴线必须严格调整在同一直线上。双支承布置又可分为双面单支承和单面双支承两种方式。

图 12-59(a) 所示为双面单支承引导方式，在工件前、后方各布置一个镗套，主要用于加工孔距精度或同轴度精度要求较高并且直径较大的孔系或同轴孔系。这种引导方式的缺点是：镗杆较长，刚度较差，更换刀具不方便。采用这种镗杆，当 $L>10d$ 时应设置中间支承。图 12-59(b) 所示为单面双支承引导方式，适用于不能使用前、后支承的情况。由于镗杆为悬臂梁，故镗杆悬伸距离一般不大于镗杆直径的 5 倍，常取镗杆引导长度 $H>(1.25\sim1.5)d$，以避免镗杆悬伸过长，影响刚度和轴向移动平稳性，保证镗孔精度。此类镗模便于装卸工件和刀具，也便于观察测量。

**4．镗杆和浮动卡头**

镗杆是镗床夹具中一个重要的零部件。

1）镗杆导引部分结构

如图 12-60 所示，用于固定镗套的镗杆导引部分结构有整体式和镶条式两类。如图 12-60(a)～(c) 所示，当 $D\leqslant50$ mm 时，直接在镗杆上开出直槽和螺旋油槽，以减少镗杆与镗套之间的摩擦。当 $d$ 较大时，采用图 12-60(d) 所示的镶条式结构。一般耐磨镶条有 $4\sim6$ 个，磨损后

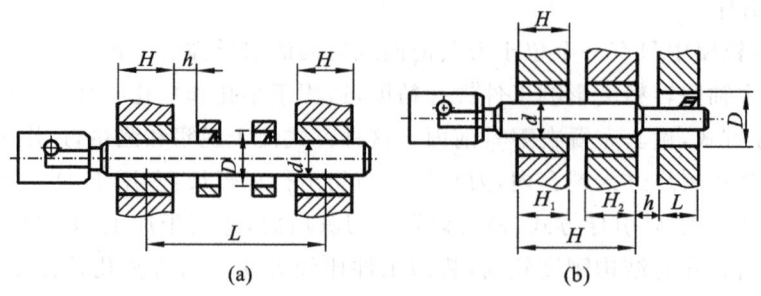

**图 12-59　双支承引导镗孔示意**

可在底部加垫片,重新修磨使用。若需在镗杆上装数把镗刀,应尽可能对称布置镗刀,以使径向切削力平衡,减少镗杆变形。

图 12-60(e)所示为用于回转镗套镗杆的引进结构。镗套内装有尖头键时,键下装有弹簧,镗杆引进时键被按下,回转过程中键自动弹进镗杆的长键槽中;镗杆前端多做成小于 45°的螺旋引导结构,使尖头键能顺利进入镗杆键槽中。

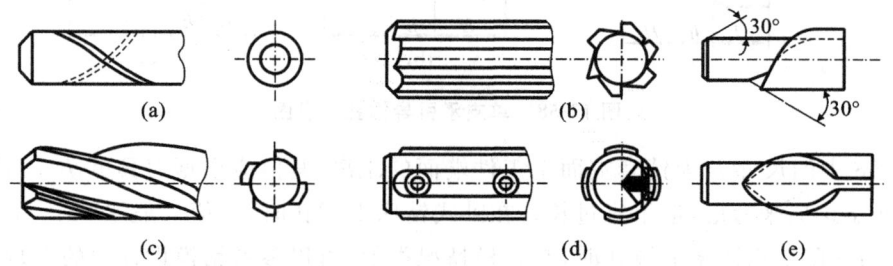

**图 12-60　镗杆导引部分结构**

2) 镗杆直径和轴向尺寸

镗杆直径 $d$ 及长度主要根据所镗孔的直径 $D$ 及刀具截面尺寸 $B \times B$ 确定。取镗杆 $d = (0.6\sim0.8)D$,镗孔直径 $D$、镗杆直径 $d$ 及镗刀截面宽度 $B$ 之间的关系为 $(D-d)/2=(1\sim1.5)B$。为保证加工精度,镗杆直径 $d$ 应尽可能大,以使其有足够的刚度。镗杆过长会影响孔的加工精度,设计时尽量缩短前后镗套之间的距离。对于有前后导引部分的镗杆,其工作长度与镗杆直径之比以不超过 10∶1 为宜,最长不超过 20∶1。

3) 镗杆的材料及主要技术要求

镗杆的精度一般比加工孔精度高两级,其直径公差粗镗时选 g6,精镗时选 g5;表面粗糙度 $Ra$ 为 0.4～0.2 μm。直线度、圆柱度公差选直径公差的一半。

镗杆的材料选用 45 钢或 40Cr 钢(调质处理后表面淬火至 40～45 HRC),也可用 20Cr 钢(渗碳淬火)或选用 38CrMoAlA 氮化钢(经渗氮处理)等。

4) 浮动接头

双支承镗模的镗杆与镗床主轴均采用浮动连接的接头。图 12-61 所示是常用的一种结构形式。镗杆 1 装在浮动接头体 2 的孔中,由于存在浮动间隙,拨动销 4 将镗杆和浮动接头体浮动连接,浮动接头体再通过莫氏锥柄与镗床主轴连接,这样主轴回转运动就通过拨动销浮动传给镗杆。

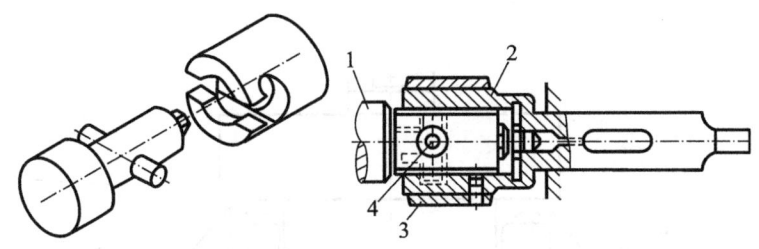

**图 12-61　浮动接头**

1—镗杆；2—接头体；3—外套；4—拨动销

# 12.5　现代机床夹具

随着现代科学技术的高度发展和市场需求的变化,现代机械制造业得到了较快的发展。多样化、多品种、中小批量生产方式将成为今后的主要生产形式,在大批量生产中具有明显优势的专用夹具逐渐暴露出它的不足。为适应多品种、中小批量生产的特点,逐渐发展出了自动线夹具、组合夹具、可调夹具等。

现代机床夹具虽各具特色,但它们与专用夹具的定位、夹紧等基本原理都是相同的。因此,这里仅着重介绍这些夹具的类型、特点及发展趋势。

## 12.5.1　随行夹具

自动线是由多台自动化单机,借助工件自动传输系统、随行夹具、控制系统等组成的一种加工系统。常见的自动线夹具有随行夹具和固定自动线夹具。

现以随行夹具为例介绍自动线夹具的结构。随行夹具常用在工件接输送的自动线中,主要适用于形状复杂、没有适合的输送基面,或者虽有合适输送基面但材质较次的工件。工件安装在随行夹具上,随行夹具除了完成对工件的定位和夹紧外,还带着工件按照自动线的工艺流程由自动线运输机构运送到各台机床的机床夹具上。工件在随行夹具上通过自动线上的各台机床完成全部工序的加工。

图 12-62 所示为随行夹具在自动线机床上的工作简图。随行夹具 1 由带棘爪的步伐式输送带 2 运送到机床上。固定夹具 4 除了在输送支承 3 上用一面两销定位以及用夹紧装置使随行夹具 1 定位并将其夹紧外,还提供输送支承面。杠杆 5、液压缸 6、钩形压板 8 为夹紧装置。

## 12.5.2　组合夹具

组合夹具是一种根据工件的加工工艺要求,采用标准化、系列化、通用化的夹具元件及组件组装而成的夹具。它由一套预先制造好的具有不同几何形状、不同尺寸的高精度元件与合件组成,包括基础件、支承件、定位件、导向件、压紧件、紧固件等。

**1. 组合夹具的特点**

组合夹具把专用夹具的设计、制造、使用、报废的单向过程变为组装、拆卸、清洗入库、再组装的循环过程。与专用夹具相比,组合夹具虽然初次投资较大,但使用时可大量减少专用夹具

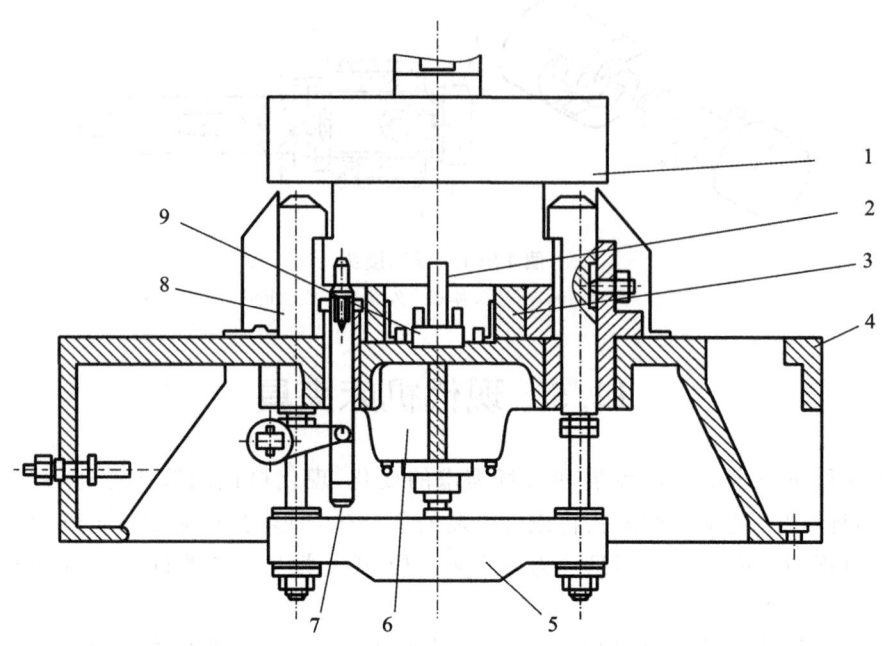

**图 12-62  随行夹具在自动线机床上的工作简图**

1—随行夹具；2—输送带；3—输送支承；4—固定夹具；5—杠杆；

6—液压缸；7—定位机构；8—钩形压板；9—支承辊

的设计和制造工作，缩短生产准备周期，节省工时和材料，降低生产成本，还可以减少夹具库房面积，有利于管理。

组合夹具的元件精度高、耐磨，并且实现了完全互换，元件加工精度一般为 IT7～IT6。用组合夹具加工的元件，位置精度一般可达 IT9～IT8，若精心调整，位置精度可达 IT7。

组合夹具用过后可方便地拆卸，供下次使用时另行组装使用。组合夹具系统的应用范围很广，不受工件形状的限制，能组装成钻、铣、刨、车、镗等机床专用夹具，也能组装成检验、装配、焊接夹具等，最适用于新产品试制和产品经常更换的单件小批量生产以及临时任务。

组合夹具的主要缺点是体积较大、刚度较低，一次投资多，成本高，这使组合夹具的推广、应用受到一定限制。

根据组合夹具组装连接基面的形状，可将其分为槽系和孔系两大类。

**2. 槽系组合夹具**

槽系组合夹具的组装基面为 T 形槽，夹具元件由键、螺栓等定位，紧固在 T 形槽内。因夹具元件的位置可沿 T 形槽的纵向做无级调节，故槽系组合夹具组装十分灵活，使用范围广，是最早发展起来的组合夹具。根据 T 形槽的槽距、槽宽、螺栓直径规格不同，槽系组合夹具有小型槽系组合夹具、中型槽系组合夹具和大型槽系组合夹具三种。

**3. 孔系组合夹具**

孔系组合夹具的组装基面为内圆柱面和螺纹面，夹具元件通常用两个圆柱销定位，用螺钉紧固。孔系组合夹具根据孔径、孔距、螺钉直径分为不同系列，以适应加工工件。孔系组合夹具较槽系组合夹具具有更高的刚度，且结构紧凑。

### 12.5.3　通用可调夹具

专用夹具具有生产周期长、成本高、精度高的特点,而组合夹具具有组装周期短、成本低的特点,将两者的优势结合起来,就构成了通用可调夹具。通用可调夹具只需更换或调整个别定位件、夹紧或导向元件,即可用于多种零件的加工,从而使多种零件的单件小批量生产变成一组零件在同一夹具上的成批生产。由于通用可调夹具具有较强的适应性和良好的继承性,所以使用它可大量减少专用夹具的数量,缩短生产准备周期,降低成本。

通用可调夹具的加工对象较广,有时加工对象不确定。如滑柱式钻模,只要更换不同的定位、夹紧、导向元件,便可用于不同类型工件的钻孔;又如可更换钳口的台虎钳、可更换卡爪的卡盘等,均适用于不同类型工件的加工。

# 思考与练习

习题解析

1. 机床夹具由哪几个部分组成? 其各部分分别起什么作用?
2. 什么是六点定位原则?
3. 什么是完全定位、不完全定位、欠定位和过定位?
4. 不完全定位和欠定位是否都不允许使用? 为什么?
5. 什么是固定支承、可调支承、自位支承和辅助支承?
6. 夹紧装置的组成和设计原则是什么?
7. 简述夹具夹紧力的确定原则。
8. 螺旋夹紧机构的优缺点是什么?
9. 气动动力源夹紧装置与液压动力源夹紧装置各有哪些优缺点?
10. 分别简述车、铣、钻床夹具的设计特点。
11. 钻套的种类有哪些? 它们分别适用于什么场合?
12. 何谓自动线夹具、组合夹具和通用可调夹具?

# 第 13 章　机械加工工艺规程的制定

由于各类机械零件的形状、结构、技术要求及生产数量不同,因此针对某个零件的整体加工过程,要制定正确、可行和先进的零件机械加工工艺规程,本章所要阐述的就是这方面的基础知识。

## 13.1　机械加工工艺规程概述

### 13.1.1　生产过程、工艺过程与机械加工工艺过程

#### 1. 生产过程

制造机械产品时,由原材料到成品之间各个相互关联的劳动过程的总和称为生产过程。这里所指的成品可以是一台机器、一个部件,也可以是某种零件。对机械制造而言,生产过程一般包括产品开发和设计、原材料运输和保管、生产技术准备、毛坯的制造、零件的机械加工、零件的热处理及其他表面处理、零件装配成机器、机器的质量检测及运行试验、机器的涂漆包装等。生产过程往往由许多工厂或工厂的许多车间、部门联合完成,这有利于专业化生产,有利于提高生产率、保证产品质量、降低生产成本。

#### 2. 工艺过程

在生产过程中,凡是直接改变生产对象的形状、尺寸、相对位置和物理力学性能等,使其成为半成品或成品的过程均称为工艺过程,它是生产过程中的主要部分。工艺过程又可分为:毛坯制造工艺过程,它是把原材料经过铸造或锻造(冲压、焊接等)制成铸件或锻件毛坯的过程,主要是改变材料的形状;机械加工工艺过程,它是使用设备和工具将毛坯加工成零件的过程,主要是改变毛坯的形状和尺寸;机械装配工艺过程,它是将加工好的零件,按一定的装配技术要求装配成部件或机器的过程,主要改变零、部件间的相对位置。本章主要讨论机械加工工艺过程。

#### 3. 机械加工工艺过程

它是利用机械加工方法(主要是金属切削加工方法),直接改变毛坯的形状、尺寸、表面粗糙度以及物理力学性能等,使之成为合格零件的过程。从狭义上来说,机械加工工艺过程主要包括车削、铣削、刨削、磨削、镗削、钻削等金属加工过程;从广义上来说,电加工、超声波加工、离子束加工等特种加工也是机械加工工艺过程的一部分。机械加工工艺过程直接决定了零件和产品的质量,对产品的成本和生产周期都有较大的影响,它是整个工艺过程的重要组成部分。

## 13.1.2　机械加工工艺过程的组成

零件的机械加工工艺过程由一个或若干个按一定顺序排列的工序组成。毛坯通过这些工序逐渐变成所需要的零件。每个工序又可分为一个或若干个安装、工位、工步和走刀。

**1. 工序**

工序是指由一个或一组工人在同一台机床或同一个工作地,对一个或同时对几个工件所连续完成的那一部分机械加工工艺过程。它是组成机械加工工艺过程的基本单元,也是制订生产计划、进行成本核算的基本单元。

工作地、工人、工件和连续作业是构成工序的四个要素,只要其中任一要素发生变化,即构成新的工序。一般划分工序的主要是看工作地是否变动和工作是否连续,如果工作地有变动或加工不是连续完成,则应划分为另一道工序。这里的"工作地"是指一台机床、一个钳工台或一个装配地点,"连续"是指对一个具体工件的加工是连续进行的,中间没有插入另一个工件的加工。例如,在车床上加工一个轴类零件,尽管加工过程中可能多次调整装夹工件及变换刀具,但只要没有变换机床,也没有在加工过程中插入另一个工件的加工,则在此车床上对该轴类零件的所有加工内容都属于同一工序。再如,假设一根轴在粗车后卸下来,接着粗车别的轴,然后再在这台车床上精车原先那根轴,这时对每根轴来说,粗车和精车不连续,虽然在同一台车床上加工也是两道工序。

一个机械加工工艺过程需要包括哪些工序,是由被加工零件的结构复杂程度、加工精度要求及生产类型所决定的。现在以图 13-1 所示的阶梯轴加工为例来说明。若阶梯轴的精度和表面粗糙度要求不高,单件小批量生产时,其工艺过程见表 13-1;大批大量生产时,其工艺过程见表 13-2。

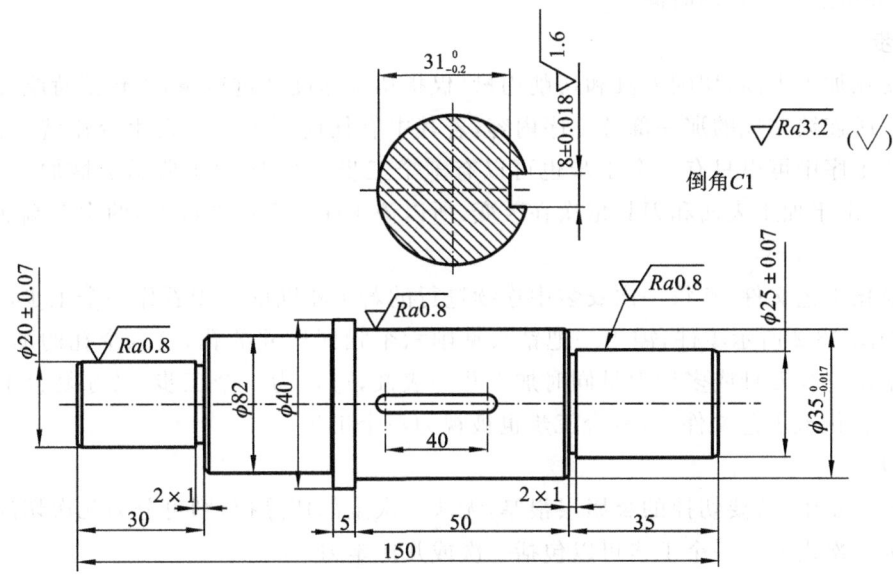

**图 13-1　阶梯轴**

由表 13-1 和表 13-2 可以看出,随着生产规模的不同,工序的划分及每一个工序所包含的加工内容是不同的。

**表 13-1　阶梯轴机械加工工艺过程(单件小批量生产)**

| 工序号 | 工序内容 | 设备 |
|:---:|:---:|:---:|
| 1 | 车端面,钻中心孔;调头车另一个端面,钻中心孔 | 车床 |
| 2 | 车外圆,切退刀槽、倒角;调头车外圆,切退刀槽、倒角 | 车床 |
| 3 | 铣键槽、去毛刺 | 铣床 |
| 4 | 磨外圆 | 铣床 |

**表 13-2　阶梯轴机械加工工艺过程(大批大量生产)**

| 工序号 | 工序内容 | 设备 |
|:---:|:---:|:---:|
| 1 | 两边同时铣端面,钻两端中心孔 | 铣端面、钻中心孔机床 |
| 2 | 车一端外圆、切退刀槽、倒角 | 车床 |
| 3 | 车另一端外圆、切退刀槽、倒角 | 车床 |
| 4 | 铣键槽 | 铣床 |
| 5 | 去毛刺 | 钳工台 |
| 6 | 磨外圆 | 磨床 |

**2. 安装**

工序在加工之前,使其在机床或夹具上占据一个正确的位置(定位),然后加以夹紧的过程称为安装。在一个工序中,工件可能安装一次,也可能安装几次。在表 13-1 所示机械加工工艺过程的工序 1、2 中工件需要调头,有两次安装,而表 13-2 所示机械加工工艺过程的每道工序中都只有一次安装。工件加工时应尽可能减少安装次数,因为多一次安装就多一次安装误差,同时也会增加装卸辅助时间。

**3. 工步**

工步是在加工表面、切削刀具和切削用量(仅指切削速度和进给量,不包括背吃刀量)都不变的情况下所连续完成的那一部分工序内容,若其中有任何一个要素发生变化就是另一个工步。在一个工序中可以只有一个工步也可以有多个工步。在表 13-1 所示机械加工工艺过程的工序 1 中,由于加工表面和刀具依次在改变,所以该工序包含四个改变:两次车端面、两次钻中心孔。

为了简化工艺文件,常将一次安装中连续进行的若干相同的工步看作一个工步,可称为合并工步。如图 13-2 所示零件,需用一把钻头钻削六个相同尺寸的孔,这六个孔的加工就是一个工步。采用复合刀具或多把刀具同时加工几个表面,可视为一个工步,又称复合工步,如图 13-3 所示。在机械工艺文件上,复合工步也被视为一个工步。

**4. 走刀**

在一个工步中,若要切掉的金属层很厚,无法一次全部切除掉,则可分为几次切削,每切削一次就称为一次走刀。一个工步可以包括一次或几次走刀。

**5. 工位**

工位是指为了完成一定的工序内容,工件一次装夹后,与夹具或设备的可动部分一起,相对于刀具或设备的固定部分所占据的每一个位置称为工位。为减少装夹次数,常采用回转工作台、回转夹具或移动夹具等多工位夹具,使工件在一次安装中,先后经过若干个不同位置顺

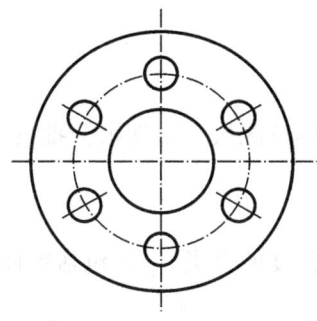
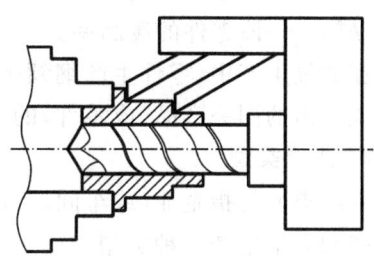

**图 13-2　包括六个相同表面加工的工步**　　　　　　**图 13-3　复合工步**

次进行加工。图 13-4 所示为在有分度装置的钻模上钻、扩、铰圆盘零件孔的简图,在工位 Ⅰ 上装卸工件后,钻模回转部分带动圆盘依次占据工位 Ⅱ、Ⅲ、Ⅳ,顺序完成钻孔、扩孔和铰孔,最后回到工位 Ⅰ,因此,共有四个工位。采用多工位加工,可减少安装次数,提高生产率,保证被加工表面的相互位置精度。

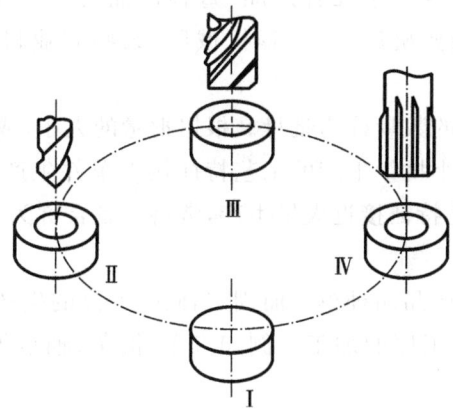

**图 13-4　表面作为粗基准多工位加工**

### 13.1.3　生产纲领与生产类型

　　由于零件机械加工工艺规程与所采用的生产类型密切相关,不同的生产类型,其生产过程和生产组织、车间的机床布置、毛坯的制造方法、采用的工艺装备、加工方法以及工人的熟练程度等都有很大的不同,所以在制定零件的机械加工工艺规程时,应首先确定零件机械加工的生产类型,而生产类型又主要与零件的年生产纲领有关。

**1. 生产纲领**

　　生产纲领是指企业在计划期内应当生产的产品数量和进度计划。计划期通常为一年,所以生产纲领也称为年产量。

　　零件的生产纲领要计入备品和废品的数量,因此,零件在一年中的生产量可按下式计算:

$$N = Qn(1 + a\% + b\%)$$

式中:$N$——零件的年产量,单位为件/年;

　　　$Q$——产品的年产量,单位为台/年;

$n$——每台产品中该零件的数量,单位为件/台;

$a\%$——该零件的备品率;

$b\%$——该零件的废品率。

在成批生产中,零件生产纲领确定后,就要根据车间具体情况按一定期限分批投产。一次投入或产出的同一产品(或零件)的数量称为生产批量。

**2. 生产类型**

生产类型是指企业(或车间、工段、班组等)生产专业化程度的分类,一般包括单件生产、成批生产和大量生产三种类型。

1)单件生产

单件生产的特点是生产的产品品种繁多,每种产品仅制造一个或几个,很少重复甚至不重复,例如新产品试制、维修车间的配件制造、重型机械产品制造、专用设备制造等都属于单件生产。

2)成批生产

成批生产的基本特点是生产某几种产品,每种产品均有一定的数量,各种产品是分期分批周期性重复生产的。例如机床厂、工程机械厂、某些农业机械厂等的生产都属于成批生产。

同一产品每批投入生产的数量称为批量。根据批量的大小,成批生产可分为小批量生产、中批量生产和大批量生产。小批量生产的工艺特征接近单件生产,常将二者合称为单件小批量生产;而大批量生产的工艺特征接近大量生产,常将二者合称为大批大量生产。

3)大量生产

大量生产的基本特点是产品品种单一而固定,同一产品的生产数量很大,大多数工作地点长期进行同一种零件的某一工序的加工。例如汽车、链条、轴承等的专业化生产都属于大量生产。

生产类型的划分,通常根据生产纲领、产品及零件的特征进行。不同类型产品的生产类型与生产纲领(年产量)的关系见表13-3。

为获得最佳技术经济效益,对于不同的生产类型,其产品的毛坯制造方法、制造工艺方法,采用的加工设备、工艺设备、技术措施,以及工人技术等级要求、生产管理方式、生产组织形式等均有所不同。例如大批大量生产常采用高效专用自动化设备,而单件小批量生产通常采用通用加工设备及工艺设备。各种生产类型的工艺特征见表13-4。

**表 13-3　不同类型产品的生产类型与生产纲领的关系**

| 产品的生产类型 | | 产品的生产纲领/(件/年) | | |
|---|---|---|---|---|
| | | 重型机械 | 中型机械 | 小型机械 |
| 单件生产 | | <20 | <20 | <100 |
| 成批生产 | 小批量生产 | 20~200 | 20~200 | 100~500 |
| | 中批量生产 | 20~200 | 20~200 | 100~500 |
| | 大批量生产 | 500~5 000 | 500~5 000 | 5 000~50 000 |
| 大量生产 | | >5 000 | >5 000 | >50 000 |

表 13-4　各种生产类型的工艺特征

| 工艺特征 | 单件生产 | 成批生产 | 大量生产 |
|---|---|---|---|
| 加工对象 | 经常改变 | 周期性变化 | 固定不变 |
| 毛坯的制造方法及加工余量 | 铸件用木模手工造型，锻件用自由锻；毛坯精度低，余量大 | 铸件用金属模造型，部分锻件用模锻；毛坯精度与余量中等 | 铸件广泛应用金属模机器造型，锻件用模锻；毛坯精度高，余量少 |
| 机床设备及机床布置 | 通用机床，按机床类别和规格以机群式排列，部分采用数控机床 | 通用机床及部分采用专用机床，机床按零件类别分工段排列 | 广泛采用专用机床、自动机床，按自动线或专用机床流水线排列 |
| 夹具及尺寸保证 | 多用通用夹具，很少用专用夹具，靠划线和试切法保证加工精度 | 多数采用专用夹具，部分靠划线和试切法保证加工精度 | 广泛采用高效专用夹具，靠夹具及调整法来保证加工精度，在线自动测量控制尺寸 |
| 刀具和量具 | 采用通用刀具，标准量具 | 专用或标准刀具、量具 | 广泛采用高效专用刀具及量具，自动测量仪 |
| 零件互换性 | 不互换，主要靠钳工修配 | 多数互换，少数适配或修配 | 全部互换，某些精度要求高的配合，采用分组装配 |
| 工人技术要求 | 技术熟练 | 一定熟练程度 | 对机床调整工人技术要求高，对机床操作工人技术要求低 |
| 工艺文件要求 | 编制简单的工艺过程卡片 | 编制详细的工艺过程卡或工艺卡，零件关键工序有详细的工序卡 | 编制详细的工艺过程卡、工艺卡和工序卡等工艺文件 |
| 生产率及成本 | 生产率低，成本高 | 生产率低，成本中等 | 生产率高，成本低 |
| 发展趋势 | 箱体类复杂零件采用加工中心 | 采用成组技术，数控机床或柔性制造系统进行加工 | 采用计算机控制的自动化制造系统，实现在线故障诊断、自动报警和加工误差补偿 |

## 13.1.4　机械加工工艺规程

要使所制造出的零件能满足"优质、高产、低成本"的要求，零件的工艺过程就不能仅凭经验来确定。机械加工工艺规程是将产品或零部件的机械加工工艺过程和操作方法按一定格式固定下来的技术文件。它是结合生产实际和具体生产条件，本着最合理、最经济的原则编制而成，经审批后用来指导生产的规范性文件。

**1. 机械加工工艺规程的作用**

机械加工工艺规程的作用主要有以下几点。

（1）机械加工工艺规程是指导生产的主要技术文件。机械加工工艺规程是在结合机械制造工厂的具体情况，总结实践经验的基础上，依据工艺理论，经过必要的工艺试验后制定的。有了工艺规程，才能够可靠地保证零件的全部加工要求，获得高质量和高生产率，并节约原材料，减少工时消耗和降低成本。因此，必须按照机械加工工艺规程进行生产。

（2）工艺规程是生产准备和生产管理的基本依据。在生产产品之前要做大量的技术准备和生产准备，如刀具、夹具、量具的设计、制造和采购，原材料、毛坯及外购件的准备，机床的配备和调整，零件投料时间和批量的确定，生产成本的核算等，这些工作都必须以工艺规程为基本依据。

（3）机械加工工艺规程是新建、扩建或改建厂房（车间）的基本资料。在新建、扩建或改建厂房（车间）时，需根据工艺规程和生产纲领来确定机床和其他设备的类型、规格和数量、厂房面积及平面布置、工人的工种、等级以及各辅助部门的安排等。

（4）机械加工工艺规程是进行技术交流和技术革新的基本资料。机械加工工艺规程不是固定不变的，工艺人员应注意不断地总结实际经验，及时汲取国内外的先进工艺技术，对现行工艺规程不断地予以改进和完善，以便更好地指导生产。所以机械加工工艺规程是开展技术交流和技术革新必不可少的技术文件和基本资料。

因此，机械加工工艺规程是制造工厂最主要的技术文件之一，是机械制造工厂规章制度的重要组成部分。

**2. 机械加工工艺规程的格式**

机械加工工艺规程通常按规定的表格形式填写，形成工艺卡片。

机械加工工艺规程的工艺卡片主要有机械加工工艺过程卡片、机械加工工艺卡片和机械加工工序卡片三种基本形式。

（1）机械加工工艺过程卡片　工艺过程卡片是以工序为单位简要说明零件机械加工过程的一种工艺文件，它主要列出零件加工所经过的各个车间（工段）信息、零件信息，并按零件工艺过程顺序列出各个工序及名称、在每个工序中指明使用的设备信息、工艺装备名称与编号，以及时间定额等，是编制其他工艺文件的基础，也是生产准备、编制作业计划和组织生产的依据。

由于这种卡片对工序内容的说明不够具体，一般不用于直接指导工人操作，只用来了解零件加工的流向，所以该卡片多用于生产管理。但是在单件小批量生产时，通常不编制其他较详细的工艺文件，可用机械加工工艺卡片来指导工人的加工操作。机械加工工艺过程卡片的格式见表13-5。

（2）机械加工工艺卡片　工艺卡片是以工序为单元，说明整个工艺过程的工艺文件。它详细列出了零件在某一工艺阶段的工序号、工序内容、切削用量、切削速度、工艺装备名称与编号，以及时间定额等，用来指导工人操作和帮助管理人员、技术人员掌握零件加工过程，广泛用于成批生产的零件或重复零件的单件小批量生产。机械加工工艺卡片的格式见表13-6。

（3）机械加工工序卡片　工序卡片是在工艺过程卡片或工艺卡片的基础上，为每一道工序编制的一种工艺文件，在卡片上应绘制工序简图，用规定符号表示工件在本工序的定位情况，用粗黑实线表示本工序的加工表面，应注明待加工表面应达到的尺寸公差、几何公差和表面粗糙度。在工序卡片上，还要写明该工序中每个工步的序号和加工内容、加工余量、切削用量、时间定额、所用设备和工艺装备信息等。

**表 13-5　机械加工工艺过程卡片**

| （工厂名） | 机械加工工艺过程卡片 | 产品名称及型号 | | 零件名称 | | 零件图号 | | |
|---|---|---|---|---|---|---|---|---|
| | | 材料 | 名称 | 毛坯 | 种类 | 零件重量 | 毛重 | 第　页 |
| | | | 牌号 | | 尺寸 | | 净重 | 共　页 |
| | | | 性能 | 每台件数 | | 每台件数 | 每批件数 | |

| 工序号 | 工序内容 | 加工车间 | 设备名称及编号 | 工艺装备名称及编号 | | | 技术等级 | 时间定额/min | |
|---|---|---|---|---|---|---|---|---|---|
| | | | | 夹具 | 刀具 | 量具 | | 单件 | 准备与终结 |
| | | | | | | | | | |
| | | | | | | | | | |

| 更改内容 | | | | |
|---|---|---|---|---|
| 编制 | | 抄写 | | 校对 |
| 审核 | | 批准 | | |

**表 13-6　机械加工工艺卡片**

| （工厂名） | 机械加工工艺过程卡片 | 产品名称及型号 | | 零件名称 | | 零件图号 | | |
|---|---|---|---|---|---|---|---|---|
| | | 材料 | 名称 | 毛坯 | 种类 | 零件重量 | 毛重 | 第　页 |
| | | | 牌号 | | 尺寸 | | 净重 | 共　页 |
| | | | 性能 | 每台件数 | | 每台件数 | 每批件数 | |

| 工序号 | 安装 | 工步 | 工序内容 | 同时加工零件数 | 切削用量 | | | | 设备名称及编号 | 工艺装备名称及编号 | | | 技术等级 | 时间定额/min | |
|---|---|---|---|---|---|---|---|---|---|---|---|---|---|---|---|
| | | | | | 切削量/mm | 进给量/(mm/r)或(mm/min) | 切削速度/(m/min)或双行程数/min | 切削速度/(m/min) | | 夹具 | 刀具 | 量具 | | 单件 | 准备与终结 |
| | | | | | | | | | | | | | | | |
| | | | | | | | | | | | | | | | |

| 更改内容 | | | | |
|---|---|---|---|---|
| 编制 | | 抄写 | | 校对 |
| 审核 | | 批准 | | |

　　工序卡片主要用于具体指导操作工人进行生产，多用于大批大量生产中所有零件、成批生产复杂产品的关键零件和单件小批量生产中的机械加工关键工序。机械加工工序卡片的格式见表 13-7。

表 13-7　机械加工工序卡片

| （工厂名） | 机械加工工序卡片 | 产品名称及型号 | 零件名称 | 零件图号 | 工序名称 | 工序号 | 第　页 |
|---|---|---|---|---|---|---|---|
| | | | | | | | 共　页 |
| （画工序同图处） | | | 车间 | 工段 | 材料名称 | 材料牌号 | 力学性能 |
| | | | | | | | |
| | | | 同时加工件数 | 每料件数 | 技术等级 | 单件时间/min | 准备与终结时间/min |
| | | | | | | | |
| | | | 设备名称 | 设备编号 | 夹具名称 | 夹具编号 | 工件数 |
| | | | | | | | |
| | | | 更改内容 | | | | |
| | | | | | | | |

| 工步号 | 工步内容 | 计算数据 | | | 走刀数 | 切削用量 | | | | 工时定额/min | | | 刀具、量具及辅助工具 | | | | |
|---|---|---|---|---|---|---|---|---|---|---|---|---|---|---|---|---|---|
| | | 直径或长度 | 进给量 | 单边余量 | | 吃刀量/mm | 进给量/(mm/r)或(mm/min) | 切削速度/(r/min)或双行程数/min | 切削速度/(m/min) | 基本时间 | 辅助时间 | 工作服务时间 | 工步号 | 名称 | 规格 | 编号 | 数量 |
| | | | | | | | | | | | | | | | | |

| 编制 | | 抄写 | | 校对 | | | | 审核 | | | 批准 | | |
|---|---|---|---|---|---|---|---|---|---|---|---|---|---|

### 3. 制定机械加工工艺规程的原则

机械加工工艺规程制定的基本原则是：保证零件达到零件设计图样上规定的各项技术要求；在保证产品质量的前提下，具有较高的劳动生产率和经济性，尽可能降低消耗。在制定机械加工工艺规程时，除了遵循以上基本原则外，还应满足下列要求。

（1）技术上先进　制定工艺规程时，要全面了解国内外本行业的工艺技术水平，尽量采用高效先进的工艺和设备。

（2）经济上合理　在采用高生产率的设备和工艺装备时要注意与生产纲领相适应，在做到技术上先进的同时，保证经济上合理。

（3）良好的劳动条件　制定工艺规程时要注意减轻工人的劳动强度，保证生产安全，避免对环境的污染。

此外，制定工艺规程时必须充分利用本企业现有的生产条件。由于机械加工工艺规程是直接指导生产和操作的技术文件，因此，其还应做到清晰、正确、完整和统一，所用术语、符号、编码、计量单位等都必须符合相关标准。

**4. 制定机械加工工艺规程的原始资料**

制定机械加工工艺规程时,必须具备下列原始资料:

(1) 产品的成套装配图和工件的零件图;

(2) 产品的年生产纲领和生产类型;

(3) 产品验收的质量标准;

(4) 毛坯生产和供应条件;

(5) 本企业现有的生产条件,包括现有的加工设备、工艺装备及其使用状况,自制工艺装备的能力,工人的技术水平等;

(6) 有关的工艺手册、资料、技术标准和指导性文件等;

(7) 国内外同类产品的新技术、新工艺及其发展前景等相关信息。

**5. 制定机械加工工艺规程的步骤**

制定机械加工工艺规程的步骤大致如下。

(1) 确定零件的生产纲领和生产类型。

(2) 分析产品装配图和零件工作图,了解所加工零件的作用;审查图样上的尺寸、视图和技术要求是否完整、正确和统一,找出主要技术要求和分析关键的技术问题;审查零件的结构工艺性。

(3) 确定毛坯的形式及其制造方法。

(4) 选择定位基准或定位基面。

(5) 拟定工艺路线(主要包括加工方法的选择,加工阶段的划分,加工顺序的安排)。

(6) 确定各工序的设备、刀具、夹具、量具及其辅助工具。

(7) 确定各工序的加工余量、工序尺寸及公差。

(8) 确定各工序的切削用量和时间定额。

(9) 确定各主要工序的技术要求及检验方法。

(10) 进行工艺方案的技术经济分析,选择最佳工艺方案。

(11) 填写工艺文件。

# 13.2 零件的工艺性分析与毛坯选择

## 13.2.1 零件的工艺性分析

在制定零件的机械加工工艺规程之前,应对零件的工艺性进行分析,这主要包括以下两方面内容。

**1. 分析、审查产品的零件图和装配图**

包括分析零件图及该零件所在部件的装配图,并进行工艺性审查,了解该零件在部件中的位置、功用和结构特点,了解制定各项技术条件的依据,分清主要表面和次要表面,找出其主要技术要求和技术关键,以便在拟定工艺规程时采取适当的措施来保证技术要求的实现。如果发现问题,可以向设计人员提出修改意见。

零件的工艺分析和审查内容包括以下几项。

(1) 检查零件图的完整性和正确性。主要包括视图、尺寸、表面粗糙度、表面几何公差、零件个数及各项技术条件是否标注齐全。

（2）审查各加工表面的各项技术要求是否合理。在了解零件的基础上，分析零件上各待加工表面的技术要求（包括尺寸精度、形状精度、位置精度、表面粗糙度等）是否合理，因为过高的精度要求、过小的表面粗糙度值会使工艺过程复杂、加工困难、成本提高；同时，要粗略考虑相应的加工方法。

（3）审查零件材料及热处理方法是否合理。在满足零件功能的前提下应选用价廉的材料。不要轻易选用贵重及紧缺的材料，若材料选用不当，不仅无法满足产品的技术要求或者会造成浪费，而且可能会使整个工艺过程延误或无法进行。零件的热处理要求与选用的零件材料有直接的关系，应该按照所选材料审查其热处理方法是否合理。

**2. 审查零件的结构工艺性**

零件的结构工艺性是指所设计的零件在满足使用要求的前提下，其制造的可行性和经济性。零件结构工艺性的好坏对其工艺过程的影响很大，不同结构的两个零件尽管都能满足使用性能要求，但它们的加工方法和制造成本却可能有很大的差别。良好的结构工艺性，应使零件在不同生产类型的具体生产条件下，能以较高的生产率和最低的成本方便地被加工出来，并能满足使用性能要求。

零件的结构工艺性审查是一项复杂且细致的工作，要凭借丰富的实践经验和理论知识来进行。在零件的结构工艺性审查中一般应考虑如下一些要求。

（1）设计的零件结构应便于加工。

（2）设计的零件结构要有足够的加工空间，以保证刀具能够接近加工部位。

（3）零件的精度和表面粗糙度要求合理。

（4）设计的结构零件应便于加工时的安装。

（5）在结构设计中应尽量使零件上相似的结构要素，如退刀槽、键槽等规格相同，并应使类似的加工表面，如凸台、键槽等位于同一平面上或同一轴截面上，以减少换刀或安装次数。

（6）零件的结构尺寸（如轴径、孔径、齿轮模数、螺纹、键槽、过渡圆角半径等）应标准化，以便在生产中采用标准刀具和通用量具，使生产成本降低。

在制定机械加工工艺规程时，主要应对零件的结构工艺性进行审查。表 13-8 列出了零件结构工艺性对比的一些实例。

表 13-8　零件结构工艺性的对比

| 序号 | A 结构（工艺性差） | B 结构（工艺性好） | 说明 |
|---|---|---|---|
| 1 | | | B 结构采用尺寸一致的槽宽，可减少刀具种类和换刀时间 |
| 2 | | | A 结构中的小齿轮无法加工，B 结构中有退刀槽，小齿轮可以插齿加工 |

续表

| 序号 | A 结构(工艺性差) | B 结构(工艺性好) | 说明 |
|---|---|---|---|
| 3 | | | A 结构中设计的两个键槽,需要装夹两次才能完成加工,B 结构中的两个键槽只需要装夹一次即可完成加工,有利于提高生产率 |
| 4 | | | B 结构的两个凸台高度一致,可一次走刀加工 |
| 5 | | | B 结构中孔的轴线平行,钻孔方向一致,便于加工 |
| 6 | | | A 结构的内沟槽不便加工,改成 B 结构,即在轴上设置外沟槽,使加工与测量都很方便 |
| 7 | | | 加工 A 结构时钻头容易引偏,甚至折断。应避免在斜面上钻孔 |
| 8 | | | B 结构底面加工面积小,安放稳定,接触刚度高 |

| 序号 | A 结构（工艺性差） | B 结构（工艺性好） | 说明 |
|---|---|---|---|
| 9 | 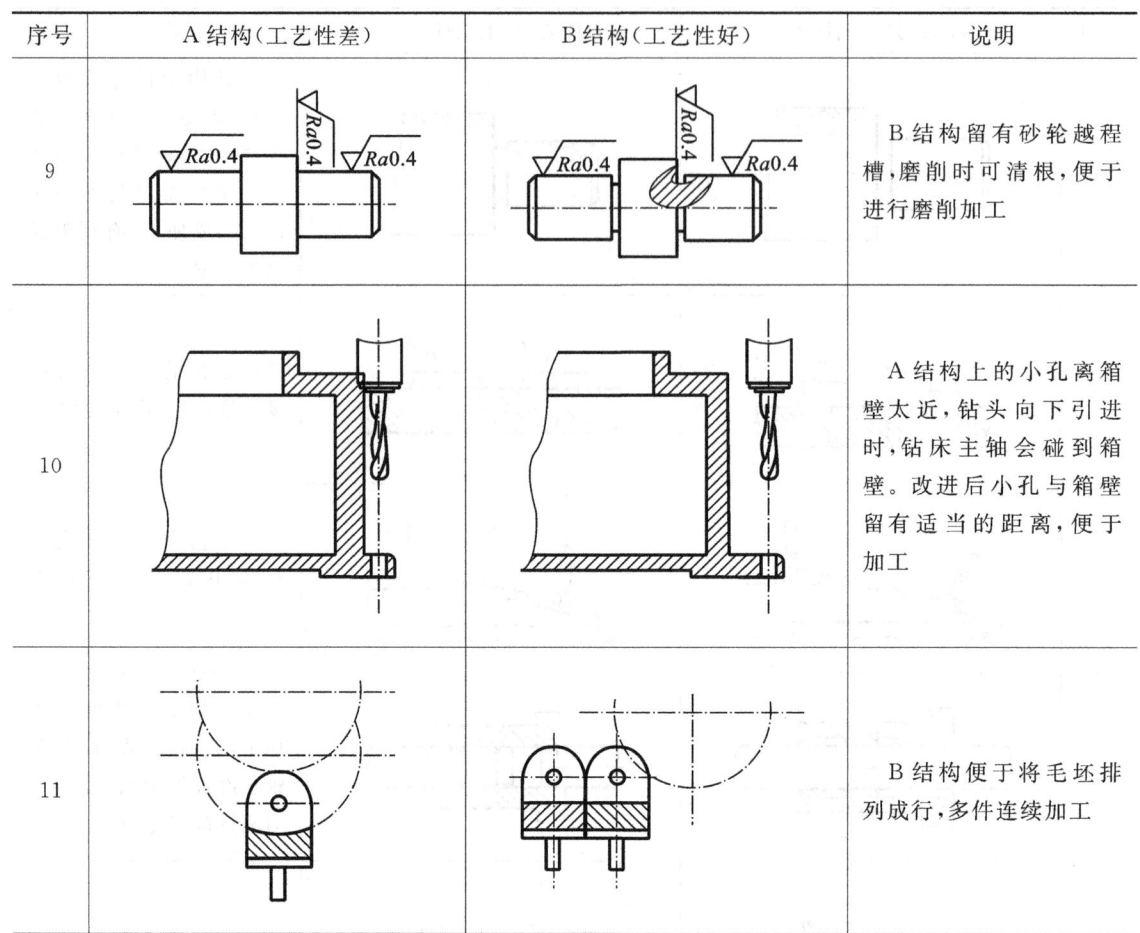 | | B 结构留有砂轮越程槽，磨削时可清根，便于进行磨削加工 |
| 10 | | | A 结构上的小孔离箱壁太近，钻头向下引进时，钻床主轴会碰到箱壁。改进后小孔与箱壁留有适当的距离，便于加工 |
| 11 | | | B 结构便于将毛坯排列成行，多件连续加工 |

## 13.2.2　毛坯的选择

在制定机械加工工艺规程时，毛坯选择是否正确，不但直接影响毛坯本身的制造工艺、设备条件和生产成本，同时也影响着零件机械加工的工序数目、设备、工具消耗、能耗以及工时定额等。显然，毛坯的尺寸和形状越接近成品零件，机械加工的工作量就越少，但是毛坯制作的成本可能会越高。因此，正确选择毛坯有着重要的技术经济意义。选择毛坯的基本任务是选定毛坯的种类和制造方法，确定其精度。

**1. 毛坯的种类**

机械制造中常用的毛坯有以下几种。

（1）铸件　铸件多用作形状复杂、尺寸较大零件的毛坯，其吸振性能好，但力学性能较低。

（2）锻件　锻件用作强度要求较高、形状比较简单零件的毛坯。如前文所述，零件毛坯锻造方法有自由锻和模锻两种。自由锻毛坯精度低、加工余量大、生产率低，适用于单件小批量生产以及大型零件毛坯制造。模锻毛坯精度、表面粗糙度好，可以使毛坯形状更接近工件形状，且加工余量小、生产率高，但成本也高，适用于中小型零件毛坯的大批大量生产。

（3）型材　型材主要通过热轧或冷拉而成。热轧型材价格较冷拉型材便宜，适用于在较大车床上加工精度较低的零件毛坯。冷拉型材适用于在较小车床上加工精度较高的零件毛坯。型材按其截面形状可分为圆钢、方钢、六角钢、扁钢、角钢、槽钢以及其他特殊截面的型材。

（4）焊接件　焊接件是根据需要利用型材或钢板等焊接而成的零件毛坯，适用于在单件小批量生产中制造尺寸较大、形状复杂的零件。其优点是制造简单方便，不需要准备模具，生产周期短；其缺点是抗振性差，尺寸误差大，需要经过时效处理消除应力后才能进行机械加工。

（5）冲压件　冲压件是通过冲压设备对薄钢板进行冷冲压加工而得到的零件毛坯。冲压件的尺寸精度高，可以作为毛坯，有时也可直接成为成品。适用于形状复杂、生产批量较大的中小型板料零件，但厚度不宜过大。

（6）粉末冶金件　粉末冶金件是以金属粉末为原料，在压力机上通过模具压制成型后经高温烧结而形成的零件毛坯。其生产效率高，精度高，表面粗糙度低，机械加工量极小或无机械加工量，但成本较高，适用于大批大量生产中压制形状较简单的小型零件。

**2. 毛坯种类的选择原则**

选择毛坯种类时应综合考虑下列因素。

1）零件的材料及力学性能要求

一般情况下，确定了零件的材料也就大致确定了毛坯的种类。例如，若零件材料为铸铁和青铜类，则由于这两类材料的毛坯只能通过铸造才能获得，所以应选择铸件毛坯；当形状不复杂、力学性能要求不高时，钢制零件毛坯可选型材；当形状复杂、力学性能要求不高时可选铸钢件或焊接件；对于重要的钢制零件，为获得良好的力学性能，不论其结构复杂还是简单，均应选择锻件毛坯。

2）零件的结构形状和尺寸

零件的结构形状和外形尺寸往往使毛坯的选择受到很大的限制。一般 100 kg 以上的大型零件毛坯多用砂型铸造、自由锻及焊接等方法制备。对于一般用途的阶梯轴，若各段直径相差不大、力学性能要求不高，可直接选用棒料，若各段直径相差较大，则宜选用锻件，以节约材料、减少机械加工的工作量。

3）生产纲领大小

生产纲领的大小在很大程度上决定了采用某种毛坯制造方法的经济性。当零件的产量较大时，应选择精度和生产率都比较高的毛坯制造方法，其设备和工装方面的较大投资可由材料消耗的减少和机械加工费用的降低来弥补，如铸件采用金属模机器造型或熔模铸造，锻件采用胎模锻、模锻。零件产量较小时，应选择精度和生产率较低的毛坯制造方法，如木模手工铸造或自由锻造，这样可相对地缩短生产周期，降低毛坯的制造费用。

4）现有生产条件

选择毛坯种类时，还要结合本企业的具体生产条件，如现场毛坯制造的实际工艺水平和能力、设备状况、工人技术水平、成本费用等来考虑，必要时可以考虑专业化协作生产，或通过市场采购毛坯。

5）充分考虑利用新技术、新工艺和新材料的可能性。为了节约材料和能源，机械制造的发展趋势是少无切削加工，即选用先进的毛坯制造方法，如精铸、精锻、冷轧、粉末冶金、压塑注塑成型等，这样可大大减少机械加工余量，甚至不需要切削加工，经济效益显著。

**3. 毛坯形状和尺寸的确定**

现代机械制造发展的趋势之一，是通过毛坯精化使其形状和尺寸尽量与零件接近，减少切削加工的劳动量，力求实现少切削加工甚至无切削加工，但由于经济方面的原因，以及对零件加工精度和表面质量的要求日益提高,目前毛坯的很多表面仍留有一定的加工余量,以便通过切削加工来达到零件的质量要求。

毛坯的形状主要取决于毛坯的种类、零件的形状。毛坯制造尺寸和零件尺寸的差值称为毛坯加工余量,毛坯制造尺寸的公差称为毛坯公差,二者都与毛坯的制造方法有关,生产中可参阅有关的工艺手册来选取。

对于有些零件,为使加工时安装方便,常在其毛坯上铸造出工艺凸台,零件加工后一般应将其切除,如图 13-5 所示。有时将几个零件制成一个整体毛坯,加工到一定阶段后再切割分离,例如发动机里面的连杆,加工到一定阶段后再切割分离为连杆盖和连杆体。

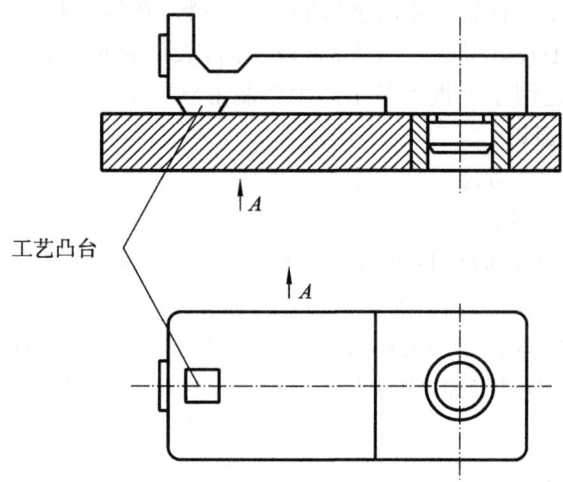

图 13-5　具有工艺凸台的毛坯

# 13.3　定位基准及选择

## 13.3.1　基准的概念及其分类

零件上用以确定其他点、线、面的位置所依据的点、线、面称为基准。在机械产品设计、制造过程中经常涉及基准问题,如设计时零件的尺寸标注、制造时工件的定位,检验时零部件的测量以及装配时零部件的安装等都要用到基准。基准根据功用的不同可分为设计基准和工艺基准两大类。

**1. 设计基准**

在零件图上用以确定其他点线面的基准称为设计基准。如图 13-6 所示的钻套,端面 $A$ 是端面 $B$、$C$ 的设计基准;孔中心线 $O—O$ 是各外圆与内孔的设计基准,也是径向圆跳动、端面圆跳动的设计基准。

**2. 工艺基准**

零件在加工、测量、装配等工艺过程中使用的基准统称为工艺基准。按用途的不同,工艺基准又分为定位基准、工序基准、测量基准和装配基准四种,它们分别用于工件某一工序定位、加工以及工件的测量检验和零件的装配。

（1）定位基准　加工时用于定位的基准称为定位基准。定位基准是获得零件尺寸的直接基准，具有很重要的地位。如轴类零件的中心线就是车磨工序的定位基准。

（2）工序基准　在工序图中用以确定本工序被加工表面加工后的尺寸、形状、位置的基准称为工序基准。工序基准是由工艺人员根据零件加工精度要求，所采用的夹具及加工方法等确定的，它反映在工艺文件上或者工序图上。如图 13-7 所示，端面 $C$ 为端面 $T$ 的工序基准，端面 $T$ 又为端面 $B$ 的工序基准。

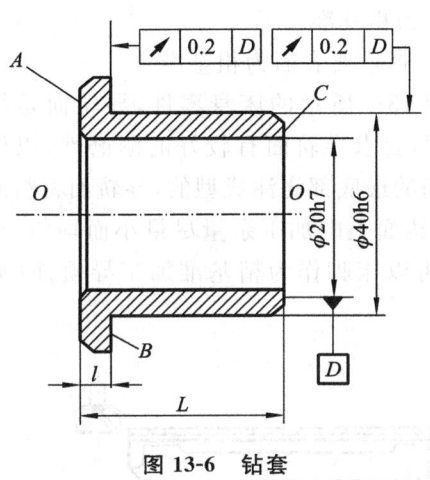

图 13-6　钻套

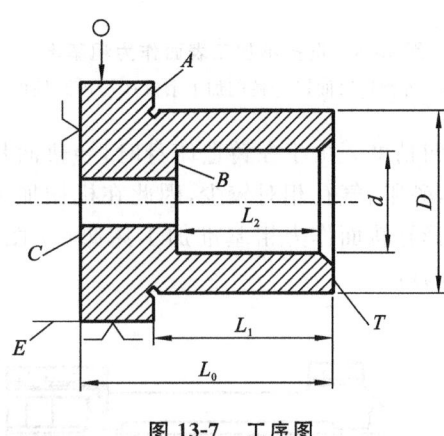

图 13-7　工序图

（3）测量基准　在加工中或加工后，用以测量零件已加工表面的尺寸和位置时所依据的基准称为测量基准。例如，以内孔定位用百（千）分表测量外圆表面的径向跳动，则内孔就是测量外圆表面径向圆跳动的测量基准。图 13-7 中尺寸 $L_1$ 可用深度卡尺来测量，端面 $T$ 就是端面 $A$ 的测量基准。

（4）装配基准　装配时用来确定零件或部件在产品中的相对位置的基准。如齿轮的内孔就是该齿轮的装配基准。

应尽可能使上述各种基准重合。在设计机器零件时，应尽量选用装配基准作为设计基准。在编制零件的加工工艺规程时，应尽量选用设计基准作为工序基准。在加工及测量工件时，应尽量选用工序基准作为定位基准及测量基准，以消除由于基准不重合引起的误差。

作为基准的点、线、面，有时在工件上并不一定具体存在，如孔和轴的中心线、某两面之间的对称中心面等，往往通过具体的表面来体现，这些表面称为定位基面。如在图 13-6 中，钻套零件的内孔中心线并不存在，是由内孔圆柱面来体现的，内孔中心线是定位基准，内孔圆柱面是定位基面。

## 13.3.2　定位基准的选择原则

定位基准又分为粗基准和精基准。未经过机械加工的定位基准称为粗基准，粗基准往往在第一道工序第一次装夹中使用；如果定位基准是经过机械加工的，则称之为精基准。精基准和粗基准的选择原则是不同的。

**1. 粗基准的选择原则**

粗基准选择是否合理，直接影响到各个加工表面加工余量的分配，以及加工表面和非加工表面之间的位置和尺寸要求等。具体选择原则有以下几个。

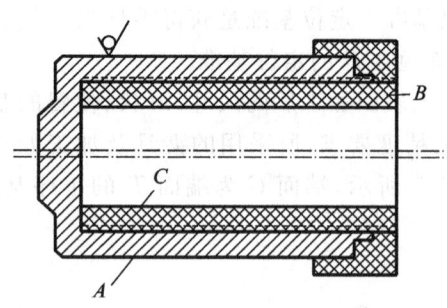

**图 13-8　选择不加工表面作为粗基准**

*A*—外圆柱表面；*B*—镗削加工余量；*C*—内圆柱面

1）选择不加工表面为粗基准

如图 13-8 所示的壳体零件，铸造时内圆柱面 *C* 和外圆柱面 *A* 有偏心，为保证镗孔后零件的壁厚均匀，应选不加工的外圆柱表面 *A* 为粗基准。如果零件上有多个不加工表面，应选择其中与加工表面有较高位置精度要求的那个不加工表面作为粗基准。

2）选择重要表面为粗基准

如图 13-9 所示的床身零件，导轨面是最重要的表面，要求导轨面有较好的耐磨性，以保持其导向精度。由于在铸造床身时，导轨面是倒扣在砂箱的最底部浇注成型的，导轨面材料质地致密，砂眼、气孔相对较少，因此在机械加工中，应使导轨面上的加工余量尽量小而均匀，从而应选择导轨面作为粗基准加工床脚（见图 13-9（a）），再以床脚作为精基准加工导轨面（见图 13-9（b））。

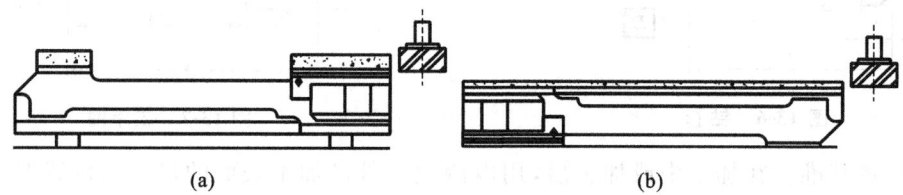

（a）　　　　　　　　　　　　　　　　（b）

**图 13-9　选择导轨面作为粗基准**

（a）以导轨面作为粗基准加工床脚；（b）以床脚作为精基准加工导轨面

3）选择加工余量最小的毛坯表面作为粗基准

如图 13-10 所示的阶梯轴大小余量不同且有偏心，加工时应选择余量较小的 $\phi55$ 外圆柱表面作为粗基准。如果选 $\phi108$ 的外圆柱表面为粗基准加工 $\phi55$ 外圆柱表面，当两个外圆柱表面有 3 mm 的偏心时，则加工后的 $\phi55$ 外圆柱表面会出现一边加工余量不足的情况，而使工件报废。

4）粗基准应尽量避免重复使用

在同一尺寸方向上粗基准通常只允许使用一次，这是因为粗基准都是毛坯表面，一般很粗糙、精度低。重复使用同一粗基准所加工的两组表面之间位置误差会相当大，如图 13-11 所示的心轴，如重复使用毛坯面 *B* 定位去加工 *A* 和 *C*，则会使 *A* 和 *C* 圆柱表面的轴线产生较大的同轴度误差。因此，粗基准一般不得重复使用。

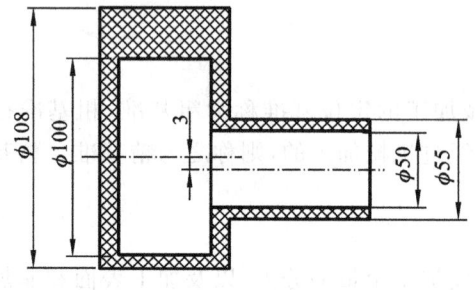

**图 13-10　选择加工余量最小的毛坯**

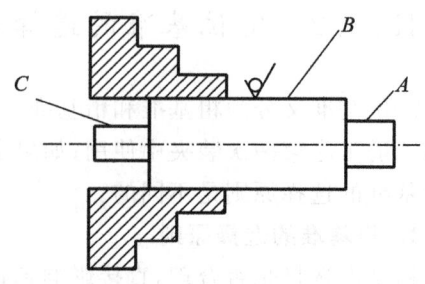

**图 13-11　粗基准的重复选择**

　　5）粗基准应便于装夹

　　粗基准应选择光洁、平整、面积大、装夹稳定的表面，这样可使工件定位可靠、装夹方便。粗基准不允许有锻造飞边、铸造浇冒口或其他缺陷，也不宜选用铸造分型面作为粗基准。

　　上述粗基准选择的每一原则都只说明一个方面的问题。在实际应用中，划线安装有时可以同时兼顾这些原则，而夹具安装则有困难，这就要根据具体情况，抓住主要矛盾，解决主要问题。

**2. 精基准的选择原则**

　　选择精基准时，主要应考虑如何保证加工精度，特别是加工表面间的相互位置精度，还应考虑装夹方便可靠。其选择原则如下。

　　1）基准重合原则

　　基准重合原则是指直接选用设计基准作为定位基准。采用基准重合原则可避免因定位基准和设计基准不重合而产生的定位误差（称为基准不重合误差）。在对加工表面位置尺寸和位置关系有决定性影响的工序中，特别是当位置公差要求较严时，一般不应违反这一原则。否则，将由于存在基准不重合误差而增大加工难度。

　　如图 13-12(a)所示为钻孔加工简图。如图 13-12(b)所示，选用左侧面作为定位基准，则定位基准与设计基准重合，尺寸 $B\pm T_B/2$ 可以直接得到。如图 13-12(c)所示，若选用右侧面作为定位基准，则定位基准与设计基准不重合，尺寸 $B\pm T_B/2$ 只能间接得到。故采用基准重合的原则有利于保证加工精度。

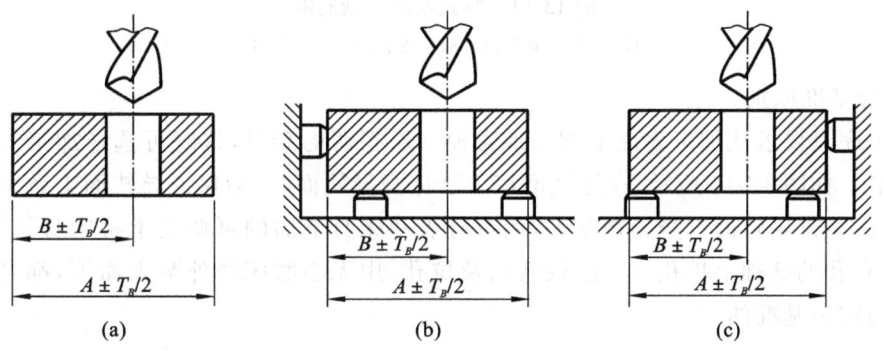

**图 13-12　基准重合原则**

(a) 钻孔加工简图；(b) 左侧面定位；(c) 右侧面定位

　　2）基准统一原则

　　基准统一原则是指在工件加工过程中应尽可能采用同一个定位基准加工工件上的各个表面。例如，加工轴类零件时，一般都采用两端中心孔定位来加工轴类零件上的所有外圆柱表面和端面，这样可以满足外圆柱表面间的同轴度要求和端面对轴线的垂直度要求。采用基准统一原则不仅可以保证各个被加工表面间的相互位置精度，避免或减少因基准变化而引起的定位误差，而且在一次装夹中能加工较多的表面，从而可简化夹具的设计和制造，降低成本，缩短生产准备周期。

　　采用基准统一原则时，若定位基准和设计基准一致，则同时符合基准重合原则。此时，既能获得较高的精度，又能减少夹具种类，是最理想的方案。但实际情况往往是这两个原则很难同时满足，这时应优先选用基准统一原则。因为采用这一原则可避免基准的多次转换。多次转换基准会产生多个基准不重合误差,此时可再最后增加一道工序,基于基准重合原则把重要表面再加工一次,即可达到理想的要求。

3）互为基准原则

若两加工表面间的相互位置精度要求很高,可以利用两个表面互相作为基准,反复多次进行精加工。例如,为满足套类零件内外圆柱面较高的同轴度要求,可先以孔为定位基准加工外圆,再以外圆为定位基准加工内孔,这样反复多次,就可使两者的同轴度达到高精度要求。

如图 13-13 所示为卧式铣床主轴简图。前端锥孔 3 对支承轴径 1、2 的同轴度要求很高,为保证这一同轴度要求,采用互为基准原则进行加工。有关的工艺过程如下:先以精车后的前后支承轴颈 1、2 为定位基准,粗车、精车前端锥孔 3（通孔已钻出）及后端锥孔 4;然后分别以前端锥孔 3 和后端锥孔 4 定位,粗、精磨支承轴颈 1、2 及各外圆柱面;再以支承轴颈 1、2 为定位基准,粗、精磨前端锥孔 3。通过这样互为基准、反复加工,确保前端锥孔 3 对支承轴颈 1、2 的同轴度,满足设计要求。

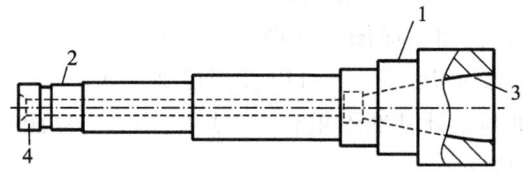

**图 13-13　卧式铣床主轴简图**

1、2—支承轴颈;3—前端锥孔;4—后端锥孔

4）自为基准原则

有些工序只要求从加工表面上均匀地去掉一层很薄的余量,这时可选择加工表面本身作为定位基准。如图 13-14 所示,在导轨磨床上磨床身导轨面时,为保证导轨面上致密的耐磨层厚度均匀,就是以导轨面本身为精基准,用百分表和床身下面的可调支承将床身找正定位的。另外,在原有孔的基础上扩孔、镗孔、铰孔以及拉孔,用无心磨床磨外圆表面等,都是以加工表面本身作为定位基准的。

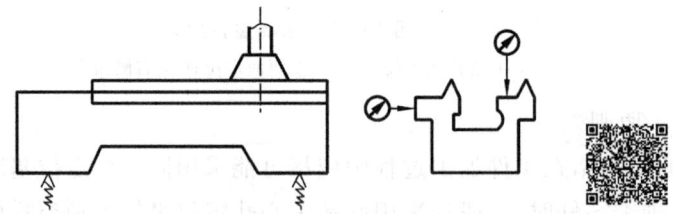

**图 13-14　用百分表找正车床导轨面**

5）便于装夹原则

所选择的粗基准,尤其是主要定位面,应有足够大的面积和精度,以保证定位精度稳定,装夹方便可靠,同时还应使夹紧机构简单、操作方便。

定位基准的选择原则是从生产实践中总结出来的。上述每一个原则往往只说明了一个方面的问题,因此,应根据具体的加工对象和加工条件,全面考虑,灵活运用以上原则。

# 13.4　机械加工工艺路线的拟定

所谓机械加工工艺路线,是指从毛坯制造到得到成品所经过的机械加工及热处理等全部工艺流程,它是工艺规程的总体布局。拟定机械加工工艺路线是工艺规程制定中的一项重要工作,直接影响加工的质量和效率。拟定机械加工工艺路线,除定位基准选择外,还涉及表面加工方法选择、加工阶段划分及加工顺序安排等内容。

## 13.4.1　加工方法选择

零件的结构形状虽然多种多样,但任何复杂的零件都是由一些最基本的几何表面(如内外圆柱面,平面、成型面等)组合而成的。同一种表面可以选用各种不同的加工方法加工,但每种加工方法的加工质量、加工时间和花费的资金却是各不相同的。工程技术人员的任务,就是要根据具体加工条件(如生产类型、设备状况、工人的技术水平等)选用最适当的加工方法,加工出符合图样要求的机械零件。

在拟定零件的加工工艺路线时,首先要确定构成零件各表面的加工方法。在确定表面的加工方法时,应注意到:具有一定技术要求的加工表面,一般都不是只通过一次加工就能达到图样要求的,对于精密零件的主要表面,往往要通过多次加工才能逐步达到较高质量要求;在选择加工方法时,一般总是先根据零件主要表面的技术要求和具体加工条件,先选定该表面最终加工工序的加工方法,然后再逐一选定该表面各有关前导工序的加工方法;另外,要在主要表面的加工方案和加工方法选定之后,再选定次要表面的加工方案和加工方法。选择加工方法,既要保证零件表面的质量,又要争取高生产率和低经济成本。

在选择零件各表面的加工方法时,主要应从以下几个方面来考虑。

1) 零件结构及尺寸

各种典型表面都有其相适应的加工方法,而且加工表面的尺寸大小不同,采用的加工方法和加工方案往往不同。例如,对于标准公差等级为 IT7 的孔,采用镗铰拉和磨削等均可达到要求。但是,箱体上的孔一般不宜采用拉或磨削,加工大孔时宜选择镗孔,加工小孔时宜选择铰孔。

2) 经济加工精度和表面粗糙度

所谓经济加工精度,是指在正常条件下(采用符合质量标准的设备、工艺装备和标准技术等级的工人、不延长加工时间)所能保证的加工精度。若延长加工时间,就会增加成本,虽然精度能提高,但不经济。经济表面粗糙度的概念类同于经济精度。

任何一种加工方法能获得的加工精度和表面粗糙度都有一个相当大的范围,而高精度的获得一般要以高成本为代价,不适当的高精度要求,会导致加工成本急剧上升,所以不要盲目采用可获得高加工精度和低表面粗糙度的加工方法,以免增加生产成本,浪费设备资源。例如,外圆柱表面的加工精度为 IT7,表面粗糙度 $Ra$ 为 $0.4~\mu m$ 时,一般通过精车也可以达到要求,但对操作人员的技术水平要求较高,不如磨削经济。

3) 工件材料性质和热处理状况

加工方法的选择常受工件材料性质和热处理状况的限制。例如:淬火钢精加工,因淬火后硬度较高,应采用磨削加工;而有色金属的精加工,为避免磨削时堵塞砂轮,常采用金刚镗或高速精密车削等。

4）生产类型、生产率和经济性

选择加工方法时一定要考虑生产类型，这样才能保证生产率和经济性要求。大批量生产可采用生产率高、质量稳定的专用设备和专用工艺装备以及先进的加工方法。而单件小批量生产只能用通用机床、通用设备和一般的加工方法。如内孔键槽的加工方法可以选择拉削和插削，单件小批量生产主要使用插削，可以获得较好的经济性，而大批量生产大多采用拉削加工，以提高生产率。

5）加工表面特殊要求

有些加工表面可能会有一些特殊要求，如表面切削纹路方向的要求、表面力学性能要求等。采用不同的加工方法，所得工件表面切削纹路方向有所不同，如铰削和镗削加工表面的纹路方向与拉削加工表面的纹路方向就不相同，选择加工方法时应考虑加工表面的特殊要求。

6）企业现有条件

所选择的加工方法要与本企业生产条件，即本企业现有的设备状况和操作人员的技术水平相适应。要充分利用现有设备，挖掘生产力，同时应重视新技术、新工艺，设法提高企业的工艺水平。例如，对本企业工艺条件来说，尺寸特别大或特别小，工件材料难加工，技术要求高，则首先应考虑在本企业能否加工的问题，如果在本企业加工有困难，就需要考虑是否需要外协加工或增加投资、增添设备，开展必要的工艺研究工作等。

机械零件加工方法的选择可参考本书第 5 章的相关内容。

## 13.4.2　加工阶段的划分

当零件的加工质量要求较高或结构较为复杂时，一般工艺路线较长，工序较多。为了保证零件的加工质量、生产效率和经济性，通常在安排机械加工工艺路线时，必须将零件的加工工艺过程划分为几个阶段。对于一般精度的零件，可划分为粗加工、半精加工和精加工三个阶段。对精度要求较高和特别高的零件，还需安排精密、光整加工阶段。

（1）粗加工阶段　粗加工阶段主要任务是去除各加工表面的大部分加工余量，并加工出精基准。因此这一阶段的关键问题是提高生产率。

（2）半精加工阶段　半精加工阶段主要任务是进一步减小粗加工阶段留下的误差，使加工面达到一定的精度，为精加工做准备，并完成一些次要表面的最后加工，如钻孔、攻螺纹、铣键槽等。

（3）精加工阶段　精加工阶段主要任务是保证各加工表面达到图样规定的尺寸、形状和位置精度以及表面粗糙度要求。因此，此阶段的主要目标是全面保证加工质量。

（4）精密、光整加工阶段　对于零件上加工精度和表面粗糙度要求很高（IT6 级以上，表面粗糙度 $Ra$ 在 $0.2~\mu m$ 以下）的表面，在工艺过程的最后加工阶段，应安排精密、光整加工。其主要任务是降低表面粗糙度或进一步提高尺寸精度，一般不用于纠正形状误差和位置误差。常用的方法有金刚石车、金刚镗、研磨、珩磨、精密磨等。

将零件的加工过程划分为几个加工阶段的主要目的如下。

**1. 消除加工误差**

毛坯本身就具有内应力，且粗加工阶段要切除加工表面上的大部分加工余量，切削力和切削热量都比较大，装夹工件所需夹紧力也较大，被加工工件会产生较大的受力变形和受热变形。此外,粗加工阶段从工件上切除大部分加工余量后,残存在工件中的内应力要重新分布,也会使工件产生变形。划分加工阶段并使各加工阶段有一定的时间间隔,便于残余应力得到释放,从而减少这些变形带来的影响,或者在加工阶段之间安排诸如热处理、校直、自然时效处理等工序来消除各种变形的影响,提高加工质量。

如果加工过程不划分阶段,把各个表面的粗、精加工工序混在一起交错进行,那么安排在工艺过程前期通过精加工工序获得的加工精度势必会被后面的粗加工工序所破坏,这是不合理的。加工过程划分为几个阶段后,粗加工阶段产生的加工误差,可以通过半精加工和精加工阶段逐步消除,这样安排,零件的加工质量容易得到保证。而且,精加工阶段被放在最后可以避免零件加工精度受运输当中表面的碰伤及划伤的影响。

**2. 合理利用机床设备**

由于各加工阶段的主要任务不同,加工方法、加工设备、不同等级的技术工人的配合也就不同。为合理地使用设备和发挥技术工人的积极性,粗加工工序需选用功率大、精度较低、效率高的设备和技术等级低的工人,精加工工序则应选用高精度设备加工和高技术水平的工人,而且如果在高精度机床上安排粗加工工序,机床精度会迅速下降,机床的使用寿命将缩短。

**3. 便于安排热处理工序**

在加工工艺过程的不同阶段插入必要的热处理工序,能消除应力,便于后续加工以及得到所需零件的物理、力学性能。例如:粗加工后安排时效处理,消除粗加工时工件所产生的残余应力,减少内应力对精加工的影响;半精加工之后安排淬火,不仅容易达到零件的性能要求,而且淬火后引起的变形及氧化层又可通过精加工工序予以消除。

**4. 及早发现毛坯的缺陷**

粗加工各表面后,由于切除了各加工表面的大部分余量,可及早发现毛坯的缺陷(如气孔、砂眼、裂纹和加工余量不够等),以便于及时报废或修补,不会浪费后续精加工工序的制造费用。

划分加工阶段是对整个工艺过程而言的,以工件加工表面为主线进行划分,不应以个别表面和个别工序来判断。对于具体的工件,加工阶段的划分不是绝对的,还应灵活处理。例如,对一些加工质量不高、刚度较高、毛坯精度较高、加工余量小的工件,也可不划分或少划分加工阶段;对于一些刚度高的重型零件,由于装夹、运输费时,也常在一次装夹中完成粗、精加工,为了避免不划分加工阶段引起的缺陷,可在粗加工之后松开工件,让工件的变形得到恢复,稍留间隔后用较小的夹紧力重新夹紧工件进行精加工。

## 13.4.3　工序的集中与分散

一个工件的加工是由许多工步组成的,如何把这些工步组成工序,是设计工艺过程时要考虑的一个问题。在一般情况下,根据工步本身的性质(例如车外圆、铣平面等),粗、精加工阶段的划分,定位基准的选择和转换等,把这些工步集中成若干个工序。

对于同一个工件,根据图样的加工内容,可以安排两种不同形式的工艺规程:一种是工序集中的工艺规程,另一种是工序分散的工艺规程。所谓工序集中,是使每个工序中包括尽可能多的工步内容,因而使总的工序数目减少,夹具的数目和工件的安装次数也相应地减少。所谓工序分散,是将工艺路线中的工步内容分散在更多的工序中去完成,因而每道工序的工步少,有时甚至每道工序只有一个工步,工艺路线长。

1）工序集中的特点

工序集中的主要特点是：

（1）可减少工件的装夹次数，不仅易于保证各表面间的相互位置精度，还能缩短辅助时间、减少工序间的运输量和夹具的数量；

（2）可以采用高效率的专用设备和工艺设备，生产效率高；

（3）工序数目少，不仅可减少机床数量、操作工人数量和生产面积，节省人力、物力，还可以简化生产组织和计划安排；

（4）专用设备和工艺装备结构比较复杂，使得投资大，生产周期长，专用设备和工艺装备的调整、维修也比较困难，转换新产品较困难。

2）工序分散的特点

工序分散的主要特点是：

（1）机床设备和工艺装备比较简单、调整和维修方便；

（2）对操作工人的技术水平要求较低，或只需经过较短时间的培训；

（3）可以采用最合理的切削用量；

（4）生产适应性强，转换产品较容易；

（5）设备和工艺装备数量多、操作工人多、生产占地面积大，运输量也较大。

3）工序集中方式与工序分散方式的选择

工序集中与工序分散各有特点，在制定机械加工工艺路线时应根据生产类型、零件的结构特点和技术要求、现有生产条件等综合分析后选用。在一般情况下，单件小批量生产时，多将工序适当集中，使各通用机床完成更多表面的加工，以简化生产作业计划和组织工作；大批量生产时，若采用多刀、多轴的自动或半自动高效机床、加工中心，可将工序适当集中。若在由组合机床组成的自动线上进行，一般按工序分散方式组织生产；成批生产时，工序集中和工序分散均可采用，具体采取何种方式，则需视其他条件而定；对重型零件，为了减少这些运输工作量，工序应适当集中。由于按工序集中的优点较多，现代生产一般倾向于按工序集中的原则来组织生产。

## 13.4.4　加工顺序的安排

要满足零件图样的全部技术要求及生产的高效率和低成本要求，不仅要正确选择定位基准和每个表面的加工方法，而且要合理地安排各工序的加工顺序。加工顺序的合理安排不仅是指安排好切削加工的顺序，而且包括合理地安排好切削加工与热处理工序、辅助工序（如清洗、检验等）间的顺序，将三者统筹考虑。

1）切削加工顺序的安排

切削加工顺序安排的总原则是：前期工序必须为后续工序创造条件，做好基准准备。具体原则如下。

（1）先基准面后其他　先基准面后其他是指加工一开始，总是先把被选作精基准的表面加工出来，再以加工出的精基准为定位基准，安排其他表面的加工。该原则还有另外一层意思，是指精加工前应先修整一下精基准。例如：对于精度要求高的轴类零件，一般以外圆柱表面为粗基准来加工两端面以及中心孔，再以中心孔定位完成各表面的粗加工，精加工开始前要修整中心孔，以提高轴在精加工时的定位精度，然后再安排各外圆柱表面的精加工。对于箱体零件,一般是以主要孔为粗基准来加工平面,再以平面为精基准来加工孔系。

(2) 先主后次　在零件加工中,要先考虑主要表面的加工,主要表面一般是指零件上加工精度和表面质量要求高的表面以及装配基面等。这些表面是决定零件质量的主要因素,对其进行加工是工艺过程的主要内容,因而在确定加工顺序时,要首先考虑主要表面的加工工序安排,以保证主要表面的加工精度。次要表面(如螺纹面、键槽内表面等)的加工可适当穿插在主要表面加工工序之间进行,但一般应放在主要表面加工到一定精度后,最终精加工之前进行。

(3) 先粗后精　在零件的切削加工过程中,总是先集中进行各表面的粗加工,中间根据需要安排半精加工,最后安排精加工和光整加工,这有利于加工误差和表面缺陷层的逐步消除,从而逐渐提高零件的加工精度和表面质量。对于精度要求较高的工件,为了减小粗加工引起的残余应力对精加工的影响,通常粗、精加工不应连续进行,而应间隔适当时间。

(4) 先面后孔　先面后孔主要是对箱体和支架类零件的加工而言的。一般这类零件具有轮廓尺寸远比其他表面更大的平面,用这样的大平面作为定位基准面稳定可靠,故一般先加工大平面,再以大平面为基准加工孔或孔系。此外,在毛坯面上钻孔,容易使钻头引偏或打刀,此时也应先加工平面,再加工孔系,以避免上述情况发生。

(5) 配套加工　有些表面的最后精加工安排在部装或总装过程中进行,以保证较高的配合精度。如:发动机里的连杆,其大头杆就要在连杆盖和连杆体装配好以后再精镗和研磨。

2) 热处理工序的安排

在工艺过程中恰当安排热处理工序,是保证零件加工质量和材料使用性能的重要因素。热处理的方法、次数和在工艺路线中的位置,主要取决于零件的材料和热处理的目的。热处理工序根据其目的,一般可分为预备热处理、消除残余应力处理、最终热处理和表面热处理等。

(1) 预备热处理　它包括退火、正火、调质等热处理方法,其目的是消除毛坯制造过程中产生的内应力、改善金属材料的切削加工性能以及为最终热处理做准备等。其工序一般安排在粗加工前后。

对碳含量大于 0.5% 的碳钢,一般用退火,以降低硬度;对碳含量小于 0.5% 的碳钢,一般用正火。调质能得到组织细致均匀的回火索氏体,为以后表面淬火或渗氮时减小变形做好组织准备,故可作为预备热处理工序。如果是以取得较好的力学性能为目的,则应将调质作为最终热处理工序。

(2) 消除残余应力处理　常用消除残余应力的热处理工序有时效处理、退火等,一般安排在粗加工之后、精加工之前进行。时效处理分为自然时效处理、人工时效处理和冰冷处理三大类。自然时效处理是指将铸件露天放置几个月或几年;人工时效处理是指将铸件以 50～100 ℃/h 的速度随炉冷却;冰冷处理是指将铸件置于 −80～−60 ℃ 的某种气体中停留 1～2 h。

对于精度要求不太高的零件,一般将消除残余应力的人工时效处理安排在毛坯进入机械加工车间前进行;对于精度要求较高的零件,在加工过程中通常安排两次时效处理,即在半精加工后再安排一次时效处理;而对于高精度的高碳钢、高碳合金钢零件,如块规、精密轴承等,为消除残余奥氏体,稳定尺寸,常采用冰冷处理,一般安排在回火处理后、精加工后或机械加工工艺过程的最后。

(3) 最终热处理　常用的最终热处理方法有淬火-回火、渗碳淬火-回火、渗氮等,目的是为了改善金属材料的力学性能,如提高零件的硬度、表面硬度,增强其耐磨性等。对于仅要求改善力学性能的工件,有时正火、调质等也可作为最终热处理工序。最终热处理一般应安排在精加工前后。

　　淬火后工件在获得较高硬度的同时,脆性增强,内应力增大,组织和尺寸不稳定,易发生变形甚至产生裂纹,故淬火后一般均安排回火,并且安排在精加工(磨削)前进行。对于低碳钢或低碳合金钢,要求其表面硬度高而心部韧度高,可采用表面渗碳淬火,渗碳厚度一般为 0.3～1.4 mm,工件硬度达 56～63 HRC,但工件的变形较大,应安排在精加工前后进行,以便在精加工时纠正热处理变形。渗氮是为了提高零件硬度、疲劳强度,增强其耐磨性和耐蚀性。由于渗氮层较薄,引起工件的变形极小,一般安排在粗磨、精磨之间或光整加工之前进行。

　　(4) 表面热处理　　为了提升零件表面耐蚀性或表面装饰性,有时需要对表面进行涂镀(镀铬、镀锌)或发蓝处理等。涂镀是指金属、非金属基体上沉积一层所需的金属或合金的过程。发蓝处理是指将钢铁放入一定温度的碱性溶液中,使金属表面产生一层极薄的氧化膜的工艺。该氧化膜呈现亮蓝色直至亮黑色,所以又称为发黑处理。这种表面处理通常安排在机械加工工艺过程的最后。

　　3) 辅助工序的安排

　　辅助工序主要包括检验、去毛刺、清洗、去磁以及涂防锈漆等。其中检验工序是主要的辅助工序。为保证零件制造质量,防止产生废品,在工艺过程中合理安排检验工序是非常必要的。一般需在下列场合安排检验工序:

　　(1) 粗加工全部结束之后,精加工开始之前;

　　(2) 零件从一个车间转到另一个车间时;

　　(3) 工时较长的工序或关键工序的前后;

　　(4) 零件最终加工完毕之后。

　　有些重要零件,如大功率柴油机的曲轴、连杆,涡轮喷气发动机的涡轮盘和涡轮叶片等,其表面质量和内部质量要求都比一般零件更为严格,因此,对它们不仅要进行几何精度和表面粗糙度的检验,还要进行材料内部质量检验(如 X 射线、超声波探伤等)以及材料表面质量检验(如荧光检验、磁力探伤等)。材料内部质量检验一般在工艺过程开始时进行,材料表面质量检验则通常在精加工阶段进行。密封性检验,零件的平衡性、零件的重量检验一般安排在工艺过程的最后阶段进行。

　　零件表层或内腔的毛刺对机器装配质量影响甚大,切削加工后,应安排去毛刺工序。零件内孔、内腔易存留切屑,研磨、珩磨等光整加工工序之后,微小磨粒也易附着在零件表面上,因此在零件进入装配之前,一般都应安排清洗工序。采用磁力夹紧工件的工序(如在平面磨床上用电磁吸盘夹紧工件等),工件会被磁化,应安排去磁工序,不应让带有剩磁的工件进入装配,并应在去磁后对工件进行清洗。应该认识到辅助工序仍是必要的工序,缺少了辅助工序或是对辅助工序要求不严,将对零件加工质量产生不良后果,给装配工作带来困难,甚至使机器不能使用。

# 13.5　加工余量与工序尺寸的确定

## 13.5.1　加工余量的确定

### 1. 加工余量的定义

用去除材料的方法制造机器零件时,一般都要从毛坯上切出一层层材料后才能制得符合图样要求的零件。毛坯上被切除的金属层称为加工余量。加工余量有加工总余量和工序余量之分。

（1）加工总余量（毛坯余量）　毛坯尺寸与零件设计尺寸之差称为加工总余量。加工总余量等于加工过程中各个工序切除金属层厚度的总和。

（2）工序余量　每一道工序所切除的金属层厚度称为工序余量。

加工总余量等于各工序余量之和，可用下式表示

$$Z_{总} = Z_1 + Z_2 + Z_3 + \cdots + Z_i$$

式中：$Z_{总}$——加工总余量；

$Z_1$、$Z_2$、$Z_3$、$Z_i$——各工序的工序余量。

工序余量等于相邻两工序基本尺寸之差，可表示为

$$Z_i = l_{i-1} + l_i = d_{i-1} - d_i = D_i - D_{i-1}$$

式中：$Z_i$——本道工序的工序余量；

$l_{i-1}$、$d_{i-1}$、$D_{i-1}$——上道工序的基本尺寸；

$l_i$、$d_i$、$D_i$——本道工序的基本尺寸。

工序余量有单边余量和双边余量之分。如图 13-15 所示，平面的加工余量是单边余量，它等于实际切削的金属层厚度。对于外圆表面与内圆表面这样的对称表面，其加工余量用双边余量表示，即以直径方向计算，实际切削的金属层厚度为加工余量的一半。

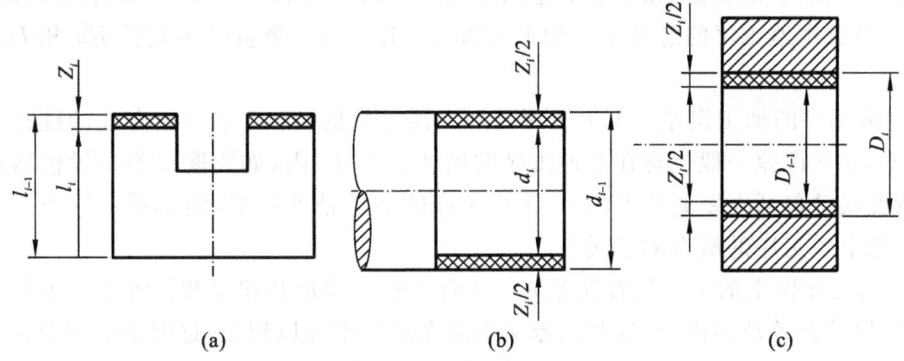

**图 13-15　单边余量与双边余量**

（a）平面；（b）外圆；（c）内孔

上面所说的工序余量都是计算工序基本尺寸用的，所以称为基本余量（又称公称余量、名义余量）。但任何加工方法都不可避免地要产生尺寸的变化，因此各工序加工之后的尺寸也有一定的误差，即工序尺寸有公差，故各工序实际切除的余量是一个变值，致使加工余量有基本余量（又称公称余量、名义余量）、最大加工余量和最小加工余量之分。实际的加工余量也有一定公差范围，其公差大小等于本道工序的工序尺寸公差与上道工序的工序尺寸公差之和。

为了便于加工，工序尺寸的公差一般按"入体原则"标注。即对于被包容面（轴），其最大的工序尺寸就是基本尺寸，取上偏差为零；对于包容面（孔），其最小的工序尺寸就是基本尺寸，取下偏差为零；毛坯尺寸的公差，一般采用双向对称的分布，如图 13-16 所示。

**2. 加工余量的影响因素**

加工余量的大小应按加工要求合理地确定。加工余量规定过大，不但会浪费原材料及机械加工的工时，而且会增加机床、刀具、能源的消耗；加工余量规定过小，则在本道工序中就不

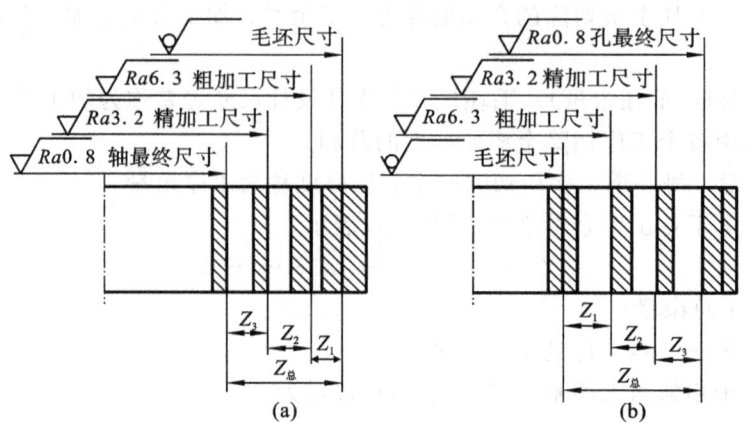

**图 13-16　工序余量示意图**

(a) 轴；(b) 孔

能完全切除上道工序的各种误差及表面缺陷层,甚至造成废品,因而也就不能达到设置这道工序的目的。影响加工余量的主要因素有以下几点。

（1）上道工序的表面质量　上道工序的表面质量由上道工序留下的表面粗糙度 $Rz$（表面轮廓的最大高度）和表面缺陷层深度 $Ha$ 表征。在本道工序中,必须把上道工序留下的表面粗糙层和表面缺陷层全部切去,如果连上道工序残留的表面粗糙层和表面缺陷层都清除不干净,那就失去了设置本道工序的意义了。由此可知,本工序加工余量必须包括 $Rz$ 和 $Ha$ 这两项因素。

（2）上道工序的加工误差　上道工序的加工误差包括在加工表面上存在的纯粹误差和各种几何误差,这些误差一般包含在上道工序的尺寸公差 $T_a$ 内（如圆度误差一般包括在直径公差内,平行度误差包括在距离公差内）。上道工序的加工精度越低,则本道工序的加工余量越大,即应切除上道工序的所有加工误差。

（3）上道工序留下的空间位置误差 $\rho_a$　工件上有一些形状误差和位置误差不包括在加工表面的工序尺寸公差范围内,但这些误差又必须在加工中加以纠正,这时就必须单独考虑这类误差对加工余量的影响。属于这类误差的有轴线的直线度、位置度、同轴度与平行度、轴线与端面的垂直度、阶梯轴与孔的同轴度、外圆对孔的同轴度误差等,在确定加工余量时,必须考虑它们的影响,在本道工序中予以修正。例如,由于上道工序的轴线有直线度误差 $\delta$,则本道工序的加工余量必须相应增加 $2\delta$ 才能保证在加工后消除弯曲的影响。另外,热处理变形造成的误差也是需要单独考虑的误差之一,通常淬火零件的磨削余量比不淬火零件的磨削余量要大一些,这也是考虑到零件在淬火之后又变形的原因。

（4）本道工序的装夹误差 $\varepsilon_b$　装夹误差包括定位误差、夹具本身的误差及夹紧误差。由于装夹误差的存在,工件待加工表面偏离正确位置,将直接影响被加工表面与切削刀具的相对位置,所以确定加工余量时还应考虑装夹误差的影响。

由于空间位置误差 $\rho_a$ 和装夹误差 $\varepsilon_b$ 都具有方向性,它们的合成方向应为向量和的方向。根据以上分析,可以建立加工余量 $Z_i$ 的计算公式。

对于平面加工,单边余量

$$Z_i \geqslant T_a + Rz + H_a + | \rho_a + \varepsilon_b |$$

对于孔、轴加工,双边余量

$$2Z_i \geqslant T_a + 2(Rz + H_a) + 2 \mid \rho_a + \varepsilon_b \mid$$

当具体应用这种计算式时，还应考虑该工序的具体情况。例如：

①车削安装在两中心孔上的工件的外圆表面时，其安装误差可取为零，从而有

$$2Z_i \geqslant T_a + 2(Rz + H_a) + 2\rho_a$$

②用浮动镗刀加工孔时，由于加工中是以孔本身作为基准的，不能纠正孔轴线的偏斜和弯曲，既不受空间偏差的影响，又无安装误差，因此有

$$2Z_i \geqslant T_a + 2(Rz + H_a)$$

**3．加工余量的确定方法**

加工余量的大小对工件的加工质量、生产率和生产成本均有较大影响。因此，应合理地确定加工余量。确定加工余量的基本原则是：在保证加工质量的前提下，使加工余量越小越好。在实际工作中，确定加工余量的方法有三种：计算法、查表修正法和经验估计法。

（1）计算法　计算法是根据一定的试验资料和计算公式，对影响加工余量的各项因素进行分析和综合计算来确定加工余量的大小。在完全把握影响因素及其定量关系的前提下，按公式计算所得到的加工余量是较精确的。但要准确度量不同因素对加工余量的影响，必须具备一定的测量手段和掌握全面、可靠的数据资料，计算也较复杂，如果所积累的基础数据和统计资料不充足，计算法就失去了意义。目前，计算法一般只在材料十分贵重或者少数大批量生产中的一些重要工序中采用。

（2）查表修正法　查表修正法是指以生产实践和实验研究所累积起来的各种资料和数据（可以从一般的机械加工手册中查阅）为基础，结合本厂生产实际情况加以修正，来确定加工余量。用查表修正法确定加工余量，方法简便，比较接近生产实际。查表修正法是各工厂广泛采用的方法。

（3）经验估计法　加工余量的大小由一些有经验的工艺人员根据本身积累的经验确定。由于主观上怕产生废品，经验法确定的加工余量一般偏大。这种方法仅用于单件小批量生产。

## 13.5.2　工序尺寸及其公差的确定

零件上的设计尺寸一般要经过多道机械加工工序才能达到。在加工过程中每道工序应保证的加工尺寸称为工序尺寸，其公差即为工序尺寸的公差，公差按各种加工方法的经济加工精度选定。计算工序尺寸及其公差是工艺规程制订的重要内容之一。计算分下列两种情况。

1）基准重合时工序尺寸及其公差的确定

当加工某一表面的各道工序都采用同一个定位基准，并且与设计基准重合时，工序尺寸的确定就比较简单。在确定了各工序的加工余量和工序所能达到的经济加工精度以后，就可以由最后一道工序开始往前推算。具体步骤如下。

（1）首先根据工艺手册或者有关资料查取各加工工序的工序余量。

（2）从最后一道加工工序开始，即从设计尺寸开始，到第一道加工工序，逐次加上（对于被包容面，如轴）或减去（对于包容面，如孔）每道工序的加工余量，可分别获得各工序的基本尺寸。即

前道工序基本尺寸＝本道工序基本尺寸±本道工序余量

式中："＋"用于被包容面；"－"用于包容面（如孔）。

（3）除最终加工工序取设计尺寸公差外，其他各加工工序按各自采用的加工方法所对应

的经济加工精度确定工序尺寸公差。

（4）除最终加工工序按图纸标注公差外，其余各加工工序按"入体原则"标注工序尺寸的上、下偏差。

（5）毛坯余量（即加工总余量）应等于各加工工序的工序余量之和。如果从毛坯余量表中查得的毛坯余量与各加工工序的工序余量之和不等，则应取二者中的较大值，差值在毛坯总余量或粗加工工序余量中修正。

**例 13-1**　某轴毛坯为锻件，其直径尺寸为 $\phi 50_{-0.016}^{0}$ mm，加工精度要求为 IT6，表面粗糙度 $Ra$ 为 0.8 $\mu m$，并要求高频淬火。若采用加工方法为粗车—半精车—高频淬火—粗磨—精磨，试确定各机械加工工序的工序尺寸及其公差。

**解：**①根据机械加工手册或工厂资料确定各工序的基本余量：精磨余量为 0.1 $\mu m$，粗磨余量为 0.3 mm，半精车余量为 1.1 mm，粗车余量为 4.5 mm。

②计算各工序的工序尺寸。由后道工序向前道工序推算工序尺寸：精磨基本尺寸为 50 mm，粗磨基本尺寸为（50＋0.1）mm＝50.1 mm，半精车基本尺寸为（50.1＋0.3）mm＝50.4 mm，粗车基本尺寸为（50.4＋1.1）mm＝51.5 mm，毛坯基本尺寸为（51.5＋4.5）mm＝56 mm。

③按各加工方法的经济加工精度和经济表面粗糙度确定各工序公差和表面粗糙度。查工艺设计手册可确定：精磨加工精度等级为 IT6，尺寸公差为 0.016 mm，表面粗糙度 $Ra$ 为 0.4 $\mu m$；粗磨加工精度等级为 IT8，尺寸公差为 0.039 mm，表面粗糙度 $Ra$ 为 1.6 $\mu m$；半精车加工精度等级为 IT11，尺寸公差为 0.16 mm，表面粗糙度 $Ra$ 为 3.2 $\mu m$；粗车加工精度等级为 IT13，尺寸公差为 0.39 mm，表面粗糙度 $Ra$ 为 12.5 $\mu m$；锻件毛坯尺寸公差为 ±2 mm。

④按"入体原则"确定各工序工序基本尺寸的上、下偏差。

计算结果汇总见表 13-9。

**表 13-9　各工序的工序尺寸及公差的确定**

| 工序名称 | 工序基本余量 /mm | 尺寸公差 /mm | 工序基本尺寸 /mm | 工序尺寸及其公差 /mm | 表面粗糙度 $Ra$ /$\mu m$ |
|---|---|---|---|---|---|
| 精磨 | 0.1 | 0.016 | 50 | $\phi 50_{-0.016}^{0}$ | 0.4 |
| 粗磨 | 0.3 | 0.039 | 50＋0.1＝50.1 | $\phi 50.1_{-0.039}^{0}$ | 1.6 |
| 半精车 | 1.1 | 0.16 | 50.1＋0.3＝50.4 | $\phi 50.4_{-0.16}^{0}$ | 3.2 |
| 粗车 | 4.5 | 0.39 | 50.4＋1.1＝51.5 | $\phi 51.5_{-0.39}^{0}$ | 12.5 |
| 锻件 | 6 | ±2 | 51.5＋4.5＝56 | $\phi 56±2$ | — |

2）基准不重合时工序尺寸及其公差的确定

当定位基准与设计基准不重合时，确定了工序加工余量后，需借助于工艺尺寸链的知识计算工序尺寸及其公差，具体内容见本章 13.7 节。

# 13.6　机床与工艺装备的选择

在机械加工中，正确选择机床与工艺装备是满足零件加工质量要求、提高生产率、降低劳动成本的一项重要措施。

**1. 机床的选择**

机床的选择首先取决于现有的生产条件,应根据确定的加工方法选择正确的机床设备。在拟定机械加工工艺路线时,已经同时确定了各工序所用机床的类型、是否需要设计专用机床等。在确定了机床设备类型后,还必须考虑以下几点。

(1) 机床的加工规格应与零件的外部形状、尺寸相适应。

(2) 机床的精度要与工序要求的加工精度相适应。

(3) 机床电动机功率应与本工序加工所需功率相适应。

(4) 机床的自动化程度和生产效率应与工件的生产类型相适应,一般单件小批量生产宜选用通用机床,大批大量生产宜选用高生产率的专用机床、组合机床或自动机床。

(5) 机床的选择应与现有生产条件相适应。选择机床应当尽量考虑到现有的生产条件,除了新厂投产以外,原则上应尽量发挥原有设备的作用,并尽量使设备载荷平衡。如果工件尺寸太大(或太小)或工件的加工精度要求过高,没有现成的机床设备可供选择,可以考虑采用自制专用机床。若需要改装旧机床或设计专用机床,应根据工序加工要求提出专用机床设计任务书,给出与该工序加工有关的一切必要的数据资料,包括工序尺寸、公差及技术条件,工件的装夹方式,该工序加工所用切削用量、工时定额、切削力、切削功率以及机床的总体布置形式等。

(6) 所选机床有足够的柔性,以适应产品改型及转产的需求。

**2. 工艺装备的选择**

工艺装备主要包括夹具、刀具和量具。工艺装备选择的合理性,将直接影响工件的加工精度、生产效率和加工经济性。应根据生产类型、具体加工条件、工件结构特点和技术要求等选择工艺装备。

(1) 夹具的选择　在单件小批量生产中,优先考虑采用作为机床附件的各种通用夹具,如卡盘、机床用平口虎钳、回转工作台、分度头等,也可使用组合夹具;在大批大量生产中,为提高生产率应根据工序要求设计专用高效夹具;在多品种的成批生产中,可采用可调夹具或成组夹具。

(2) 刀具的选择　在选择刀具时主要考虑加工内容、工件材料、加工精度和表面粗糙度要求、生产率、经济性及所选用的机床性能等因素。不同的工艺内容,要选用不同类型的刀具。单件小批量生产时,一般应优先采用标准刀具;在大批量生产中广泛采用各种高效的专用刀具、复合刀具和多刃刀具等。刀具的类型、规格和精度等级应符合加工要求。此外,应结合实际情况,尽可能选用各种先进刀具,如可转位刀具、整体硬质合金刀具、陶瓷刀具、群钻等。

(3) 量具的选择　选择量具主要依据生产类型及加工精度。一般来说,单件小批量生产广泛采用通用量具,如游标卡尺、千分尺和百分表等;大批大量生产则采用极限量块和高生产率的专用检验夹具、量仪等。选择量具时应确保量具的精度与工件的加工精度相适应,量具的量程与工件的被测尺寸大小相适应,量具的类型与被测要素的性质相适应。

# 13.7　工艺尺寸链

在机器装配和零件加工过程中所涉及的尺寸,一般来说都不是孤立的,而是彼此之间有着一定的内在联系。往往一个尺寸的变化会引起其他尺寸的变化,或是一个尺寸的获得要靠其他一些尺寸来保证。上述问题的研究和解决,需要借助于尺寸链的基本知识和计算方法。尺寸链原理是在制定机械加工工艺规程时分析和计算工序尺寸的有效工具和重要手段。

## 13.7.1 尺寸链的基本概念

**1. 尺寸链的定义和特征**

零件上由互相联系的按一定顺序首尾相接构成封闭形式的一组尺寸称为尺寸链。尺寸链按其功能分为工艺尺寸链和装配尺寸链。由单个零件在加工过程中的有关工艺尺寸所组成的尺寸链，称为工艺尺寸链。

在零件加工过程中，通常会出现工艺基准与设计基准不重合、同一工序的不同加工特征交错进行加工的情况，此时，必须应用尺寸链的基本理论，建立相关工艺过程中的相关尺寸关系，即形成工艺尺寸链，并应用尺寸链计算公式进行工序尺寸及其上、下偏差的计算。

如图 13-17 所示，零件图上标注的设计尺寸为 $A_1$ 和 $A_0$。当用零件的面 1 来定位加工面 2 时，直接得尺寸 $A_1$；当用调整法加工台阶面时，为了使定位稳定可靠并简化夹具，仍然以零件的面 1 来定位加工台阶面 3，直接得到尺寸 $A_2$，而是在加工时自然形成的。

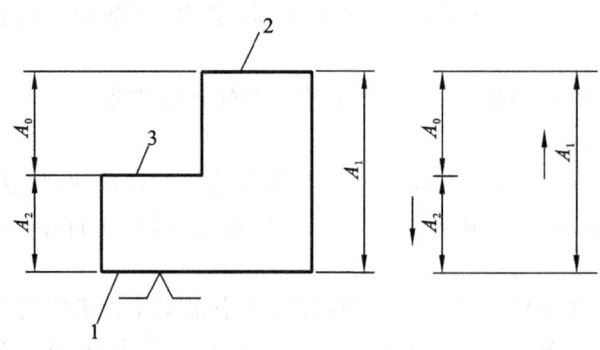

**图 13-17　工艺尺寸链示例**

从尺寸链的定义和示例中可知，尺寸链的主要特征是封闭性和关联性。所谓封闭性，是指尺寸链必须由一组尺寸首尾相接构成封闭形式。尺寸链中应包含一个间接保证的尺寸和若干个对该尺寸有影响的直接获得的尺寸。没有封闭的一组尺寸不能成为工艺尺寸链。所谓关联性，是指尺寸链中间接获得或间接保证的尺寸及其精度的变化，是受任何一个直接获得的尺寸及其精度所影响的，并且间接保证的尺寸的精度必然低于直接获得的尺寸的精度。图 13-17 中尺寸 $A_1$ 与 $A_2$ 的变化都将引起尺寸 $A_0$ 的变化。

**2. 尺寸链的组成**

组成尺寸链的每一个尺寸，称为尺寸链的环。在图 13-17 所示的工艺尺寸链中的尺寸 $A_0$、$A_1$、$A_2$ 都是尺寸链的环，这些环又可分为封闭环和组成环。

1）封闭环

尺寸链中凡属间接保证精度的那个尺寸即称为封闭环，在加工完成前封闭环是不存在的，一个尺寸链只能有一个封闭环。在图 13-17 所示的工艺尺寸链中，$A_0$ 是间接得到的尺寸，它就是封闭环。

2）组成环

尺寸链中凡是通过加工直接得到的尺寸均称为组成环，即封闭环之外的其余尺寸。$A_1$ 与 $A_2$ 都是通过加工直接得到的尺寸，它们就是图 13-17 中尺寸链的组成环。组成环按其对封闭环的影响又可分为增环和减环。

（1）增环 组成环中，若该环增大将引起封闭环增大，该环减小将引起封闭环减小，则此组成环称为增环。在图 13-17 所示的工艺尺寸链中，$A_1$ 为增环。

（2）减环 组成环中，若该环增大将引起封闭环减小，该环减小将引起封闭环增大，则此组成环就称为减环。在图 13-17 所示的工艺尺寸链中，$A_2$ 为减环。

**3. 尺寸链图的作法及增减环的判别**

尺寸链一般都用尺寸链图表示。尺寸链图的作法如下。

（1）首先确定间接保证精度的尺寸，并将其定为封闭环。

（2）从封闭环出发，按照零件表面尺寸链的联系，依次画出有关直接获得的尺寸（大致按比例就行），作为各组成环，直到尺寸的终端回到封闭环的起始端，形成一个封闭图形。

（3）按照各尺寸首尾相接的原则，可顺着一个方向用首尾相接的单向箭头表示各环。凡是箭头方向与封闭环箭头方向相同的环就是减环，而箭头方向与封闭环箭头方向相反的环就是增环，如图 13-17 所示。

此外，必须注意以下几点。

（1）尺寸链的构成取决于工艺方案和具体的加工方法。

（2）确定哪一个尺寸是封闭环，是尺寸链计算中的决定性一步。封闭环不是直接得到的，它是间接保证的。

（3）要使组成环的环数达到最少。

（4）一个尺寸链只能有一个封闭环。

## 13.7.2 尺寸链的计算

尺寸链的计算方法有极值法与概率法（或称统计法）两种。在极值法中，考虑了组成环的极限情况，即可能出现的最不利的情况，故计算结果绝对可靠，而且计算简单，因此极值法应用广泛。但在大批量生产中，实际尺寸按正态分布，即各组成环都处于极限尺寸的概率很小，此时采用极值法就显得过于保守，尤其是当封闭环公差较小、组成环数目较多时，分摊到各组成环的公差将过小，从而使加工困难、制造成本增加，在这种情况下，可以采用概率法。目前在生产中，工艺尺寸链的计算一般采用极值法。限于篇幅，这里只介绍极值法。

**1. 极值法计算尺寸链的基本公式**

（1）封闭环的基本尺寸 封闭环的基本尺寸等于所有增环的基本尺寸之和减去所有减环的基本尺寸之和，即

$$A_{\sum} = \sum_{i=1}^{m} \overline{A_i} - \sum_{j=m+1}^{n-1} \overline{A_j}$$

式中：$A_{\sum}$——封闭环的基本尺寸（mm）；

$\overline{A_i}$——增环的基本尺寸（mm）；

$\overline{A_j}$——减环的基本尺寸（mm）；

$m$——增环的环数；

$n$——工艺尺寸链的总环数。

（2）封闭环的极限尺寸 封闭环的最大极限尺寸等于所有增环的最大极限尺寸之和减去所有减环的最小极限尺寸之和，即

$$A_{\sum \max} = \sum_{i=1}^{m} \overline{A}_{i\max} - \sum_{j=m+1}^{n-1} \overline{A}_{j\min}$$

式中：$A_{\sum \max}$——封闭环的最大极限尺寸(mm)；

$\sum\limits_{i=1}^{m} \overline{A}_{i\max}$——所有增环的最大极限尺寸(mm)之和；

$\sum\limits_{j=m+1}^{n-1} \overline{A}_{j\min}$——所有减环的最小极限尺寸(mm)之和。

封闭环的最小极限尺寸等于所有增环的最小极限尺寸之和减去所有减环的最大极限尺寸之和,即

$$A_{\sum \min} = \sum_{i=1}^{m} \overline{A}_{i\min} - \sum_{j=m+1}^{n-1} \overline{A}_{j\max}$$

式中：$A_{\sum \min}$——封闭环的最小极限尺寸(mm)；

$\sum\limits_{i=1}^{m} \overline{A}_{i\min}$——增环的最小极限尺寸(mm)；

$\sum\limits_{j=m+1}^{n-1} \overline{A}_{j\max}$——所有减环的最小极限尺寸(mm)之和。

（3）封闭环的上偏差与下偏差　封闭环的上偏差等于所有增环的上偏差之和减去所有减环的下偏差之和,即

$$\mathrm{ES}A_{\sum} = \sum_{i=1}^{m} \mathrm{ES}\overline{A}_i - \sum_{j=m+1}^{n-1} \mathrm{EI}\overline{A}_j$$

式中：$\mathrm{ES}A_{\sum}$——封闭环的上偏差(mm)；

$\sum\limits_{i=1}^{m} \mathrm{ES}\overline{A}_i$——所有增环的上偏差(mm)之和；

$\sum\limits_{j=m+1}^{n-1} \mathrm{EI}\overline{A}_j$——所有减环的下偏差(mm)之和。

封闭环的下偏差等于所有增环的下偏差之和减去所有减环的上偏差之和,即

$$\mathrm{EI}A_{\sum} = \sum_{i=1}^{m} \mathrm{EI}\overline{A}_i - \sum_{j=m+1}^{n-1} \mathrm{ES}\overline{A}_j$$

式中：$\mathrm{EI}A_{\sum}$——封闭环的下偏差(mm)；

$\sum\limits_{i=1}^{m} \mathrm{EI}\overline{A}_i$——所有增环的下偏差(mm)之和；

$\sum\limits_{j=m+1}^{n-1} \mathrm{ES}\overline{A}_j$——所有减环的上偏差(mm)之和。

（4）封闭环的公差　封闭环的公差等于所有组成环的公差之和,即

$$T(A_{\sum}) = \sum_{i=1}^{n-1} T(A_i)$$

式中：$T(A_{\sum})$——封闭环的公差(mm)；

$T(A_i)$——组成环的公差(mm)。

极值法解尺寸链的特点是简便、可靠,主要用于组成环的环数较少,或组成环虽然多,但封闭环的公差较大的场合。

**2. 尺寸链的计算形式**

尺寸链的计算有以下三种形式。

1) 正计算

正计算是指已知各组成环的基本尺寸和公差(或偏差),求封闭环的基本尺寸和公差(或偏差)。正计算主要用于验证设计的正确性和求工序间的加工余量。封闭环的计算结果是唯一的。

2) 反计算

反计算是指已知封闭环的基本尺寸和公差(或偏差),求各组成环的基本尺寸和公差(或偏差)。反计算主要用于产品设计、加工和装配工艺计算等方面。由于组成环有若干个,所以,反计算是将封闭环的公差值合理地分配给各组成环,以求得最佳分配方案,反计算的结果不是唯一的。反计算有等公差法和等精度法两种解法。

(1) 等公差法:按等公差的原则把封闭环的公差分配给各组成环。用这种方法解尺寸链计算比较简单,但未考虑组成环的尺寸大小和加工难易程度,都给出相等的公差大小,这显然是不合理的。在实际应用中常按各组成环的尺寸大小和难易程度进行适当的调整,使各组成环的公差要求都能较容易地达到。

(2) 等精度法:按各组成环公差等级相等的原则来分配各组成环的公差。它克服了等公差法的缺点,从工艺上讲较为合理,但计算较麻烦。

3) 中间计算

中间计算指已知封闭环及部分组成环的基本尺寸和公差(或偏差),求某一组成环的基本尺寸和公差(或偏差)。它用于设计与工艺计算、校验等方面。工艺尺寸链计算多属此种形式。在实际计算中,可能得到零公差或负公差(上偏差小于下偏差),即组成环公差之和大于或等于封闭环的公差。在机械加工中,零公差和负公差是不可能的,因此必须根据工艺可能性重新确定其他组成环的公差,即压缩组成环的制造公差,提高其加工精度。

## 13.7.3　工艺尺寸链的典型案例及求解方法

### 1. 基准不重合时,工序尺寸及其公差的计算

1) 定位基准与设计基准不重合

采用调整法加工零件时,若所选的定位基准与设计基准不重合,那么该零件加工表面的设计尺寸就不能由直接加工得到,这时就需要进行工序尺寸的换算,以保证设计尺寸的精度要求,并将计算的工序尺寸标注在工序图上。

**例 13-2**　如图 13-18(a)所示的零件,镗削零件上的孔。孔的设计基准是 $C$ 面,设计尺寸为$(100±0.15)$ mm。表面 $A$、$B$、$C$ 均已加工好,为使装夹方便,以 $A$ 面定位镗孔,按工序尺寸 $A_3$ 调整机床。求工序尺寸 $A_3$ 及其偏差。

**解**:(1) 建立工艺尺寸链。

工艺尺寸链的简图如图 13-18(b)所示。由于表面 $A$、$B$、$C$ 在镗孔前已加工,故工序尺寸 $A_1$、$A_2$ 在本工序前就已被保证精度,工序尺寸 $A_3$ 为本工序要直接保证精度的尺寸,故三者均为组成环,设计尺寸 $A_0$ 为本工序加工后才得到的尺寸,故 $A_0$ 为封闭环。根据简图中尺寸对应的箭头方向可知,组成环 $A_2$ 和 $A_3$ 为增环,$A_1$ 为减环。

(2) 计算公差尺寸及其偏差。

由 $A_\Sigma = \sum\limits_{i=1}^{m} \overline{A}_i - \sum\limits_{j=m+1}^{n-1} \overline{A}_j$,得 $100=40+A_3-240$,则 $A_3=300$ mm。

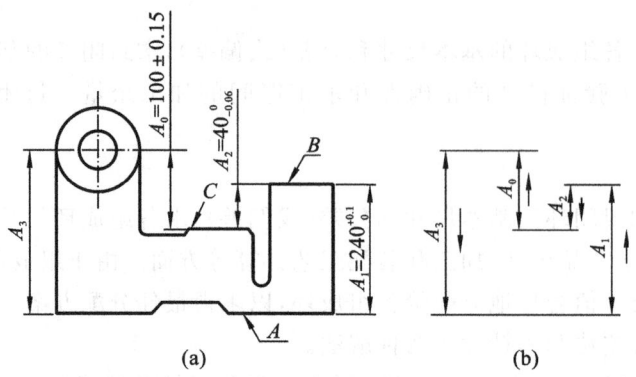

**图 13-18  定位基准与设计基准不重合时工序尺寸的换算**

(a) 支承座零件简图；(b) 工艺尺寸链

由 $ESA_\Sigma = \sum_{i=1}^{m} ES\overline{A}_i - \sum_{j=m+1}^{n-1} EI\overline{A}_j$，得 $0.15 = 0 + ESA_3 - 0$，则 $ESA_3 = 0.15$ mm。

由 $EIA_\Sigma = \sum_{i=1}^{m} EI\overline{A}_i - \sum_{j=m+1}^{n-1} ES\overline{A}_j$，得 $-0.15 = -0.06 + EIA_3 - 0.1$，则 $EIA_3 = 0.01$ mm。

因此，工序尺寸 $A_3 = 300^{-0.15}_{+0.01}$ mm。

（3）验算封闭环公差。

封闭环的公差为 0.3 mm，各组成环公差之和为 $T_1 + T_2 + T_3 = (0.10 + 0.06 + 0.14)$ mm $= 0.30$ mm，即 $T_0 = T_1 + T_2 + T_3$，因此，计算正确。

2）测量基准与设计基准不重合

在工件加工过程中，有时会遇到一些表面加工之后，按其设计尺寸不便直接测量的情况，因此，需要在零件上另选一容易测量的表面作为测量基准进行测量，以间接保证设计尺寸的要求。这时就需要进行工序尺寸的换算。

**例 13-3**  图 13-19(a)所示的套筒零件，其设计尺寸为 $10^{0}_{-0.36}$ mm 和 $50^{0}_{-0.17}$ mm。在加工内孔端面 $B$ 时，尺寸 $10^{0}_{-0.36}$ mm 不便测量，需另选测量基准。为此，应选已加工好的 $A$ 面定位车端面 $C$，保证设计尺寸 $50^{0}_{-0.17}$ mm，然后车内孔及端面 $B$，以 $C$ 为测量基准，直接控制尺寸 $A_2$，间接保证尺寸 $10^{0}_{-0.36}$ mm($A_0$)。求工序尺寸 $A_2$ 及其偏差。

**解：**（1）建立工艺尺寸链。

工艺尺寸链的简图如图 13-19(b)所示。尺寸 $A_0 = 10^{0}_{-0.36}$ mm 为封闭环，$A_1 = 50^{0}_{-0.17}$ mm 为增环，尺寸 $A_2$ 为减环。

（2）计算工序尺寸及其偏差。

由 $A_\Sigma = \sum_{i=1}^{m} \overline{A}_i - \sum_{j=m+1}^{n-1} \overline{A}_j$，得 $10 = 50 - A_2$，则 $A_2 = 40$ mm。

由 $ESA_\Sigma = \sum_{i=1}^{m} ES\overline{A}_i - \sum_{j=m+1}^{n-1} EI\overline{A}_j$，得 $0 = 0 - EIA_2$，则 $EIA_2 = 0$ mm。

由 $EIA_\Sigma = \sum_{i=1}^{m} EI\overline{A}_i - \sum_{j=m+1}^{n-1} ES\overline{A}_j$，得 $-0.36 = -0.17 - ESA_2$，则 $ESA_2 = 0.19$ mm。

因此，工序尺寸 $A_2 = 40^{+0.19}_{0}$ mm。

（3）验算封闭环公差。

封闭环的公差为 $T_0 = 0.36$ mm，各组成环公差之和为 $T_1 + T_2 = (0.17 + 0.19)$ mm $=$

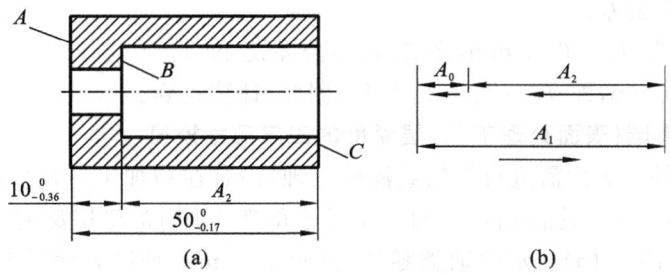

**图 13-19　测量基准与设计基准不重合时工序尺寸的换算**

(a) 轴套零件简图；(b) 工艺尺寸链

$0.36$ mm，即 $T_0 = T_1 + T_2$，因此计算正确。

### 2. 同时保证多个设计尺寸时的尺寸换算

在工序的同一加工中，要求同时保证两个或两个以上有关联的设计尺寸时，需要进行工艺尺寸换算。

**例 13-4**　图 13-20(a) 所示为齿轮孔，已知设计要求为：齿轮内孔直径为 $\phi 40^{+0.039}_{0}$ mm，孔直径＋键槽深度为 $43.3^{+0.2}_{0}$ mm。图 13-20(b) 所示为内孔及键槽的加工简图，其加工顺序为：①精镗内孔至 $\phi 39.6^{+0.062}_{0}$ mm；②插键槽至工序尺寸 $A_1$；③热处理；④磨内孔，同时保证内孔 $\phi 40^{+0.039}_{0}$ mm 和键槽深度 $43^{+0.2}_{0}$ mm。试确定加工尺寸 $A_1$ 及其偏差。

**解：**(1) 建立工艺尺寸链。

工艺尺寸链如图 13-20(c) 所示（必须将孔直径转化为半径来表示）。显然，尺寸 $A_0 = 43.3^{+0.2}_{0}$ mm 为封闭环（磨内孔时间接保证的尺寸），尺寸 $A_3 = 20^{+0.0195}_{0}$ mm 为增环（内孔半径），尺寸 $A_2 = 19.8^{+0.031}_{0}$ mm 为减环，尺寸 $A_1$ 为增环。

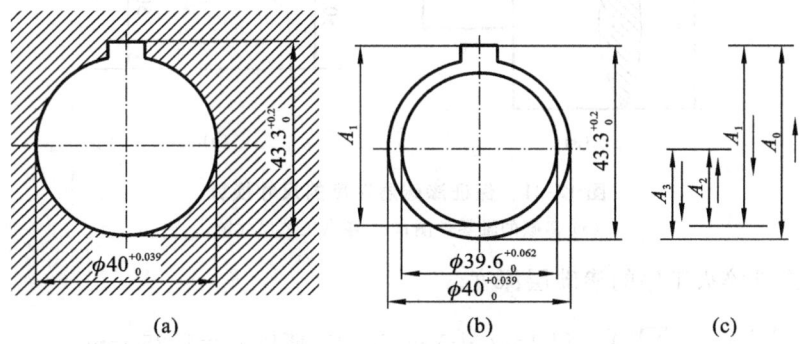

**图 13-20　同时保证多个设计尺寸时的尺寸换算示例**

(a) 齿轮孔尺寸图；(b) 内孔及键槽加工简图；(c) 工艺尺寸链

(2) 计算插键槽的工序尺寸 $A_1$ 及其偏差。

由 $A_{\sum} = \sum_{i=1}^{m} \overline{A}_i - \sum_{j=m+1}^{n-1} \overline{A}_j$，得 $43.3 = 20 + A_1 - 19.8$，即 $A_1 = 43.1$ mm。

由 $\mathrm{ESA}_{\sum} = \sum_{i=1}^{m} \mathrm{ES}\overline{A}_i - \sum_{j=m+1}^{n-1} \mathrm{EI}\overline{A}_j$，得 $0.2 = 0.0195 + \mathrm{ESA}_1 - 0$，即 $\mathrm{ESA}_1 = 0.1805$ mm。

由 $\mathrm{EIA}_{\sum} = \sum_{i=1}^{m} \mathrm{EI}\overline{A}_i - \sum_{j=m+1}^{n-1} \mathrm{ES}\overline{A}_j$，得 $0 = 0 + \mathrm{EIA}_1 - 0.031$，即 $\mathrm{EIA}_1 = 0.031$ mm。

因此，插键槽的工序尺寸 $A_1 = 43.1^{+0.1805}_{+0.031}$ mm $\approx 43.13^{+0.15}_{+0.001}$ mm。

（3）验算封闭环公差。

封闭环的公差为 $T_0 = 0.2$ mm，各组成环公差之和 $T_1 + T_2 + T_3 = (0.149 + 0.031 + 0.0195)$ mm $= 0.20$ mm，即 $T_0 = T_1 + T_2 + T_3$，因此，计算正确。

**3. 保证渗氮、渗碳（表面处理工艺）层深度的工序尺寸换算**

产品中有些零件的表面需进行渗氮或渗碳处理，而且在精加工后还要求保证一定的渗层深度。为此，必须合理地确定渗前加工的工序尺寸和热处理时的渗层深度。

**例 13-5** 如图 13-21(a) 所示的轴类零件，$\phi 100_{-0.016}^{0}$ mm 轴段表面需渗碳，精加工后要求保证渗碳层深度（单边深度）为 $t = (1 \pm 0.1)$ mm。该轴段表面的加工顺序为：半精车外圆至 $\phi 100.5_{-0.14}^{0}$ mm—渗碳、淬火（渗碳层深度为 $t_1$）—磨削外圆至 $\phi 100_{-0.016}^{0}$ mm，同时保证渗碳层深度（单边深度）为 $t = (1 \pm 0.1)$ mm。试求渗碳淬火工序的渗碳层深度（单边深度）$t_1$。

**解：**（1）建立工序尺寸链。

轴渗碳前、后的半径分别为 $\phi 50.25_{-0.07}^{0}$ mm、$\phi 50_{-0.008}^{0}$ mm，磨削前、后的渗碳层深度为 $t_1$、$t$，它们可组成一条工艺尺寸链，如图 13-21(b) 所示。显然图样规定的渗碳层深度 $t$ 是封闭环。

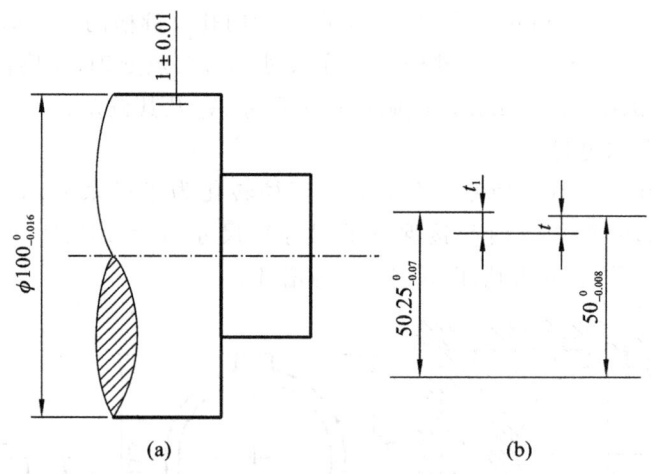

**图 13-21 保证渗碳层深度的尺寸换算**

（a）渗碳的轴零件图；（b）渗碳工艺尺寸链

（2）计算渗碳淬火工序的渗碳层深度。

由 $A_{\sum} = \sum_{i=1}^{m} \overline{A}_i - \sum_{j=m+1}^{n-1} \overline{A}_j$，得 $1 = t_1 + 50 - 50.25$，所以 $t_1 = 1.25$ mm。

由 $\mathrm{ES}A_{\sum} = \sum_{i=1}^{m} \mathrm{ES}\overline{A}_i - \sum_{j=m+1}^{n-1} \mathrm{EI}\overline{A}_j$，得 $0.1 = \mathrm{ES}t_1 + 0 - (-0.07)$，所以 $\mathrm{ES}t_1 = 0.03$ mm。

由 $\mathrm{EI}A_{\sum} = \sum_{i=1}^{m} \mathrm{EI}\overline{A}_i - \sum_{j=m+1}^{n-1} \mathrm{ES}\overline{A}_j$，得 $-0.1 = \mathrm{EI}t_1 - 0.008 - 0$，所以 $\mathrm{EI}t_1 = -0.092$ mm。

故 $t_1 = 1.25_{-0.092}^{+0.03}$ mm，即渗碳层深度（单边深度）为 $1.158 \sim 1.28$ mm。

（3）验算封闭环公差。

封闭环的公差为 $T_0 = 0.2$ mm，各组成环公差之和 $T_1 + T_2 + T_3 = (0.122 + 0.07 + 0.008)$ mm $= 0.20$ mm，即 $T_0 = T_1 + T_2 + T_3$，因此计算正确。

# 13.8　工艺过程的生产率和经济性

　　劳动生产率是指每个工人在单位时间内制造合格产品的数量,或用于制造单件产品所消耗的劳动时间。经济性一般是指生产成本的高低。生产成本不仅要计算工人直接参加产品生产所消耗的劳动,而且还要计算设备、工具、材料、动力等的消耗。在制定工艺规程时,要在保证产品质量的前提下提高生产率,并注意生产过程的经济性。

## 13.8.1　时间定额

　　时间定额是指在一定生产条件(生产规模、生产技术和生产组织)下,规定生产一件合格产品或完成某一道工序所需要的时间,它是安排生产计划、估算产品成本、确定设备数量和人员编制的重要依据之一,也是新建或扩建工厂(或车间)时计算装备和人员数量的重要资料。

　　在制定时间定额时要防止两种偏向:一种是时间定额定得过紧,影响工人的主动性和积极性;另一种是时间定额定得过松,失去了它应有的指导生产和促进生产的作用。一般通过将实际操作时间测定与分析计算相结合来制定时间定额,要使所制定的时间定额至少不低于当时的平均水平,以保持平均先进生产水平,并随生产水平的提高及时对时间定额予以修订。

　　完成一个零件的一道工序所需的时间称为单件时间,它包括下列组成部分。

　　(1) 基本时间($T_{基本}$)　直接用于改变生产对象的尺寸、形状、相对位置和表面质量所消耗的时间,称为基本时间($T_{基本}$)。对切削加工来说,基本时间就是切除金属所消耗的时间,包括刀具的切入和切出时间。

　　(2) 辅助时间($T_{辅助}$)　在各个工序中为了保证完成基本切削运动需要做的各种辅助操作所消耗的时间,称为辅助时间($T_{辅助}$)。它主要包括:装、卸工件,开、停机床,改变切削用量,测量工件尺寸,进、退刀具等操作所消耗的时间。

　　基本时间和辅助时间的总和称为操作时间,它是直接用于制造产品或零、部件所消耗的时间。

　　(3) 布置工作地时间($T_{布置}$)　为使加工正常进行,工人在工作时间内照管工作地点及保持工作状态所耗费的时间,称为布置工作地时间($T_{布置}$)。它主要包括换刀、收拾工具、清理切屑、润滑及擦拭机床、修正砂轮、修整刀具等所消耗的时间,一般按操作时间的 2%～7% 来计算。

　　(4) 休息和生理需要时间($T_{休息}$)　工人在工作班内为恢复体力和满足生理需要所消耗的时间称为休息时间。它一般按操作时间的 2%～4% 进行计算。

　　因此,单件时间是:

$$T_{单件} = T_{基本} + T_{辅助} + T_{布置} + T_{休息}$$

　　(5) 准备与终结时间($T_{准终}$)　工人为了加工一批零件,进行准备和结束工作所消耗的时间,称为准备与终结时间($T_{准终}$)。在成批生产中,还需要考虑准备与终结时间($T_{准终}$)。工人在加工一批零件的开始时需要熟悉工艺文件、领取毛坯、领取和安装工艺装备、调整机床和刀具等;在加工一批零件终了时,需要拆下和归还工艺装备、送检和发送成品等。

　　准备与终结时间 $T_{准终}$ 对一批工件只消耗一次,设每批工件数为 $n$,则分摊到每个工件上的准备与终结时间为 $T_{准终}/n$,将这部分时间加到单件时间上去,即得到成批生产的单件时间,

因此

$$T_{单件} = T_{基本} + T_{辅助} + T_{布置} + T_{休息} + T_{准终}/n$$

显然,批量越大,分摊到每一个工件上的时间越少。在大量生产中,由于 $n$ 的数值很大,$T_{准终}/n \approx 0$,故可不计入 $T_{准终}/n$。

## 13.8.2 提高机械加工劳动生产率的工艺途径

制定机械加工工艺规程时,必须在保证产品质量的同时提高劳动生产率和降低产品成本,用最低的消耗生产更多更好的产品。因此,提高劳动生产率是一个综合性的问题。

**1. 缩短单件时间**

单件时间是由基本时间、辅助时间、布置工作地时间、休息和生理需要时间、准备与终结时间等组成的。缩短单件时间,即缩短其各组成部分的时间,特别是要缩减其中占比重较大部分的时间。在大批大量生产中,基本时间在单件时间中所占比重较大;在单件小批量生产中,辅助时间占比重较大。

1)缩短基本时间

缩短基本时间的主要途径有以下几种:提高切削用量、减小工作行程、采用多件加工。现对这几种工艺途径分述如下。

(1)提高切削用量 提高切削速度、进给量和背吃刀量都能缩短基本时间,从而减少单件时间。这是机械加工中广泛采用的提高劳动生产率的有效方法之一。但切削用量的提高受到刀具耐用度和机床功率、工艺系统刚度等方面的制约。随着新型刀具材料的出现,切削速度得到了迅速的提高,目前硬质合金车刀的切削速度可达 300 m/min,陶瓷刀具的切削速度可达 500 m/min。近年来出现的聚晶人造金刚石和聚晶立方氮化硼刀具,其切削普通钢材的切削速度可达 900 m/min。在磨削方面,近年来发展的趋势是高速磨削和强力磨削。国内生产的高速磨床砂轮磨削速度已达 60 m/s,国外已达 90～120 m/s;强力磨削的切入深度已达 6～12 mm,从而使生产率大大提高。

(2)减小工作行程 采用多把刀或复合刀具对工件的同一表面或几个表面同时进行加工,或用宽刃刀具或成型刀具做横向走刀同时加工多个表面,可实现复合工步,由于各工步的基本时间全部或部分重合,故可缩减工序的基本时间;另外,这样做还可减少操作机床的辅助时间,并且由于减少了工位数和工件安装次数,有利于提高加工精度。

(3)采用多件加工 多件加工通常有顺序多件加工、平行多件加工和平行顺序多件加工三种不同方式。顺序多件加工是指工件按走刀方向依次安装进行加工。采用这种方式加工可以减少刀具切入和切出时间,也可减少分摊到每个工件上的辅助时间。平行多件加工是指一次走刀同时加工几个平行排列的工件,这时加工所需的基本时间和加工一个工件的基本时间相同,所以分摊到每个工件上的基本时间可大大减少。平行顺序加工是前两种加工的综合应用,它适用于工件较小、批量较大的情况。多件加工常见于龙门刨、龙门铣以及平面磨削加工。

2)缩减辅助时间

辅助时间在单件时间中占有较大比重,缩减辅助时间是提高生产率的重要途径,缩减辅助时间有两种不同途径,即直接缩减辅助时间和间接缩减辅助时间。

(1)直接缩减辅助时间 采用先进高效夹具和各种上下料装置,实现辅助动作的机械化和自动化,以缩短辅助时间。例如,在大批大量生产中采用机械联动、气动、液动、电磁等高效夹具,对于单件小批量生产采用组合夹具,都可使辅助时间大为缩短。

此外,为减少加工中停机测量的辅助时间,可采用主动检测装置或数字显示装置在加工过程中进行实时测量,以减少加工中需要的测量时间。主动检测装置(如磨削自动测量装置)能在加工过程中测量加工表面的实际尺寸,并根据测量结果自动对机床进行调整和工作循环控制。数显装置能把加工过程或机床调整过程中机床运动的移动量或角位移连续精确地显示出来,这些都大大节省了停机测量的辅助时间。

(2) 间接缩减辅助时间　使辅助时间与基本时间完全重合或大部分重合,以减少辅助时间。例如,采用多工位连续加工(转位夹具、回转工作台),工件的装卸时间就可完全与基本时间重合。

3) 缩减布置工作地时间

主要途径是减少换刀次数和缩短换刀时间。常用的技术措施有:提高刀具或砂轮的耐用度以减少换刀次数;采用各种快换刀夹、自动换刀装置、刀具微调装置、刀具机外预调仪、专用对刀样板等,以减少换刀和调刀的时间。采用不重磨硬质合金刀片,除减少刀具装卸和对刀时间外,还能节省刃磨时间。

4) 缩减准备与终结时间

在中小批量生产中,由于批量小、品种多,准备与终结时间在单件产品的加工时间中占有较大比重,生产率难以提高。扩大批量是缩减准备与终结时间的有效途径。目前,采用成组工艺以及设法使零件通用化、标准化,以增大零件的批量,这样分摊到每个工件上的准备与终结时间就可大大减少。

**2. 采用先进工艺方法**

采用先进的工艺方法是提高劳动生产率的另一有效途径,具体为以下几方面。

(1) 先进的毛坯制造方法　在毛坯制造中采用粉末冶金、精密铸造、压力铸造、精密锻造等先进工艺,能有效提高毛坯制造精度,减少机械加工余量,有时甚至不需再进行机械加工,这样可以大幅度提高生产效率。

(2) 采用特种加工方法　对于特硬、特脆、特韧材料及一些复杂型面,采用特种加工(特种加工的有关内容详见本书第 10 章)能极大地提高劳动生产率,显示出优越性和经济性。

(3) 采用高效加工方法　在大批大量生产中用拉削、滚压加工代替铣削、铰削和磨削;成批生产中用精刨、精磨或金刚镗代替刮研等都可提高劳动生产率。

(4) 采用少无切削工艺　目前常用的少无切削工艺有冷挤、冷轧、碾压等方法,这些方法不仅能提高生产率,还能使工件的加工精度和表面质量也得到提高。

(5) 进行高效自动化加工　实行加工过程的自动化是提高生产率的有效手段。其具体措施及自动化的程度与生产纲领等因素有关。

在大批量生产中,因产品相对稳定,零件数量大,宜采用专用的组合机床和自动线。而对通用机床进行自动化改装,不仅可提高劳动生产率,还可充分利用工厂原有的设备。在中小批量生产中,对主要零件通常采用加工中心、数控机床进行加工。

# 思考与练习

1. 什么是生产过程? 什么是机械加工工艺过程?

2. 什么是工序、工步、走刀和工位? 试举例说明。

习题解析

3. 生产纲领的含义是什么? 各种生产类型的工艺过程有何特点?

4. 某机床厂年产 MK1320 型数控磨床 1000 台,已知磨床主轴的备品率为 12%,机械加工废品率为 3%,试计算磨床主轴的年生产纲领,并说明所属生产类型及其工艺特点。

5. 什么是机械加工工艺规程? 机械加工工艺规程在生产中起什么作用?

6. 简述制定机械加工工艺规程的原则、步骤。

7. 选择毛坯时应考虑哪些因素?

8. 什么是基准? 基准分成哪几种? 试举例说明各种基准的应用。

9. 什么是定位基准? 精基准和粗基准的选择各有何原则?

10. 为什么在同一尺寸方向上粗基准通常只允许使用一次?

11. 选择精基准时为什么要遵循基准重合的原则? 试举例说明。

12. 零件加工表面加工方法的选择应考虑哪些因素?

13. 机械加工为什么要划分加工阶段? 各加工阶段的作用是什么?

14. 将零件的加工过程划分为几个加工阶段的主要目的是什么?

15. 什么是工序集中和工序分散? 它们各有什么特点? 在什么情况下采用工序集中方式来组织生产,在什么情况下采用工序分散方式来组织生产?

16. 机械加工顺序安排的原则有哪些?

17. 试述机械加工过程中安排热处理工序的目的及其安排顺序。

18. 什么是加工余量、工序余量和总余量? 加工余量如何确定? 影响工序余量的因素有哪些?

19. 今加工一批直径为 $\phi 20_{-0.021}^{0}$ mm、表面粗糙度 $Ra$ 为 0.8 $\mu$m、长度为 55 mm 的光轴,光轴材料为 45 钢,毛坯为直径 $\phi 28 \pm 0.3$ mm 的热轧棒料,试确定其在大批量生产中的工艺路线以及各工序的工序尺寸、工序公差及其偏差。

20. 什么是时间定额? 什么是单件时间? 成批生产条件下,单件时间由哪些部分组成? 提高机械加工劳动生产率的工艺途径有哪些?

# 第14章 特种加工

## 14.1 概　述

### 14.1.1 特种加工概念

近年来,随着计算机技术、微电子技术、自动控制技术、国防军工和航空航天技术的迅速发展,高韧度、高强度和强脆性难切削材料的应用也日益广泛,在此趋势影响下,工业制造业领域对精密细小、形状复杂和结构特殊工件的制造加工需求也日益增加。社会需求与技术进步共同作用,促使面向特殊材料制造加工的特种加工技术不断进步和快速发展。

特种加工技术是直接利用电能、光能、声能、化学能、电化学能,以及特殊机械能等多种能量或综合利用几种能量对材料进行加工的技术的总称。特种加工技术可用来加工具备高强度、高硬度、高韧度、强脆性、耐高温等性能的材料,其工作原理不同于传统的机械切削方法——特种加工过程中,工件与所用工具之间没有明显的切削力;工具材料的硬度也可低于工件材料的硬度。每产生一种新的能源形式,就可能会产生一种新的特种加工方法。特种加工技术的兴起,标志着特殊材料或特殊结构工件的加工工艺性发生了根本性变化,解决了传统加工方法所遇到的各种问题,已经成为现代工业领域中不可缺少的重要加工手段和关键制造技术。

### 14.1.2 特种加工的特点及其应用

相比于传统的切削加工,特种加工有如下特点。

(1) 特种加工所用的工具与被加工零件基本不接触,加工时不受工件的强度和硬度的制约,故可加工超硬脆材料和精密微细零件,甚至工具材料的硬度可低于工件材料的硬度,达到"以柔克刚"的效果。

(2) 加工时主要用电能、化学能、电化学能、声能、光能、热能等能量去除多余材料,而不是主要靠机械能切除多余材料。

(3) 加工机理不同于一般的金属切削加工,不产生宏观切屑,不产生强烈的弹、塑性变形,故可获得很低的表面粗糙度,其残余应力、冷作硬化、热影响等方面状况也远比一般金属切削加工好,故可获得很好的表面质量。

(4) 加工能量易于控制和转换,故加工范围广,适应性强。

根据特种加工的特点,可得出其适用范围:

①难加工材料,如钛合金、耐热不锈钢、高强钢、复合材料、工程陶瓷、金刚石、红宝石、硬化

玻璃等具有高硬度、高韧度、高强度、高熔点属性材料的加工；

②难加工结构，如复杂零件三维型腔、型孔、群孔和窄缝等的加工；

③低刚度零件，如薄壁零件、弹性元件等的加工；

④以高能量密度束流实现焊接、切割、制孔、喷涂、表面改性、刻蚀和精细加工。

由于特种加工技术的独特之处，它已经成为机械制造科学中一个重要研究领域，在现代加工技术中占有重要地位。

## 14.1.3　特种加工种类

特种加工方法很多，具体到某种产品的加工，应该选择哪种加工方法呢？

特种加工方法的选择依据与传统切削加工是相似的，即应根据毛坯的形状、工件的材质、几何形状、尺寸、精度、生产效率、生产批量及其经济性来选择。几种常用特种加工方法的综合比较如表 14-1 所示。

### 表 14-1　几种常用特种加工方法综合比较

| 加工方法 | 成型能力 | 可加工材料 | 加工能力 | | | | 经济性 | | | 适用范围 |
|---|---|---|---|---|---|---|---|---|---|---|
| | | | 加工精度/mm | | 表面粗糙度 $Ra/\mu m$ | | 加工速度/ $(mm^3 \cdot min^{-1})$ | 设备投资 | 功率消耗 | |
| | | | 平均 | 最高 | 平均 | 最高 | | | | |
| 电火花加工 | 好 | 导电材料 | 0.03 | 0.003 | 10 | 0.04 | 30/3000 | 中 | 小 | 穿孔、型腔加工、磨削、刻字、表面强化 |
| 电火花线切割加工 | 差 | 导电材料 | 0.02 | 0.002 | 5 | 0.32 | 20/200 $(mm^2/min)$ | 较低 | 小 | 切割 |
| 电解加工 | 较好 | 导电材料 | 0.1 | 0.01 | 1.25 | 0.16 | 100/10000 | 高 | 大 | 型腔加工、抛光、去毛刺 |
| 超声加工 | 好 | 脆性材料 | 0.03 | 0.005 | 0.63 | 0.16 | 1/100 | 低 | 小 | 穿孔、套料、切割、研磨 |
| 激光加工 | 差 | 任何材料 | 0.01 | 0.001 | 10 | 1.25 | 极低/极高 | 高 | 小 | 微小孔加工、切割、焊接、热处理、快速成型 |
| 电子束加工 | 差 | 任何材料 | 0.01 | 0.001 | 10 | 1.25 | 极低/极高 | 高 | 小 | 微小孔加工、切缝、蚀刻、曝光 |
| 离子束加工 | 差 | 任何材料 | — | 0.01 | — | 0.01 | 低 | 高 | 小 | 抛光、蚀刻、掺杂、镀覆 |
| 喷射加工 | 差 | 任何材料 | — | — | — | — | 高 | 低 | 小 | 切割、穿孔 |
| 化学加工 | 差 | 任何材料 | 0.05 | — | 2.5 | 0.4 | 15 | 低 | 小 | 复杂图形加工、刻蚀 |

根据上述现状,今后特种加工技术的发展方向应如下。

(1) 不断改进、提高高能束源品质,并向大功率、高可靠性方向发展。

(2) 高能束流加工设备向多功能、精密化和智能化方向发展,力求达到标准化、系列化和模块化目标。扩大应用范围,向复合加工方向发展。

(3) 不断推动高能束流加工新技术、新工艺、新设备的工程化和产业化。

# 14.2　电火花加工

电器开关在合上和拉开时,有可能因局部放电使开关的接触部位烧蚀,这种现象称为电蚀。电火花加工正是利用脉冲放电对导电材料的电蚀作用来去除材料的。在特种加工中,电火花加工的应用最为广泛,而且,随着科技的发展,仪器设备性能、精度的提高,电火花加工技术有着很好的发展前景。

## 14.2.1　电火花加工原理与特点

### 1. 电火花加工的原理

电火花加工是在一定的液体介质中,利用脉冲对导电材料的腐蚀作用去除材料,来获得一定形状和尺寸零件的加工方法,其原理如图 14-1 所示。脉冲电源发出一连串的脉冲电压,施加在浸于工作液(一般为煤油)中的工具电极和工件电极上。当两极间的距离很小($0.1\sim0.5$ mm)时,由于电极间的微观表面凸凹不平,两极间离得最近的突出点或尖端处的电场强度一般为最大。其间的工作液被电离为电子和正离子,使介质被击穿而形成放电通道,在电场力作用下,通道内的电子高速奔向阳极,正离子奔向阴极,进而产生火花放电。由于受到放电时磁场力和周围工作液的压缩,放电通道的横截面积很小,通道内电流密度很大,可达 $10^4\sim10^7$ A/cm²。电子和正离子在电场力的作用下高速运动,相互碰撞,并分别轰击阳极和阴极。这种动能转化为热能,产生巨大的热量,使整个通道形成一个瞬时热源,使电极表面局部金属迅速熔化甚至汽化。由于一个脉冲放电时间极短($10^{-6}\sim10^{-8}$ s),熔化和汽化的速度极高,具有爆炸性质,爆炸力把熔化和汽化了的金属微粒迅速地抛离电极表面。每个脉冲放电后,就在工件表面形成一个极小的圆坑。放电过程不断重复进行,随着工具电极由电流伺服电动机(或液压进给系统,或步进电动机)进给调节系统带动不断进给,工件材料不断被蚀除,这样工具电极的轮廓外形就可精确地复制到工件上(见图 14-2),从而达到加工的目的。

在电火花加工过程中,不仅工件电极被蚀除,工具电极也同样遭到蚀除,但两极的蚀除量不一样。应将工件接在蚀除量大的一极。当脉冲电源为高频(即用脉冲宽度小的短脉冲做精加工)时,工件接正极;当脉冲电源为低频(即用脉冲宽度大的长脉冲做粗加工)时,工件接负极。当用钢作工具电极时,工件一般接负极。

### 2. 电火花加工条件

电火花加工是基于工具和工件(正、负电极)之间脉冲性火花放电时的电腐蚀现象来蚀除多余的金属,以达到对零件在尺寸、形状及表面质量方面的加工要求。要达到上述加工目的,设备装置必须满足以下三个条件。

(1) 工具电极和工件被加工表面之间经常保持一定的放电间隙(通常为几微米至几百微米)。间隙过大,极间电压不能击穿极间介质,因而不会产生火花放电;间隙过小,会形成短路,

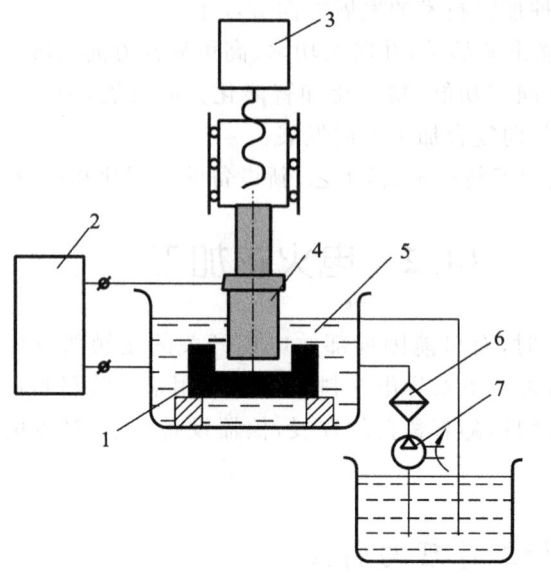

**图 14-1　电火花加工原理图**

1—工件；2—脉冲电源；3—自动进给调节装置；4—工具；5—工作液；6—过滤器；7—工作液泵

不能产生火花放电，而且会烧伤电极。

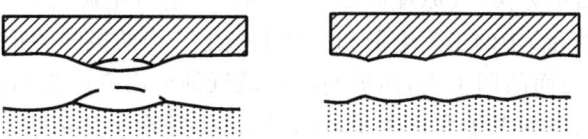

**图 14-2　电蚀过程**

（2）火花放电必须是瞬时的脉冲性放电。放电延续一段时间后，需停歇一段时间，放电延续时间一般为 $10^{-7} \sim 10^{-3}$ s，这样才能使放电所产生的热量来不及传导扩散到其余部分，把每一次的放电点分别局限在很小的范围内，否则，持续电弧放电会将工件表面烧伤。为此，电火花加工必须采用脉冲电源（见图14-3）。

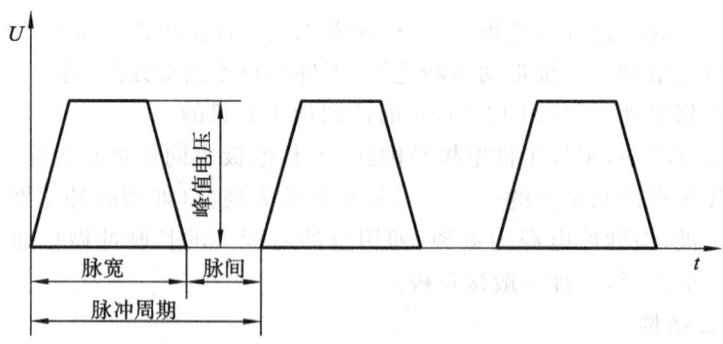

**图 14-3　脉冲电源电压波形**

（3）火花放电必须在有一定绝缘性能的液体介质中进行。例如煤油、皂化液或去离子水等。液体介质又称工作液，它们必须具有较高的绝缘强度（$10^3 \sim 10^7$ Ω·cm），以利于产生脉冲性的火花放电，同时，液体介质还能把电火花加工过程中产生的金属小屑、炭黑等电蚀产物从放电间隙中悬浮排除出去,并且对电极和工件表面产生较好的冷却作用。

**3. 电火花加工特点**

电火花加工的优点如下。

(1) 可加工任何硬、脆、软、韧和高熔点的导电材料。如硬质合金、导电陶瓷、不锈钢、钛合金、工业纯铁、人造聚晶金刚石等,还可加工半导体和非导体材料。

(2) 加工时,工具与工件不接触,"切削力"极小,故适合于低刚度工件和微细结构的加工,特别适合加工复杂截面的型孔和型腔。

(3) 由于脉冲放电持续时间极短,对加工表面的影响极小,故可加工热敏感性很强的材料。

(4) 加工的表面由许多小的弧坑组成,有助于油膜形成,改善润滑状况。

(5) 调整脉冲参数,可以在同一台机床上依次进行粗、精加工。

(6) 易于实现自动控制。

电火花加工的局限性如下。

(1) 一般加工速度较慢。安排工艺时可采用机械加工去除大部分余量,然后再进行电火花加工以求提高生产率。最近新的研究成果表明,采用特殊水基不燃性工作液进行电火花加工,其生产率甚至高于切削加工。

(2) 存在电极损耗和二次放电。电极损耗多集中在尖角或底面,最近的机床产品已能将电极相对损耗比降至 0.1%,甚至更小。电蚀产物在排除过程中与工具电极距离太小时会引起二次放电,形成加工斜度,影响成型精度。

(3) 最小角部半径有限制。一般电火花加工能得到的最小角部半径等于加工间隙(通常为 0.02~0.3 mm),若电极有损耗或采用平移、摇动加工则角部半径还要增大。

电火花加工已广泛应用于机械制造、航空航天、仪器仪表和电子设备等行业;同时,人们正加强研究,不断改善其不足之处,以扩大其应用范围。

**4. 电火花加工方法**

按工艺过程中工具与工件相对运动的特点和用途的不同,电火花加工分为电火花成型加工、电火花线切割加工、电火花磨削加工、电火花展成加工、非金属电火花加工和电火花表面强化等。

## 14.2.2　电火花加工基本工艺规律

与切削加工相比,电火花加工中的工艺过程和所涉及的工艺参数要复杂得多。但从加工的最终结果来看,主要体现在加工速度、工具损耗、表面质量和加工精度四个方面。电火花加工时,单位时间内工件的蚀除量称为加工速度(生产率),单位时间内工具的蚀除量称为损耗速度。而被加工工件的电蚀表面则存在表面质量和加工精度的问题。

**1. 加工速度及其影响因素**

1) 加工速度与电极蚀除速度

(1) 加工速度　电火花成型加工的加工速度,是指在一定电规准下,单位时间内工件被蚀除的体积 $V$ 或质量 $m$。一般采用体积加工速度,其计算式为

$$v_{\text{w}} = \frac{V}{t} \quad (\text{mm}^3/\text{min})$$

式中：$V$——电蚀除的总体积；

　　　$t$——加工时间。

有时为了测量方便，也用质量加工速度，其计算式为

$$v_G = \frac{m}{t} \quad (\text{g/min})$$

式中：$m$——电蚀除的质量。

规定的表面粗糙度、规定的相对电极损耗下的最大加工速度是电火花机床的重要工艺性能指标。一般电火花机床说明书上所指的最高加工速度是该机床在最佳状态下所达到的加工速度，在实际生产中的正常加工速度大大低于机床的最大加工速度。影响加工速度的因素分电参数和非电参数两大类。电参数主要是脉冲电源输出波形与参数；非电参数包括加工面积、深度、工作液种类、冲油方式、排屑条件，以及电极对的材料、形状等。

（2）电极蚀除速度　在电火花加工中，无论正极还是负极，某一时间段内的总蚀除量 $q_p$ 都约等于同时间内各单个有效脉冲蚀除量的总和。正、负极的蚀除速度与单个脉冲能量、脉冲频率成正比。

$$q_p = k_p w_M f \varphi t$$

$$v_p = \frac{q_p}{t} = k_p w_M f \varphi$$

式中：$q_p$——正极的总蚀除量；

　　　$k_p$——工艺系数（与电极材料、脉冲参数和工作液有关）；

　　　$w_M$——单个脉冲能量；

　　　$f$——脉冲频率；

　　　$t$——加工时间；

　　　$v_p$——正极蚀除速度；

　　　$\varphi$——有效脉冲利用率（%）。

2）加速度的影响因素

（1）单个脉冲能量　单个脉冲能量的大小是影响加工速度的重要因素。对于矩形波脉冲电源，当峰值电流一定时，脉冲能量与脉冲宽度成正比。脉冲宽度增加，加工速度随之增加，因为随着脉冲宽度的增加，单个脉冲能量增大，加工速度将提高。但若脉冲宽度过大，加工速度反而会下降。这是因为单个脉冲能量虽然增大，但转换的热能有较大部分散失在电极与工件之中，不起蚀除作用。同时，在其他加工条件相同时，脉冲能量过分增大，将使得蚀除产物增多，排气排屑条件恶化，间隙消电离时间不足，导致拉弧、加工稳定性变差等，因此加工速度反而降低。

（2）脉冲频率　在脉冲宽度一定的条件下，若脉冲间隔减小，则加工速度提高。这是因为脉冲间隔减小使得单位时间内工作脉冲数目增多、加工电流增大，故加工速度提高；但若脉冲间隔过小，会因放电间隙来不及消电离引起加工稳定性变差，导致加工速度降低。在脉冲宽度一定的条件下，为了最大限度地提高加工速度，应在保证加工稳定性的同时，尽量缩短脉冲间隔时间。带有脉冲间隔自适应控制功能的脉冲电源，能够根据放电间隙的状态，在一定范围内调节脉冲间隔的大小，这样既能实现稳定加工，又可以获得较大的加工速度。

（3）工艺系数　增大工艺系数可提高加工速度。合理选择电极材料、放电参数和工作液，进一步改善工作液的循环过滤方式等，可有效提高脉冲利用率，从而达到增大工艺系数的

目的。

（4）工件极性　一般情况下，采用石墨电极和铜电极加工钢时，粗加工用负极性，精加工用正极性。但在采用钢电极加工钢时，无论粗加工还是精加工都要用负极性，这样才可以获得较大的加工速度。

**2. 影响电极损耗的主要因素**

电极损耗是电火花成型加工中的重要工艺指标。在生产中，衡量某种工具电极是否耐损耗，不只是看工具电极损耗速度 $v_E$ 的绝对值大小，还要看同时达到的加工速度 $v_w$，即每蚀除单位重量金属工件时，工具的相对损耗量。因此，常用相对损耗或损耗比作为衡量工具电极耐损耗的指标。

1）利用极性效应

在其他加工条件相同的情况下，加工极性不同对电极损耗影响很大。当脉冲宽度 $t_i$ 小于某一数值时，正极性损耗小于负极性损耗；反之，当脉冲宽度 $t_i$ 大于某一数值时，负极性损耗小于正极性损耗。

2）利用覆盖效应

在材料放电腐蚀过程中，一个电极的电蚀产物转移到另一个电极表面，这样的现象称为覆盖效应。工具电极上的碳化物黑膜在放电加工过程中像切削加工中的积屑瘤一样，总是处于"形成—腐蚀"的动态过程中，它对工具电极起着保护和补偿的作用，从而实现"低损耗"加工。由于黑膜只在正极表面形成，因此要利用覆盖效应，必须采用负极性加工。

3）选用合适的工具电极材料

工具电极材料的选择对工具电极在放电加工中的损耗影响甚大，常用的工具电极材料有铜、石墨、钨、铜钨合金、银钨合金等。

**3. 影响加工精度的主要因素**

电加工精度包括尺寸精度和仿形精度（或形状精度）。影响精度的因素很多，这里重点探讨与电火花加工工艺有关的因素。

1）放电间隙的大小和一致性

电火花加工中，工具电极与工件间存在着放电间隙，因此工件的尺寸、形状与工具并不一致。如果加工过程中放电间隙是常数，则可根据工件加工表面的尺寸、形状预先对工具尺寸、形状进行修正，以获得较高的加工精度。但放电间隙随电参数、电极材料、工作液的绝缘性能等因素的变化而变化，因而影响了加工精度。间隙大小对形状精度也有影响，间隙越大，则复制精度越差，特别是对复杂形状的加工表面（如工具电极末端有尖角时），由于放电间隙的等距离性，工件只能加工出以工具尖角为圆心的圆角。因此，为了减少加工尺寸误差，应该采用较小的电规准，缩小放电间隙，另外还必须尽可能地使加工过程稳定。放电间隙在精加工时一般为 0.01～0.1 mm，粗加工时可达 0.5 mm 以上（单边）。

2）二次放电

电火花加工时，由于工具电极下面部分加工时间长、损耗大，因此电极变小，而入口处由于电蚀产物的存在，易发生因电蚀产物的介入而再次进行的非正常放电（即"二次放电"），因而产生加工斜度并容易对待加工的棱角棱边产生影响。

3）工具电极的损耗

在电火花加工中，随着加工深度的不断增加，工具电极进入放电区域的时间是从端部向上逐渐减少的。实际上，工件侧壁主要是靠工具电极底部端面的周边加工出来的。因此，电极的损耗也必然从端面底部向上逐渐减少,从而形成损耗锥度。工具电极的损耗锥度反映到工件上是加工斜度。

### 14.2.3　电火花加工的应用范围

由于电火花加工在国防、民用和科学研究中的应用日益广泛,因此电蚀加工机床的种类和应用形式正在朝着多样性方向发展。按工艺过程中工具与工件相对运动的特点和用途不同,电火花加工大致可以分为电火花成型加工、电火花线切割加工、电火花磨削加工、电火花展成加工、非金属电火花加工和电火花表面强化等。

**1. 电火花成型加工**

该方法是通过工具电极相对于工件做进给运动,将工件电极的形状和尺寸复制到工件上,从而加工出所需要的零件。它包括电火花型腔加工和穿孔加工两种。近年来,为了解决小孔加工中电极截面小、易变形、孔的深径比大、排屑困难等问题,在电火花穿孔加工中发展了高速小孔加工,取得了良好的社会经济效益。

**2. 电火花线切割加工**

该方法是利用移动的细金属丝作工具电极,按预定的轨迹进行脉冲放电切割。按金属丝电极移动的速度大小分为高速走丝和低速走丝线切割。我国普遍采用高速走丝线切割,近年来正在发展低速走丝线切割技术。高速走丝时,金属丝电极是直径为 $\phi(0.02\sim0.3)$ mm 的高强度钼丝,往复运动速度为 $8\sim10$ m/s。低速走丝时,多采用铜丝,线电极以小于 $0.2$ m/s 的速度做单方向低速运动。线切割时,电极丝不断移动,其损耗很小,因而加工精度较高。其平均加工精度可达 $0.01$ mm,大大高于电火花成型加工。表面粗糙度 $Ra$ 可达 $1.6$ μm 或更小。

# 14.3　电　解　加　工

早在 20 世纪 50 年代之前,苏联就开始了以金属局部高速溶解为基础的电化学加工的研究。我国于 20 世纪 50 年代末在军工领域进行电解加工炮管腔线的工艺研究,并很快取得成功并用于生产。不久便将其迅速推广到航空发动机叶片型面及锻模的加工中。到 20 世纪 60 年代末期,电解加工已成为航空发动机叶片生产的定型工艺。

目前,无论是在我国还是其他工业发达的国家,电解加工都已成为国防和机械制造业中不可缺少的重要工艺手段。

### 14.3.1　电解加工原理与特点

**1. 电解加工原理**

电解加工是利用金属在电解液中发生阳极溶解的原理,将零件加工成型的一种方法。

电解加工原理如图 14-4 所示。加工时,工件接直流电源的正极(阳极),按形状要求制成的工具接负极(阴极),两极间保持 $0.1\sim1$ mm 的间隙,具有一定压力($0.5\sim2.5$ MPa)的电解液从两极间隙中高速($5\sim60$ m/s)流过。接通直流电源后,工具阴极的凸出部分与工件阳极的电极间隙最小,此处的电流密度最大,单位时间内消耗的电量最多。根据法拉第定律,金属阳极的溶解量与通过的电量成正比,因此工件上与工具阴极凸起部位的对应部位比其他地方溶

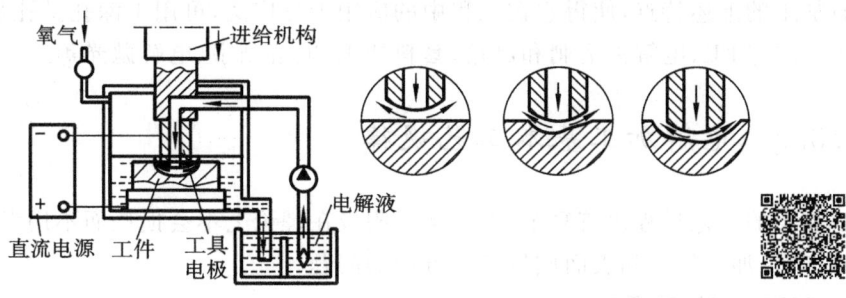

**图 14-4　电解加工原理**

解迅速,并随即被高速的电解液冲走。同时工具阴极以一定速度(0.5～3 mm/min)向工件进给,达到预定的加工深度时,最终工具的形状就"复制"在工件上。

整个导电回路由三段组成:导线(铜排)、电极与电解液界面、加工间隙中的电解液。

电解中常用到的电解液有 $NaCl$、$NaNO_3$ 和 $NaClO_3$ 三种溶液。下面介绍用 $10\%～20\%$ 的 $NaCl$ 水溶液作电解液加工铁质工件时的主要化学反应。

在阴极(负极)的铜电极,将发生外电路输送来的电子与电解质溶液中的正离子相结合的还原反应。

阴极反应:　　　　　　　　　　　　$2H^+ + 2e = H_2 \uparrow$

在阳极(正极)的铁电极,将发生铁原子失去电子的氧化反应。

阳极反应:　　　　　　　　　　　　$Fe - 2e = Fe^{2+}$

　　　　　　　　　　　　　　　$Fe^{2+} + 2OH^- = Fe(OH)_2$

水溶液发生反应:　　　　　　　　　$H_2O = H^+ + OH^-$

在电解过程中,工件阳极和水不断消耗,而工具的阴极和氯化钠并不消耗。因此,在理想情况下,工具阴极可长期使用。氯化钠电解液经过不断过滤净化并经常补充适量的水,也可长期使用。

电解加工在专用的电解机床上进行,其中的直流稳压电源常采用低电压(6～24 V)和大电流(500～20000 A)。工件阴极材料常采用黄铜和不锈钢等。

**2. 电解加工特点**

电解加工的特点如下:

(1) 能以简单的进给运动一次加工出形状复杂的型面或型腔(如锻模、叶片等);

(2) 不受材料本身强度、硬度和韧度限制,可加工具备高硬度、高强度和高韧度等性能的难切削金属材料,如淬火钢、高温合金、钛合金等;

(3) 加工中无机械切削力,所以零件不受切削力和切削热的影响,加工后的零件表面质量好,无塑性变形、飞边毛刺,无残余应力、冷作硬化或烧伤退火层等,因此适合于易变形或薄壁零件的加工;

(4) 电解加工的生产率较高,为电火花加工的 5～10 倍,在某些情况下,比切削加工的生产率还高;

(5) 加工过程中的阴极工具在理论上不会损耗,可长期使用;

(6) 由于影响电解加工的因素较多,加工工艺复杂,故加工精度和加工稳定性不够高;

(7) 电解加工附属设备多,造价高,占地面积大,加工稳定性尚不够高,与此同时,电解液对机床有腐蚀作用,电解产物的处理和回收较为困难,易造成环境污染。

电解加工的上述特点,使得它在工程中的应用十分广泛,可用于深孔扩孔加工、型孔加工、型腔加工、叶片加工、电解去毛刺和倒角、套料加工、电解刻字、电解抛光等。

## 14.3.2  电解加工基本工艺规律

电解加工的工艺过程比较复杂,除了工具阴极在理论上不会损耗而不用考虑以外,同样需要考虑生产率、加工精度和表面质量三个方面的问题。

**1. 生产率及其影响因素**

在电解去毛刺的过程中,金属阳极溶解的速度即电解去毛刺的效率,以单位时间内去除金属的量来衡量,并用 g/min 或 mm³/min 来表示。由法拉第定律得知,电解时电极上溶解或析出物质的质量 $W$ 与电流强度 $I$,通过的时间 $t$ 和电化当量 $K$ 的关系可表示为

$$W = KIt \tag{14-1}$$

式中:$W$——电极上溶解或析出的物质的质量,单位为 g;

　　$I$——电解电流,A;

　　$K$——被电解物质的质量即电化学当量,g/(A·h);

　　$t$——电解时间,h。

但在实际电解加工中,工件阳极还可能有氧气或氯气析出,或有部分以高价离子溶解,从而要额外消耗一些能量,因此被电解的金属量可能会小于所计算的理论值。对于实际的去除量,还应考虑电流的效率系数 $\eta$,若 $\eta=100\%$,则实际去除量为

$$W = \eta KIt \tag{14-2}$$

由式(14-2)可知,金属蚀除量即所去除毛刺的量与电流强度和通电时间成正比,因此可通过控制电流大小和通电时间的长短来控制金属的去除量。另外,如考虑间隙对应面积,阳极金属的溶解速度则取决于单位面积上的电流强度即电流密度。设两极间加工间隙为 $\Delta$,电解液电阻率为 $\rho$,电流密度为 $i$,则

$$i = \frac{U}{\rho \Delta} \tag{14-3}$$

式中:$i$——电流密度,A/mm²;

　　$U$——工作电压,V;

　　$\rho$——电解液电阻率,Ω·mm;

　　$\Delta$——加工间隙。

由式(14-3)可知,电流密度 $i$ 与工作电压 $U$ 成正比,与电解液浓度和加工间隙成反比。在正常生产中,$\rho$、$\Delta$ 变化不大,电流密度的大小取决于电压 $U$ 的高低,但是电压太高将使电极损坏,太低则会使金属去除量和加工质量下降,通常取 $U$ 的大小为 6~24 V。另外,在加工过程中,通常极间间隙由毛刺或倒圆尺寸决定。对于一般精度要求的孔,主要是为了减少杂散腐蚀物,通常将加工间隙控制在 0.7 mm 左右,通电时间相应为 5~10 s,而在毛刺较大、精度要求不高时,则通电时间相应为 30~120 s,加工间隙为 0.3~0.6 mm。间隙太小容易短路,间隙太大,会使电流密度减小,去不掉毛刺。

**2. 加工精度及其影响因素**

电解加工的精度往往比电火花加工更难控制,它不但取决于电解加工所选择的方式,而且取决于放电间隙的大小和电解液的选择。

脉冲电源电解加工采用脉冲电流进行电解加工可明显地提高加工精度。其主要原因如下：

（1）脉冲电流加工属间歇式加工，加工过程中的电蚀产物有足够的时间迅速排除，提高了加工的稳定性；

（2）脉冲电流加工有可能在工件阳极金属表面形成坚固的蓝黑色的光亮钝化膜；

（3）加工稳定性提高，有利于发挥小间隙电解加工工艺的优越性。

混气电解加工是用混气装置将一定压力的气体与电解液混合在一起，得到气液混合物，然后将其送入加工区进行电解加工。混气电解不但可提高电解加工的精度，而且由于精度的提高可简化工具阴极的设计与制造。

在加工过程中应尽可能减小加工间隙，加工间隙小，工件阳极表面凸出部位的去除速度将会大大高于凹处，从而提高表面的整平效果。因此，采用小间隙加工，有利于提高加工精度和生产率。然而，若间隙过小，则会出现如前所述的一系列不良效应，反而会影响加工精度和生产率。

选择适当的电解液一是采用低浓度的电解液，此时工件的表面质量和加工精度都可明显提高，但加工效率会相应降低。二是采用复合电解液，主要是在氯化钠电解液中添加少量的其他成分，使之既保持氯化钠电解液的高效率，又能提高加工精度。

**3. 表面质量及其影响因素**

电解加工的表面质量，包括表面粗糙度和表面物理化学性质两方面。电解加工由于靠阳极溶解去除金属，因而不受机械切削力和切削热的影响，加工表面不会出现残余应力和表面变形强化等问题。但若加工参数掌握不好也会出现晶界腐蚀、麻点和短路烧伤等问题。

影响表面质量的主要因素如下。

（1）工具阴极对表面质量的影响。工具阴极若加工粗糙，其表面条纹和刻痕等都会复刻在工件表面，因此要特别重视阴极的表面质量。

（2）工艺参数对表面质量的影响。电解加工中的电流密度、电解液的流速大小和温度高低都会对工件的表面质量产生影响。电流密度低，有助于工件阳极均匀溶解。电解液的流速过低，可由于电解产物排除不及时等原因造成表面缺陷；流速过高，则可能引起流场不匀，形成局部真空从而影响表面质量。电解液温度过低，会引起阳极表面的不均匀溶解或形成黑膜；温度过高，则会引起阳极表面局部剥落。

（3）工件材料的合金成分、金相组织和热处理对表面质量的影响。合金成分多、晶界杂质多、金相组织不均匀、晶粒粗大都会影响溶解速度，从而影响表面粗糙度。

## 14.3.3　电解加工的应用范围

电解加工已在各行业中得到了应用，在油泵油嘴及小型发动机行业应用尤为广泛，其可显著提高产品质量和工艺水平，是一项先进的工艺技术。

**1. 电解模锻型腔**

由于电火花加工的精度容易控制，多数锻模的型腔采用电火花加工。但电火花加工的生产率较低，因此对精度要求不太高的矿山机械、汽车拖拉机所需锻模正逐渐采用电解加工。

**2. 电解整体叶轮**

叶片是喷气发动机、汽轮机中的关键零件，它的形状复杂，精度要求高，生产批量大。采用电解加工,不受材料硬度和韧度的限制,在一次行程中可加工出复杂的叶片型面,相对机械加工有明显的优越性。

采用机械加工方法制造叶轮时,叶片毛坯是精密铸造的,经过机械加工和抛光,再分别镶入叶轮轮缘的榫轮,最后焊接形成整体叶轮。这种方法加工量大,周期长,质量难以保证。电解加工整体叶轮时,只要先将整体叶轮的毛坯加工好,即可用套料法加工。每加工完一个叶片,退出阴极,分度后再依次加工下一个叶片。这样不但可大大缩短加工周期,而且可以保证叶轮的整体强度和质量。

**3. 电解去毛刺**

机械加工中常采用钳工方法去除毛刺,不但工作量大,而且有的毛刺因过硬或所在空间狭小而难以除去。采用电解加工,则可以提高工效,节省费用。

# 14.4 超声加工

## 14.4.1 超声加工的原理及特点

**1. 超声加工原理**

超声加工是利用超声振动工具在有磨料的液体介质中或干磨料中产生磨料的冲击、抛磨、液压冲击及由此产生的气蚀作用来去除材料,或给工具或工件沿一定方向施加超声频振动进行振动加工,或利用超声振动使工件相互结合的加工方法。超声加工原理如图 14-5 所示。加工时,在工具头与工件之间加入液体与磨料混合的悬浮液,并在工具头振动方向上加一个不大的压力,超声波发生器产生的超声频电振荡通过换能器转变为超声频的机械振动,变幅杆将振幅放大到 0.01~0.15 mm,再传给工具,并驱动工具端面做超声振动,迫使悬浮液中的悬浮磨料在工具头的超声振动下以很大速度不断撞击抛磨被加工表面,把加工区域的材料粉碎成很细的微粒,从材料上打击下来。虽然每次打击下来的材料不多,但由于每秒打击 16000 次以上,所以仍存在一定的加工速度。与此同时,悬浮液受工具端部的超声振动作用而产生的液压冲击和空化现象促使液体钻入被加工材料的隙裂处,加速了破坏作用,而液压冲击也使悬浮工作液在加工间隙中强迫循环,使变钝的磨料及时得到更新。

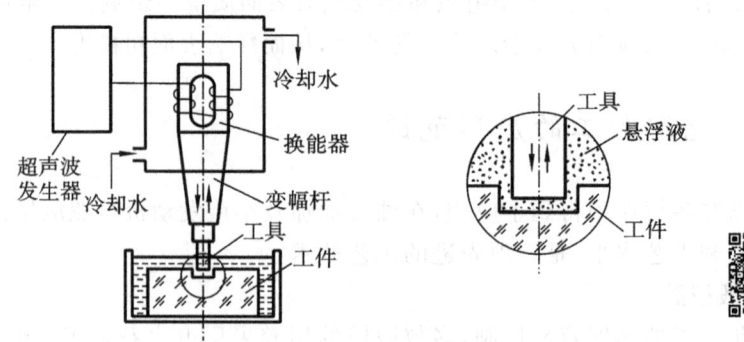

**图 14-5 超声加工原理图**

**2. 超声加工特点**

（1）工具可用相对较软的材料，如用 45 钢做成形状较复杂的工件，则工具和工件间不需复杂的相对运动，因此，超声波机床的结构简单，操作、维修也方便。

（2）适合加工薄壁、窄缝、低刚度工件，加工过程中工具对工件材料的宏观作用力小，热影响小，不致引起变形及烧伤，表面粗糙度也较低，$Ra$ 可达 $1\sim0.1\ \mu m$，加工精度可达 $0.02\sim0.01\ mm$。

（3）磨料悬浮液中的磨粒硬度一般应比加工材料高，但在加工精度提高的同时会导致工具磨损大，生产效率低。

## 14.4.2 超声加工基本工艺规律

**1. 超声加工速度的影响速度**

影响超声加工速度的主要因素有：工具的振幅和频率；工具和工件之间的静压力；磨料的种类和粒度；悬浮液的浓度、供给及循环方式；工具与工件的材料；加工面积和深度等。

1）工具的振幅和频率对加工速度的影响

许多学者对这一问题进行了许多深入的研究，但结果并不相同。一般认为，振幅的增大和频率的提高，会使得加工速度随之增加，但这样会降低声学系统的使用寿命，同时增大连接处的损耗，提高表面粗糙度。因此，超声加工振幅一般控制在 $0.01\sim0.1\ mm$ 之间，频率一般控制在 $16000\sim25000\ Hz$ 之间。

2）磨料的种类和粒度对加工速度的影响

磨料硬度愈高，加工速度愈快，但要考虑价格成本。加工金刚石和宝石等超硬材料时，必须用金刚石磨料；加工硬质合金、淬火钢等硬度高、脆性强的材料时，宜采用硬度较高的碳化硼磨料；加工硬度不太高的脆硬材料时，可采用碳化硅磨料；加工玻璃、石英、半导体等材料时，用刚玉之类的氧化铝（$Al_2O_3$）作磨料即可。

在磨粒尺寸与速度关系曲线中有一极限值，这表明当磨粒尺寸达到一定值时会产生速率的下降。然而，最佳的尺寸可通过工具振动的振幅来控制。在磨粒尺寸与振幅大小类似时，就达到了最佳条件。磨粒尺寸对表面粗糙度的影响很大。尼皮勒斯和福斯克特用玻璃和碳化钨作工件材料进行超声加工取得的数据表明，所加工孔的底面比侧面要光滑，其原因可能是射束把磨粒向下吸入切削区域时，在侧面上留下了痕迹。

3）施加静载荷对加工速度的影响

静载荷不大时，超声加工速度随作用在工具上的静载荷的增加而增大；静载荷增大到一定程度时，加工速度达到最大值。

4）磨料悬浮液对加工速度的影响

若磨料悬浮液浓度低，则加工间隙内磨粒少，特别是在加工面积和深度较大时，可能会造成加工区局部无磨料的现象，使加工速度大大下降。加工速度会随着悬浮液中磨料浓度的增加而增加。但浓度太高时，磨粒在加工区域的循环运动和对工件的撞击运动受到影响，又会导致加工速度降低。通常采用的浓度为磨料与水的质量比的值为 $0.5\sim1$（或体积比的值为 $0.3\sim0.4$）。

悬浮液压入切削区的压力，也会对材料切除速率有显著的影响。在超声钻孔时，随着悬浮液循环情况的改善，金属切削的速率也成倍地增长。增大压送悬浮液的压力，材料切除速率甚至可增加十倍。

5）被加工材料对加工速度的影响

被加工材料愈脆，则承受冲击载荷的能力愈低，因此愈易被去除加工；反之，韧度较高的材料则不易加工。

6）工具表面形状对超声加工速度的影响

工具表面的形状也会影响切削速率的最大值。采用窄的矩形工具，比采用相同横截面积的正方形工具会产生更大的最大加工速度。梅特耳金（Metelkin）的研究结果指出，用圆锥形的工具来取代圆柱形的工具，切削速度会增 50％。此外，工具的加工截面面积过大，也会显著降低材料去除率。

**2. 超声加工精度的影响因素**

超声加工的精度除受机床、夹具精度的影响之外，主要还与磨料粒度、工具精度及磨损情况、工具的横向振动、加工深度、工件材料性质等因素有关。

1）磨料粒度对加工精度的影响

当采用磨料悬浮液加工时，在工具尺寸确定后，加工出孔的最小直径约等于工具直径加磨粒平均直径的 2 倍。采用 240♯～280♯ 磨料时，孔的尺寸精度可达 ±0.05 mm，采用 W28～W7 微粉加工时，孔的尺寸精度可达 ±0.02 mm。

2）加工方式对加工精度的影响

当采用旋转的聚晶金刚石在水中直接加工硬脆材料，而不依靠磨料悬浮液做中介物时，由于金刚石材料锋利、耐磨，加工精度将大为提高。当加工玻璃时，孔的尺寸精度可达 0.01 mm。

**3. 超声加工表面质量的影响因素**

超声加工具有较好的表面质量，不会产生表面烧伤和表面变质层。超声加工的表面粗糙度也较低，$Ra$ 一般在 1～0.1 μm 之间，其取决于每粒磨料每次撞击工件表面后留下的凹痕大小，它与磨料颗粒的直径，被加工材料的性质，超声振动的振幅以及磨料悬浮工作液的成分等等有关。当磨粒尺寸较小、工件材料硬度较大、超声振动的振幅较小时，加工表面粗糙度将得到改善，但生产率也将随之降低。磨料悬浮工作液体的性能对表面粗糙度的影响比较复杂。实践表明，用煤油或润滑油代替水可使加工表面粗糙度有所改善。

# 14.4.3　超声加工技术应用

超声加工的生产率虽然比电火花加工和电解加工低，但其加工精度和表面质量都优于这两种方法。更重要的是超声加工可以加工这两种方法难以加工的半导体和非金属的硬脆材料，如玻璃、陶瓷、石英、硅、玛瑙、宝石、金刚石等。对于电火花加工的一些硬质合金冲模、拉丝模、塑料模等产品，最后还经常需配合使用超声波抛模和光整加工，使其表面粗糙度进一步降低。

**1. 型（腔）孔加工**

超声波目前主要应用在脆硬材料的圆孔、型孔、型腔、套料、微细孔等的加工。

**2. 切割加工**

对于难以用普通加工方法切割的脆硬材料如陶瓷、石英、硅、宝石等，用超声加工具有切片薄、切口窄、精度高、生产率高、经济性好等优点。

### 3. 超声波清洗

超声波清洗基于清洗液在超声波作用下产生空化效应的原理。空化效应产生的强烈冲击液直接作用到被清洗的部位,使污物遭到破坏,并从被清洗表面脱落下来。该技术主要用于几何形状复杂、清洗质量要求高且用其他方法清洗效果差的中小精密零件,特别是工件上的深小孔、微孔、弯孔、盲孔、沟槽、窄缝等部位的精清洗,其生产率和净化率都很高。目前,在半导体和集成电路元件、仪器仪表零件、电真空器件、光学零件、医疗器械等产品的清洗中应用广泛。

### 4. 超声波焊接

超声波焊接的原理是利用超声振动作用去除工件表面的氧化膜,使工件露出本体表面,使两个被焊工件表面在高速振动撞击下摩擦发热并亲和,黏在一起。超声波主要应用于焊接尼龙、塑料及表面易生成氧化膜的铝制品,也可以在陶瓷等非金属表面镀锡、镀银,从而改善这些材料的可焊性;还可焊接一般很难焊接的稀有金属,如钛、钼等。

### 5. 复合加工

采用超声波加工硬质合金、耐热合金等硬质金属材料时加工速度低,工具损耗大,为了提高加工速度和降低工具损耗,可采用超声波、电解加工或电火花加工相结合来加工喷油嘴、喷丝板上的孔或窄缝,从而大大提高生产率和加工质量。

### 6. 无损检测

利用超声波可定向发射、反射、穿透大多数材料的特性,在测距、控制、监测及材料测量方面进行无损检测。

### 7. 超声波在生活中的应用

在日常生活中,超声波在除尘、促进植物生长、勘测海底和诊断疾病等方面均得到了广泛应用。

# 14.5　高能束加工

高能束加工是利用被聚焦到加工部位上的高能量密度射束,去除工件上多余材料的加工方法。常用的高能束加工方法有激光加工、电子束加工、离子束加工等。

## 14.5.1　激光加工

### 1. 激光加工原理

激光加工是利用高功率密度的激光束照射工件,靠光热效应使材料熔化和汽化而进行穿孔、切割和焊接等的特种加工方法。早期的激光加工由于激光器功率较小,大多用于打小孔和微型焊接。直到 20 世纪 70 年代,随着大功率二氧化碳激光器、高重复频率钇铝石榴石激光器的出现,以及对激光加工机理和工艺的深入研究,激光加工技术有了很大进展,使用范围随之扩大。数千瓦的激光加工机已用于各种材料的高速切割、深熔焊接和材料热处理等方面。各种专用的激光加工设备竞相出现,并与光电跟踪、计算机数字控制、工业机器人等技术相结合,大大提高了激光加工机的自动化水平和使用功能。从激光器输出的高强度激光经过透镜聚焦到工件上,其焦点处的功率密度高达 $10^8 \sim 10^{10}$ W/cm$^2$,温度高达 10 000 ℃以上,可使任何材料瞬时熔化并汽化。激光加工就是利用这种光能的热效应对材料进行焊接、打孔和切割等加工操作的。通常情况下,用于加工的激光器主要是固体激光器(见图 14-6)和气体激光器(见图 14-7)。

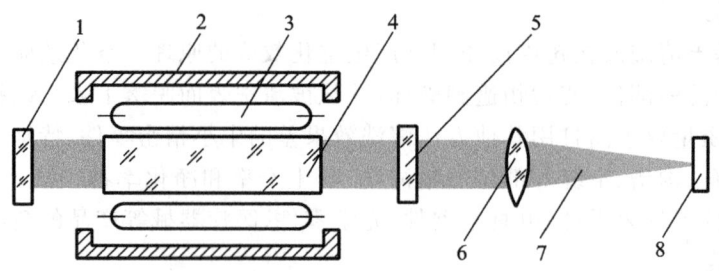

**图 14-6　固体激光器加工原理**

1—全反射镜；2—聚光腔；3—光泵；4—激光工作物质；
5—部分反射镜；6—聚焦透镜；7—激光束；8—工件

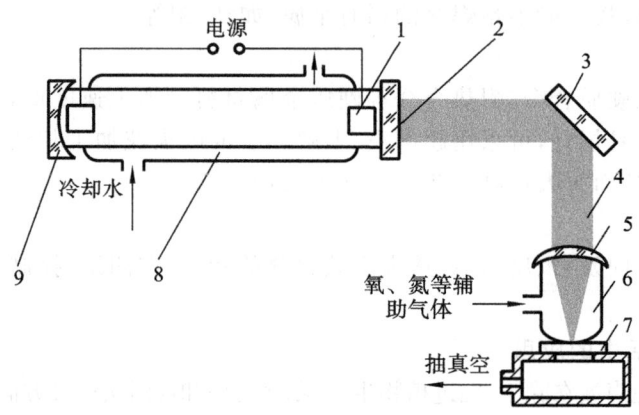

**图 14-7　气体激光器加工原理**

1—电极；2—反射平镜；3—转向反射镜；4—激光束；5—聚焦透镜；
6—喷嘴；7—工件；8—放电管；9—全反射凹镜

激光加工作为激光系统最常见的应用，其主要包括激光焊接、激光切割、表面改性、激光打标、激光钻孔、微加工及光化学沉积、立体光刻、激光刻蚀等。

**2. 激光加工特点**

由于激光具有高亮度、高方向性、高单色性和高相干性，因此就给激光加工带来如下一些其他方法所不具备的可贵特点。

（1）功率密度高，可加工以往认为难加工的任何材料。

（2）属于非接触式加工方法，不污染材料，加工速度快、热影响区小，工件变形也小，易于实现自动控制。

（3）能通过透明体进行加工，如对真空管内部进行焊接等。

（4）可精细加工。因为输出功率可调，所以可用于精密微细加工，加工速度极高，打一个孔只需 $0.001\ \mathrm{s}$；加工精度可达 $0.001\ \mathrm{mm}$；表面粗糙度 $Ra$ 可达到 $0.4\sim0.1\ \mu\mathrm{m}$。

（5）工具不损不换。作为非接触性加工，不需要工具，所以不存在工具损耗和更换等问题。

（6）装置结构简单，工作可靠。与电子束加工相比，不需要真空，也不需要 X 射线进行防护，因此装置结构简单，工作可靠。

## 14.5.2 电子束加工

**1. 电子束加工的基本原理**

电子束加工和离子束加工是近年来得到较大发展的新兴特种加工方法。它在精密微细加工方面,尤其是在微电子学领域中得到了较多的应用。

电子束加工是在真空条件下,用电子枪射出的高速电子束,经电磁透镜聚焦后形成能量密度极高的电子束($10^6 \sim 10^9$ W/cm$^2$),以极高的速度轰击工件被加工部位,使该部位材料温度在几分之一微秒内升到几千摄氏度以上,并迅速熔化、汽化及蒸发,从而达到去除材料的目的。

**2. 电子束加工的特点**

(1) 加工材料范围广,且与材料强度无关。

(2) 加工速度快,效率非常高。每分钟可在 0.1 mm 厚的钢板上加工出 3000 个直径为 0.2 mm 的孔。

(3) 属于精密微细加工方法。电子束可实现极其微小的聚焦直径(可达 0.1 $\mu$m),能加工微孔、窄缝、半导体集成电路等。

(4) 加工工件不变形。属于非接触加工,不存在工具损耗问题,无机械切削力作用,工件不易产生宏观应力和变形。

(5) 适宜加工纯度要求高的材料。污染少,不易氧化,尤其适用于加工易氧化的金属、合金材料,以及纯度要求极高的半导体材料。

(6) 可控制性能好。可采用计算机进行控制。

但由于电子束加工设备的价格高,且该方法具有一定的局限性,因此除了特定需要,一般都用激光加工来代替。

**3. 电子束加工的应用**

控制电子束能量密度的大小和能量注入时间,就可以达到不同的加工目的。

(1) 电子束打孔 提高电子束能量密度,使材料熔化和汽化,可进行打孔、切割等加工。

(2) 电子束热处理 适当控制电子束的能量密度,使材料局部加热到相变温度以上,再快速冷却,可以达到热处理的目的。电子束热处理的加热速度和冷却速度都很高,在材料的相变过程中,奥氏体转化时间短,只有几分之一秒乃至千分之一秒,由于奥氏体晶粒来不及长大,从而可获得一种超细晶粒组织,其硬度超过常规热处理,且硬化深度可达到 0.3~0.8 mm。

(3) 电子束焊接 利用具有高能量密度的电子束,使材料局部熔化以进行电子束焊接。

(4) 电子束光刻 利用较低能量密度的电子束轰击高分子材料时产生化学变化的原理,即可进行电子束光刻加工。

## 14.5.3 离子束加工

**1. 离子束加工的基本原理**

离子束加工和电子束加工基本类似,是在真空条件下,将离子源产生的离子束经过加速聚焦,打到工件表面,利用离子的动能进行加工。不同的是离子带正电荷,其质量比电子大数千、数万倍,如氩离子的质量是电子的 7.2 万倍,故离子加速到较高速度时,比电子束具有更大的撞击动能,它是靠微观的机械撞击能量而不是靠动能转化为热能来加工的。

**2．离子束加工的特点**

（1）可实现精细加工，可控性好，是所有现代加工中最精密、最微细的加工方法。

（2）属于高真空加工，污染少，尤其适用于对易氧化的金属、合金材料和高纯度半导体材料的加工。

（3）加工中所产生的应力和变形小，加工工件表面质量高，对材料适应性强。

（4）设备成本高，加工效率低，应用范围受限。

**3．离子束加工的应用**

（1）可以实现精密、微细及光整加工，尤其是亚微米至纳米级精度的加工。该方法可将材料的原子一层层地铣削下来，使工件加工的精度、表面粗糙度近乎达到极限。

（2）使用离子束还可以向工件表面进行离子溅射沉积和离子镀膜加工，较好地实现材料的表面改性处理。

一台离子束加工设备既可用于加工，又可用于蚀刻、熔化、热处理、焊接等。

# 思考与练习

习题解析

**1．** 特种加工方法主要有哪些种类？它是怎样发展起来的？在机械制造中起着什么作用？

**2．** 试述电火花成型加工的原理、特点和应用。

**3．** 电火花加工与电解加工的区别是什么？

**4．** 分析影响电火花加工速度、加工精度与表面质量的原因，进一步分析它与刀具切削加工有何异同？

**5．** 试述电解加工的原理、特点和应用，解释为什么电解加工中的工具阴极可以长期使用。

**6．** 试述超声波加工的原理、特点和应用。

**7．** 试述激光加工的原理、特点和应用。

**8．** 试述电子束加工、离子束加工的原理、特点和应用。

# 第15章  电子制造技术

## 15.1  电子制造技术的概念

### 15.1.1  电子制造

电子制造(electronic manufacture)有广义和狭义之分。广义的电子制造包括电子产品从市场分析、经营决策、工程设计、加工装配、质量控制、销售运输直至售后服务的全过程;狭义的电子制造,是指电子产品从硅片到产品系统的物理实现过程。电子制造也可视为广义的"机械制造":芯片制造对应于二维零部件成型,芯片封装对应于结构装配,只是前者的精度远高于后者,在芯片和元器件层面上分别具有纳米级和微米级的制造精度。实际上,集成电路(IC)制造工艺已成为典型的微机械制造工艺,并与传统的超精密加工工艺、特种加工工艺等一些有发展前景的新工艺共同构成了完整的微制造工艺体系。

### 15.1.2  电子制造技术回顾

以硅为原料的电子物件产值,已超过了以铁为原料的器物产值,人类的历史因而正式进入了一个新的时代,也就是硅的时代。电子制造技术也在此时期飞速发展。

(1)晶体管的发明  1947年12月,美国贝尔实验的J.巴丁、W.H.布拉顿和W.B.肖克莱研制出一种点接触型锗晶体管。之后肖克莱提出面结型晶体管的专利技术,大大提升了晶体管的实用性。今天生产的大部分面结型晶体管都基于这种晶体管结构。晶体管体积小、节能、耐冲击、使用寿命长、成本低,使得制造高速电子计算机之类的设备所需的复杂电路成为可能。

(2)集成电路的诞生  美国德州仪器公司(TI)的基尔比在1958年研制出了世界上第一块集成电路,集成电路的概念由此提出。该发明是电子学发展史上的里程碑,开创了微电子技术的新时代,同时,给社会的相关产业带来了巨大的影响和推动作用,为社会经济的发展做出了重要贡献。

(3)场效应晶体管的出现  场效应晶体管在原理上不同于双极型晶体管和面结型晶体管,它是利用场效应原理工作的晶体管,主要分为结型场效应管(JFET)和绝缘栅场效应管(MOS场效应晶体管)两大类。其中MOS场效应晶体管具有很高的输入电阻(最高可达$10^{15}$ Ω),并且其结构简单,功耗低。

(4)集成电路的发展  1967年,集成电路产品已跨越了中规模的规格,集成度迅速提高,并出现了大规模集成电路;1977年,第一块超大规模集成电路问世。

（5）电子封装技术的发展　电子封装技术是伴随着电子元器件的发展而发展的，晶体管的诞生开创了电子封装技术的历史。1951 年出现了区域提纯技术，使得元器件单晶材料的质量大为提高。1956 年左右，氧化物掩模技术和光刻技术的出现使得硅平面晶体管的发明成为可能。1958 年，第一块集成电路的出现带动了多引线封装外壳的发明。

21 世纪以来，电子封装技术进入超高速发展时期，新的封装形式不断涌现并获得应用，原来一些晶片级的技术已经开始用于封装和组装。

# 15.2　集成电路制造技术

## 15.2.1　集成电路工艺的概念

微电子工业是飞速发展的高技术产业，其产品在各个领域得到了广泛的应用。近年来，信息业、计算机行业及家电业之所以能取得如此巨大的成就，主要是得益于微电子工业的发展，特别是集成电路的发展。

微电子产品主要是半导体分立器件和集成电路，其中，集成电路是最主要的微电子产品，其产值占据整个微电子产品其产值的 90% 以上。

集成电路工艺（或称为微电子工艺）狭义上是指在半导体硅片上制造出集成电路或分立器件的芯片结构的方法和技术。不同集成电路的制造工艺不同，且结构复杂的超大规模集成电路的制造工艺相当烦琐复杂。不同集成电路产品的 30 个工艺步骤中，工作内容近似、工作目标基本相同的单元步骤为单项工艺。也就是可以把集成电路工艺分解为多个单项工艺，不同集成电路产品的制造工艺是将多个单项工艺按照需要以一定的顺序进行排列而形成的。

双极性晶体管是集成电路产品中最基本的器件，也是双极性集成电路的基本单元，它的制造工艺非常具有代表性。例如硅基双极性晶体管芯片，其主要工艺流程如下：外延工艺→氧化工艺→一次光刻工艺→硼掺杂工艺→二次光刻工艺→磷掺杂工艺→三次光刻工艺→金属化工艺→四次光刻工艺。

集成电路把一个电路中所需要的晶体管、二极管、电阻、电容和电感等元器件及金属布线互连在一起，制作在半导体芯片上，然后封装在管壳内，使其具有所需的电路功能。集成电路的制造工艺与分立器件的制造工艺一样，都是在硅平面工艺基础上发展起来的，且二者有许多相同之处，如氧化、光刻等单项工艺的工艺方法、原理及使用的设备都基本相同。集成电路工艺从广义上讲，包括半导体集成电路和分立器件芯片的制造及测试封装工作、方法和技术。集成电路工艺是微电子学中最基础、最主要的研究领域之一。

## 15.2.2　集成电路制造技术的发展历程

1954 年，第一块硅晶体由美国德州仪器公司研发成功。几乎同时，利用气体扩散把杂质掺入半导体的技术也由贝尔实验室研发出来。有重要意义的突破是，在硅片上热生长出来了既具有优良电绝缘性又能掩蔽杂质扩散的二氧化硅层。此后不久，在照相印刷业中早已广泛应用的光刻技术以及透镜制造业中应用的薄膜蒸发技术被引进到半导体工艺中来。美国仙童半导体公司研制的硅平面工艺使得制造性能稳定的平面晶体管成为可能。

硅平面工艺的发明使得集成电路的制造成为可能。1958 年美国德州仪器公司和仙童半导体公司各自研制出双极性集成电路。1962 年 MOS 场效应晶体管和场效应集成电路也相继诞生。

自集成电路诞生到 20 世纪 80 年代,都是以工艺技术的发展为主导来促进微电子产品的开发,特别是集成电路的高速发展时期。1960 年,随着外延技术的出现,诞生了外延晶体管。20 世纪 70 年代初,美国研制出第一台离子注入机器,使得硅片的定域掺杂更精确、更均匀,可以在更薄的表层内实现精确掺杂,由此集成电路也向更大规模方向发展。随后,等离子干法刻蚀、化学气相沉积等新工艺、新技术也不断涌现。

20 世纪 80 年代中后期,集成电路设计从微电子生产制造业中独立出来,微电子工艺也进一步完善和规范,形成了集成电路标准制造工艺。全球第一家集成电路标准加工厂是 1987 年成立的中国台湾积体电路制造股份有限公司,它的创始人张忠谋被誉为晶体芯片加工之父。

20 世纪 90 年代之后,集成电路制造向高度专业化的转化成为一种趋势,开始形成电路设计、芯片制造、电路测试、芯片封装四个相对独立的行业。现代微电子工艺是以硅平面工艺为基础而发展起来的。最能体现微电子工艺发展水平的单项工艺是光刻工艺,一般用光刻工艺或光刻特征尺寸(光刻图形能够分辨的最小线条宽度)来表示微电子工艺水平。

人类对电子产品的要求一直是向体积更小、速度更快、功耗更低、性能更优的方向发展。随着元器件特征尺寸的持续缩小,集成电路的集成度不断提高,传统的集成电路工艺进一步完善和拓展。另外,一些新机理、新结构的纳电子器件及电路被设计出来,与之相适应的新的工艺技术——纳电子工艺也正在诞生。

## 15.2.3　集成电路制造的技术特点

集成电路工艺是一种超精细加工工艺,目前该工艺特征尺寸已进入纳米量级,因此对工艺环境、使用原材料的要求非常高。而芯片工艺的一次循环就可以制造出大量芯片产品的特性,使得集成电路工艺具有高可靠性、高质量、低成本优势,因而其应用范围也比较广泛。

**1. 超净环境**

集成电路芯片的特征尺寸已处于深亚微米量级,在芯片的关键部位只要有 1 $\mu m$ 甚至更小的尘粒,都会对芯片的性能产生很大影响,甚至导致其功能失效。所以,芯片工艺对环境要求严格,是一种超净工艺,即集成电路芯片必须在超净环境下生产。

超净工艺的完成场所可以是超净工作台、超净工作室、超净工作线,一般用超净间来概括。超净间是指一定空间范围内,排除空间空气中的微粒、有害气体、细菌等污染物,其温度、洁净度、压力、气流速度与气流分布、噪声与振动、光照强度、静电等被控制在某一范围内的工作环境。

随着集成电路工艺的发展,对工艺环境的要求也不断提高。不同集成电路芯片对工艺环境超净程度的要求不同。芯片特征尺寸越小,所要求的超净间的等级就越高。而同种芯片的不同单项工艺要求的超净间等级也不同,如光刻工艺对超净间等级要求就比较高。

**2. 超纯材料**

集成电路所用材料必须超纯,这和工艺环境要求超净一致。半导体材料(不包括专门掺入的杂质)、其他功能性电子材料及工艺消耗品等都必须为超纯材料。

目前,集成电路工艺所使用的半导体硅、锗材料的纯度已达 99.999999999% 以上,有 11

个 9，记为 11 N。功能性电子材料（如 Al、Au 等金属化材料）、掺杂用气体、外延气体等都必须是集成电路用高纯度材料。集成电路工艺的发展，使得对材料纯度的要求不断提高。一般来说，不同集成电路芯片对材料纯度要求不同，芯片特征尺寸越小，要求材料纯度也就越高。

水也是微电子工艺中用量很大的一种工艺材料，既用于硅片、电子材料及工艺器皿的清洗，也用于配制化学品，在氧化工艺中也可作为硅片氧化的原材料。芯片工艺用水必须是超纯水，在微电子生产企业都有超纯水生产车间，水质的好坏直接影响到芯片的质量，水质不达标可能导致生产出不合格的产品。

### 3. 批量复制和广泛的用途

随着集成电路产品特征尺寸的减小，光刻工艺获得的横向最小尺寸已发展到深亚微米量级，掺杂、薄膜沉淀所获得的纵向最小尺寸在几十纳米量级，而工艺精度更在此之上。因此，集成电路工艺是可靠性高、精度高、成本低、适用于大批量生产的加工工艺。

由于集成电路工艺具有以上优势，因而在多个领域被广泛采用。例如，微机电系统（micro-electro-mechanical systems，MEMS）就是在集成电路工艺的基础上发展起来的。微机电系统是采用集成电路工艺及硅、非硅微加工技术，将微传感器、微执行器、控制电路等集成在芯片上构成的。

集成电路工艺中的一些单项工艺（如光刻、化学气相沉积、分子束外延等）也是纳米技术中由上至下加工技术中的重要工艺。同时，纳米技术中的一些关键技术也是在集成电路工艺的基础上发展起来的，如软光刻技术就是在光刻工艺中发展起来的。

# 15.3 印制电路板的制造

## 15.3.1 印制电路板的概念

印制电路板（printed circuit board，PCB）简称印制板（见图 15-1），它以绝缘板为基材，切成一定尺寸，其上至少附有一个导电图形，并布有孔（如元件孔、紧固孔、金属化孔等），用来代替以往装置电子元器件的底盘，并实现了电子元器件之间的相互连接。它是重要的电子部件，是电子元器件的支承体。印制电路板并非一般终端产品。通常说的印制电路板是指裸板，即没有元器件的电路板。

**图 15-1 印制电路板**

目前，印制电路板已从单层板发展到双面板、双层板、多层板和挠性板，并不断地向高精度、高密度和高可靠性方向发展。不断缩小体积、减少成本、提高性能，使得印制电路板在未来电子产品的发展过程中,仍然保持强大的生命力。未来印制电路板生产制造技术的发展趋势是向高密度、高精度、细孔径、细导线、小间距、高可靠性、多层化、高速传输、轻量、薄型方向发展。

目前的印刷电路板主要由以下部分组成。

(1)线路与铜面 线路是元件之间导通的工具,另外,还会设计大铜面作为接地及电源层。线路与铜面是同时做出的。

(2)介电层 介电层用来保持线路及各层之间的绝缘性,俗称为基材。

(3)导通孔 导通孔可使两层次以上的线路彼此导通,较大的导通孔则作为插件孔使用,另外有非导通孔用于表面贴装定位,组装时安装螺钉。

(4)防焊油墨 并非全部的铜面都吃锡上零件,非吃锡的区域会印一层隔绝锡的物质(通常为环氧树脂),避免非吃锡的线路间短路。根据不同的工艺,防焊油墨分为绿油、红油、蓝油。

(5)保护层 由于铜面在一般环境中很容易氧化,从而导致无法上锡(焊锡性不良),因此需对要吃锡的铜面进行保护。保护的方式有喷锡(HASL)、化金(ENIG)、化银(immersion silver)、化锡(immersion tin)、喷有机保焊剂(OSP)。上述方法各有优缺点,统称为表面处理。

## 15.3.2 印制电路板制造过程的基本环节

印制电路板的制造工艺发展很快,不同类型和不同要求的印制电路板要采用不同的制造工艺,但在这些不同的工艺流程中,有许多必不可少的环节都是类似的。

**1. 底图胶片制版**

在印制电路板的生产过程中,无论采用什么方法都需要使用符合质量要求的1:1的底图胶片(又称为原版胶片,在生产时还要把它翻拍成生产底片)。获得底图胶片通常有两种基本途径:一种是利用计算机辅助设计系统和光学绘图机,将底图胶片直接绘制出来;另一种是先绘制出黑白底图,再经过照相制版得到。

**2. 图形转移**

把底图胶片制版上的印制电路图形转移到覆铜板上,称为图形转移。具体方法有丝网漏印、光化学法等。

**3. 化学蚀刻**

蚀刻在生产线上俗称烂板。它是利用化学方法去除板上不需要的铜箔,留下组成焊盘、印制导线及符号的技术。为确保质量,在蚀刻前应进行预蚀刻,以保证覆铜板上的所有铜箔面都能均匀蚀刻,并且在蚀刻过程中应该严格按照操作步骤进行,在这一过程中若造成质量事故,将无法挽救。

**4. 孔金属化与金属涂覆**

双面印制电路板(简称双面板)两面的导线、焊盘的导线或焊盘需要连通时,可以通过金属化孔壁实现。即把铜沉淀在贯通两面导线或焊盘的孔壁上,使得原来非金属的孔壁金属化。经过金属化的孔称为金属孔。为了提高印制电路板的导电、可焊、耐磨、装饰性能,延长印制电路板的使用寿命,改善电气连接的可靠性,可以在印制电路板铜箔上涂覆一层金属。

**5. 阻焊剂**

一般都要在印制电路板表面上涂覆阻焊层,顾名思义,就是防止焊接的一层材料。它一般呈绿色或者其他颜色,是覆盖在铜线上面的那层薄膜,它具有绝缘作用,并且还可以防止焊锡附着在不需要焊接的一些铜线上。同时,它也可在一定程度上保护布线层。

阻焊剂的种类很多,印制电路板用的阻焊剂有热固化型和紫外光固化型两种类型。热固化型阻焊剂是一种通过咪唑衍生物或胺类固化剂使环氧树脂加热固化的阻焊剂,它具有良好的厚膜固化性,也有优异的物性。紫外光固化型阻焊剂几乎以具有丙烯酸官能团的低聚物为主要成分,具有固化快、能耗低、无污染等优点,所以能用作可耐焊接热的阻焊剂。

**6. 助焊剂的使用**

助焊剂是焊接工艺中能促进焊接过程,同时具有保护作用、能阻止氧化反应的化学物质。助焊剂可分为固体助焊剂、液体助焊剂和气体助焊剂三种。主要有辅助热传导、去除氧化物、降低被焊接材质表面张力、去除被焊接材质表面油污、增大焊接面积、防止再氧化等几个作用。在这些作用中比较关键的作用有两个,即去除氧化物与降低被焊接材质表面张力。

### 15.3.3 柔性印制电路板

**1. 基本简介**

柔性印制电路板(flexible printed circuit,FPC),又称为柔性线路板、软性线路板、挠性线路板、软板,是一种特殊的印制电路板。它的特点是重量轻、厚度薄、柔软、可弯曲,主要用于手机、笔记本电脑、PDA、数码相机、液晶显示屏等多种产品。

**2. 组成部分**

柔性印制电路板主要由五部分组成:基板,其常用材料为聚酰亚胺(PI);铜箔,可分为电解铜箔与压延铜箔两种;接着剂,一般为 0.5 mil(1 mil=0.0254 mm)厚度的环氧树脂热固胶;保护膜,用于表面绝缘,常用材料为聚酰亚胺(PI);补强板,主要用于加强柔性印制电路板的机械强度。

**3. 分类**

按照导电铜箔的层数,柔性印制电路板可以划分为单层板(包括单面板和双面板)、双层板、多层板等。单层柔性板是结构最简单的柔性板。

**4. 结构**

单面板从下到上依次为基板、接着剂、铜箔、接着剂、保护膜,可根据需要在最下层增加补强板。双面板的两面都有焊盘,主要用于连接其他电路板,从下到上依次为保护膜、接着剂、铜箔、接着剂、基板、接着剂、铜箔、接着剂、保护膜。当电路的线路更复杂、采用单层板无法布线时,就需要使用双层板或者多层板。多层板与单层板的区别是,多层板增加了过孔结构以便连接各层铜箔,从下到上依次为基板、接着剂、铜箔、接着剂、保护膜。

### 15.3.4 多层印制电路板

**1. 基本简介**

多层板是由木段旋切成单板或由木方刨切成薄木,再用胶黏剂胶合而成的多层板状材料,如图 15-2 所示。多层板通常用奇数层单板,使相邻层单板的纤维方向互相垂直,并经胶合而制成。多层板也称为胶合板,是家具常用材料之一。通常,胶合板的表板和内层板对称地配置在中心层

**图 15-2 多层板图片**

或板芯的两侧。常用的胶合板有三合板、五合板等。胶合板能提高木材利用率,是节约木材的一个主要途径。

**2. 制造方法**

起初公开的多层板制造方法有间隙法、增层法、镀通孔(PTH)法三种。由于间隙法在制造上很费工时,且高密度化受限,因此并未实用化。增层法因制造方法相当复杂,加上虽具高密度化的优点,但对高密度化的需求并不迫切,所以一直未被广泛应用,然而最近因高密度电路板的需求日益增长,其再度成为各家厂商研发的重点。与双面板制作方法流程相同的镀通孔法,仍是多层板的主流制造方法。

**3. 制作流程**

制作多层板时一般先制作内层图形,然后以印刷蚀刻法做成单面或双面基板,并纳入指定的层间中,再经加热、加压及黏合,至于之后的钻孔则和双面板的镀通孔法相同。这些基本制作方法与 20 世纪 60 年代的方法相比较并无多大不同,不过随着材料及制程技术(例如压合黏结技术、解决钻孔时产生胶渣的技术、胶片的改善技术)更趋成熟,多层板的特性更加多样化。

**4. 发展方向**

随着超大规模集成电路(VLSI)和电子零件的小型化、高集积化,多层板大多朝着搭配高功能电路的方向前进,因而对高密度线路、高布线容量的需求日益增长,对电气特性的要求也更趋严格。而多脚数零件、表面组装元件(SMD)的盛行,使得电路板线路图案的形状更复杂、导体线路及孔径更细小,且朝高多层板(10～15 层)的方向发展。20 世纪后半叶,符合小型、轻量化需求的高密度布线及小孔应用开始增多,0.4～0.6 mm 厚的薄形多层板逐渐普及,普遍以冲孔方式完成零件导孔及外形加工。此外,部分少量多样生产的产品,则采用感光阻剂形成图样的照相法。

# 15.4　印制电路板装配

印制电路板由于具有许多独特的优点而被广泛使用,因此,当前的电子设备组装是以印制电路板为中心而展开的,印制电路板的组装是整机组装的关键环节。

## 15.4.1　印制电路板的安装和装配

为了达到生产最大化、成本最小化,应考虑到某些限制条件。而且,在着手设计工作之前,还应考虑到人的因素。

如果导线间距小于 0.1 mm,将无法进行蚀刻,因为如果蚀刻液在狭小的空间内不能有效扩散,就会导致部分金属不能被蚀刻掉;如果导线宽度小于 0.1 mm,在蚀刻过程中将会发生断裂和损坏。此外,焊盘尺寸比孔的尺寸至少应大 0.6 mm。

以下所列限制条件决定了板面的设计方法:

(1) 用于产品原版胶片的翻拍照相机尺寸性能;

(2) 原图制表尺寸;

(3) 最小的或最大的电路板操作尺寸;

(4) 钻孔精度;

(5) 线形蚀刻设备的先进性。

在设计中,从印制电路板的装配角度来看,要考虑以下参数:

孔的直径要根据最大实体条件(MMC)和最小实体条件(LMC)的情况来确定。一个无支承元器件的孔的直径应当按如下方法选取:从孔的 MMC 中减去引脚的 MMC,所得的差值在 0.15～0.5 mm 之间。而且对于带状引脚,引脚的标称对角线和无支承孔的内径差不超过 0.5 mm,并且不小于 0.15 mm。需保证合理放置较小元器件,以使其不会被较大的元器件遮盖。同时,阻焊剂的厚度应不大于 0.05 mm,且丝网印制标识不能和任何焊盘相交。最后,电路板的上半部应该与下半部一样,以达到结构对称的要求,因为不对称的电路板可能会变弯曲。

从印制电路板的装配角度来看,应该特别注意由于插入的元器件在焊接前与其理论位置发生偏离而可能造成的短路问题。根据经验,元器件引脚允许的最大倾斜角应保持在与理论位置成 15°角范围内。当孔和引脚的直径差值较大时倾斜角最多可达到 20°。垂直安装的元器件,倾斜角可达到 25°或 30°,但这样会导致封装密度降低。TO-18 型晶体管安装位置距印制电路板 2 mm,如果孔径为 1 mm,倾斜角可以达到 20°,当然引脚本身没有任何的倾斜。

多个电路板的装配方式通常可使现场维护如同将电路板拔出进行替换一样容易,当然,前提条件是每个独立的电路板都能发挥其特有的功能,这样在电路板的替换中就不会有大量的拆卸问题,可保证最少的焊接或脱焊次数。因此,在印制电路板的设计中必须考虑到它的可维护性。

装配时所需要的焊接技术和设备也给电路板的设计和布局增加了许多限制。例如,在波峰焊接中,凹槽的最大尺寸、边缘的距离和操作的空间都是其重要的因素。同时,设计者必须尽可能地了解最终的成品究竟应是什么样的,并尽力保护它的最敏感部分。例如,任何高压电路都应受到保护以防止其与外部接触;产品中的电路板以及电路板上的元器件都要小心放置,以使由外部物体所带来的损坏达到最小。

## 15.4.2　印制电路板组装工艺的基本要求

不装载元件的印制电路板称为印制基板,它主要是作为元器件的支承体,利用基板上的印制线路,通过焊接可以把元器件连接起来。元器件装配到基板之前,一般都要进行加工处理,然后进行插装。良好的成型及插装工艺,不但能使机器性能稳定、防振、减少损坏,而且还能使机内布局整齐美观。

元器件引线的成型步骤如下。

### 1. 预加工处理

由于生产工艺的限制,加上包装、贮存等中间环节时间较长,引线表面易产生氧化膜,使其可焊性下降。因此,元器件引线在成型前必须进行加工处理。引线的预处理主要包括引线的校直、表面清洁及搪锡三个步骤。要求引线处理后表面无伤痕,镀锡层均匀,表面光滑,无毛刺和焊剂残留物。

### 2. 引线成型

引线成型工艺就是根据焊点之间的距离,将引线做成需要的形状,目的是使它能迅速而准确地插入孔内。引线成型的基本要求是:元件引线开始弯曲处,离元件断面的最小距离应不小于 2 mm;弯曲半径不应小于引线直径的两倍;对于怕热元件,要求引线增长,成型时应绕环;等等。

**3. 成型工序**

成型工序因生产方式不同而不同。在自动化程度高的工厂,成型工序是在流水线上自动完成的。在没有专用工具或加工少量元器件时,可采用手工成型,使用鸭嘴钳或镊子钳等一般工具。有些元器件的引脚较多,转配时不易插入,需要修剪成型。为此,先将引脚按顺序剪成梯形,以便能够在装配中由长到短按顺序对孔插入。

元器件安装的技术要求如下。

(1) 元件标称值应处在便于查看的位置。若装配图上没有指明方向,则应使标记向外,易于辨认,并按从左到右、从下到上的顺序读出。

(2) 安装元器件的极性不得装错,安装前应套上相应的套管。

(3) 安装顺序一般为先低后高,先轻后重,先易后难,先一般元件后特殊元器件。

(4) 元器件在印制电路板上的分布应尽量均匀,疏密一致,排列整齐美观。元器件外壳和引线要保证 1 mm 左右的安全间隙,无法保证安全间隙时,应套绝缘套管。

(5) 元器件的引线直径与印制电路板焊盘孔径应有 0.2～0.4 mm 的合理间隙。

(6) 一些特殊元器件有其相应的安装处理。MOS 集成电路的安装应在等电位工作台上进行,以免静电损坏器件。发热元件(如功率在 2 W 以上的电阻)要与印制电路板面保持一定的距离,不允许贴板安装。

## 15.4.3　印制电路板装配工艺

元器件的安装方法有手工安装和机械安装,下面介绍几种主要安装形式。

(1) 贴板安装　安装形式要求元器件贴紧印制基板面,安装间隙小于 1 mm。当元器件为金属外壳,安装面又有印制导线时,应加垫绝缘衬垫或套绝缘套管。

(2) 悬空安装　它适用于发热元件的安装。元器件距印制基板面安装距离一般在 3～8 mm 范围内。

(3) 垂直安装　它适用于安装密度较高的场合。元器件垂直于印制基板面,但对大质量细引线的元器件不宜采用这种形式。

(4) 支架固定安装　这种方式适用于质量较大的元件,如小型继电器、变压器、阻流圈等,一般用金属支架在印制基板上将元件固定。

元器件安装注意事项如下。

(1) 元器件插好后,所有引脚的弯折方向都应与铜箔走线方向相同。

(2) 安装二极管时,除注意极性外,还要注意外壳封装,特别是玻璃壳体易碎,引线弯曲时易爆裂,在安装时可将引线先绕 1～2 圈再装。

(3) 为了区别晶体管的电极和电解电容的正负端,一般在安装时,加带有颜色的套管以示区别。

(4) 大功率三极管一般不宜装在印制电路板上,因为它发热量大,易使印制电路板受热变形。

印制电路板装配工艺流程分手工和自动装配工艺流程。

在产品的样机试制阶段或小批量试生产时,印制电路板装配主要靠手工操作,即操作者把散装的元器件逐个装接到印制基板上,操作顺序是:待装元件→引线整形→插件→调整位置→剪切引线→固定位置→焊接→检验。这种操作方式需要每个操作者都要从开始装到结束,因而效率低,而且容易出差错。而对于设计稳定、大批量生产的产品,印制电路板装配工作量大,宜采用流水线装配,这种方式可大大提高生产效率,减小差错率,提高产品合格率。流水操作是把复杂的工作分成若干道简单的工序,每个操作者在规定的时间内,完成指定的工作量。完成一种印制电路板的操作和工位(工序)的划分,要根据其复杂程度,日产量或班产量,以及操作者人数等因素确定。一般工艺流程如下:每排元器件(约 6 个)插入→全部元器件插入→一次性切割引线→一次性锡焊→检查。引线切割一般用专用设备(割头机)一次切割完成,锡焊一般用波峰焊机完成。

手工装配虽然可以不受各种限制,可灵活方便地应用于各道工序或各种场合,但速度慢、效率低,不适应现代大批量生产的需要。对于设计稳定、产量大、装配工作量大而元器件又无须选配的产品,宜采用自动装配方式。自动装配一般使用自动或半自动插件机和自动定位机等设备。自动装配和手工装配的过程基本是一样的,通常都是向印制基板上逐一添装元器件,构成一个完整的印制电路板,所不同的是,自动装配要求限定元器件的供料形式,整个插装过程由自动装配机完成。

**1. 自动插装工艺过程**

如图 15-3 所示,经过处理的元器件装在专用的传输带上,间断地向前移动,保证每一次有一个元器件进到自动装配机装插头的夹具里,插装机自动完成切断引线、引线成型、移至基板、插入、弯角等动作,并发出插装完成的信号,使所有装配回到原来位置,准备装配第二个元件。印制基板靠传送带自动送到另一个装配工位,装配其他元器件,当元器件全部插装完毕后,即自动进入波峰焊接的传送带。印制电路板的自动传送、插装、焊接、检测等工序,都通过电子计算机程序控制实现。首先根据印制电路板的尺寸、孔距、元器件尺寸和元器件在板上的相对位置等,确定可插装元器件和选定装配的最好途径、编写程序,然后再把这些程序送入编程机的存储器,由计算机自动控制完成上述工艺流程。

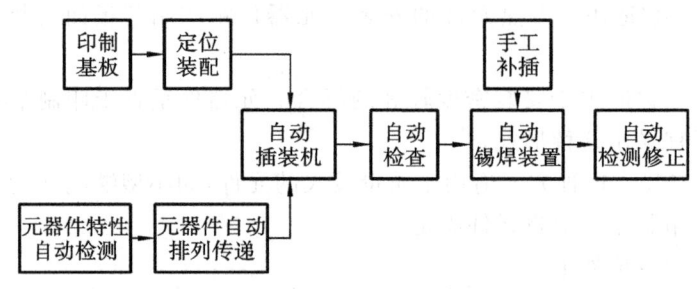

**图 15-3　自动插装工艺流程**

**2. 自动装配对元器件的工艺要求**

自动插装是在自动装配机上完成的,并不是所有的元器件都可以进行自动装配。要求被装配的元器件形状和尺寸尽量简单、一致,方向易于识别,有互换性等。另外,还需考虑元器件的取向问题。在自动装配中,要求沿着 $x$ 轴或 $y$ 轴取向,最佳设计需要指定所有元器件只在一个轴上取向(至多排列在两个方向上)。为使机器达到最大的有效插装速度,就要采用最好的元器件排列方式。元器件的引线孔距也都应标准化,并尽量相同。

部件装配是电子整机装配中的一个重要环节,我们可以按照以上工艺正确地组装印制电路板,从而提高整机电子产品的装配质量。

# 思考与练习

习题解析

**1.** 什么是电子制造？广义的电子制造与狭义的电子制造有什么区别？

**2.** 什么是集成电路技术？它又有哪些特点？

**3.** 试叙述集成电路制造技术发展史，并指出其中具有划时代意义的重大革新。

**4.** 什么是印制电路板？它由哪几部分组成？

**5.** 印制电路板的制造包括哪些基本环节？

# 第16章　先进制造技术

## 16.1　先进制造技术的内涵

随着社会需求个性化、多样化的发展,生产规模沿小批量→大批量→多品种变批量的方向发展,以及以计算机为代表的高技术和现代化管理技术的引入,传统制造技术的面貌和内涵不断地发生改变,从而形成了先进制造技术。

### 16.1.1　先进制造技术的内涵和特点

目前对先进制造技术尚没有一个明确的、公认的定义,经过近年来在发展先进制造技术方面开展的工作,通过对其特征的分析研究,可以认为先进制造技术是在传统制造技术基础上不断吸收机械、电子、信息、材料、能源以及现代管理技术的成果,并将其综合应用于产品设计、加工装配、检验测试、经营管理、售后服务乃至回收的制造全过程,以实现优质、高效、低耗、清洁、灵活的生产,提高企业对动态多变市场的适应能力和竞争能力的制造技术的总称。

**1. 先进制造技术的系统性**

传统制造技术一般只能驾驭生产过程中的物质流和能量流。而随着微电子、信息技术的引入而发展起来的先进制造技术还能驾驭信息生成、采集、传递、反馈、调整的信息流动过程。因此,先进制造技术是可以驾驭生产过程物质流、能量流和信息流的系统工程,如并行工程就是集成地、并行地设计产品及其零部件和相关各种过程的一种系统方法,这种方法要求产品开发人员与其他人员一起共同工作,并且在设计开始就考虑产品整个生命周期中从概念形成到产品报废处理等所有因素,包括质量、成本、进度计划和用户要求等。因此,先进制造模式除了考虑产品的设计、制造全过程外,还需要系统地考虑整个制造组织。

**2. 先进制造技术应用的广泛性**

先进制造技术相对传统制造技术在应用范围上的一个很大不同点在于,传统制造技术通常只是指将各种原材料变成成品的加工工艺,而先进制造技术虽然仍大量应用于加工和装配过程,但由于其组成中包括设计技术、自动化技术、系统管理技术,因而将其综合应用于制造的全过程,覆盖了产品设计、生产准备、加工与装配、销售使用、维修服务甚至回收再生的整个过程。

**3. 先进制造技术的集成性**

传统制造技术涉及的学科、专业单一独立,相互间的界限分明;先进制造技术由于专业和学科间的不断渗透、交叉、融合,界限逐渐淡化甚至消失,趋于系统化、集成化,并已发展成为集机械、电子、信息、材料和管理技术为一体的新型交叉学科,因此可以称其为"制造工程"。

**4. 先进制造技术的动态特征**

由于先进制造技术本身是针对一定的应用目标,不断地吸收各种高新技术而逐渐形成、不断发展的新技术,因而其内涵不是一成不变的。在不同的时期,先进制造技术有其自身的时代特点;在不同的国家和地区,先进制造技术有其相应重点发展的目标和内容,以实现这个国家和地区制造技术的跨越式发展。

**5. 先进制造技术的实用性**

先进制造技术最重要的特点在于,它首先是一项面向工业应用,具有很强实用性的新技术。先进制造技术的发展过程,及其应用于制造全过程的范围,特别是达到的目标与效果,无不反映这是一项应用于制造业,对制造业、对国民经济的发展可以起重大作用的实用技术。先进制造技术的发展往往是针对某一具体的制造业(如汽车制造、电子工业等)的需求而发展起来的先进、适用的制造技术,有明确需求导向的特征;先进制造技术不以追求技术的高新为目的,而是注重实践效果,以提高效益为中心,以提高企业的竞争力和促进国家经济增长和综合实力为目标。

**6. 先进制造技术强调的是实现优质、高效、低耗、清洁、灵活的生产**

先进制造技术是从传统的制造工艺发展起来的,并与新技术实现了局部或系统集成,其重要的特征是实现了优质、高效、低耗、清洁、灵活的生产。这意味着先进制造技术除了追求优质、高效外,还要实现可持续发展、低耗和清洁的目标,以面对日益增长的环保压力。此外,先进制造技术也必须面临人类在 21 世纪消费观念变革的挑战,满足日益多元化的市场需求,实现灵活生产。

**7. 先进制造技术最终的目标是提高对动态多变的产品市场的适应能力和竞争能力**

为确保生产和经济效益持续稳步提高,能对市场变化做出更敏捷的反应,实现最佳技术效益,提高企业的竞争能力,先进制造技术比传统的制造技术更加重视技术与管理的结合,更加重视制造过程组织和管理体制的简化以及合理化。随着世界自由贸易体制的进一步完善,以及全球交通运输体系和通信网络的建立,制造业将形成全球化与一体化的格局,新的先进制造技术也必将是全球化的模式。

## 16.1.2 先进制造技术的体系结构及其分类

**1. 先进制造技术的体系结构**

(1)现代制造工程设计技术群 现代制造工程设计技术群包括所有与产品和工艺设计有关的技术,如 CAX、DFX、可靠性设计、智能优化设计、反求工程、系统建模与仿真、系统集成、并行设计、快速原型制造等技术。

(2)制造系统管理技术群 制造系统管理技术群包括与企业管理有关的各种技术,强调信息集成,企业生产模式的创新,人、技术和管理的集成等,如成组技术、全面质量管理、准时生产、并行工程、精益生产、敏捷制造等。

(3)物料处理和设备技术群 物料处理和设备技术群是研究与物料处理过程和与物料直接相关的各项技术,如材料生产工艺及设备、加工工艺及设备、少无切削加工、精密工程、超高速加工、特种加工、加工设备及其监控、质量控制等相关技术。

(4)支撑技术群 支撑技术群是制造工程科学的理论基础,是三大主体技术群赖以生存并不断取得进步的相关技术,包括计算机技术、微电子技术、信息技术、自动化技术、系统工程技术,以及管理科学、材料科学技术等。

**2. 先进制造技术的分类**

先进制造技术归纳为如下几个大类。

1) 现代设计技术

(1) 现代设计方法　包括模块化设计、系统化设计、价值工程、模糊设计和面向对象设计等方法。

(2) 产品可信性设计　可信性是产品质量的重要内涵,是产品的可用性、可靠性和维修保障性的综合。可信性设计包括可靠性设计、安全性设计、动态分析与设计、防断裂设计、防疲劳设计、耐环境设计、健壮设计、维修设计和维修保障设计等。

(3) 设计自动化技术　指用计算机软硬件工具辅助完成设计任务和过程的技术,包括产品的造型设计、工艺设计、工程图生成、有限元分析、优化设计、模拟仿真、虚拟设计、工程数据库等相关技术。

2) 先进制造工艺技术

先进制造工艺技术主要包括高效精密成型技术,高效高精度切削加工工艺技术,现代特种加工工艺技术,表面改性、制模、涂层技术等。

3) 加工自动化技术

加工自动化技术主要包括数控技术,以及工业机器人、柔性制造系统(FMS)、计算机集成制造系统(CIMS)等相关技术。

4) 现代生产管理技术

现代生产管理技术包括物料需求计划(MRP)、制造资源计划(MRPⅡ)、产品数据管理(PDM)等相关技术。

5) 先进制造生产模式及系统相关技术

先进制造生产模式是面向企业生产全过程,将先进的信息技术与生产技术相结合而形成的一种新思想和新哲理,是制造业的综合自动化的新模式,包括计算机集成制造(CIM)、并行工程(CE)、敏捷制造(AM)、智能制造(IM)、精良生产(LP)等先进的生产组织管理模式和控制方法。先进制造系统的功能覆盖企业的生产预测、产品设计开发、加工装配、信息与资源管理、产品营销和售后服务的各项生产活动。

# 16.2　数控加工技术

随着我国制造业的飞速发展,数控加工技术在制造业行业中逐渐发展起来并得到了迅速的推广。因此,对数控加工技术进行合理改进,加速其发展,使其逐步走向自动化、快捷化、数字化及网络化,是目前我国制造业发展的一大趋势。

## 16.2.1　数控加工、数控编程的工作过程

数控加工技术分为机床加工技术和编程技术两种。其中数控机床加工是数控加工技术的基础部分,有着相当重要的作用,而对零件加工进行的编程则关系到数控加工的质量好坏。

数控加工的工作流程如下:在对数控零件进行加工时,要以零件加工图样中标注的标准为依据,确定该零件加工的过程、工艺参数数据以及走刀运动数据等,然后根据相关数据编制成数控加工的程序,将其传输给数控系统,在相关控制软件的支持下,经过计算与处理,发出相应的指令信号,使机床按预定的轨迹来加工零件。数控加工程序用数字代码来描述被加工零件的零件尺寸、工艺参数和工艺过程,将数字代码编制的程序输入数控系统以控制机床的运动与辅助动作,最终完成对零件的加工。

把被加工零件的图样以及技术工艺等信息,按照数控系统中规定的指令以及规定的格式编制成加工程序文件的整个过程,称为零件数控加工程序的编制,简称数控编程。数控编程是数控加工的重要步骤。通过正确的加工程序进行加工,不仅加工的工件合格率高,而且能使数控机床的运用更加合理、高效,同时也可降低数控机床应用的危险系数,使操作更安全。

数控加工的程序编制过程相当烦琐、复杂,也相当精细。一般来说,数控编程还包括零件图样分析、零件的数学处理、工艺处理,之后再编写程序、输入数控程序及进行程序检验。要想做好数控编程,首先要根据所加工零件的特点进行详尽的工艺分析;其次要合理地选择经济节能的加工方案,确定零件的加工路线、顺序及装夹方式、刀具及切削参数等关键数据;最后,充分利用数控机床所具备的各项指令功能,发挥其效能并正确选择对刀、换刀点,尽量减少换刀次数。

## 16.2.2　数控编程的方法及 CAD/CAM 系统自动编程

数控编程的方法目前有两种,即手工编程与计算机辅助编程。

**1. 手工编程**

手工编程是由编程人员手工完成数控编程的工作。这种方法适于编制比较简单的零件加工程序,编制一个零件加工程序时间与数控加工时间之比约为 30∶1。

**2. 计算机辅助编程**

计算机辅助编程又称自动编程,是指由计算机完成数控加工程序编制过程中的全部或大部分工作。采用计算机辅助编程,由计算机系统完成大量的数字处理运算、逻辑判断与检测仿真,能大大提高编程效率和质量,而且对于复杂型面的加工,往往需要三、四、五个坐标轴联动加工,其坐标运动计算十分复杂,很难用手工编程,一般必须采用计算机辅助编程方法。

数控加工的计算机辅助编程一般有数控语言编程、人机交互图形编程和数字化编程三种类型。

1) 数控语言编程

采用某种高级语言,对零件几何形状及走刀线路进行定义,由计算机完成复杂的几何运算,或通过工艺数据库对刀具、夹具及切削用量进行选择。这是早期计算机自动编程的主要方法。应用这些方法比较著名的数控编程系统有(automatically programmed tools,APT)系统及其小型化版本 EXAPT、FAPT 等。但是,这种编程方法在我国的普及率较低,已逐渐被人机交互图形编程所取代。

2) 人机交互图形编程

人机交互图形编程时,利用图形屏幕的光标在计算机辅助设计系统所生成的零件图形上选择加工部位、定义走刀路线、输入有关工艺参数后,便可自动生成数控加工程序,而且还可方便地进行图形仿真检验。人机交互图形编程具有直观、高效、能实现信息集成等优点,许多商业化的 CAD/CAM 软件,如 UG、PRO/E、CAXA-ME、Master CAM 等都具有这种功能。

（1）编程原理：利用 CAD 模块生成的几何图形，采用人机交互的实时对话方式，在计算机屏幕上指定加工部位，输入相应的加工参数，计算机便可自动进行必要的数学处理并编制出数控加工程序，同时在计算机屏幕上动态地显示出刀具的加工轨迹。

（2）编程特点：将零件加工的几何造型、刀位计算、图形显示和后置处理等作业过程结合在一起，能有效地解决编程的数据来源、图形显示、走刀模拟和交互修改等方面问题，弥补数控语言编程的不足。编程过程是在计算机上直接面向零件的几何图形交互进行，不需要用户编制零件加工源程序，用户界面友好，使用简便、直观、准确，并便于检查；有利于实现系统的集成，不仅能够实现产品设计（CAD）与数控加工编程（NCP）的集成，还便于与工艺过程设计（CAPP）、刀具量具设计等其他生产过程集成。

（3）编程步骤：几何造型→加工工艺分析→刀具轨迹生成→刀位验证及刀具轨迹编辑→后置处理→数控程序输出。

3）数字化编程

数字化编程是指用测量机或扫描仪对零件图或实物的形状和尺寸进行测量或扫描，然后经计算机处理后自动生成数控加工程序。这种方法十分方便，但成本较高，仅用于一些特殊场合。

## 16.2.3　数控机床的特点及相关应用

数控机床有如下诸多特点。

**1. 加工精度高**

数控机床是按数字形式给出的指令进行加工的。目前数控机床的脉冲当量普遍达到了 0.001 mm，而且进给传动链的反向间隙与丝杠螺距误差等均可由数控装置进行补偿，因此，数控机床能达到很高的加工精度。中、小型数控机床定位精度普遍可达 0.03 mm，重复定位精度为 0.01 mm。

**2. 对加工对象的适应性强**

数控机床被加工零件改变时，只需输入重新编制的程序就能实现对新零件的加工，这就为复杂结构的单件小批量生产，以及试制新产品提供了极大的便利。对那些普通机床很难加工或无法加工的精密复杂零件，数控机床也能实现自动加工。

**3. 自动化程度高，劳动强度低**

数控机床对零件的加工是按事先编好的程序自动完成的，操作者只需操作键盘、装卸工件，以及对关键工序进行中间检测和观察机床运行，不需要再进行其他重复性而又复杂的手工操作，大大减轻了劳动强度，加上数控机床一般有较好的安全防护、自动排屑、自动冷却和自动润滑装置，操作者的劳动条件也大为改善。

**4. 生产效率高**

零件加工所需的时间主要包括机动时间和辅助时间两部分。数控机床主轴的转速和进给量的变化范围比普通机床大，而且数控机床的结构刚度较高，因此数控机床的每一道工序都可选用最有利的切削用量，也允许进行大切削量的强力切削，这就能提高切削效率，节省机动时间。因为数控机床移动部件时是空行程，运动速度快，所以工件的装夹时间、辅助时间比一般机床少，而且数控机床更换被加工零件时几乎不需要重新调整机床，故节省了零件安装调整时间；数控机床加工质量稳定，一般只做首件检验和工序间关键尺寸的抽样检验，因此节省了停机检验时间；当在加工中心上进行加工时，一台机床可实现多道工序的持续加工，从而明显提高生产效率。

**5. 经济效益良好**

数控机床虽然价值昂贵，设备折旧费高，但是在单件小批生产的情况下，具有以下优点：

（1）可节省划线工时，减少调整、加工和检验时间，节省直接生产费用；

（2）加工零件时一般不需要制作专用夹具，可节省工艺装备费用；

（3）加工精度稳定，可减小废品率，使生产成本进一步下降；

（4）可实现一机多用，节省厂房面积，节省建厂投资。

因此，使用数控机床仍能获得良好的经济效益，因此其应用范围正在不断扩大，但它并不能完全代替普通机床，不能以最经济的方式解决机械加工中的所有问题。数控机床最适合于加工具有以下特点的零件：

（1）多品种、小批量生产的零件；

（2）形状结构比较复杂的零件；

（3）需要频繁改型的零件；

（4）价值昂贵、不允许报废的关键零件；

（5）设计制造周期短的急需零件；

（6）批量较大、精度要求较高的零件。

# 16.3　CAPP 技术

CAPP（computer aided process planning），即计算机辅助工艺过程设计，是指借助于计算机软硬件技术和支撑环境，利用计算机数值计算、逻辑判断和推理等功能来制定零件的机械加工工艺规程。借助于 CAPP 系统，可以解决手工工艺设计效率低、一致性差、质量不稳定、不易达到优化等问题。

CAPP 是将产品设计信息转换为各种加工制造、管理信息的关键环节，同时为企业的管理部门提供相关数据，是企业信息化建设中联系设计和生产的纽带，是企业信息交换的中间环节。

CAPP 系统的开发、研制是从 20 世纪 60 年代末开始的。世界上最早研究 CAPP 系统的国家是挪威，其在 1969 年正式推出了世界上第一个 CAPP 系统 AUTOPROS，并于 1973 年正式推出商品化的 AUTOPROS 系统。

在 CAPP 技术发展史上具有里程碑意义的是 1976 年美国 CAM-I 公司推出的 CAM-I's Automated Process Planning 系统。

## 16.3.1　CAPP 系统的作用、构成和分类

CAPP 是利用计算机技术辅助工艺完成零件从毛坯到成品的设计和制造过程，是通过向计算机输入被加工零件的几何信息（形状、尺寸等方面信息）和工艺信息（材料、热处理、批量等方面信息），由计算机自动输出零件的工艺路线和工序内容等工艺文件的过程。

CAPP 一词强调了工艺过程自动设计。实际上国外常用的一些技术，如制造规划（manufacturing planning）、材料处理（material processing）、工艺工程（process engineering）以

及加工路线安排(machine routing)等在很大程度上都是指工艺过程设计。

由于计算机集成制造系统(computer integrated manufacturing system,CIMS)的出现,CAPP 系统上与计算机辅助设计(CAD)系统相接,下与计算机辅助制造(computer aided manufacturing,CAM)系统相连,是连接设计与制造之间的桥梁。只有通过工艺设计才能由设计信息生成制造信息,只有通过工艺设计才能实现设计与制造功能和信息的集成。由此可见 CAPP 系统在实现生产自动化中的重要地位。

CAPP 系统的构成视其工作原理、产品对象、规模大小不同而有较大的差异。CAPP 系统基本的构成模块如下。

(1) 控制模块    主要任务是协调各模块的运行,设计人机交互的窗口,实现人机之间的信息交流,控制零件信息的获取方式。

(2) 零件信息输入模块    当信息不能从 CAD 系统直接获取时,用此模块实现零件信息的输入。

(3) 工艺过程设计模块    进行加工工艺流程的决策,产生工艺过程卡,供加工及生产管理部门使用。

(4) 工序决策模块    生成工序卡,对工序间尺寸进行计算,生成工序图。

(5) 工步决策模块    对工步内容进行设计,确定切削用量,提供形成数控加工指令所需的刀位文件。

(6) 数据加工指令生成模块    依据工步决策模块所提供的刀位文件,调用数据加工指令代码系统,产生数据加工控制指令。

(7) 输出模块    可输出工艺流程卡、工序卡、工步卡、工序图及其他文档;亦可从现有工艺文件库中调出各类工艺文件,利用编辑工具对现有工艺文件进行修改来获得所需的工艺文件。

(8) 加工过程动态仿真    对所产生的加工过程进行模拟,检查工艺的正确性。

CAPP 系统按其工作原理主要可分为检索式、派生式、创成式等。

(1) 检索式    检索式 CAPP 系统将设计好的零件标准工艺进行编号,存储在计算机中,在制定零件的工艺过程时,可根据输入的零件信息进行检索,查找合适的标准工艺。

(2) 派生式    派生式 CAPP 系统可利用相似的零件有相似的工艺过程这一原理,通过检索相似典型零件的工艺过程,加以增删或编辑而派生一个新零件的工艺过程。

(3) 创成式    创成式 CAPP 系统和派生式 CAPP 系统不同,它根据输入的零件信息,依靠系统中的工程数据和决策方法来自动生成零件的工艺过程。

## 16.3.2    CAPP 系统的基础技术和发展

CAPP 系统的基础技术包括成组技术(group technology)、零件信息的描述与获取、工艺设计决策、工艺知识的获取及表示、工序图及其他文档的自动生成、数控加工指令的自动生成及加工过程动态仿真、工艺数据库的建立等。

在 CAPP 系统出现以前,人们研究 CAPP 的目的一直是开发出代替工艺人员的自动化系统,而不是辅助系统,即强调工艺设计的自动化和智能化。但由于工艺设计领域的个性化、复杂性,工艺设计理论多是一些指导性原则、经验和技巧,因此让计算机完全替代工艺人员进行工艺设计的愿望是良好的,但研究和实践证明非常困难,能够部分得到应用的至多是一些针对特定行业、特定企业甚至是特定零件的专用 CAPP 系统,还没有能够真正大规模推广的实用的 CAPP 系统。

在总结以往经验教训的基础上,国内软件公司提出了 CAPP 工具化的思想:CAPP 是将工艺人员从许多工艺设计工作中解脱出来的一种工具;自动化不是 CAPP 唯一的目标;实现以人为本的宜人化的操作、高效的工艺编制手段、工艺信息自动统计汇总、与 CAD/ERP/PDM 系统的信息集成、具有良好的开放性与集成性是工具化 CAPP 系统研究和推广应用的主要目标。

工具化 CAPP 系统的思想在商业上获得了极大的成功,使得 CAPP 系统真正从实验室走向了市场。借助于工具化的 CAPP 系统,企业实现了工艺设计效率的提升,促进了工艺标准化建设,实现了与企业其他应用系统如 CAD、PDM、ERP 等系统的集成,有力地促进了企业信息化建设。

在实际应用中,CAPP 系统还存在以下问题。

**1. 应用范围偏窄的问题**

绝大多数企业 CAPP 系统的应用集中在机械加工工艺的设计方面。实际上,在制造企业中,产品在整个生命周期内的工艺设计通常涉及产品装配工艺、机械加工工艺、锻造工艺、钣金冲压工艺、焊接工艺、热表处理工艺、毛坯制造工艺等各类工艺。CAPP 系统在企业的应用缺乏应有的广度。因此,CAPP 系统应从以零组件为主体对象的局部应用,发展成为以整个产品为对象的全生命周期的应用,以实现产品工艺设计与管理的一体化,建立企业级的工艺信息系统。

**2. 应用水平偏低的问题**

绝大部分企业 CAPP 系统的应用停留在工艺卡片的编辑、工艺信息的统计汇总、工艺流程和权限的管理与控制方面,虽有效地提高了工艺设计的效率和标准化水平,但 CAPP 系统应用的深度还不够,还不能有效地总结行业工艺"设计经验"和"设计知识",不能从根本上解决企业有经验的工艺师匮乏的问题。通用的 CAPP 系统还无法实现对工艺知识的总结、积累和应用,因此如何提高 CAPP 系统的知识水平,帮助企业总结工艺知识和经验,实现 CAPP 系统的有限智能,是企业关心的问题,也是 CAPP 软件厂商需要考虑的关键问题。

**3. 基于三维 CAD 系统的工艺设计与管理问题**

随着三维 CAD 软件在国内制造业的广泛推广应用,三维 CAD 系统已成为我国企业产品设计的主流设计工具。随着设计手段的变革,工艺设计也需要变革。如何实现工艺与三维 CAD 系统的集成,如何基于三维 CAD 系统进行加工工艺设计和装配工艺设计等,是目前迫切需要解决的问题。现阶段,CAPP 系统的应用基本上基于二维 CAD 系统进行,与三维 CAD 系统的集成应用还处于起步阶段,有待进一步研究和突破。

**4. CAPP 系统与其他应用系统的集成问题**

工艺是设计和制造的桥梁,工艺数据是产品全生命周期中最重要的数据之一,同时也是企业编排生产计划、制定采购计划、生产调度的重要基础数据,在企业的整个产品开发及生产中起着重要的作用。CAPP 系统需要与企业的各种应用系统,包括 CAD、PDM、ERP、MES 系统等进行集成。由于不少企业 CAD、CAPP、ERP 系统是分阶段、在不同时期应用的,故存在着信息孤岛问题,工艺数据价值得不到有效发挥。

**5. CAPP 系统与 PDM 系统中的管理功能冲突的问题**

随着 CAPP 系统应用不断扩展,一些 CAPP 系统逐渐增加了工艺管理的内容,包括权限管理、流程管理、更改管理,并在工艺部门得到了应用。另一方面,PDM 得到普遍实施推广,随之带来不可忽视的问题是:CAPP 系统自身的管理功能和 PDM 系统的管理功能如何定位和相互集成。因此,CAPP 系统与 PDM 系统只要有明确的管理分工和定位,就不会发生冲突和矛盾,反而有利于其发挥各自优势。

纵观 CAPP 系统发展的历程,可以看到 CAPP 的研究和应用始终围绕着两方面的需要而展开:一是不断完善自身在应用中出现的不足;二是不断满足新的技术、制造模式对其提出的新的要求。因此,未来 CAPP 系统的发展,将在应用范围、应用深度和应用水平等方面进行拓展,并将表现为以下发展趋势。

(1) 基于知识的 CAPP 系统　CAPP 系统已经很好地解决了工艺设计效率和标准化的问题,如何有效地总结、沉淀企业的工艺设计知识,提高 CAPP 系统的知识水平,将会是 CAPP 系统应用和发展的重要方向。

(2) 基于三维 CAD 系统的 CAPP 系统　随着企业三维 CAD 系统的普及应用,基于三维 CAD 系统的装配工艺设计正成为企业需求的热点。

(3) 基于平台技术、可重构式的 CAPP 系统　开放性是衡量 CAPP 系统的一个重要因素,CAPP 系统必须能够持续满足客户的个性化和多变的需求。基于平台技术、具有二次开发功能、可重构将会是 CAPP 系统重要的发展方向。

# 16.4　成组技术

## 16.4.1　成组技术的基本概念及现代生产管理技术

### 1. 成组技术的概念

从广义上来说,成组技术是以相似性原理为基础,运用系统工程学的方法,采用统计学、计算机技术等手段,将生产工程和管理工程有机结合起来以提高多品种中小批量生产水平,实现设计、制造、管理合理化和科学化的一门综合性技术。

从狭义定义(机械制造中的成组技术)上来说,成组技术是将企业生产的多种产品、部件和零件,按照一定的相似性准则分类编组,并以这些组为基础,用系统工程的方法组织生产各个环节,从而实现产品设计、制造工艺和生产管理的合理化和科学化的技术。

### 2. 成组技术的产生

成组技术是在多品种、中小批量的生产实践中产生的。在制造业中,每年生产的产品种类成千上万,且每种零件都具有不同形状、尺寸和功能。但是当人们仔细观察时,就又会发现各种零件之间存在相似性,如图 16-1(a) 中各零件具有不同的功能,但形状尺寸相近,图 16-1(b) 中各零件在形状上有较大差异,但加工工艺过程具有较高的相似性。因此,可以将零件进行分类并归并成组。

### 3. 成组技术的实质

成组技术的核心和关键是按照一定的相似性准则对产品零件进行分类成组,因此,零件相似性是应用成组技术的基础。零件的相似性分类如图 16-2 所示。

## 16.4.2　零件分类编码系统

零件分类编码技术已经成为成组技术的重要组成部分,零件分类编码也是有效地实施成

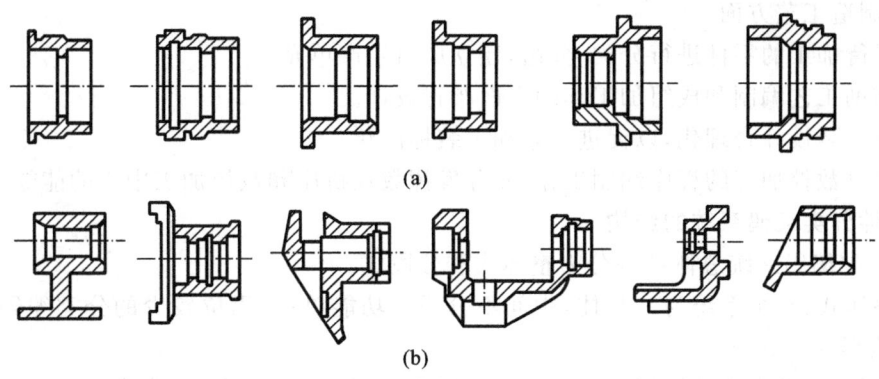

图 16-1　成组分类图

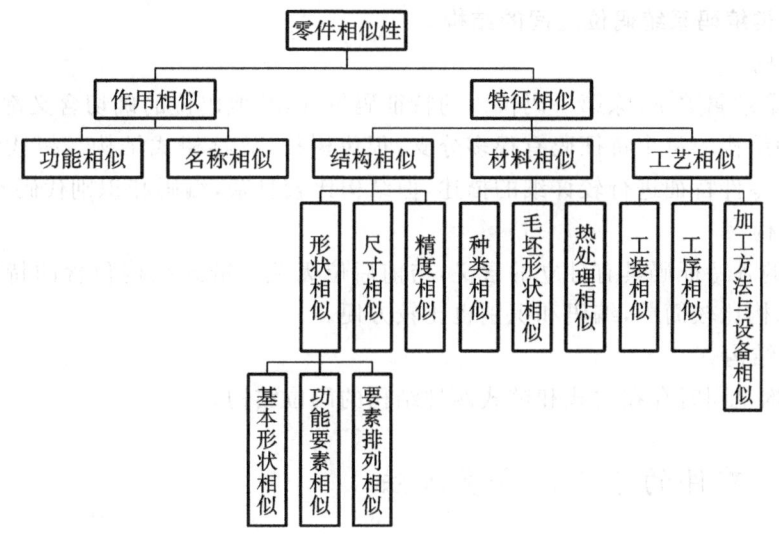

图 16-2　零件的相似性分类

组技术的重要手段。因此,在实施成组技术过程中,建立零件分类编码系统,已经成为一项重要的任务。

零件分类编码系统就是用数字、字母或符号将机械零件图上的各种特征进行标识的一套特定的法则和规定。这些特征包括零件的几何形状、尺寸、精度、材料、热处理等,也可描述零件有关功能以及生产管理方面的信息,诸如零件名称、功能要素、加工设备、工装、工时、生产批量等。

**1. 零件分类系统的作用**

零件之间客观存在的特征的相似性是杂乱无章和模糊不清的,通过编码可使零件的各种特征字符化、明朗化,从而为相似性分析和处理提供有利条件。成组技术的核心是根据特征相似性对零件进行分类编组。而零件代码是进行分类编组的一种比较科学、有效的工具。

零件分类系统具体有以下作用。

1) 在产品设计方面

对产品零件的设计图样进行检索并进行相似性设计,实现设计的合理化,从而减少设计费用和时间,实现产品设计的标准化,为计算机辅助设计打下基础。

2）在制造工艺方面

（1）对待加工的零件进行分类、分组，建立成组生产单元。

（2）辅助工艺编制和成组加工车间平面布置设计。

（3）使工装设计合理化，以促进工艺和工装标准化。

（4）改进数控加工的程序编制工作，充分发挥数控机床和数控加工中心的能效。

**2. 零件分类编码系统的结构**

零件分类编码系统总体结构分为整体式和分段式。

（1）整体式：整个系统为一整体，中间不分段。功能单一、码位较少的分类编码系统常采用这种结构形式。

（2）分段式：整个系统按码位所表示的特征性质，分成 2～3 段，通常有主辅码分段式和子系统分段式两种形式，比较灵活。

**3. 零件分类编码系统码位之间的结构**

1）树式结构

码位之间是隶属关系，除第一码位内的特征码位外，其他码位的确切含义都要根据前一码位来确定，这种结构的每个特征码有很多分支，很像树枝，故称树式结构。树式结构包含的信息量较多，能对零件特征进行较详细的描述，但结构比较复杂，编码和识别代码不太方便。

2）链式结构

每个码位的各特征码具有独立的含义，与前后位无关。链式结构包含的特征信息量比树式结构少，但结构比较简单，编码和识别也比较方便。

3）混合式结构

混合式结构是同时存在树式和链式两种结构的码位结构。

## 16.4.3　零件的分类与分类方法

**1. 零件的分类**

分类是成组技术的基础，分类的依据是零件的相似性，分类的结果是形成零件族。根据所采用的相似性标准，一般可将零件分类为设计族、加工族和管理族等。

1）设计族

设计族的分类标准包括零件功能、几何形状、材料、加工方法及工艺特征等，主要用于零件图检索、设计合理化、计算机辅助设计等。

2）加工族

加工族的分类标准包括零件几何形状、加工工艺、材料、毛坯类型、加工尺寸、加工设备及工艺装备等，主要应用于成组加工、设备布置、工艺设计、夹具设计、计算机辅助制造等。

3）管理族

管理族的分类标准包括生产组织形式、生产批量、制造指令停留时间、工装种类及复杂程度、加工复杂程度等，主要应用于成组生产管理，作业计划安排和载荷的调整、补偿，制造指令替换方案的拟订，以及计算机辅助管理系统建立等。

**2. 零件分类方法**

零件分类方法主要有生产流程分析法、编码分类法、柔性分类法等三种。

　　1）生产流程分析法

　　生产流程分析法是以零件生产流程为依据，通过对零件生产流程的分析，把工艺过程相似的零件归为一类。采用这种方法，需有较完整的工艺规程和生产设备明细表。生产流程分析法由工厂流程分析、车间流程分析和生产单元流程分析等三个主要步骤组成，以便正确地区分各个生产车间和管理部门。工厂流程分析使全厂的整个生产过程具有合理的物流过程，这一步骤可决定全厂各车间的生产设备和生产任务。车间流程分析是在一个车间内部对所生产的零件的工艺过程进行分析和统计，按工艺过程将零件分类成零件加工族，同时找到各加工零件族对应的加工设备。车间流程分析的目的在于正确规划车间，并简化车间内的物料流程。生产单元流程分析是对生产小组内全部零件进行工艺过程分析，寻求生产单元最合理的设备布置方案，同时按工艺特征把零件加工族细分为零件加工组，以利于成组生产和成组夹具设计。

　　2）编码分类法

　　编码分类法也称形似特征分类法，是根据零件特征，按照一定的相似性标准直接采用编码进行分类。因此，分类前需将待分类零件的设计信息、制造信息和管理信息等以编码的形式表示。

　　编码分类的难点是相似性标准的确定，编码分类要求相似性标准既不能定得太高，又不能定得太低。相似性标准定得太高，零件难以汇聚成组，而且容易掩盖实际存在并可利用的相似性；相似性标准定得过低，归属同一族的零件数量多，零件间差异性大，会妨碍零件相似性的利用。

　　制定零件相似性标准可采用特征编码法、码域法及特征码域组合法等三种方法。

　　（1）特征编码法：在码中选用一定数量的特征码来制定分类的相似性标准，将特征码相同的零件归属于同一零件组。

　　（2）码域法：在编码中选用较大数量的特征码位来制定分类的相似性标准，相对特征编码法适当地扩大了成组的零件种数。

　　（3）特征码域组合法：特征编码和码域法的有机结合，既抓住了零件的主要特征，又适当放宽了相似性要求。

　　3）柔性分类法

　　柔性分类法是一种先进的自动分类法，整个分类过程由计算机完成。柔性分类法通过建立一个柔性分类网，对新零件的特征与网中原型零件特征进行比较，来划分零件的类别。柔性分类法是目前成组技术中最有效的分类方法。

## 16.4.4　成组技术的应用

**1. 成组技术在产品设计中的应用**

　　在产品技术中实施成组技术，通过对企业中已设计制造过的零件进行编码和分组，建立设计图样和资料的检索系统。当设计一个新零件时，设计人员将设计零件的构思转化成相应的分类代码，然后按其代码对所属零件族的零件设计图样和资料进行检索，从中选择可直接采用或稍加修改便可采用的原有零件图。只有当原零件图都不能利用时，才重新设计新零件。这就大大减少了设计人员的重复劳动。

　　尽量在新产品设计中利用原有的设计，以增强制造工艺的相似性，而使企业生产零件品种大为减少,从而大大节省工艺过程设计、工装设计和制造的时间和费用。生产准备周期因之缩短,某些零件的生产批量也将得到扩大。此外,成组技术增加了老产品的可继承性,使老产品生产中所积累的设计经验能在新产品生产中被充分利用。

**2. 成组技术在制造工艺中的应用**

成组工艺过程是指针对一组相似的所有零件而设计的工艺过程,其设计方法有复合零件法和复合路线法。复合零件法是指复合零件设计的成组工艺过程,其中复合零件是一种假想的零件,它具有同组零件的全部特征。复合路线法是从分析零件族各零件的工艺路线入手,选择一个最复杂最长的工艺路线为基础,然后将其他零件所特有而又未包含在该基础工艺路线中的工序合理安排,最后形成满足所有零件要求的工艺过程。

**3. 成组技术在生产组织与管理中的应用**

在生产过程中,采用成组单元或成组流水线,可以缩短零件的运输路线,提高生产单元或系统的柔性。在生产管理中,以零件族为基础编制生产计划和生产作业计划,可提高生产管理的效率,提高劳动力和设备的利用率。

在生产管理工作中应用成组技术,将实行按零件族组织生产,打破产品界限,改变传统的按产品组织生产的方式。以零件管理取代原来的工序管理,质量管理也由以检验人员控制为主改变为以生产单元自控为主,工人则从按专业工种固定劳动分工向一专多能转变,从一人一机向多机床管理发展。这样不仅有利于编制生产计划,简化生产指令和调度计划工作,而且能使整个生产管理工作向着科学化和现代化的方向发展。

**4. 成组技术在柔性制造系统、计算机集成制造系统中的应用**

柔性制造系统与传统自动线最大的区别在于,它能够适应加工对象经常变化的情况,而无须进行设备的改装和较大的调整。然而,一个柔性制造系统所适应的加工对象的变化范围总是一定的。如果范围过小,柔性制造系统所能加工的零件品种数太少,不能充分发挥柔性制造系统的作用。如果范围过大,则又会使系统过于复杂,大大增加设备的投资。因此,首先就要合理地确定系统加工对象的变化范围,从而决定系统应具有的柔性范围。

柔性制造系统是以零件族为加工对象建立的,成组技术是柔性制造系统的基础。

计算机集成制造系统是通过企业的信息集成以取得企业整体效益的计算机综合应用系统,信息集成是实施计算机集成制造的基础。企业的信息包括从产品设计制造到生产经营与管理的所有信息。为了实现范围如此广泛的信息的集成,需要对信息进行分类编码,因此,可以应用成组技术的基本原理建立面向企业的信息分类编码系统,把系统中的有关环节连接在一起。

# 16.5 快速成型技术

## 16.5.1 快速成型技术简介

快速成型技术(RP)是由 CAD 模型直接驱动的可快速完成任意复杂形状三维物理实体制造的技术的总称。它集成了 CAD 技术、数控技术、激光技术和材料技术等现代科技成果,是先进制造技术的重要组成部分。其基本过程是:首先设计出所需零件的计算机三维模型(包括数字模型、CAD 模型

等);然后根据工艺要求,按照一定的规律将该模型离散为一系列有序的单元,通常在 $Z$ 向将其按一定厚度进行离散,称之为分层,即把原来的三维 CAD 模型变成一系列的层片;再根据每个层片的轮廓信息,输入加工参数,自动生成数控代码;最后由成型系统自动将一系列层片连接起来,生成三维实体模型。与传统材料加工技术相比,快速成型技术具有鲜明的特点。

(1) 自由成型制造。不需要使用模具而制作原型或零件,不受形状复杂程度的限制,能制作不同形状、不同结构、不同材料复合的原型和零件。

(2) 可由 CAD 模型直接驱动,提高了制造效率。

(3) 可有效提高经济效益,一般制造费用可降低 50%,加工周期可缩短 70% 以上。

(4) 高度集成,且可实现设计制造一体化。

快速成型技术的一般工艺过程如下。

(1) 三维模型的构造　按图样或设计图样在三维 CAD 系统中设计出该零件的实体文件。快速成型一般支持 STL 的文件格式。STL 文件由多个三角形面片的定义组成,每个三角形面片的定义包括三角形各个定点的三维坐标及三角形面片的法矢量,即三个顶点坐标和一个法向向量,以矢量集合的形式组成了 CAD 模型。

(2) 三维模型的离散处理(切片处理)　在选定了堆积方向后,通过专用的分层程序将三维实体模型进行一维离散,即沿制作方向分层切片处理,获取每一薄层截面轮廓及实体信息。分层的厚度就是成型时堆积的单层厚度。由于分层破坏了切片方向 CAD 模型表面的连续性,不可避免地丢失了模型的一些信息,所以分层后需要对数据做进一步的处理,以避免断层的出现。切片层的厚度直接影响零件的表面粗糙度和整个零件的型面精度,层厚越大丢失的信息越多,在成型过程中产生的形面误差将越大。

(3) 成型制作　把分层处理后的数据信息传至设备控制机,选用具体的成型工艺,在计算机的控制下,逐层加工,然后反复叠加,最后形成三维产品。

(4) 后处理　根据具体的工艺,采用适当的后处理方法,改善样品性能。

## 16.5.2　快速成型工艺方法简介

目前采用的主要快速成型工艺方法及其分类如图 16-3 所示。

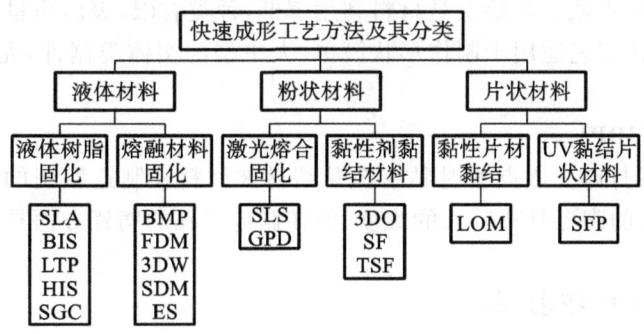

**图 16-3　RP 工艺方法及其分类**

### 1. 光固化成型(SLA)

这种工艺以液态光敏树脂为原料,利用在计算机控制下的紫外激光,按预定零件各分层截面的轮廓轨迹对液态树脂逐点进行扫描,使被扫描区的树脂薄层产生固化反应,从而形成零件的一个薄层截面。完成一个扫描区域的液态光敏树脂层固化后,工作台下降一个层厚,从而在固化好的树脂表面再敷上一层新的液态树脂,然后重复扫描、固化,新固化的一层牢固地黏结在上一层上,如此反复,直至完成整个零件的固化成型。

SLA工艺的优点是精度高,原材料利用率接近100%,能制造形状特别复杂、精细的零件,设备市场占有率很高。其缺点是需要设计支撑,可以选择的材料种类有限,制件容易发生翘曲变形,材料价格较昂贵。故该工艺适用于较复杂的中小型零件。

**2. 选择性激光烧结(SLS)**

SLS工艺是利用粉末状材料,以逐层添加的方式成型三维零件的一种快速成型工艺。成型时将粉末状材料铺洒在工作台上并刮平,用高强度的 $CO_2$ 激光器在刚铺的新层上扫描出零件截面,当一层截面烧结完后,工作台下降一个层厚的高度,铺上新一层粉末状材料,选择性烧结新一层截面,与下面已成型的部分黏结。如此不断重复,成型所需形状的零件。

SLS工艺的优点是制件力学性能好、强度高,不需设计和构建支撑,可选材料种类多且利用率高。其缺点是制件表面粗糙、疏松多孔,需要进行后处理,制造成本高。

**3. 熔融沉积成型(FDM)**

这种工艺的原理是:通过将丝状材料如热塑性塑料、蜡或金属的熔丝从加热的喷嘴挤出,按照零件每一层的预定轨迹,以固定的速率进行沉积成型。每完成一层,工作台下降一个层厚进行叠加,沉积新的一层,如此反复,最终实现零件的沉积成型。FDM工艺的关键是保持半流动成型材料的温度刚好在熔点之上,其每一层片的厚度由挤出丝的直径决定,通常是 $0.25\sim0.5$ mm。

FDM工艺的优点是材料利用率高,材料成本低,可选材料种类多,工艺简洁;其缺点是精度低,复杂构件不易制造,悬臂件需加支撑,制件表面质量差。

**4. 分层实体制造(LOM)**

LOM工艺原理是:将单面涂有热熔胶的纸片通过加热辊加热黏结在一起,位于上方的激光切割器按照CAD分层模型数据,利用激光束将纸片切割成所制零件的内外轮廓,然后再将新一层纸片叠加至上面,通过热压装置将其与下面已切割层黏合在一起,激光束再次切割,如此反复逐层切割、黏结、切割,直至整个模型制作完成。

LOM工艺的优点是不需设计和构建支撑,只需切割轮廓,不需填充扫描,制件的内应力和翘曲变形小,制造成本低。其缺点是材料利用率低,种类有限,表面质量差,内部废料不易去除,后处理难度大。该工艺适用于制作形状简单、大中型的实体类制件,尤其适用于直接制作砂型铸造模。

**5. 三维印刷法(3DP)**

3DP是利用喷墨打印头逐点喷射黏结剂黏结粉末材料来制造原型的方法,与SLS相似。利用该技术制造致密的陶瓷具有较大的难度,但在制造多孔的陶瓷方面具有很大的优越性。

## 16.5.3　3D打印技术

3D打印是快速成型技术的一种,它是一种以数字模型文件为基础,运用粉末状金属或塑料等可黏结性材料,通过逐层打印的方式来构造物体的技术。

3D打印通常是采用数字技术材料打印机来实现的,常在模具制造、工业设计等领域被用于制造模型,后逐渐用于一些产品的直接制造,现已有使用这种技术打印而成的零部件。该技术在珠宝、工业设计、建筑、工程和施工、汽车、航空航天、医疗、教育、土木工程等领域都有所应用。

**1. 3D 打印技术原理**

日常生活中使用的普通打印机可以打印电脑设计的平面物品,而所谓的 3D 打印机与普通打印机工作原理基本相同,只是打印材料不同。普通打印机的打印材料是墨水和纸张,而3D 打印机内装有金属、陶瓷、塑料、砂等不同的"打印材料",是实实在在的原材料。打印机与计算机连接后,通过计算机控制可以把"打印材料"一层层叠加起来,最终把计算机上的图样变成实物。通俗地说,3D 打印机是可以"打印"出真实 3D 物体的一种设备,比如打印一个机器人、玩具车、各种模型,甚至是食物等。之所以通俗地称其为"打印机"是因为参照了普通打印机的技术原理,其分层加工的过程与喷墨打印十分相似。因此,这项技术也称为 3D 立体打印技术。

3D 打印技术有多种,如表 16-1 所示。它们的不同之处在于使用材料的方式不同,并以不同层创建部件。3D 打印常用材料有尼龙玻璃纤维、耐用性尼龙、石膏、铝、钛合金、不锈钢、橡胶等。

表 16-1　3D 打印技术类型

| 3D 打印技术 | 基本材料 |
| --- | --- |
| 熔融沉积成型(FDM) | 热塑性塑料、共晶系统金属、可食用材料 |
| 电子束自由成型制造(EBF) | 几乎任何合金 |
| 直接金属激光烧结(DMLS) | 几乎任何合金 |
| 电子束熔化成型(EBM) | 钛合金 |
| 选择性激光熔化成型(SLM) | 钛合金、钴铬合金、不锈钢、铝 |
| 选择性热烧结(SHS) | 热塑性粉末 |
| 选择性激光烧结(SLS) | 热塑性塑料、金属粉末、陶瓷粉末 |
| 石膏 3D 打印(PP) | 石膏 |
| 分层实体制造(LOM) | 纸、金属膜、塑料薄膜 |
| 立体平版印刷(SLA) | 光硬化树脂 |
| 数字光处理(DLP) | 光硬化树脂 |

**2. 3D 打印过程**

1)三维设计

3D 打印的设计过程是:先通过计算机建模软件建模,再将建成的三维模型"分区",形成一层层的截面,即切片,从而指导打印机逐层打印。

设计软件和打印机之间协作的标准文件格式是 STL 格式。STL 文件使用三角面片来近似模拟物体的表面,三角面片越小,生成的表面分辨率越高。

2)切片处理

打印机通过读取文件中的横截面信息,用液体状、粉状或片状的材料将这些截面逐层地打印出来,再将各层截面以各种方式黏合起来从而制造出一个实体。这种技术的特点在于其几乎可以用来制造出任何形状的物品。

打印机打印出的截面的厚度一般为 $100~\mu m$,即 0.1 mm,也有部分打印机如 Objet Connex

系列，还有三维 Systems'ProJet 系列可以打印出 16 $\mu$m 的薄层。而平面方向的分辨率则可以与激光打印机相近。打印出来的墨水滴的直径通常为 50～100 $\mu$m。根据模型的尺寸及复杂程度，用传统方法制造出一个模型通常需要数小时到数天。而用 3D 打印技术则可以将制造周期缩短为数个小时，当然，具体制造周期是由打印机的性能以及模型的尺寸和复杂程度决定的。

传统的制造方法如注塑法可以以较低的成本大量制造聚合物产品，3D 打印则可以更快、更有弹性以及更低成本生产数量相对较少的产品。一个桌面尺寸的 3D 打印机就可以满足设计者或概念开发小组制造模型的需要。

3）完成打印

3D 打印机的分辨率对大多数应用来说已经足够，要获得更高分辨率的物品可以通过如下方法：先用当前的 3D 打印机打出稍大一点的物体，再稍微经过表面打磨得到表面光滑的高分辨率物品。

有些技术可以同时使用多种材料进行打印。有些技术在打印的过程中还会用到支撑物，比如在打印一些有悬垂面的物体时就需要用到支撑物。

**3．3D 打印技术应用领域**

1）海军舰艇

2014 年，美国海军实现了利用 3D 打印等先进制造技术快速制造舰艇零件，从而避免从世界各地采购舰船配件，显著提升执行任务速度，降低成本。

2016 年 4 月 19 日，中科院重庆绿色智能技术研究院 3D 打印技术研究中心对外宣布，经过该院和中科院空间应用中心两年多的努力，国内首台空间在轨 3D 打印机宣告研制成功，并在法国波尔多完成抛物线失重飞行试验（见图 16-4）。这台 3D 打印机可打印最大零部件尺寸达到了 200 mm×130 mm，它可以帮助宇航员在失重环境下自制所需的零件，大幅提高空间站试验的灵活性，减少空间站备品备件的种类、数量和运营成本，降低空间站对地面补给的依赖性。

2）汽车行业

世界上第一台 3D 打印车由美国 Local Motors 公司设计制造，这辆名叫"Strati"的小巧两座家用汽车开启了汽车行业新篇章。这款创新产品于 2014 年 9 月 17 日在美国芝加哥国际制造技术展览会上公开亮相。

2015 年，美国 Divergent Microfactories（DM）公司推出了世界上首款 3D 打印超级跑车"刀锋"（Blade），如图 16-5 所示。该公司表示此款车由一系列铝制节点和碳纤维管材拼插相连，因此更加环保。

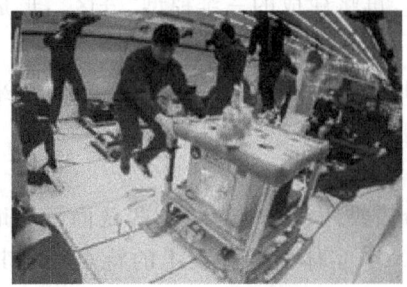

**图 16-4　抛物线失重飞行试验图**

**图 16-5　3D 打印超级跑车"刀锋"**

3）电子行业

2014 年 11 月,世界上首款 3D 打印的笔记本电脑已开始预售,这款笔记本电脑名为 Pi-Top,在两周内累计获得了 7.6 万英镑的预订单。Pi-Top 具有一般笔记本电脑的所有功能,它可以制作成任何颜色。

4）服饰行业

某设计工作室已成功使用 3D 打印机制作出服装,该服装不但外观新颖,而且舒适合体。图 16-6 所示的服装就是该设计工作室采用 3D 打印机制作而成的,它在制作过程中使用了 2279 个印刷板块,由 3316 条链子连接,被称作"4D 裙"。该裙子就像编织的衣服一样,很容易就可以从压缩的状态中舒展开来,制作这件衣服大约花了 48 h。

**图 16-6　3D 打印裙**

5）医学领域

（1）3D 打印肝脏模型　日本筑波大学和大日本印刷公司组成的科研团队 2015 年 7 月 8 日宣布,已研发出用 3D 打印机低价制作可以看清血管等内部结构的肝脏立体模型的方法。据称,该方法如果投入应用就可以为每位患者制作模型,将有助于手术前向患者说明治疗方法并确认手术顺序。

这种模型是 3D 打印机根据 CT 等医疗检查获得的患者数据而制作的。模型表面外侧线条呈现肝脏整体形状,并详细再现了其内部的血管和肿瘤。肝脏模型内部基本是空洞,重要血管的位置一目了然。据称,制造此模型仅需少量价格不菲的树脂材料,使原本约 30 万至 40 万日元（约合人民币 1.5 万至 2 万元）的制作费降到原先的三分之一以下。由于价格昂贵,利用 3D 打印技术制造的内脏器官模型主要用于研究,在临床上还没有得到普及。

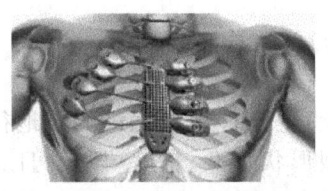

**图 16-7　3D 打印胸腔**

（2）3D 打印胸腔　2015 年,世界上首次 3D 打印胸腔（见图 16-7）移植手术完成,其中的 3D 打印胸腔为钛制件。

这些 3D 打印部件的接受者是一位 54 岁的西班牙人,他患有一种胸壁肉瘤,这种肿瘤形成于骨骼、软组织和软骨当中。医生不得不切除病人的胸骨和部分肋骨,以此阻止癌细胞扩散。

这些切除的部位需要找到替代品,在正常情况下所使用的金属盘会随着时间增长变得不牢固,并容易引发并发症。澳大利亚的 CSIRO 公司创造了一种钛制的胸骨和肋骨,与患者的几何学结构完全吻合。CSIRO 公司根据病人的 CT 扫描设计并制造所需的身体部件,工作人员借助 CAD 软件设计身体部分,输入 3D 打印机,打印出钛制胸腔。手术完成两周后,病人就被允许离开医院而且一切状况良好。

（3）3D 血管打印机　2015 年 10 月,我国 863 计划 3D 打印血管项目取得重大突破,世界首创的 3D 生物血管打印机由四川蓝光英诺生物科技股份有限公司研制成功。

该款血管打印机性能先进,仅仅 2 min 便可打出 10 cm 长的血管。不同于市面上现有的 3D 生物打印机,该款打印机可以打印出血管独有的中空结构、多层不同的种类细胞。

### 16.5.4　快速成型技术的应用与发展方向

不断提高应用水平是推动快速成型技术发展的重要途径。目前,快速成型技术已在工业造型、机械制造、航空航天、军事、建筑、影视、家电、轻工、医学、考古、文化艺术、雕刻、首饰制作等领域得到了广泛应用。随着这一技术的发展,其应用领域将不断拓展。快速成型技术的实际应用主要集中在以下几个方面。

**1. 在新产品造型设计过程中的应用**

快速成型技术为工业产品的设计开发建立了一种崭新的模式。运用快速成型技术能够快速、直接、精确地将设计思想转化为具有一定功能的实物模型(样件),不仅缩短开发周期,降低开发费用,而且使企业在激烈的市场竞争中占有先机。

**2. 在机械制造领域的应用**

快速成型技术自身的特点,使其在机械制造领域内获得了广泛的应用。快速成型技术多用于单件小批量生产金属零件。有些特殊复杂制件,如果是单件或少于 50 件的小批量生产,一般可用快速成型技术直接成型,而且成本低,生产周期短。

**3. 在模具制造领域的应用**

传统的模具生产时间长、成本高,将快速成型技术与传统的模具制造技术相结合,是解决模具设计与制造薄弱环节的有效途径,可大大缩短模具制造的开发周期,提高生产率。快速成型技术在模具制造方面的应用,可分为直接制模和间接制模两种。直接制模是指采用快速成型技术直接堆积制造出模具,间接制模是先制出快速成型零件,再由零件复制得到所需要的模具。

**4. 在医学领域的应用**

以医学影像数据为基础,利用快速成型技术制作人体器官模型,对外科手术有极大的应用价值。

**5. 在文化艺术领域的应用**

在文化艺术领域,快速成型制造技术多用于艺术创作、文物复制、数字雕塑等。

**6. 在航空航天技术领域的应用**

在航空航天领域中,空气动力学地面模拟试验(即风洞试验)是设计性能先进的天地往返系统(即航天飞机)必不可少的重要环节。该试验中所用的模型形状复杂、精度要求高且具有流线型特性,采用快速成型技术可根据 CAD 模型由快速成型设备自动完成实体模型,并且能够很好地保证模型质量。

**7. 在家电行业的应用**

目前,快速成型系统在国内家电行业中得到了很大程度的普及与应用,并使许多家电企业走在了国内前列。

随着其不断成熟和完善,快速成型技术将会在越来越多的领域得到推广和应用。

# 16.6　柔性制造系统

## 16.6.1　柔性制造系统的发展历程

1967 年,英国莫林斯公司根据威廉森提出的柔性制造系统基本概念,研制了"系统 24",其主要设备是 6 台模块化结构的多工序数控机床,目标是在无人看管条件下,实现昼夜 24 h 连续加工,但最终由于经济和技术上的困难而未全部建成。

同年,美国的怀特·森斯特兰公司建成 Omniline I 系统,它由 8 台加工中心和 2 台多轴钻床组成,工件被装在托盘上的夹具中,按固定顺序以一定节拍在各机床间传送和加工。这种柔性自动化设备适于在少品种大批量生产中使用,在形式上与传统的自动生产线相似,所以又称柔性自动线。日本、苏联、德国等国也都在 20 世纪 60 年代末至 70 年代初,先后开展了 FMS 的研制工作。

1976 年,日本发那科公司展出了由加工中心和工业机器人组成的柔性制造单元(简称 FMC),为发展柔性制造系统提供了重要的设备形式。柔性制造单元(FMC)一般由 1～2 台数控机床与物料传送装置组成,有独立的工件储存站和单元控制系统,能在机床上自动装卸工件,甚至自动检测工件,可实现有限工序的连续生产,适于多品种小批量生产应用。20 世纪 70 年代末期,柔性制造系统在技术和数量上都有较大发展,20 世纪 80 年代初期已进入实用阶段,其中以由 3～5 台设备组成的柔性制造系统为最多,但也有规模更庞大的系统投入使用。

1982 年,日本发那科公司建成自动化电机加工车间,其由 60 个柔性制造单元(包括 50 个工业机器人)和 1 个立体仓库组成,另有 2 台自动引导小车传送毛坯和工件,此外还有一个无人化电机装配车间,它们都能连续 24 小时运转。

这种自动化和无人化车间,是向实现计算机集成的自动化工厂迈出的重要一步。与此同时,具有柔性制造系统的基本特征但自动化程度不是很完善的经济柔性制造系统的出现,使柔性制造系统的设计思想和技术成果得到普及应用。迄今为止,全世界有大量的柔性制造系统投入了应用,仅在日本就有 175 套完整的柔性制造系统。

## 16.6.2　柔性制造系统含义、组成及特点

### 1. 柔性制造系统含义

柔性制造系统是由数控加工设备、物料储运装置和计算机控制系统等组成的自动化制造系统。它包括多个柔性制造单元,能根据制造任务或生产的变化迅速进行调整,适用于多品种小批量生产。美国国家标准局(United States National Bureau of Standards)认为柔性制造系统是由一个传输系统联系起来的一些设备(通常是具有换刀装置的加工中心)。传输装置把工件放在托盘或其他连接装置上送到各加工设备,使工件加工准确、迅速和自动。中央计算机控制机床和传输系统,可同时加工几种不同的工件。

柔性制造系统的出现标志着机械制造行业进入了一个新的发展阶段,能够适应中小批量、多品种的柔性生产方式,克服了原来机械生产线只适于大批量生产的刚性特征,而且将手工操作量减少到最低,具有很高的自动化特征。

### 2. 柔性制造系统组成

柔性制造系统的组成如图 16-8 所示。

1) 硬件系统简单介绍

(1) 加工系统　柔性制造系统采用的设备由待加工工件的类别决定,主要有加工中心、车削中心或计算机数控(CNC)车、铣、磨及齿轮加工机床等,用以自动地完成多种工序的加工。此外还有装卸站、测量机、清洁机等。磨损了的刀具可以逐个从刀库中取出更换,也可由备用的子刀库取代装满待换刀具的刀库。车床卡盘的卡爪、特种夹具和专用加工中心的主轴箱也

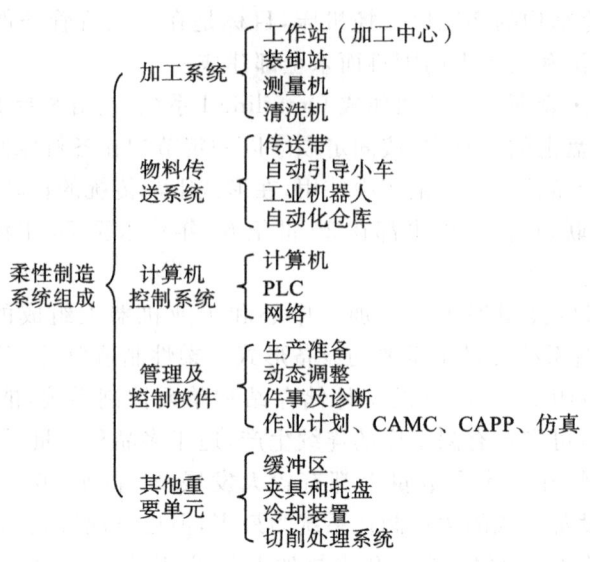

图 16-8　柔性制造系统组成

可以自动更换。

（2）物料传送系统　物料传送系统用以实现工件与工装夹具的自动供给和装卸，以及完成工序间的自动传送、调运和存储工作，包括各种传送带、自动引导小车、工业机器人、自动化仓库及专用起吊运送机等。储存和搬运系统搬运的物料有毛坯、工件、刀具、夹具、检具和切屑等。储存物料的仓库有平面布置的托盘库，也有储存量较大的巷道式立体仓库。

毛坯一般先由工人装入托盘上的夹具，并储存在自动化仓库中的特定区域内，然后由自动搬运系统根据物料管理计算机的指令送到指定的工位。固定轨道式台车和传送轨道适用于按工艺顺序排列设备的柔性制造系统；自动引导小车用于搬送物料，其顺序则与设备排列位置无关，具有较大灵活性。

工业机器人可在有限的范围内为 1～4 台机床输送和装卸工件，对于较大的工件常利用托盘自动交换装置（APC）来传送，也可采用在轨道上行走的机器人，完成工件的传送和装卸。

2）软件系统简单介绍

（1）计算机控制系统　计算机控制系统用以处理柔性制造系统的各种信息，输出控制数控机床和物料传送系统等自动操作所需的信息。通常采用三级（设备级、工作站级、单元级）分布式计算机控制系统，其中单元级控制系统（单元控制器）是柔性制造系统的核心。

（2）管理及控制软件　系统软件用以确保柔性制造系统有效地适应中小批量多品种生产的管理、控制及优化工作，包括设计规划软件、生产过程分析软件、生产过程调度软件、系统管理和监控软件。

**3．柔性制造系统的特点**

柔性制造系统有许多优点，主要体现在以下几个方面。

（1）设备利用率高。一组机床编入柔性制造系统后的产量，一般可达这组机床在单机作业时的三倍。柔性制造系统能获得高效率的原因，一是计算机给每个零件都安排了加工机床，如果机床空闲，能即刻将零件送上机床加工，同时将相应的数控加工程序输入这台机床；二是由于送上机床的零件早已装夹在托盘上（装夹工作在单独的装卸站进行），因而机床不用等待零件完成装夹。

（2）减少设备投资。由于设备的利用率高，柔性制造系统能以较少的设备来完成同样的工作量。把车间采用的多台加工中心换成柔性制造系统，其投资一般可减少 2/3。

（3）减少直接工时费用。由于机床是在计算机控制下进行工作，不需工人去操纵，唯一用人的工位是装卸站，这就减少了工时费用。

（4）减少了工序制品量，缩短了生产准备时间，并且在减少工序间零件库存数量上有良好效果。

（5）适应生产要求，有快速应变能力。柔性制造系统有其内在的灵活性，能适应由于市场需求变化和工程设计变更所出现的变动，进行多品种生产，而且还能在不明显打乱正常生产计划的情况下，插入备件和急件制造任务。

（6）维持生产的能力。许多柔性制造系统具有当一台或几台机床发生故障时仍能降级运转的能力。即采用了加工能力有冗余度的设计，并使物料传送系统有自行绕过故障机床的能力，系统仍能维持生产。

（7）产品质量高。可减少零件装夹次数，一个零件可以少上几种机床加工，设计更好的专用夹具，机床和零件的定位都更有利于提高零件的质量。

（8）运行的灵活性。运行的灵活性是提高生产率的另一个因素。

（9）产量调整的灵活性。车间平面布局规划合理，需要增加产量时，通过增加机床，可以满足扩大生产能力的需要。

### 16.6.3　柔性制造系统的应用与发展趋势

柔性制造系统在 20 世纪 80 年代末就进入了实用阶段，技术已比较成熟，并且仍将迅速发展。由于它在解决多品种、中小批量生产上比传统的加工技术有更明显的经济效益，因此随着国际竞争的加剧，柔性制造系统越来越被各国所重视。柔性制造系统初期只是用于非回转体类零件、箱体类零件的机械加工，通常用来完成钻、镗、铣及攻螺纹等工序。后来随着柔性制造系统技术的发展，柔性制造系统不仅能完成非回转体类零件的加工，还可完成回转体零件的车削、磨削、齿轮加工，甚至拉削等工序。从机械制造行业来看，现在柔性制造系统不仅能完成机械加工，而且还能完成钣金加工、锻造、焊接、装配、铸造和激光加工、电火花加工等特种加工以及喷漆、热处理、注塑等工作。从整个制造业所生产的产品看，现在柔性制造系统已不再局限于汽车、车床、飞机、坦克、火炮、舰船制造，还可用于计算机、半导体、木制产品、服装、食品以及医药品和化工等产品的生产。从生产批量来看，柔性制造系统已从中小批量应用向单件和大批量生产方向发展。

随着计算机集成制造技术和系统（CIMS）日渐成为制造业的热点，很多专家学者纷纷预言计算机集成制造是制造业发展的必然趋势。柔性制造系统作为计算机集成制造系统的重要组成部分，必然会随着计算机集成制造系统的发展而进一步发展。

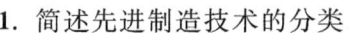

## 思考与练习

**1.** 简述先进制造技术的分类。
**2.** 简述先进制造技术的内涵、技术构成及特点。

习题解析

**3.** 试分析机床数控系统的组成和工作过程。

**4.** 成组技术的产生背景是什么？成组技术的定义是什么？

**5.** 试说明五种典型快速成型方法的成型原理和特点。

**6.** 什么是柔性制造系统？它应具备哪些特点？

# 第 17 章　先进生产管理模式

## 17.1　先进生产管理模式的内涵

管理是由计划、组织、指挥、协调及控制等职能要素组成的活动过程。凡是有人群的地方就有管理，自从人类出现了分工就存在着管理的需求。管理是人类社会发展所需求的产物，又是劳动分工的产物，其本质是对关系的管理。所谓模式，就是可以重现的模板，尤其是特别清晰和典型的榜样。可见模式是众多同类系统模仿的典范，它反映系统的各个方面。

### 17.1.1　生产管理模式的发展

制造业及制造系统生产管理模式是随着制造业生产方式的发展而发展起来的。回顾历史，人类制造业生产方式的发展大致经历了四个主要阶段。

**1. 手工生产阶段**

在人类发展的历史进程中，很长一段时间主要生产力都是人力，所采用的是家庭作坊的手工生产方式，直到 1760 年瓦特改良蒸汽机，促使制造业发生革命性的变化，人类才进入机器生产的时代，从而脱离了家庭作坊式的手工生产方式，生产效率有了极大的提高，揭开了近代工业化大生产的序幕。但这一阶段的生产管理模式主要还是少品种单件小批量生产管理模式，产量低、成本高、产品可靠性与互换性较差，产品一致性得不到保证，工厂组织结构松散，管理层次简单。

**2. 大批量生产阶段**

从 19 世纪中叶到 20 世纪中叶，E. Whitney 提出了"互换性"和"大批量生产"概念，Oliver Evans 将传送带引入生产系统，F. Taylor 倡导科学管理，在这些基础上，Henry Ford 开创了汽车装配自动流水生产线，促使一种新的生产管理模式，即大批量生产管理模式产生，这种模式推动了工业化的进程，促进了市场经济的高度发展，使制造业开始了第一次生产管理模式的转变。其主要包含以下特点：

（1）实行从产品设计、加工制造到管理的标准化和专业化的生产；

（2）采用移动式的装配线和高效的专用设备；

（3）实行纵向一体化管理，把一切与最终产品相关的工作都归结为场内自我管理，但这种生产管理模式在降低生产成本和提高劳动生产率的同时也牺牲了产品的多样性。

**3. 柔性自动化生产阶段**

从 20 世纪 50 年代开始，随着生产环境的变化，人们逐渐认识到刚性自动化的不足，大批量生产的局限性越来越大。市场的多变性和顾客需求的个性化、产品品种和工艺过程的多样化以及生产计划与调度的动态性，迫使人们开始寻找新的生产方式以提高企业的柔性和生产率,并试图从技术角度改变大批量生产管理模式的不足,柔性化制造系统应运而生。20世纪70年代,出现了各种微型计算机数控系统、柔性制造单元、柔性生产线和自动化工厂。此时的生产管理模式与大批量生产管理模式相比,具有工序相对集中、节拍灵活、集高效率与高柔性于一体、生产成本低、适应性强等优点。

**4. 高效、敏捷与集成生产阶段**

自20世纪70年代以来,不同国家的经济出现繁荣与停滞、衰退交替现象,企业所处的外部环境日趋繁杂,使得企业面临着诸多前所未有的挑战。这个阶段的特征有以下几点。

(1)消费者行为更加具有选择性,产品需求朝着多样化方向发展。消费者不仅要求产品体现个性,而且要求产品变化多样。

(2)对产品的性能质量要求更高,产品的使用寿命缩短。

(3)国际合作成为科学发展的强大的推动力。科学技术、经济、生产及市场的全球化、一体化、社会化已成为必然趋势,企业经营处于全球化竞争环境之中,科技的发展对经济和社会的影响愈加深刻。

(4)竞争日趋激烈。技术的迅速发展、市场的用户化、经济的全球化及基于不同基础上的企业竞争行为等组合作用的结果,使市场瞬息万变,企业的生存和发展越来越取决于其对市场变化的响应速度。

(5)技术迅猛发展。大量新技术如雨后春笋不断涌现,并向各个领域不断渗透。科技内部的交叉和联系,以及科学技术与社会的互动进一步加强,使技术、知识及产品的更新速度加快,特别是计算机技术、信息技术的发展,更是引起人类生产力的飞跃和社会生产方式的转变,成为推动企业全面变革的主导力量。

## 17.1.2　先进生产管理模式的特点

先进制造生产管理模式主要有:以空间换取时间,多专业、多人员协同一致工作的并行工程;集单件生产和批量生产优点于一体的精益生产;以灵活应变为目标,基于柔性技术、知识化熟练工人及创新管理机制的敏捷技术;从仿生学角度提出的仿生制造;为了保护环境而提出的绿色制造。

这些新的制造系统与管理模式各有特色与侧重点,但都是以并行思维和交叉学科为基础,在协同攻关的组织形式、虚拟公司的概念和技术融合聚变的创新方法指导下,进行互补性合作,以适应环境变化,并将系统空间扩大到顾客与供应商。采取简化过程,在更大的时空范围内优化资源,得到非线性的高深层次的附加效益。它们反映了上市时间这一市场机制中最本质的需求,又抓住了信息技术给人们提供的人机交互式处理复杂问题这一个最本质的机遇。

先进生产管理模式,其实质就是集成经营。集成经营是在新的市场环境下,将企业经营所涉及的各种资源、过程与组织进行一体化并行处理,在更大的空间范围与更深的层次上有效地共享资源,以适应环境变化对质量、成本、服务及速度的新要求。通过增强生产或企业范围内的系统一致性、整体性和灵活性来提高企业的应变力,以快速响应不可预测的市场变化和提升竞争力。

先进生产管理模式的主要特点可以概括如下。

**1. 以保证生产有效性为首要目标**

当今复杂多变的市场环境,特别是消费者需求的主体化与多样化倾向,使得制造生产的有效性问题突显,先进生产管理模式不得不将生产有效性作为首要考虑的因子,由此也将导致价值定向、制造战略重点、制造原则、制造指导思想等出现一系列的变化。

**2. 以制造资源集成为基本制造原则**

制造是一种多人协作的生产过程,这就决定了"分工"与"集成"是一对相互依存的组织制造的基本形式。制造分工与专业化可大大提高生产效率,但同时却造成了制造资源的严重割裂,前者曾使大批量生产管理模式获得过巨大成功,后者则使大批量生产模式在新的市场环境下陷入困境。

**3. 经济性**

经济性是任何一种制造活动都追求的主要目标。先进制造生产模式的经济性体现在制造资源快速有效集成所表现出的制造技术的充分利用、各种形式浪费的减少、人的积极性的发挥、供货时间的缩短和顾客满意程度的提高等方面。

**4. 着眼于组织创新和人因发挥**

与以技术为指导的大批量制造生产管理模式不同的是,先进制造生产管理模式更强调组织和人因的作用。技术、人员和组织是制造生产中不可缺少的三大必备资源。技术是实现制造的基本手段,人是制造生产的主体,组织则反映制造活动中人与人的相互关系。技术作为用于实际目的的知识体系,它本身就源于人的实践活动,也只有通过被人所掌握与应用,才能发挥其作用。而在制造活动中,人的行为又受到他所在组织的影响、诱导、制约和激励。所以制造技术的有效应用有赖于人的主动性,而人因的发挥在很大程度上取决于组织的作用。显然,先进制造生产模式着眼于组织与人因是抓住了问题的关键。

**5. 重视发挥新技术和计算机信息的作用**

抓住由计算机发展和应用所提供的契机,以新技术,如 CAD、CAM、计算机辅助工程(CAE)、计算机辅助工业设计(CAID)、CAPP、物资需求计划、成组技术(GT)、柔性制造系统等技术、全面质量管理(TQC)以及计算机网络作为工具和手段,将当今这些先进的技术与组织变革和人因改善有效集成起来,便可发挥巨大潜能。

## 17.1.3 先进生产管理模式的核心问题

任何事物在发展的各个阶段都有创新和继承,先进生产管理模式也不例外,它虽有创新却也继承了过去的某些原理。从管理角度来看,对于先进生产管理模式需要解决以下方面的问题。

**1. 组织创新**

未来企业之间的竞争,除了资源和技术外,还有一个决定性因素就是组织的创新优化。如图 17-1 所示,制造系统的组织优化包括空间组织优化和时间组织优化。空间组织优化侧重于制造系统的结构优化,包括逻辑结构优化和物理结构优化。时间组织优化则主要针对信息流结构优化与物料流结构优化。

现代企业组织机构的特性主要体现在以下几个方面。

(1)灵活性 利用不同地区的现有资源,迅速组合成为没有围墙、超越空间约束、靠电子手段联系的统一指挥的经营实体,即虚拟企业和虚拟单元。

(2)分散性 为了使资源信息快速、准确地提供给组织内各个潜在的决策者,也为了使决策者能迅速地调动所需资源,需要用信息网络将组织成员连接起来,形成网络化的组织机构。

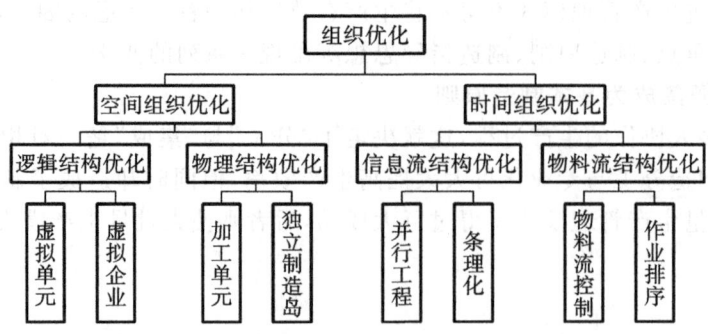

图 17-1　制造系统组织优化分类图

（3）动态性　企业的组织结构将从传统的、递阶层次的"机械结构型"向更适合市场竞争的"化学分子型"和"生物细胞型"转变，成为扁平的多元化"神经网络"。这种组织结构在整个产品生产周期是动态变化的，可及时重组和解体。

（4）并行性　产品开发工作在时间坐标上相互重叠与交叉，小组内的成员并行工作，协同完成产品设计、制造、销售等任务。图 17-2 所示为并行工程的产品开发模式。

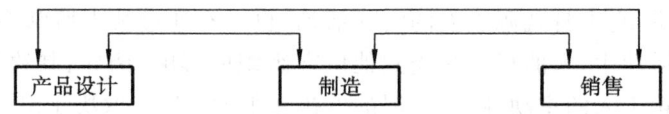

图 17-2　并行工程的产品开发模式

（5）独立性　项目组在企业内是相对独立的，项目负责人有权进行项目内的活动决策。

（6）简单性　在项目组中以简单的工艺流程来代替传统的整个工厂集中控制的复杂的流程。

**2. 集成经营**

代表精细、敏捷与柔性的集成经营是在新的市场环境下，运用系统集成思想与技术，将企业经营所涉及的各种资源、过程与活动进行一体化的并行处理。企业这种快速有效集成经营形式与传统企业的概念完全不同。集成经营要有先进的工业信息网络，它的组织形式是一种动态联盟，要妥善处理知识产权和无形资产的评估、保护、转移和归属，成员间相互信任与合作是成功的关键。集成经营需要改善内部管理，创建一个良好的外部环境，并建立新的投资及投资评价观以及获得信息技术支持等。

**3. 新的质量保证体系**

在目前消费者需求主体化、个性化和多样化的趋势下，对先进制造生产模式而言，质量的多元化、国际化需要有新的质量保证体系，主要包括以下几点。

1）新的三维质量观

新的三维质量观包括全面质量满意、适度质量和质量的时间性。

（1）全面质量满意，指在产品整个生命周期中用户的满意度、企业本身的满意度（即一般员工、管理者以及所有者或股东三种人的满意度）以及社会和国家的满意度。质量不只是企业和消费者之间的问题，还涉及非消费者在内的大多数人，质量如果不能与自然和社会环境相适应，不能满足社会和国家的需要，企业最终将会被淘汰。

（2）适度质量属于质量的经济问题范畴。过高的、超过需要的质量会造成资源的浪费，而质量水平过低则不会达到全面质量满意。因此，在达到了全面质量满意的要求之后，如何确定适度的质量水平十分必要。

（3）质量的时间性。市场瞬息万变，消费者的价值观也在变化，因此质量是有时间性的。在当前时间点上质量适度的产品，经过若干时间后就有可能是质量不良的产品。

2）新的质量保证体系

先进生产管理模式的产生与发展以及人类质量观念的不断更新，要求新的质量保证体系必须是着眼于战略层次、内容丰富的开放系统。建立先进生产管理模式的质量保证体系应遵循以下三个基本原则。

（1）人本原则　　人因的发挥、信任员工、自主管理和员工参与都是人本原则的具体表现，这一切都有赖于对员工的质量培训与质量教育。质量教育是质量保证体系的一项重要内容。

（2）过程监控　　新的质量保证体系的着眼点必须从过程的结果（产品质量）转移到管理过程本身，用过程质量确保产品质量。只有识别、组织、建立和协调各项质量过程网络及其接口，才能创造、改进和提供稳定的质量，这就是过程监控原则。

（3）体系管理　　任何一个企业或组织，都只能依据实际的环境条件，策划、建立质量体系，实施体系管理，来实现有效管理。

**4. 生产过程重组**

生产过程重组（重组工程）是对现有生产过程进行根本性的再思考和彻底的再设计，以求大幅度地提高生产过程所追求的主要绩效。它有四个基本观点。

（1）过程观点　　生产过程涉及为达到生产目的而实施的一组逻辑上相关的任务，包括人员、物料、能源、设备等的逻辑组合和实现特定目标的工作程序，这些必然是有机联系的。

（2）根本性的再思考　　摒弃过时的生产观点和管理思想，重新深入思考"企业应该做什么"这类基本问题。

（3）彻底的再设计　　进行全面创新，而不仅仅是在某些方面的改进。

（4）大幅度提高绩效　　这是重组生产过程的目的，也是生产过程重组成功的标志。

**5. 以人为本**

在先进生产管理模式中，人的因素受到越来越广泛的重视，人的积极性能否充分发挥对于先进生产管理模式至关重要。要改变传统的管理职能，要将对人的监督、控制和奖惩改变为对人的不断关心、奖励和培训。因此，需要企业采取如下措施。

（1）优化组合各种不同特点和专业特长的人才。应充分考虑到取长补短、人尽其才，这样组合起来的群体作用会大大超过个体之和，反之会对企业的高效运作起到阻碍作用。

（2）创建以人为中心的企业文化和价值观。员工应从控制对象转变为授权对象，尽可能让他们参与过程运营的日常决策，创建更加开放、简洁的交流报告机制。

（3）组建跨学科项目团队。采用传统的工作模式，即长期从事一项工作会使员工丧失与此项工作无关的能力，创造性和主观能动性愈来愈差。跨学科的团队建设将大大解放员工创造力，激发员工的积极性。在新的生产管理模式中，团队必须具备开放式思维、网络式思维和动态思维能力，从而为员工的学习和创新提供动力源泉。除此之外，还要求员工掌握多门学科知识，具有应对各种挑战的能力，同时以并行方式集成每一个人的全部知识和技能，使团队具有很强的创新能力和最高的工作效率。

（4）促进团队之间的互相信任。团队之间的相互信任是团队成员合作的基础，信任是减少偷懒行为和增强合作绩效的最为有效机制。它有助于团队成员充分发挥积极性与潜力，从而使团队产生的个人效用和他人效用同步增长。所以说，以人为本、尊重人和信任人是团队顺利工作的前提。

**6. 人机分工与人机匹配**

首先,要考虑人机分工原则。人和机器各有所长,在制造系统中要加以分工,相互匹配,使总体功能最优。人的工作不宜完全由机器完成;人可较容易完成,而机器极难完成或不能完成的工作,应由人去完成;人、机均可完成的工作,可根据技术、经济条件,选择以机为主,人作后备,以提高系统的可靠性,或者选择先由人完成,条件具备时再采用机器完成。

其次,对于人机系统都要考虑人文因素。制造系统作为人机系统,其总体功能发挥的状况取决于人的发挥状况。但人与机器不同,人发挥作用的积极性、主动性、创造性和能力取决于以下人文因素:激励政策、企业文化和工作作风、员工培训和继续教育、组织结构和岗位责任、组织运作规则和程序、工作环境和条件等。

**7. 用分工协作代替全能**

舍弃全能,保留专长,各自发挥自身优势。利用企业间的分工协作,优势互补,实现共同目标。协作范围可以跨行业、跨地区乃至跨国界。协作领域可以是产品零件部件配套生产、新技术研究和新产品开发。企业间协作关系不是依赖于指令,而是由共同利益驱动,由协约来保证。

**8. 用并行或交叉作业代替串行作业**

任何工程作业均有其流程特性,即先行工序与后续工序的顺序不能颠倒,亦不能同时进行。在符合流程特性的前提下,将串行作业改为并行或交叉作业,是一种广泛应用的缩短工作总周期的方法。

# 17.2　敏　捷　制　造

## 17.2.1　敏捷制造产生的背景

第二次世界大战以后,日本和西欧各国的经济都遭受了战争的破坏,工业基础几乎被彻底摧毁,只有美国作为世界上唯一的工业国向世界各地提供工业产品。所以美国的制造商们在 20 世纪 60 年代以后的策略是扩大生产规模。到 20 世纪 70 年代,西欧发达国家和日本的制造业基本恢复,不仅可以满足本国对工业的需求,还可以依靠本国廉价的人力、物力生产廉价的产品打入美国市场,使美国的制造商们不得不将制造策略的重心由扩大生产规模转向降低成本。20 世纪 80 年代,原联邦德国和日本已经可以生产高质量的工业品和高档的消费品,并源源不断地推向美国市场,又一次迫使美国的制造商将制造策略的重心转向产品质量。进入 20 世纪 90 年代,当丰田生产方式在日本产生了明显的效益之后,美国人认识到只降低成本和提高质量并不能保证赢得竞争,还必须缩短产品开发周期,加速产品的更新换代。当时美国汽车的更新换代速度已经比日本汽车慢了许多,因此速度问题成为美国制造商们关注的重心。

1991 年美国里海(Lehigh)大学在研究和总结美国制造业的现状和潜力后,发表了具有划时代意义的《21 世纪制造企业战略》报告,提出了敏捷制造(agile manufacturing,AM)的概念。敏捷制造是在具有创新精神的组织和管理结构、先进制造技术、有技术有知识的管理人员这三大支柱的支持下得以实施的,也就是将柔性生产技术、有技术有知识的劳动力与能够促进企业内部和企业之间合作的灵活管理集中在一起,通过所建立的共同基础结构,能对迅速改变的市场需求做出快速响应。敏捷制造比其他制造方式具有更灵敏、更快捷的反应能力。这一新的制造哲理在全世界产生了巨大的反响,并且取得了令人瞩目的实际效果。

## 17.2.2　敏捷制造的内涵及概念

### 1. 敏捷制造的内涵

敏捷性意指企业在不断变化、不可预测的经营环境中善于应变的能力,它是企业在市场中生存和竞争能力的综合表现。敏捷制造就是以"竞争-合作(协同)"的方式,提高企业竞争能力,实现对市场需求的灵活快速反应的一种新制造模式。它要求企业采用现代通信技术,以敏捷动态优化的形式组织新产品开发,通过动态联盟、先进柔性生产技术和高素质人员全面集成,迅速响应客户需求,及时交付新产品并投入市场,从而获得竞争优势。敏捷制造概念示意图如图 17-3 所示,它从市场/用户、企业能力和合作伙伴三个方面解释了敏捷制造的内涵。

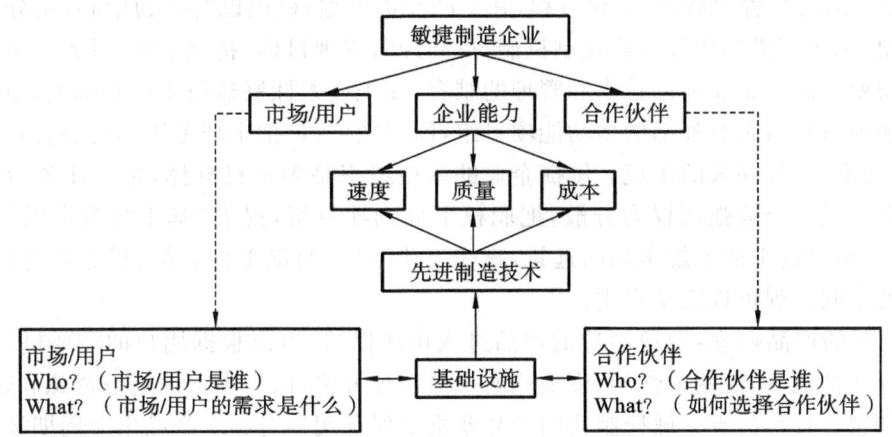

**图 17-3　敏捷制造概念示意图**

1) 敏捷制造的着眼点是快速响应市场/用户的需求

未来产品市场总的发展趋势是多样化和个性化,传统的大批量生产方式已不能满足瞬息万变的市场需求。敏捷制造思想的出发点是对产品和市场进行综合分析,首先明确用户是谁,用户的需求是什么,企业对市场做出快速响应是否值得。只有这样,企业才能对市场/用户的需求做出响应,迅速设计和制造出高质量的新产品,以满足用户的要求。

2) 敏捷制造的关键因素是企业的应变能力

企业要在激烈的市场竞争中生存和发展,必须具有"敏捷性",即能够适时抓住各种机遇,把握各种变化的挑战,以及不断通过技术创新来领导市场潮流。企业实施敏捷制造必须不断提高自身能力,其中最关键的因素是企业的应变能力。在纷繁复杂的商务环境中,敏捷企业能够以最快的速度、最优的质量和最低的成本,迅速、灵活地响应市场和用户需求,从而在竞争中胜出。

3) 敏捷制造强调"竞争-合作(协同)"

瞬息万变的竞争环境要求企业做出快速反应,为了赢得竞争优势,必须以最快的速度从企业内部某些部门和企业外部不同公司中选出设计、制造该产品的优势部分,组成一个单一的经营实体,从而改变过去以固定的专业部门为基础的、静态不变的组织结构。在这种"竞争-合作"的前提下,企业需要考虑如下几个问题:

（1）有哪些企业能成为合作伙伴？

（2）怎样选择合作伙伴？

（3）选择一家还是多家合作伙伴？

（4）采取何种合作方式？

（5）合作伙伴是否愿意共享数据和信息？

（6）合作伙伴是否愿意持续不断地改进？

**2. 敏捷制造概念的主要特点**

（1）全新的企业概念:将制造系统空间扩展到全国乃至全球。通过企业网络建立信息高速公路,建立"虚拟企业",以竞争能力和信誉为依据选择合作伙伴,组成动态公司。虚拟企业不同于传统观念中有围墙的有形空间构成的实体空间,它从策略上不强调企业全能,也不强调一个产品从头到尾都由自己开发、制造。

（2）全新的组织管理概念:简化过程,并不断改进过程;提倡以"人"为中心,用分散决策代替集中控制,用协商机制代替递阶控制机制;提高经营管理目标,精益求精,尽善尽美地满足用户的特殊需要。敏捷企业强调技术和管理的结合,在先进柔性制造技术的基础上,通过企业内部的多功能项目组与企业外部的多功能项目组,即虚拟公司,把全球范围内的各种资源集成在一起,实现技术、管理和人的集成。敏捷企业的基层组织是多学科群体,是以任务为中心的一种动态组合。敏捷企业强调权力分散,把职权下放到项目组,提倡"基于统观全局的管理"模式,要求各个项目组都能了解全局的远景,胸怀企业全局,明确工作目标、任务和时间要求,且完成任务的中间过程可以完全自主。

（3）全新的产品概念:敏捷制造的产品进入市场以后,可以根据用户的需要进行改变,得到新的功能和性能,即使用柔性的、模块化的产品设计方法,依靠丰富的通信资源和软件资源,进行性能和制造过程仿真。敏捷制造的产品要求是保证用户对整个产品生命周期满意。企业对产品的质量跟踪将持续到产品报废为止,甚至包括产品的更新换代。

（4）全新的生产概念:产品成本与批量无关,从产品看是单件生产,而从具体的实际和制造部门看,却是大批量生产。高度柔性的、模块化的、可伸缩的制造系统的规模是有限的,但在同一系统内可生产出产品的品种却是无限的。

## 17.2.3　敏捷制造的要素

敏捷制造的目的可概括为:将柔性生产技术,与有技术、有知识的劳动力和能够促进企业内部和企业之间合作的灵活管理集成在一起,通过所建立的共同基础结构,对迅速改变的市场需求做出快速响应。由此可见,敏捷制造主要包括三个要素:生产技术、管理和人力资源。

**1. 敏捷制造的生产技术**

敏捷性是通过将技术、管理和人员三种资源集成为一个协调的、相互关联的系统来实现的。

具有高度柔性的生产设备是创建敏捷制造企业的必要条件,但不是充分条件。必需的生产技术在设备上的具体体现是:由可改变结构、可测量的模块化制造单元构成的可编程柔性机床组;智能制造过程控制装置;用传感器、采样器与分析仪智能诊断软件相配合而构成的制造过程闭环监控系统；等等。敏捷制造企业在产品开发和制造过程中，能运用计算机能力和制造过程的知识基础，用数字计算方法设计复杂产品，可靠地模拟产品的特性和状态，精确地模拟产品制造过程。各项工作同时进行，而不是按顺序进行。同时开发新产品，编制生产工艺规程，进行产品销售。设计工作不仅仅属于工程领域，也不仅仅是工程与制造的结合。技术在缩短新产品的开发与生产周期方面可充分发挥作用。

敏捷制造企业是一种高度集成的组织。信息在制造、工程、市场研究、采购、财务、仓储、销售、研究等部门之间连续地流动，而且还要在敏捷制造企业与其供应厂家之间连续流动。在敏捷制造系统中，用户和供应厂家在产品设计和开发中都应起到积极作用。每一个产品都可能要使用具有高度交互性的网络。同一家公司，在空间中分散、在组织上分离的人员可以彼此合作，并且可以与其他公司的人员合作。把企业中分散的各个部门集中在一起，靠的是严密的通用数据交换标准、坚固的"组件"（许多人能够同时使用同一文件的软件）、宽带通信通道（传递需要交换的大量信息）。

**2. 敏捷制造的管理技术**

首先，敏捷制造在管理上所提出的最具创新性的思想之一是"虚拟企业"。迅捷的新产品投放市场的速度是当今企业最重要的竞争优势之一。推出新产品最快的办法是利用不同公司的资源，让分布在不同公司内的人力资源和物质资源能随意互换，然后把它们综合成单一的靠电子手段联系的经营实体——虚拟企业，以完成特定的任务。这也就是说，虚拟企业就像专门完成特定计划的一家企业一样，只要市场机会存在，虚拟企业就存在，该计划完成了，市场机会便消失了，虚拟企业就将解体。可经常形成虚拟企业的能力将成为企业一种强大的竞争优势。

其次，敏捷制造企业应具有组织上的柔性。因为，先进工业产品及服务激烈的竞争环境已经开始形成，越来越多的产品要投入瞬息万变的世界市场上去竞争。产品的设计、制造、分配、服务将通过分布在世界各地的资源（如企业、人才、设备、物料等）来完成。制造企业日益需要满足各个地区的客观条件。这些客观条件不仅反映社会、政治和经济价值，而且还反映人们对环境安全、能源供应能力等问题的关心。在这种环境中，采用传统的纵向集成型式，企图"关起门来"什么都自己做是注定要失败的，必须采用具有高度柔性的动态组织结构。根据工作任务的不同，有时可以采取内部多功能团队形式，请供应者和用户参加团队，有时可以采用与其他企业合作的形式，有时可以采取虚拟企业形式。总之，有效地运用这些手段，就能充分利用企业的资源。

**3. 敏捷制造的人力资源**

敏捷制造关于人力资源的基本思想是：在动态竞争的环境中，关键因素是人员。通过采用柔性生产技术和实施柔性管理，使敏捷制造企业人员能够实现他们自己提出的创意和合理化建议。指导此类企业运行唯一可行的长期指导原则是提供必要的物质资源和组织资源，鼓励企业人员发挥其创造性和主动性。

在敏捷制造时代，产品和服务的不断创新和发展，制造过程的不断改进，是竞争优势的同义语。敏捷制造企业能够最大限度地发挥人的主动性，有知识的人员是敏捷制造企业中最宝贵的财富。因此，企业管理层应该不断对人员进行教育，不断提高人员素质。每一个雇员消化和吸收信息并对信息中提出的可能性做出创造性响应的能力越强，企业取得成功的可能性就越大，对于管理人员和生产线上具有技术专长的工人都是如此。科学家和工程师参加战略规划和业务活动，对敏捷制造企业来说具有决定性作用。在制造过程与产品研究开发的各个阶段，工程专家是一种重要资源。

敏捷制造企业中的每一个人都应该认识到,柔性可以使企业转变为一种通用工具,这种工具的应用效果仅仅取决于人们对使用这种工具进行工作的想象力。大规模生产企业的生产设施是专用的,因此,这类企业是一种专用工具。与此相反,敏捷制造企业是连续发展的制造系统,该系统的能力仅受人员的想象力、创造性和技能的限制,而不受设备的限制。敏捷制造企业的特性决定了它在人员管理上持有完全不同于大规模生产企业的态度。管理者与雇员之间的敌对关系是不能容忍的,这种敌对关系限制了雇员接触有关企业运行状态的信息。信息必须完全公开,管理者与雇员之间必须建立相互信赖的关系。工作场所不仅要安全,而且对在企业的每一个层次上从事创造性脑力活动的人员都要有一定的吸引力。

# 17.3 精益生产

## 17.3.1 精益生产产生的背景

20 世纪 50 年代初,各种先进制造技术和系统迅速发展,然而这些技术和系统知识仅着眼于提高制造效率以及减少生产准备时间,却忽略了可能的库存增加所带来成本增加的问题。

精益生产(lean production,LP)首先在日本成功实施,20 世纪 90 年代,美国麻省理工学院(MIT)将其作为一种新型制造模式提出。精益生产的实质是丰田准时制(just in time,JIT)生产方式。

## 17.3.2 精益生产的内涵和特征

**1. 精益生产的基本概念**

精益生产英文名称中“lean”的直译是“瘦肉”,其中心思想是在各个环节均需去掉无用的东西,每个员工及其岗位的安排原则必须保证增值,对不能增值的岗位应加以撤除。精益生产是制造系统重构设计的典型策略之一。

精益生产工厂追求的目标是尽善尽美、精益求精,实现无库存、无废品、低成本的生产。美国麻省理工学院(MIT)在其研究报告中指出,精益生产工厂生产一种新型的汽车,在人员、场地面积、设备投资等方面只需要大批量生产方式的一半。为实现这种理想的目标,在 20 世纪50 年代只有通过精心的组织与管理来实现。而在今天的信息时代,则依赖于强有力的自动化工具与方法。

可见,精益生产的“精”,即少而精,不投入多余的生产要素,只是在适当的时间生产出必要数量的市场急需产品;“益”指所有的生产活动都要有效益。由此,精益生产可定义为:以满足市场需求为出发点,以充分发挥人的作用为根本,对企业所拥有的生产资源进行合理的配置,使企业适应市场的应变能力不断增强,从而获得最高经济效益的一种生产模式。

**2. 精益生产的特征**

传统企业的经营观念是以产品为出发点,而精益生产要求企业的一切活动均以适应市场变化、满足用户需求为出发点,用户需要什么就生产什么,用户需要多少就生产多少,并从价格、质量、交货速度、售后服务等各个方面满足用户的需求。

精益生产模式的宗旨是以顾客为"上帝"。通过详细周密的市场调查使产品面向顾客，并与顾客保持密切联系，将顾客需求作为产品开发的主要因素，甚至将顾客引入产品开发过程，从各个方面满足顾客需求。精益生产的特征体现在以下几个方面。

1) 以"人"为中心的人-机系统

"人"包括整个制造系统涉及的所有人，如本企业各层次的工作人员以及协作单位员工、销售商和用户等。人是制造系统的重要组成部分，是一切活动的主体，是生产中最宝贵的资源，因此，强调以人为中心，是解决问题的根本途径。

（1）企业把人看作比机器更为重要的固定资产。为此，在员工有效工作的 40 年（进厂到退休）内，尽可能地创造工作条件和工作压力，以不断提高他们的技能，充分发挥他们的创造性。

（2）当生产线上出现质量问题时，雇员及工作小组有权力停机，并可同小组人员一起检查并解决问题，最后将信息反馈，无须等待中层或高层经理逐级下达命令。

2) 简化一切过程

视一切同近期与远期目标无关的活动与过程为"垃圾"，并力图把它们消除在萌芽状态。不断排除一切非生产性的费用，合理安排物流过程，消除一切中间库，实现没有中间存储的、不停流动的、无阻力的生产流程；在信息流与决策流上，基于同样的理由，不顾一切阻力地撤除一切无用的工作岗位与中间层的管理人员。具体做法如下。

（1）采用精良的组织方式，从组织机构上实行精简化，去掉一切多余的环节和人员。从纵向减少层次，从横向打破部门壁垒，从递阶式管理结构转化为扁平的网络状管理结构。精简组织机构，去掉一切不增值的岗位和人员。

（2）采用精良的设计方式。精益生产强调以小组工作（team work）的方式进行产品的设计开发，并成立高效率的产品开发小组。这些小组成员来自于公司各职能部门，各自发挥其特长，集体合作完成某一开发任务。在产品的开发过程中，常采用并行设计的手段，强调设计环节和制造环节的信息交流，以简化产品开发过程，缩短产品制造周期，提高产品质量，减少设计和制造返工。

（3）采用准时制生产方式。精益生产采用"拉取（pull）"方式，而不是传统的"推动（push）"方式组织生产。后工序只在必要的时候到前工序提取必要的物品，而前工序也只生产要被取走的物品。同样，车间与车间之间、供应商与生产厂之间、总装厂与协作厂之间都采取准时制生产管理方式，要求从原材料供应，到协作厂提供配套零、部件，再到各个车间以及各个工序之间提供半成品，都不早不晚，实现在准确的时间、准确的地点，提供数量准确和高质量的物品给准确的人。基于这样的原则，重新进行整个车间的布局和设备布置，使零部件生产和装配都能以最短的路径和最高的效率完成，实现在必要的时刻生产必要数量的必要产品，从而彻底消除产品制造过程中的浪费，以及由此衍生出来的种种间接浪费，实现生产过程的合理性、完整性、高效性和灵活性。准时制生产方式是一个完整的技术综合体，是包括经营理念、生产组织、物流控制、质量管理、成本控制、库存管理、现场管理等在内的较为完整的生产管理技术与方法体系。

3) 精良的协作方式

在大批量生产方式中，总装厂和协作厂之间是一种松散的配合关系，经常存在突出的利益矛盾，从而导致各种各样的问题。精益生产在这一方面得到了很大改善，具体做法如下。

（1）根据长期合作关系及一贯表现选定协作厂，而不是靠投标方式。总装厂和协作厂之间是一种比较稳定、利益上休戚相关的关系。

（2）在利益分配方面，总装厂和协作厂共同讨论，在各方面都能取得合理利润的情况下，确定各部分的成本价格，并基于目标价格，应用价值工程方法进行成本分析，努力降低成本。如果某协作厂成本降低得多，可以得到更多利润，总装厂并不会因此而改变其目标价格；如果成本降低是总装厂和协作厂共同努力的结果，则二者共同分享额外利润。两者之间达成一种稳定团结、共同奋斗、争取双赢的关系。

（3）交货方式采取准时制方式。协作厂将协作件直接、及时地送到总装线上，力求达到零库存目标。

（4）由于总装厂和协作厂之间存在相互依存的关系，协作厂可通过"协作厂协会"组织与总装厂相互坦诚地交流最新的观念和技术，并通过不断努力与总装厂共同提高生产水平。除此之外，"协作厂协会"还会积极协调总装厂与协作厂的关系，以避免二者之间产生利益冲突。

4）同供应商建立良好的合作与伙伴关系

以价格关系为依据的委托-受委托关系，被长年累月建立的深信不疑的伙伴关系所取代。在产品开发的开始就选好供应商，并在开发的过程中考虑原料供应。供应商掌握着成本和生产过程的内部信息，生产企业与供应商通过共同分析来提高成本分析的可靠性。

5）高度灵活的自动化机械

精益生产主张采用小型的、高度灵活的自动化设备，并强调人与组织管理是发挥自动化设备效益的先决条件。自动化程度并不是提高企业效益的唯一因素，关键还是要对症下药和提高人员的素质。

6）综合的质量保证系统

精益思想认为，在流水线上工作的人员是质量保障的基础。为此，每一个小组负责他们自己的工作质量并承担质量检验，取消了专用的检验场地和成品后处理区。只有这样做，才可能生产高质量产品，才能立即追溯出现故障的根本原因，从而使质量问题得到根本的解决。同大批量生产相比，精益生产中高质量的措施不会引起高成本。

7）持续不断地改进和优化

MIT 的研究报告指出：精益生产与大批量生产之间的根本区别在于目标的制定。大批量生产模式的目标是产品足够好，而精益生产力求不断完善，实现的方法是不断改进，逐步优化。精益生产强调以社会需求为驱动，以人为中心，以简化为手段，以技术为支撑，以"尽善尽美"为目标，主张消除一切不产生附加值的活动和资源，从系统观点出发将企业中所有的功能合理地加以组合，以利用最少的资源、最低的成本向顾客提供高质量的产品服务，使企业获得最大利润和最佳的应变能力。

目前，人们将精益生产系统扩大到企业，并提出了精益企业。现代企业是多目标的，有局部目标，还有全局目标，如环境保护和社会效率，有近期效益，还有远期效益。在资源有限的条件下，这些目标是相互冲突的。为此，必须用价值模型来统一和综合这些冲突。在价值模型驱动下，将一切对企业价值起增值作用的企业活动集成起来形成一条企业价值链（value chain），随着时间的推进形成企业价值流（value stream）。精益企业管理模式就是使这股价值流持续变强大的管理模式。

# 17.4　并行工程

## 17.4.1　并行工程产生的背景

自 20 世纪 80 年代中期以来,制造业商品市场发生了根本性的变化。同类商品日益增多,企业之间的竞争越来越激烈,而且越来越具有全球性,由原来的卖方市场变成了买方市场。顾客对产品质量、成本和种类要求越来越高,产品的生命周期越来越短。因此,企业要想赢得市场竞争的胜利,就必须解决如何加速新产品的开发、如何提高产品质量、如何降低成本和如何提供优质服务等一系列难题。要解决这一系列问题,就必须改变长期以来的开发模式——串行模式,去寻求更为有效的产品开发方式。因此,并行工程成为制造业关注的热点问题。

## 17.4.2　并行工程的内涵

并行工程(concurrent engineering,CE),也称为同期工程(simultaneous engineering)。制造系统与制造工程中的并行工程是指产品开发生命周期中的一切过程和活动均借助信息技术的支持,在集成的基础上实行并行交叉方式的作业,从而缩短产品开发的周期,缩短产品投入市场的时间。并行工程是一种加速新产品开发过程的制造系统模式,是制造业在竞争中获得生存和发展的重要手段。传统的产品开发是一个串行工程,信息是单向、串行地流动的,并且设计、制造过程中缺乏必要和及时的信息反馈。在设计早期不能全面考虑下游的可制造性、可装配性等诸多因素,以致经常需要对设计进行更改,形成从概念设计到设计修改的大循环,而且可能在不同环节多次重复同一过程,导致设计改动量增大,产品开发周期变长、成本提高,难以满足日益激烈的市场竞争需求。串行方式已经严重影响企业的发展。正是在这种情况下,并行工程的概念被提出。

对于并行工程的定义有多种说法,至今并没有统一。1987 年美国国防部先进研究计划局(defense advanced research projects agency,DARPA)提出了一项为期五年的并行工程的启动计划(DARPA initiative in concurrent engineering,DICE)。R. I. Winner 在美国防务分析研究所的研究报告中对并行工程做了如下定义:并行工程是一种对产品及其相关过程(包括制造过程和有关的支持过程)进行平行、一体化设计的系统化工作模式。这种模式力图使开发人员从一开始就考虑产品生命周期(从产品的概念形成到其报废消亡)中的一切因素,包括质量、成本、进度计划和用户需求。这个定义明确地指出系统化方法是并行工程的核心,系统化方法把产品设计的早期阶段,特别是顾客需求这个最初也是最重要的阶段囊括到系统中来。这是因为产品开发的早期阶段设计工作的正确与否,决定了未来产品价值的主要部分(据统计约占50%),然而他们所花费的费用只占很少一部分(据统计约占 10%)。

图 17-4 为并行工程示意图。由图可见,并行工程不可能实现完全的并行,而只是在一定程度上的并行,但这足以使新产品的开发时间大大缩短。并行工程的本质是分析和优化产品开发过程,并在信息集成的基础上实现过程集成。对于传统设计和生产方式,概念设计的开支很小,但它却是决定最终成本最主要的因素,而最后的生产阶段花费的成本最多,但对最终成本的动态影响却很小。这说明按照传统的设计和生产方式,即使在生产过程中做很大努力来

提高效率,成本也很难下降。而并行工程对设计阶段高度重视,虽花费较高成本,但却提高了生产的成功率。生产过程中避免了传统方式中常常出现的反复修改和浪费,从而使生产准备和制造时间大大缩短,生产成本显著下降。并行设计是并行工程在产品设计开发活动中的具体体现。

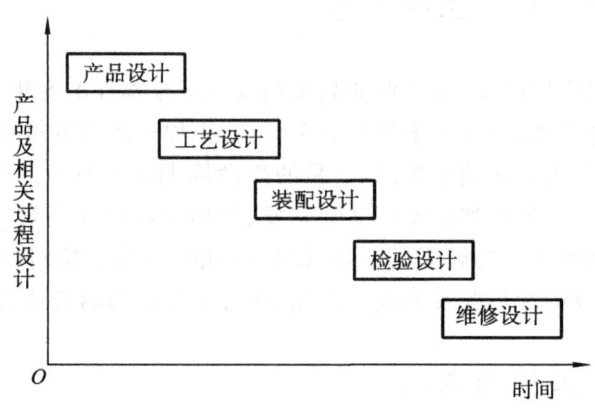

图 17-4　并行工程示意图

### 17.4.3　并行工程的特性

并行工程具有以下五个特性。

**1. 并行特性**

并行工程把时间上有先后顺序的工作转变为同时考虑和尽可能同时并行处理的工作。并行性有两方面含义:其一是在设计过程中通过专家把关,同时考虑产品生命周期的各个方面;其二是在设计阶段同时进行工艺(包括加工工艺、装配工艺和检验工艺等)过程设计,并对工艺设计的结果进行计算机仿真,直至用原型法生产出产品的样件。图 17-5 与图 17-6 所示分别为串、并行产品的开发过程。

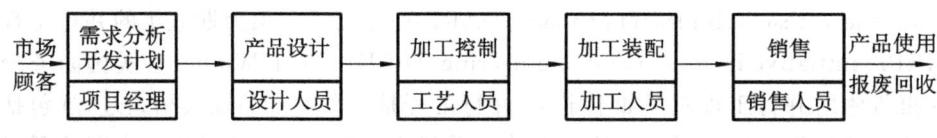

图 17-5　串行产品开发过程

**2. 整体特性**

将制造系统看成是一个有机整体,设计、制造、管理等过程不再是一个个相互孤立的单元,而是将其纳入一个系统考虑。设计过程不仅要给出图样和其他设计资料,还要考虑质量控制、成本核算、进度计划等。把产品开发的各种活动作为一个集成的过程进行管理和控制,以达到整体最优的目的。图 17-7 反映了制造系统各个环节间的内在联系。

**3. 协同特性**

并行工程特别强调人员的群体协同作用,如与产品全生命周期(设计、工艺、制造、质量、销售、服务等)有关部门人员组成的小组或小组群协同工作。按这种途径生产出来的产品不仅有良好的性能,而且产品研制的周期也显著缩短。

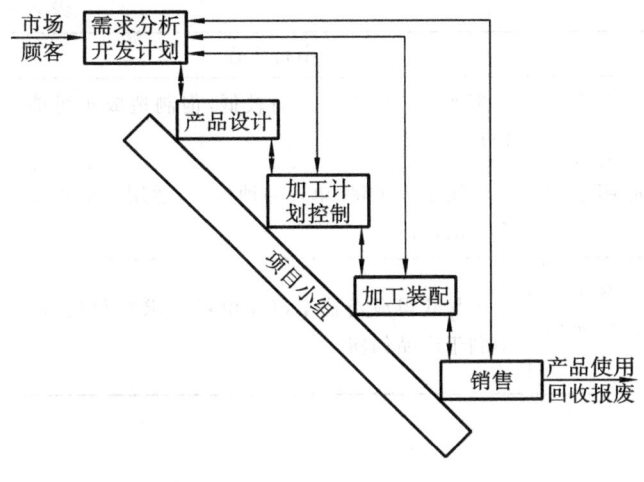

图 17-6　并行产品开发过程

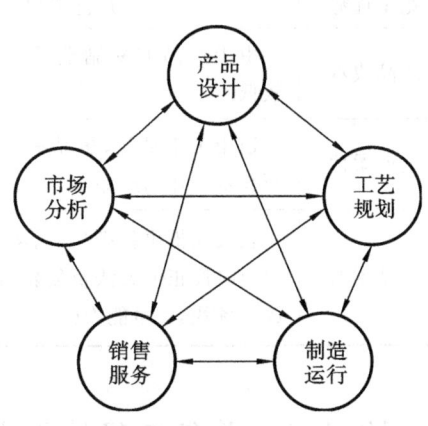

图 17-7　制造系统各环节间的内在联系

1）多功能的协同组织机构

并行工程根据任务和项目的需要组织多功能工作小组,小组成员为设计、工艺、制造和支持(质量、销售、采购服务等)等不同部门、不同学科的代表。工作小组有自己的责任、权利、利益,有自身的工作计划和目标,小组成员之间用相同的术语和共同的信息资源工具共同完成任务。

2）协同的设计思想

并行工程强调一体化、并行地进行产品及其相关过程的协同设计,尤其注意早期概念设计阶段的并行和协调。

3）协同的效率

并行工程特别强调"1+1＞2"的思想,力求排除传统串行模式中各个部门间的壁垒,使各个相关部门协调一致地工作,利用群体的力量提高整体效益。

**4. 约束特性**

在设计变量(如几何参数、性能指标等)之间的关系上,考虑产品设计的几何、工艺及工程实施上的各种关系的约束和联系。

**5. 集成特性**

并行工程是一种系统集成方法,主要表现为:

(1)管理者、设计者、制造者、支持者以及用户集成为一个协调的整体;

(2)产品全生命周期中各类信息的获取、表示、表现和操作工具的集成和统一管理;

(3)产品全生命周期中企业内各部门功能的集成,以及产品开发企业与外部协作企业间功能的集成。

串行工程和并行工程在产品质量、产品成本、生产柔性、产品创新方面的不同如表 17-1 所示。

表 17-1　串行工程和并行工程对比

| 竞争优势 | 并行工程 | 串行工程 |
|---|---|---|
| 产品质量 | 产品质量较好,在生产前即已注意到产品的制造问题 | 设计和制造部门之间沟通不足,致使产品质量无法达到最优化 |

| 竞争优势 | 并行工程 | 串行工程 |
| --- | --- | --- |
| 产品成本 | 由于产品的易制造性提高,生产成本较低 | 新产品开发成本相对较低,但制造成本可能较高 |
| 生产柔性 | 适用于小批量、多品种生产;适用于高新技术产业的产品 | 适用于大批量、单一品种生产;适用于低技术含量的产品 |
| 产品创新 | 较快速推出新产品,能从产品开发中学习及时修正的方法及创新意识;新产品投放市场快,竞争能力强 | 不易获得最新技术以及市场需求变化趋势,不利于产品创新 |

### 17.4.4　并行工程的优点

**1. 缩短产品投放市场的时间**

并行工程技术的主要优点是可以大大缩短产品的开发和生产准备时间,使两者部分相重合,从而提高企业在同行业中的竞争力。

**2. 降低成本**

并行工程可在三个方面降低成本。首先,可以将错误限制在设计阶段;其次,并行工程不同于传统"反复试制样机"的做法,是靠软件仿真和快速样件生成来实现"一次达到目的"的,省去了昂贵的样机试制费用;最后,由于在设计时就考虑了加工、装配、检验、维修等因素,因此能降低产品在上市前的成本,还能降低上市后的运行费用。

**3. 提高质量**

采用并行工程技术,尽可能将所有质量问题消灭在设计阶段,使得所设计的产品便于制造、易于维护。

**4. 保证功能的实用性**

在设计过程中,同时有销售人员参加,有时甚至还包括用户,这样能保证去除冗余功能,降低设备的复杂性,提高产品的可靠性和实用性。

**5. 增强市场竞争能力**

采用并行工程技术可以较快推出适销对路的产品,能够降低生产制造成本,保证产品质量,提高企业的生产柔性。因而,企业的市场竞争力得到加强。

# 17.5　虚　拟　制　造

### 17.5.1　虚拟制造产生的背景

虚拟制造技术是在强调生产的柔性和快速性的背景下于 20 世纪 80 年代被提出的概念。进入 20 世纪 90 年代,虚拟现实技术迅猛发展,促进了虚拟制造(virtual manufacturing,VM)的形成与发展,并进而推进了敏捷制造、虚拟企业等新概念的形成和实现。此外,近十几年来,建模技术和仿真技术飞速发展,其中分布式交互仿真技术向人们展示了建模与仿真技术在复杂系统的设计与分析方面的强大功能。另外,计算机图形学、虚拟现实技术和可视化技术的普及带给人们感官上的强烈震撼。工程技术人员和用户迫切希望将这种先进技术用于制造业,为产品的设计、加工、分析以及生产的组织和管理等提供一个虚拟环境,从而在计算机上组织和"实现"生产,在实际投入生产前对产品的可制造性和可生产性等各方面性能进行论证,保证试制一次就能成功,从而降低生产成本、缩短上市周期、快速响应用户需求和市场变化、实现清洁生产以减少环境污染,由此提高企业的竞争力。虚拟制造技术是以虚拟现实和仿真技术为基础,对产品的设计、生产过程统一建模,在计算机上实现产品从设计、加工、装配、检验直至报废处理的整个生命周期过程的模拟和仿真。

## 17.5.2　虚拟制造的内涵及概念

### 1. 虚拟制造的内涵

虚拟制造的基本思想是在产品制造过程的上游——设计阶段就进行对产品制造全过程的虚拟集成,将全阶段可能出现的问题在这一阶段解决,通过设计的最优化实现产品的一次性制造成功。在虚拟制造中,可利用信息技术、仿真技术和计算机技术对现实制造活动中的人物、信息及制造过程进行全面的仿真,以预先发现制造过程中的问题,在产品实际生产前就采取预防措施,从而将产品一次性制造成功,进而达到降低成本、缩短产品开发周期和增强产品竞争力的目的。

虚拟制造是基于虚拟现实技术来实现的。它是在一个统一的模型之下对设计和制造等过程进行集成,将与产品制造相关的各种过程与技术集成在三维的、动态的仿真过程的实体数字模型之上,其目的是在产品设计阶段,借助建模与仿真技术及时地、并行地模拟出产品未来制造过程乃至产品全生命周期中各种因素对产品设计的影响,并预测、检测、评价产品性能和产品可制造性等,从而更有效、经济、柔性地来进行生产,使得生产周期和成本最低,产品设计质量最优,生产效率最高。虚拟制造系统是多学科、多领域知识的综合,其产生的虚拟产品要在计算机上以直观、生动、精确的方式体现出来。虚拟制造系统拥有产品和相关制造过程的全部信息,包括虚拟设计、制造和控制产生的数据、相关知识和模型信息。

### 2. 虚拟制造的概念

关于虚拟制造,目前还没有一个统一的定义。Onosato 和 Iwata 是日本大阪大学最早研究虚拟制造系统的学者,他们认为虚拟制造是分别用模型和仿真代替真实世界中的实体与操作的计算机化的制造活动。在 1994 年,Hitchcock 指出:虚拟制造是一个集成的、综合的制造环境,通过运行该制造环境可以提高制造企业中各个层次的决策和控制水平。美国佛罗里达大学 Glonra J. Wiens 等人认为,虚拟制造与实际制造一样,只不过虚拟制造是在计算机上执行制造的全过程,虚拟模型用于在实际制造之前对产品的功能及可制造性的潜在问题进行预测。

通过对国际上具有代表性文献中的定义进行综合,可以对虚拟制造给出如下定义:虚拟制造是实际制造过程在计算机上的本质实现,即采用计算机建模与仿真技术、虚拟现实技术,在计算机网络环境群组协同工作下,实现产品开发、制造,以及管理与控制等制造的本质过程,以增强制造过程各级的决策与控制能力。

　　虚拟制造通过计算机模型来模拟和预估产品在功能、性能及可加工性等各方面可能存在的问题,提高了人们的预测和决策水平,使得制造技术走出主要依赖于经验的狭小天地,发展到全方位预报的新阶段。图 17-8 简要表示了虚拟制造与实际制造的联系与区别。

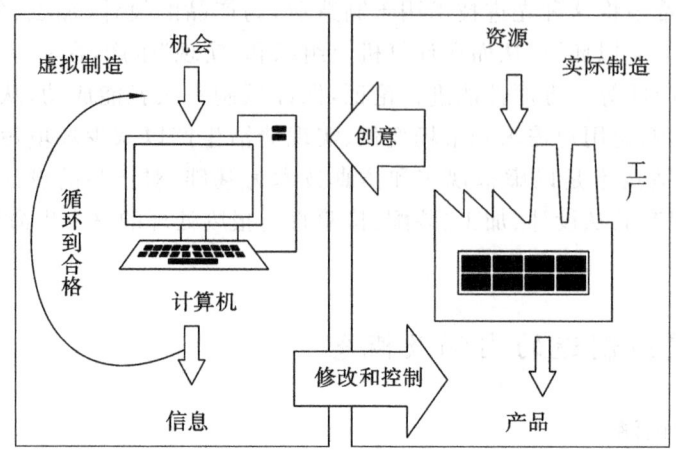

**图 17-8　虚拟制造与实际制造**

　　与实际制造相比较,虚拟制造的主要特点如下。

　　1)以模型为核心

　　产品与制造环境是虚拟模型,在计算机上对虚拟模型进行产品设计、制造、测试,设计人员或用户甚至可"进入"虚拟的制造环境检验其设计、加工、装配和操作;还可将开发的产品(部件)存放在计算机里,不但可大大节省仓储费用,还能根据用户需求或市场变化快速改型设计,快速投入批量生产,从而大幅度压缩新产品的开发时间,提高质量、降低成本。

　　2)分布式的协同工作环境

　　可使分布在不同地点、不同部门的不同专业人员针对同一个产品模型同时工作、相互交流,实现资源共享,发挥各自特长,实现异地设计、制造,从而使产品开发快捷、优质、低耗,将制造过程与信息及知识融为一体。

　　3)柔性的组织形式

　　虚拟制造系统提供的环境不是针对某个特定的制造系统建立的,它能够为特定系统的产品开发、流程管理与控制模式、生产组织的原则制定等提供决策依据。

　　4)高逼真度的建模与仿真

　　针对实际过程建模不仅能够更可靠地估计生产成本和费用,而且能够加深人们对生产过程和制造系统的认识和理解。虚拟制造提供的高逼真度的集成建模与仿真环境,不但可以大大地提高生产柔性,降低固定成本,还可以加快企业人才培养的速度。设计人员可以通过在这个仿真环境中分析验证自己所设计出的产品的各方面性能来积累设计经验,管理人员可以在此仿真环境中尝试各种不同的生产组织方案以积累管理经验,操作人员也可以利用此仿真环境对产品进行试加工从而积累操作经验,所有这些培训都不需占用实际设备,不会影响正常的生产,也不受场地等制约。

## 17.5.3　虚拟制造分类

　　广义的制造过程不仅包括产品的设计、加工、装配,还包含对企业生产活动的组织与控制。

从这个意义上讲,可以把虚拟制造分为三类:以设计为中心的虚拟制造(design centered VM)、以生产为中心的虚拟制造(production centered VM)和以控制为中心的虚拟制造(control centered VM)。

**1. 以设计为中心的虚拟制造**

以设计为中心的虚拟制造是将制造信息引入产品设计与工艺设计过程,在计算机中生成制造过程原型,对多种制造方案进行仿真,对数字化产品模型的性能、可制造性、可装配性、成本等进行分析,优化产品设计和工艺设计,以期尽早发现产品设计及工艺过程中存在的问题。它的主要支持技术包括特征造型、面向数学的模型设计及加工过程的仿真技术,主要应用领域包括造型设计、热力学分析、运动学分析、动力学分析、容差分析和加工过程仿真。

**2. 以生产为中心的虚拟制造**

以生产为中心的虚拟制造是在生产过程模型中加入仿真技术,以此来评估和优化生产过程,以便降低费用,快速地评价不同的工艺方案、资源需求规划、生产计划等。其主要是根据企业现有资源对不同的加工过程进行评估优化,确定合理的生产组织方式。它的主要支持技术包括虚拟现实技术和嵌入式仿真技术。

**3. 以控制为中心的虚拟制造**

以控制为中心的虚拟制造是将仿真能力加入设备控制模型,提供实际生产过程中的虚拟环境,使企业在考虑车间控制行为的基础上能对制造过程进行优化控制。它的主要支撑技术有:对基于仿真的离散制造的实时动态调度技术;对基于仿真的连续制造的最优控制技术。

这三类虚拟制造的比较见表 17-2。

**表 17-2　三种类型虚拟制造的比较**

| 类型 | 目标 | 要解决的问题 |
| --- | --- | --- |
| 以设计为中心的虚拟制造 | 优化产品设计和工艺设计 | 设计出来的产品是什么样的 |
| 以生产为中心的虚拟制造 | 优化资源配置和生产组织 | 这样组织生产是否合理 |
| 以控制为中心的虚拟制造 | 优化车间控制 | 应如何去控制 |

# 17.6　丰田制造模式分析

丰田汽车公司(简称丰田公司)是由 1933 年创立的丰田自动织布机所的汽车部发展起来的,现在是日本最大的汽车公司,旗下主要有凌志、丰田等系列车型。

1945 年 8 月 15 日,丰田汽车创始人丰田喜一郎提出了一个狂妄的口号——"三年赶超美国",而那时,美国的生产率是日本的 8 倍。尽管赶超美国的目标在 60 多年后才实现,但翻开丰田公司的发展史还是可以看出,这个日本汽车企业是世界上最富有传奇色彩的汽车公司。从 2002 开始,丰田汽车的海外销售量激增,丰田公司甚至曾一度逐渐取代通用汽车公司,成为全世界排行第一位的汽车生产商。

## 17.6.1　丰田生产制造方式

丰田公司之所以取得成功,与其生产制造方式有很大的关系。丰田生产以杜绝浪费为目标，在持续改善的基础上，采用准时制和自动化的方式、方法制造产品。

**1. 彻底杜绝浪费的目标**

企业经营的目标是最大限度地获取利润。传统观点认为，生产者在制造产品时付出了一定的劳动，产品的售价由生产者决定，用公式表示为：售价＝成本＋利润。但是丰田公司却认为，产品的价格是由消费者对产品的价值评价而决定的。生产者获取利润的唯一方法就是降低成本，杜绝浪费，用公式表示为：利润＝售价－成本。丰田公司始终把杜绝一切浪费、彻底降低成本作为企业的基本原则和追求目标，并将生产现场的浪费细分为七种类型。

（1）生产过剩的浪费　因过多、过早、"以防万一"的生产或交付而引起的生产过剩，会导致物流的失衡和集中，对质量和产量造成严重的影响。生产过剩通常是浪费的最主要来源。

（2）等待浪费　操作员、零件或客户的等待会造成浪费。

（3）运输浪费　零件从一个流程向下一个流程的移动不会增加任何价值，重复搬运、叉车的传送和转移都会产生浪费。

（4）不适当加工的浪费　因为局部设计不合理、设备保养不当而不得不进行的加工也是一种浪费。

（5）不必要的存货浪费　存货不仅掩盖了问题，而且占用了存储空间。

（6）不必要的动作造成的浪费　操作员不恰当的弯曲、转向或伸展，都是不必要的动作。

（7）残次品的浪费　生产不合格产品是浪费时间和金钱，残次品隐藏的时间越长，造成的损失也越大。

丰田公司认为这七种浪费是增加成本的最终来源，因此公司全体员工都将杜绝这七种浪费作为工作的目标，每个岗位都实行标准化作业与标准化流程，每个员工都需按照标准化的作业与流程来工作。

**2. 准时制生产**

准时制生产是一种提高总的生产效率和消除浪费的控制方法，它能有效地使生产发生在最合适的时间、地点，以最恰当的质量提供最必要的零部件数量。经过20多年的发展，准时化生产已成为一个包括经营理念、生产组织、物流控制、现场及成本管理等内容的较完整的管理体系。丰田的准时制生产方式将"终点"变为"起点"，以最终客户的需求为生产起点，强调物流平衡，追求零库存。通过看板管理，在必要时刻生产必要数量的必要零部件，从而彻底消除制品过量的浪费，以及由此衍生出来的种种间接浪费。通过拉动式生产，在生产过程中，根据生产进度状况运输必要数量的原料、半成品或零部件到生产线，当生产停止时，物流也立刻停止，订单也将相应地减少，因此避免了过多的在库量。对于准时化生产，主要做法有：拉动式生产、看板管理、设备的合理布置与快速转换调整、全员参加的现场持续改进活动、专业化分工协作。

**3. 自动化生产**

自动化是丰田准时化生产体系质量保证的重要手段。通俗地讲，自动化就是用机器代替人工。在这种自动化之下，人们只需按动电钮，机器就会自动地运转起来，完成预定的工作。但是，这样的自动工作机器没有发现加工质量缺陷的能力，也不会在出现加工质量缺陷时停止工作。即在这种自动化下，机器在出现错误时仍会自动地生产，制造出大量不合格制品。显然，这种自动化是不能令人满意的。丰田公司强调的自动化是另一个含义，即"自动化缺陷控制"，并将它称为"带有人字旁的自动化"，或"具有人类判断力的自动化"。丰田公司的自动化不仅仅是"用机器代替人工"的技术，它更是一种发现并且纠正异常的技术。确切地说，丰田的自动化是一种发现异常和发现质量缺陷的技术手段，是一种当异常或质量缺陷发生时，能使生产线或者机器自动停止工作的技术装置。丰田的自动化与质量管理、制止过量生产有着密切的联系。丰田生产通过对现场进行全面质量管理来即时解决问题,哪里出现质量问题,就在哪里当即解决。所以生产过程中一旦出现不合格制品,信号灯就会发出警报,生产线或者机器就会立刻自动停下,迫使现场作业人员与管理人员立刻到现场查找原因并及时采取措施,解决问题。另一方面,过程停止时,或者整条生产线都充满车辆时,不仅生产线会自动停止,而且整个工厂的生产、物流都会在同一时间停止,这样就制止了过量的生产,消除了制品的库存,增强了生产系统适应市场的柔性。

**4. 持续改善**

丰田公司认为生产过程中永远存在改进与提高的余地,要求员工在工作、操作方法、质量、生产结构和管理方式上要不断地改进与提高,让生产过程中的问题暴露在表面,让员工及时发现问题,及时改进。每次改善活动都由易到难,每次改善的目标不高,这样容易取得成功,增强改善者的信心,也容易巩固改善的成果。通过不断地改善、巩固,加之不懈的努力以及长期积累,最终获得显著效果。

## 17.6.2　丰田精益生产方式的内涵

精益是一种新的企业文化,但不是最新的管理模式。精益生产只有在生产秩序良好、各道工序设置合理、产品质量稳定的企业才有可能推行和实施。传统企业向精益企业转变不但要具有良好的内部环境,也要具备一定的外部条件。要学习丰田公司的经验,就有必要掌握丰田精益生产方式的内涵。

**1. 以人为本**

丰田生产方式将人而不是机器作为生产活动的核心,以调动所有员工(特别是生产一线人员)的积极性和创造性,完善生产过程。采取的措施主要有:

(1) 将使股东和员工一致满意作为企业经营目标。采用终身聘用和工龄工资制度,将雇员的利益与公司的利益紧密结合起来,使雇员心甘情愿为公司拼命工作。

(2) 责任和权利同时下放。将人员工作责任转移到生产一线人员身上,同时赋予他们相应的权利,使他们成为公司真正的主人。

(3) 任人唯贤,采用多种形式和奖励方法。鼓励生产一线人员揭露生产问题,为不断改进生产过程而献计献策。

**2. 精益求精**

丰田生产方式追求生产活动的各个环节和生产全过程的不断完善,其主要做法如下。

(1) 宁肯停止生产,也不放过任何一个问题。一旦出现问题,就要追查到底,直至问题解决为止。

(2) 通过不断查找问题和改进工作,建立起一个能够迅速追查出全部缺陷并找出其最终原因的检测系统。

(3) 贯彻准时制生产,实现零库存,为此要求每台设备完好无损、运转正常,每个工序工作正常,不出残次品,每个工人都是多面手,可以担负多种工作。

**3. 顾客完全满意**

丰田生产方式将使顾客完全满意作为企业的业务目标和不断改进业绩的保证。其主要工作包括:

（1）贯彻"需求驱动"原则。按顾客需求生产适销对路的产品。

（2）采用"主动销售"策略。与顾客直接进行联系，同时注意发掘、引导和影响顾客消费倾向。

（3）实行全面质量管理。实现供货时间、产品质量、售价、服务、环保的综合优化，以最大限度地满足用户需求。

**4. 小组化工作方式**

丰田生产方式要求消灭一切冗余，最大限度地精简管理机构，将管理权限转移到基层单位。其主要做法如下：

（1）采用矩阵式组织结构、小组化工作方式，按任务和功能划分工作小组，工作小组集责、权、利为一体，对承担的工作全权负责。

（2）在进行产品开发时，建立由企业各部门专业人员组成的多功能设计组，进行并行设计，并且在产品设计时，充分考虑到下游的制造过程和支持过程。

（3）在生产现场的工作小组对产品质量负有全面责任，一旦发现问题，每个小组成员均有权力使整个生产线停下来，以便使问题及时得到解决。

**5. 与供应商的关系**

（1）与供应商和协作厂建立长期、稳定的合作伙伴关系，实现利益共享，风险共担，例如有些协作厂与丰田公司相互拥有对方的股份，双方互相依赖、共存共荣。

（2）丰田公司将供应商和协作厂视为协同工作的一部分，及时与他们交流沟通各种信息，必要时派自己的雇员协助对方工作，使双方在经营策略、管理方法、质量标准等方面达到完全一致。

（3）在新产品开发时，供应商与协作厂密切关注并积极参与，有利于保证新产品一次开发成功，并能以最快的速度投放市场。

如今在丰田公司的组装厂里，事实上已经不设返修场地，也几乎没有返修作业，且在组装线上不设专职质检人员。至于交到用户手中的汽车质量，据美国买主的报告，丰田汽车的缺陷是世界上最少的。理由很简单，因为不管专职质检人员如何努力，也不可能发现复杂产品组装中的所有差错，只有最前线的组装工人对问题才最为清楚。

精益生产的最终目标是零缺陷。这是一个追求卓越的过程，这一明确的目标是支撑个人和企业生命的精神力量。在丰田汽车公司有这样一句名言："价格是可以商量的，但质量是没有商量余地的。"

丰田生产制造方式无论对丰田公司本身，还是对全球汽车产业界而言，都有着空前绝后的贡献。正是基于该方式，美国管理学才开创性地提出了"精益生产方式"的新概念。

# 思考与练习

习题解析

1. 先进生产管理模式的实质是什么？

2. 比较并行工程与串行工程的区别，分析并行工程的运行模式和功能特点。

3. 敏捷制造的内涵是什么？它有哪些特点？

4. 阐述精益生产的内涵及特征。

# 参 考 文 献

[1] 中国机械工程学会.中国机械工程技术路线图[M].北京:中国科学技术出版社,2011.
[2] 约瑟夫·迪林格.机械制造工程基础[M].2版.杨祖群,译.湖南科学技术出版社,2013.
[3] 葛汉林.机械制造[M].北京:中国轻工业出版社,2012.
[4] 仝勖峰,常建涛,马洪波.机械工程概论[M].北京:电子工业出版社,2015.
[5] 林江.机械制造基础[M].北京:机械工业出版社,2011.
[6] 刘元林.机械工程概论[M].北京:机械工业出版社,2015.
[7] 姚其槐.精密机械工程学[M].北京:机械工业出版社,2015.
[8] 王蔚,田丽,任明远.集成电路制造技术:原理与工艺[M].北京:电子工业出版社,2010.
[9] 吴懿平,丁汉.电子制造技术基础[M].北京:机械工业出版社,2005.
[10] ULRICH R K,BROWN W D.高级电子封装[M].李虹,张辉,郭志川,等译.北京:机械工业出版社,2010.
[11] 王先逵.机械制造工艺学[M].2版.北京:机械工业出版社,2006.
[12] 傅水根.机械制造工艺基础[M].北京:清华大学出版社,2010.
[13] 欧宙锋.电子产品制造工艺基础[M].西安:西安电子科技大学出版社,2014.
[14] 邵念勤,刘少平.机械制造基础[M].西安:西安地图出版社,2007.
[15] 中国机械工程学会再制造工程分会.再制造技术路线图[M].北京:中国科学技术出版社,2016.
[16] 张宪民,陈忠.机械工程概论[M].2版.武汉:华中科技大学出版社,2015.
[17] 张春林,焦永和.机械工程概论[M].北京:北京理工大学出版社,2011.
[18] 梁燕飞,潘尚峰,王景先.机械基础[M].北京:清华大学出版社,2005.
[19] 张涛.机器人引论[M].北京:机械工业出版社,2010.
[20] 濮良贵,纪名刚.机械设计[M].8版.北京:高等教育出版社,2006.
[21] 王卫平.电子产品制造技术[M].北京:清华大学出版社,2005.
[22] 姜培安,鲁永宝,暴杰.印制电路板的设计与制造[M].北京:电子工业出版社,2012.
[23] 陈德生,曹志锡.机械工程基础[M].北京:机械工业出版社,2013.
[24] 陈宇晨.数字制造与数字装备[M].上海:上海科学技术出版社,2011.
[25] 陈智,刘建华.模具制造工艺与技能训练[M].北京:中国水利水电出版社,2011.
[26] 陈明.机械制造工艺学[M].北京:机械工业出版社,2012.
[27] 曾珊琪,丁毅.模具制造技术[M].北京:化学工业出版社,2008.
[28] 成大先.机械设计手册[M].5版.北京:化学工业出版社,2008.

## 与本书配套的二维码资源使用说明

本书部分课程资源以二维码链接的形式呈现。利用手机微信扫码成功后提示微信登录,授权后进入注册页面,填写注册信息。按照提示输入手机号码,点击获取手机验证码,稍等片刻收到 4 位数的验证码短信,在提示位置输入验证码成功,再设置密码,选择相应专业,点击"立即注册",注册成功。(若手机已经注册,则在"注册"页面底部选择"已有账号? 立即注册",进入"账号绑定"页面,直接输入手机号和密码登录。)接着提示输入学习码,需刮开教材封面防伪涂层,输入 13 位学习码(正版图书拥有的一次性使用学习码),输入正确后提示绑定成功,即可查看二维码数字资源。手机第一次登录查看资源成功以后,再次使用二维码资源时,只需在微信端扫码即可登录进入查看。